JN274485

鉱物資源論

志賀美英 著

九州大学出版会

序

　清浄な水や空気，豊かな大地。これらは，地球上に棲息するあらゆる生物にとって掛替えのない必須のものである。人間は自然界から水や空気を摂取し，動植物や鉱物などを採取して，今日の高い文明を築いてきた。今日の人類の繁栄は，これら自然の恵み(資源)とそれらを活用する人間の知恵とによってもたらされている。人類が将来にわたって健康的に，そして豊かに生活を営んでいくには，それら資源の管理と公平な分配が不可欠であり，また何よりも，それらを確保し続けていかなければならない。資源をいかに確保し，管理し，分かち合っていくべきか。「資源論」は，この全人類的課題を自然科学的，社会科学的両側面から追究する学問である。「鉱物資源論」は，対象とする資源を鉱物資源に絞ったもので，従来の学術分野で言えば，鉱床学(鉱床地質学)，資源開発工学，経済学，法学など幅広い分野に及ぶが，従来の枠組みを取り払って，さまざまな角度からこの課題にアプローチしようとする学問である。鉱物資源論で取り扱う内容は，鉱物資源の成因，探査・開発，政策，法規・条約，貿易，国際協力，環境，廃スクラップのリサイクリングなど，鉱物資源の形成から人間による消費・廃棄までの間に介在する技術的，政治的，経済的諸問題である。

　鉱物資源論は，鉱物資源問題を包括的に取り扱う学問であるとは言うものの，それを専門とする研究者の絶対数は少なく，これまで一部の研究者により断片的に研究がなされてきたに過ぎず，まだ学問として確立しているとは言い難い。本書が鉱物資源論の振興と普及に多少でも貢献できれば，この上ない喜びである。

　現在世界はさまざまな鉱物資源問題を抱えているが，著者は，それらの問題は「枯渇」，「環境」，「利害対立」の3つに集約できると考えている。本書は，それぞれ社会的・歴史的背景や原因などを究明することによって，問題解決の具体的方策を見いだそうというものである。本書は次の6つの部から構成される。

　第1部　問題提起(第I章)
　　鉱物資源の特性を述べ，3大鉱物資源問題を提起する。
　第2部　枯渇問題(第II章から第V章)
　　ここでは枯渇対策として，人類に膨大な量の資源をもたらすと期待される未開発鉱物資源と鉱物資源の量の増大を可能にしてきた鉱業技術の2つを取り上げる。未開発鉱物資源では深海底と南極の資源について，鉱業技術では探査法，選鉱法，製錬・精製法などについて述べる。
　第3部　開発と環境の問題(第VI章と第VII章)
　　鉱物資源開発の各工程で発生する環境汚染源を整理し，汚染防止対策を考えるとともに，深

刻な「鉱害」を経験した日本を例に，汚染と被害の実態を見る。また，開発と環境の問題に関する最近の事例として，国際世論の圧力によって鉱物資源開発が禁止された南極の鉱物資源問題を取り上げる。

第4部　利害対立問題(第VIII章から第XIII章)

　　ここでは，世界の鉱物資源の需給構造，南北問題の背景と歴史的経緯，鉱物資源の貿易制度などを明らかにし，先進国による発展途上国の鉱物資源支配が今日でも依然として続いていることなどを述べる。鉱物資源をめぐる今日の南北利害対立の一例として，第3次国連海洋法会議における深海底開発問題を取り上げる。

第5部　日本の鉱物資源政策(第XIV章)

　　戦後日本の鉱物資源産業の盛衰と鉱物資源政策の変遷を顧み，政策ではその理念，目標，実施体制などについて述べる。また今日の日本の鉱物資源政策の中核をなす資源探査(国内資源，海外資源，深海底資源)，「鉱害」防止，国際協力(ODA事業)，備蓄などを取り上げ，それぞれ経過，成果，現状などを探る。

第6部　今後の目標(第XV章)

　　この章は本書の総括と結論に当たる部分で，直面する3大鉱物資源問題を解決するために日本を含む世界が取り組むべき5分野8目標を提示する。「5分野」とは「技術開発」，「技術移転」，「消費者啓蒙」，「環境対策技術開発」，「相互依存の認識」であり，各分野に1つから3つ(計8つ)の具体的目標を設定している。

　本書は，著者が鹿児島大学で行っている3つの講義，「鉱物資源」(全学教養科目)，「国際資源論」(学部専門科目)，「国際資源論特論」(大学院)の内容をまとめたものである。執筆に当たっては著者のありったけの知識と経験を絞り出すことに努めたが，ある章は浅く，ある章は深く，章によって濃淡がはなはだしい。多岐にわたる事柄をひとりであますところなく記述することなど到底できるはずもないが，著者の浅学のほどを暴露するところでもある。今後も改善の努力を怠らず，内容の充実を図っていくつもりである。

　本書出版までには実に多くの方々にお世話になった。著者は資料収集のために，次に列挙する省庁や法人等を訪問した。一人ひとりの名を記すことは差し控えるが，関係各位の好意ある対応なくして本書の刊行はありえなかったことをまず記したい。経済産業省資源エネルギー庁長官官房鉱業課・同海洋開発室，外務省経済局国際機関第一課・同開発途上地域課・同海洋室，外務省総合外交政策局国際社会協力部地球規模問題課，文部科学省学術国際局国際学術課・同研究開発局海洋地球課，文部科学省国立極地研究所，海上保安庁第十管区海上保安本部水路部，金属鉱業事業団(MMAJ)，国際協力事業団(JICA)，石油公団，深海資源開発株式会社(DORD)。また，水産庁遠洋水産研究所，日本鋼管株式会社(NKK)，三菱マテリアル株式会社，小名浜製錬株式会社は通信による問い合わせや資料請求に対して快く対応していただいた。産業技術総合研究所，金属鉱業事業団，日本鉄鋼連盟，住友金属鉱山株式会社は図や表の引用を快諾してくださり，併せて有益な助言や温

かい激励をいただいた。さらに九州大学出版会における原稿審査の段階では，鹿児島大学法文学部教授皆村武一博士(国際経済システム論)と同理学部教授上野宏共博士(金属鉱床学)に本書の推薦者になっていただいた。以上の方々や機関に心から感謝申し上げる次第である。最後に，本書に一定の価値を認めてくださった審査の方々に対し，厚くお礼を申し上げる。

　なお，本書出版までの過程で著者が最もお世話になった方は，九州大学出版会編集長の藤木雅幸氏である。出版の相談を持ちかけた平成10年夏以来4年以上の長期にわたり親身のご協力をいただいた。校正や装丁では同出版会の二場由起美女史にお世話になった。ここに銘記し，深く謝意を表する。

目　次

序 i

第 I 章　鉱物資源と鉱物資源問題 1

1　鉱物資源とは 1

2　鉱物資源の生成と生成時代 2

　2.1　鉱床の生成 2

　　2.1.1　秩父鉱山の例 2

　　2.1.2　菱刈鉱山の例 5

　2.2　鉱床の生成時代 7

3　鉱物資源問題 7

　3.1　枯渇問題 8

　3.2　環境問題 9

　3.3　利害対立問題 10

4　まとめ 11

文　献 12

第 II 章　未開発鉱物資源──深海底および南極── 13

1　深海底鉱物資源 13

　1.1　マンガン団塊 13

　　1.1.1　産　状 13

　　1.1.2　発　見 15

　　1.1.3　分　布 15

　　1.1.4　成　分 16

　　1.1.5　賦存量 17

　　1.1.6　起　源 17

　1.2　コバルト・リッチ・クラスト 18

　　1.2.1　産　状 18

1.2.2 発　　見 20
1.2.3 分　　布 20
1.2.4 成　　分 21
1.2.5 賦 存 量 22
1.2.6 起　　源 23
1.3 海底熱水鉱床 23
1.3.1 産　　状 24
1.3.2 発　　見 25
1.3.3 海底熱水鉱床に産出する鉱物 28
1.3.4 海底熱水鉱床の鉱物学的分類とその分布 28
1.3.5 海底熱水鉱床の生成過程 31
1.3.6 成　　分 32
1.3.7 賦 存 量 32

2 南極の鉱物資源 33
2.1 種類と分布 33
2.1.1 石　　炭 33
2.1.2 縞状鉄鉱層 33
2.1.3 デュフェク塩基性層状貫入岩体 34
2.1.4 ポーフィリー型銅・モリブデン・金鉱床 35
2.1.5 石油・天然ガス 35
2.2 周辺大陸からの類推 35

3 まとめ 35

文　　献 37

第 III 章　鉱物資源探査，鉱山開発および採鉱 41

1 探　　査 41
1.1 リモートセンシング探査 41
1.2 地質探査 42
1.3 地球化学探査 42
1.4 物理探査 43
1.5 試錐探鉱 46
1.6 菱刈鉱山における探査の例 46

2 鉱山開発 49

3 採　　鉱 51

		3.1 概　要	51
		3.2 菱刈鉱山の採鉱の例	52
	4 まとめ		52
	文　献		53

第IV章　選　鉱 ... 55

1 選鉱とは ... 55

2 前処理──破砕工程および磨鉱工程── ... 56

3 選　鉱 ... 57

   3.1 磁性の差を利用する方法──磁力選鉱法── ... 57
      3.1.1 概　説 ... 57
      3.1.2 磁力選鉱機 ... 57

   3.2 比重の差を利用する方法──比重選鉱法── ... 60
      3.2.1 概　説 ... 60
      3.2.2 振動式テーブル選鉱法 ... 60
      3.2.3 砂金採取の例 ... 61

   3.3 水に対する鉱物表面の濡れやすさの差を利用する方法──浮遊選鉱法── ... 62
      3.3.1 概　要 ... 62
      3.3.2 浮選剤 ... 64
      3.3.3 斑岩銅・モリブデン鉱石の浮遊選鉱の例 ... 65
      3.3.4 複雑硫化鉱(黒鉱)の浮遊選鉱の例 ... 65

4 まとめ ... 69

文　献 ... 69

第V章　製錬および精製 ... 71

1 製錬・精製とは ... 71

2 鉄の製錬と精製 ... 71

   2.1 原料の事前処理──焼結鉱とコークスの製造── ... 71
   2.2 製　銑 ... 73
   2.3 製　鋼 ... 75
   2.4 圧　延 ... 76
   2.5 鋼のいろいろ ... 77

3　銅の製錬と精製 ... 77
3.1　Outokumpu式自溶炉法 ... 77
3.1.1　溶錬工程 ... 78
3.1.2　製銅工程および精製工程 ... 79
3.1.3　電解精錬 ... 80
3.1.4　陽極スライムからの金，銀などの回収 ... 80
3.2　三菱式連続製銅法（MI法） ... 81
3.3　溶媒抽出―電解採取法（SX-EW法） ... 81
3.3.1　概　説 ... 81
3.3.2　リーチング ... 82
3.3.3　溶媒抽出 ... 83
3.3.4　電解採取 ... 84
3.3.5　SX-EW法の特徴 ... 84

4　金・銀の製錬と精製 ... 85
4.1　乾式法 ... 85
4.2　アマルガム法 ... 86
4.3　青化法 ... 86
4.4　CIP法 ... 86
4.5　ヒープリーチング―CIP法 ... 87

5　まとめ ... 87

文　献 ... 88

第VI章　鉱物資源開発と環境問題 ... 89

1　地球環境問題に関する国際世論の高まり ... 89

2　「開発」と「環境」 ... 91

3　鉱物資源開発と環境汚染 ... 91
3.1　浮遊選鉱に伴う環境汚染 ... 92
3.1.1　尾　鉱 ... 92
3.1.2　選鉱廃液 ... 93
3.2　鉄の製錬に伴う環境汚染 ... 93
3.2.1　煤　塵 ... 93
3.2.2　硫黄酸化物 ... 93
3.2.3　二酸化炭素 ... 95

		3.2.4 スラグ	97
	3.3	銅の製錬に伴う環境汚染	97
	3.4	銅の電解精製に伴う環境汚染	98

4 日本の「鉱害」 98

    4.1 時代背景 98

    4.2 環境汚染の種類と汚染源 99

    4.3 被害のいくつかの例 101

        4.3.1 銅鉱山の例 101

        4.3.2 亜鉛製錬所の例 101

        4.3.3 鉛・亜鉛製錬所の例 102

        4.3.4 鉛・亜鉛鉱山の例 102

        4.3.5 ヒ素鉱山の例 102

5 日本の教訓を生かす 103

6 まとめ 103

文 献 104

第VII章 南極の鉱物資源開発問題──「開発」と「環境」をめぐって── 107

1 はじめに 107

2 南極の歴史の区分 107

3 第I期：探検時代 108

4 第II-1期：領土・軍事問題と南極条約締結 110

    4.1 南極条約締結までの経緯 110

        4.1.1 領土・軍事問題 110

        4.1.2 国際地球観測年（IGY） 112

        4.1.3 南極条約の締結 112

    4.2 南極条約の内容 112

5 第II-2期：鉱物資源開発問題と南極鉱物資源活動規制条約締結 113

    5.1 南極鉱物資源活動規制条約締結までの経緯 113

    5.2 南極鉱物資源活動規制条約の内容 114

    5.3 協議国以外の組織等の取り組み 115

        5.3.1 国 連 等 115

        5.3.2 シンポジウム，ワークショップ等 115

  5.3.3 民間の環境団体 116

6 第 II–3 期：環境問題と南極条約環境保護議定書締結 116
 6.1 地球環境と南極環境 116
 6.2 資源開発から環境保護へ——南極鉱物資源活動規制条約棚上げ—— 117
 6.3 南極条約環境保護議定書締結までの経緯 117
 6.4 南極条約環境保護議定書の内容 118

7 なぜ南極の鉱物資源が開発されようとしたのか 119
 7.1 その背景 119
 7.2 先進国における南極鉱物資源開発の意義 119

8 ま と め 120
 8.1 南極は，自然環境だけでなく，政治的にも経済的にもデリケート 120
 8.2 なぜ南極で鉱物資源開発ができなくなったのか 120
 8.3 外部パートナーとの連携 121

文　　献 122

第 VIII 章　鉱物資源の需給構造 123

1 は じ め に 123

2 金属別需給構造 123
 2.1 銅 123
  2.1.1 鉱石生産量 123
  2.1.2 地金生産量 124
  2.1.3 地金消費量 125
 2.2 鉛 125
  2.2.1 鉱石生産量 125
  2.2.2 地金生産量 126
  2.2.3 地金消費量 126
 2.3 亜　　鉛 127
  2.3.1 鉱石生産量 127
  2.3.2 地金生産量 127
  2.3.3 地金消費量 128
 2.4 アルミニウム 128
  2.4.1 鉱石（ボーキサイト）生産量 128
  2.4.2 地金生産量 129

         2.4.3 地金消費量 129
    2.5 ニッケル 130
         2.5.1 鉱石生産量 130
         2.5.2 地金生産量 130
         2.5.3 地金消費量 131
3 国別需給構造 131
    3.1 アメリカ 131
         3.1.1 自給率 131
         3.1.2 輸入の形態と依存先 140
    3.2 イギリス 140
    3.3 フランス 141
    3.4 ドイツ 141
    3.5 日本 141
         3.5.1 自給率 141
         3.5.2 輸入の形態と依存先 142
4 まとめ 143
    4.1 金属別需給構造 143
    4.2 国別需給構造 144
文 献 145

第 IX 章　資源ナショナリズム 147

1 発展途上国における一次産品の経済的位置付け 147
2 発展途上国における鉱物資源開発の歴史的経緯 149
3 資源ナショナリズムの展開 149
4 鉱山の国有化 151
    4.1 コンゴ民主共和国 151
    4.2 ザンビア 151
    4.3 チ リ 151
    4.4 ペルー 153
5 資源カルテル 153
    5.1 カルテル化の背景 153

5.2　銅輸出国政府間協議会（CIPEC） 154
  5.3　国際ボーキサイト連合（IBA） 155
  5.4　タングステン生産国連合（PTA） 155
  5.5　鉄鉱石輸出国連合（AIEC） 156
  5.6　水銀生産者グループ（IGMPC） 157
  5.7　錫生産国同盟（ATPC） 157
 6　ま と め 157
 文　　献 158

第 X 章　南 北 問 題——対立から相互依存へ——　.. 159

 1　南北問題と国連貿易開発会議（UNCTAD） 159
  1.1　南北問題の起こり——南北経済格差の拡大—— 159
  1.2　南北問題解消へ向けて——UNCTAD の開催とプレビッシュ報告—— 159
  1.3　UNCTAD の新しい国際貿易原則 160
  1.4　UNCTAD の目的および組織 161
 2　新国際経済秩序（NIEO）の樹立に関する宣言 162
 3　UNCTAD 一次産品総合計画（IPC） 163
  3.1　一次産品共通基金（CF） 164
  3.2　国際錫協定（ITA） 164
  3.3　UNCTAD タングステン委員会 166
  3.4　UNCTAD 鉄鉱石委員会 166
 4　非鉄金属関連の国際商品研究会 167
  4.1　国際鉛・亜鉛研究会（ILZSG） 167
  4.2　国際ニッケル研究会（INSG） 168
  4.3　国際銅研究会（ICSG） 168
  4.4　国際錫研究会（ITSG） 169
 5　ま と め 170
 文　　献 171

第 XI 章　依然として続く先進国による発展途上国の鉱物資源支配 173
——何が発展途上国の経済開発を阻んできたか——

1　はじめに 173
2　世界の鉱物資源の開発体制 173
2.1　発展途上国はかつて自力で鉱物資源開発を行うことをめざした 173
2.2　発展途上国で鉱物資源開発を行っているのは今も先進国企業である 173
2.3　先進国企業に対する発展途上国の「投資措置」とその後退 175
3　「南北分業」体制と貿易制度 177
3.1　発展途上国はかつて南北経済格差や赤字の解消のために貿易制度の改善をめざした 177
3.2　「南北分業」体制下では南北経済格差は拡大する 177
3.3　現在，鉱物資源の関税制度はどのようになっているか 179
3.3.1　概　　要 179
3.3.2　一般特恵・LDC 特恵と産業保護 179
4　発展途上国は当初の目的を達成できたか 181
5　新ラウンドに臨んで——発展途上国の側から—— 182
6　日本の鉱物資源産業の方向——「おわりに」に代えて—— 183
文　　献 184

第 XII 章　深海底鉱物資源開発問題——国連海洋法条約と南北対立—— 185

1　はじめに 185
2　国連海洋法会議の経緯 185
2.1　ジュネーブ海洋法 4 条約 185
2.2　深海底制度に関するマルタの提案 188
2.3　深海底を律する原則宣言 188
2.4　国連海洋法条約 189
3　深海底鉱物資源の帰属 191
4　深海底鉱物資源の開発制度 191
4.1　深海底鉱物資源探査・開発の基本的条件 191
4.1.1　探査・開発申請の手続き 191

　　　　4.1.2　申請の条件 192
　　　　4.1.3　業務計画の承認要件 192
　　4.2　先行投資決議 192
　　　　4.2.1　先行投資者としての申請の条件 193
　　　　4.2.2　先行投資者の義務 193
　　　　4.2.3　先行投資者の権利 194
　　4.3　条約第 11 部の実施協定 194
5　世界の取り組み 195
6　条約をめぐる南北対立 197
7　国際海底機構の最近の活動状況 198
　　7.1　マンガン団塊のマイニングコードの制定について 198
　　7.2　国際海底機構における今後の審議の方向 199
8　深海底鉱物資源開発問題の根底にあるもの 199
　　8.1　発展途上国における資源ナショナリズム 199
　　8.2　先進国の事情──資源の安定確保をめざして── 201
9　深海底鉱物資源の探査・開発について思うこと──「おわりに」に代えて── 201
　　9.1　深海底鉱物資源開発はリスクの高い事業だ 201
　　9.2　日本にとっての深海底鉱物資源開発の今日的意義 202

文　　献 203

第 XIII 章　日本周辺海域の海洋鉱物資源に対する主権的権利 205
　　　　　　──海洋鉱物資源開発のもう一つの問題──

1　はじめに 205
2　沿岸国の管轄権の及ぶ範囲 205
　　2.1　領　　海 205
　　2.2　E E Z 205
　　2.3　大　陸　棚 206
　　2.4　島 207
3　日本の EEZ および大陸棚 207
　　3.1　排他的経済水域及び大陸棚に関する法律 207
　　3.2　日本の大陸棚調査 207

3.3　日本の管轄権の及ぶ範囲 208

4　日本が抱える近隣諸国との境界問題 209

　　4.1　尖閣諸島をめぐる日本―中国―台湾間の領有権問題 209

　　4.2　東シナ海における日中間の EEZ および大陸棚の境界問題 209

　　4.3　竹島をめぐる日本―韓国間の領有権問題 209

　　4.4　北方四島に関する日本―ロシア間の領有権問題 209

　　4.5　その他の境界問題 210

5　日本近海の海洋鉱物資源の帰属 210

6　ま と め 211

文　　献 211

第 XIV 章　日本の鉱物資源政策 213

1　日本の非鉄金属産業 213

　　1.1　鉱　山　業 213

　　1.2　製　錬　業 214

2　日本の鉱物資源政策の背景・概要と実施体制 214

　　2.1　背景と概要 214

　　　　2.1.1　国内事情——需要の増大—— 214

　　　　2.1.2　国外事情——供給不安—— 214

　　　　2.1.3　日本の鉱物資源政策の概要 216

　　2.2　鉱物資源政策の実施体制 217

3　国内資源の探査・開発 220

　　3.1　広域地質構造調査・精密地質構造調査 220

　　3.2　希少金属(レアメタル)鉱物資源賦存状況調査 224

4　海外資源探査 226

5　深海底鉱物資源探査 228

　　5.1　任意団体「深海底鉱物資源開発懇談会」の設立と活動 228

　　5.2　DOMA の設立と活動 228

　　5.3　技術研究組合「マンガン団塊採鉱システム研究所」の設立と活動 ... 230

　　5.4　DORD の設立と活動 230

6　探査技術開発 ... 232
6.1　陸上鉱物資源の探査技術の開発 ... 232
6.2　深海底鉱物資源の探査技術の開発 ... 232

7　「鉱害」防止 ... 233
7.1　「鉱害」防止に必要な資金の融資など ... 233
7.2　「鉱害」防止工事など ... 234
7.3　坑廃水処理技術開発 ... 234

8　備　　蓄 ... 234
8.1　ベースメタル備蓄 ... 235
8.2　レアメタル備蓄 ... 235

9　国際協力（ODA 技術協力事業） ... 238
9.1　資源開発協力基礎調査・レアメタル総合開発調査・地域開発計画調査など ... 238
9.2　海洋資源調査 ... 240

10　まとめ ... 241

文　　献 ... 241

第 XV 章　人類はいかにして鉱物資源を確保していくか ... 243
―― 3 大鉱物資源問題と 5 分野 8 目標 ――

1　はじめに ... 243
2　鉱物資源の恒久的確保のための理想的目標 ... 243
3　鉱物資源問題対策の 5 分野 8 目標 ... 243
4　低品位鉱から有用金属を回収する技術の開発 ... 245
4.1　天然には一般に金属品位の低い鉱石ほど多量に存在する ... 246
4.2　技術の進歩が低品位鉱の資源化を可能にし，資源量を増やした例 ... 246
4.3　期待される技術開発の方向 ... 247
4.3.1　乾式製錬法による低品位鉱の資源化 ... 247
4.3.2　湿式法による低品位鉱の資源化 ... 249

5　土や普通の岩石から有用金属を回収する技術の開発 ... 249
6　金属スクラップの再資源化技術の開発 ... 252
6.1　鉱物資源開発としてのリサイクリング ... 252

  6.2 金属スクラップのリサイクリングの現状 252

  6.3 日本にとっての金属スクラップの再資源化の意義 254

7 広報および教育活動の展開 255

8 発展途上国開発 255

9 先進国の産業構造調整 256

10 鉱物資源問題における先進国の役割──まとめに代えて (1)── 257

  10.1 技術開発面での先進国の役割 257

  10.2 生産・流通面での先進国の役割 257

  10.3 環境面での先進国の役割 258

11 日本の鉱物資源政策の方向──まとめに代えて (2)── 258

  11.1 この 40 年間に世界の鉱業を取り巻く情勢は大きく変わった 258

    11.1.1 南北関係 258

    11.1.2 東西関係 259

  11.2 この 40 年間に日本の鉱業事情も大きく変わった 259

  11.3 今後の方向 260

    11.3.1 技術開発の推進 260

    11.3.2 自由貿易の推進 260

    11.3.3 国際協力の推進 260

文　献 261

付　表 263

索　引 279

第 I 章

鉱物資源と鉱物資源問題

1 鉱物資源とは

　鉱物資源とは天然の岩石や鉱物，およびそれらが半ば加工されたものを言い，大きく金属と非金属に分けることができる(第 I–1 図)。非金属には，建築材料などとして用いられる花崗岩，安山岩，大理石などの岩石類，陶磁器，煉瓦，瓦などの原料として用いられる粘土類，宝飾品として用いられるダイヤモンド，ルビー，サファイアなどの宝石類，土木材料として用いられる土，砂などがある。

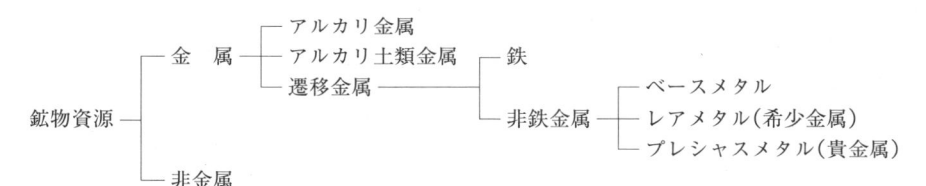

```
                   ┌─ アルカリ金属
             ┌─ 金　属 ─┼─ アルカリ土類金属 ─┬─ 鉄
             │          └─ 遷移金属 ────────┤                ┌─ ベースメタル
鉱物資源 ────┤                                 └─ 非鉄金属 ──┼─ レアメタル(希少金属)
             │                                                 └─ プレシャスメタル(貴金属)
             └─ 非金属
```

第 I–1 図　鉱物資源の分類

　一方，金属は，元素の周期表に従って，アルカリ金属，アルカリ土類金属および遷移金属に分類される。遷移金属は，いろいろな分類の仕方があるが，産業界でよく使われている分類によれば，まず鉄と鉄でない金属(非鉄金属と言う)に分けられる。非鉄金属は種類が多く，物理的・化学的性質もさまざまで，消費量の多少や用途の違いによってベースメタル (base metal)，レアメタル (rare metal) およびプレシャスメタル (precious metal) に分類される。

　ベースメタルとは，建築材料，機械類などに多量に使用される基礎的な金属を言い，代表的なものにアルミニウム，銅，鉛，亜鉛などがある。レアメタルは，希少金属とか希金属とも言われ，地球上に存在量が少ない金属や，量は多くても経済的・技術的に純粋なものを取り出すのが難しい金属を総称するもので，その定義は明確でなく，一部はアルカリ金属やアルカリ土類金属にも及ぶ(第 I–1 表)。代表的なものにチタン，バナジウム，クロム，コバルト，ニッケル，モリブデン，タングステンなどがある。鉄やベースメタルにレアメタルを少量添加することにより，特殊な性質を持つ合金(錆びない金属，熱に強い金属，強靭な金属など)や化合物をつくることができる。レアメタルはこのような特性を有することから「産業のビタミン」と言われ，原子力，航空・宇宙産業，精密機械，軍事産業などの先端産業に幅広く用いられている。プレシャスメタルは，貴金属とも言われ，金，銀，白金などがこれに属し，宝飾品，先端産業などに使用される。なお，金属ではないが，レアメタルと同様先端産業に不可欠な元素にレアアース (rare earth element，希土類とも言う) と呼ばれる一群の

第 I–1 表　元素の周期表(長周期型)

周期\族	1	2	3	4	5	6	7	8	9	10	11	12	13	14	15	16	17	18
1	1H																	2He
2	3Li	4Be											5B	6C	7N	8O	9F	10Ne
3	11Na	12Mg											13Al	14Si	15P	16S	17Cl	18Ar
4	19K	20Ca	21Sc	22Ti	23V	24Cr	25Mn	26Fe	27Co	28Ni	29Cu	30Zn	31Ga	32Ge	33As	34Se	35Br	36Kr
5	37Rb	38Sr	39Y	40Zr	41Nb	42Mo	43Tc	44Ru	45Rh	46Pd	47Ag	48Cd	49In	50Sn	51Sb	52Te	53I	54Xe
6	55Cs	56Ba	57~71*	72Hf	73Ta	74W	75Re	76Os	77Ir	78Pt	79Au	80Hg	81Tl	82Pb	83Bi	84Po	85At	86Rn
7	87Fr	88Ra	89~103**	104Rf	105Db	106Sg	107Bh	108Hs	109Mt									

*ランタノイド	57La	58Ce	59Pr	60Nd	61Pm	62Sm	63Eu	64Gd	65Tb	66Dy	67Ho	68Er	69Tm	70Yb	71Lu
**アクチノイド	89Ac	90Th	91Pa	92U	93Np	94Pu	95Am	96Cm	97Bk	98Cf	99Es	100Fm	101Md	102No	103Lr

灰色の部分がレアメタル。

元素がある。これらは，ランタン，セリウム，テルビウムなど，周期表で原子番号が 57 から 71 までのランタノイドを言う(第 I–1 表)。

本書で扱う鉱物資源は主として鉄と非鉄金属である。

2　鉱物資源の生成と生成時代

2.1　鉱床の生成

　天然には黒鉱鉱床，接触交代鉱床，鉱脈鉱床など成因や産状の異なるさまざまな型の鉱床がある(第 I–2 表)。ここですべての型の鉱床を紹介することは不可能なので，秩父鉱山の接触交代鉱床と菱刈鉱山の鉱脈鉱床の 2 例を取り上げ，それぞれ鉱床のできかたを簡潔に解説する。接触交代鉱床はスカルン鉱床あるいは高温交代鉱床と言われることもある。

2.1.1　秩父鉱山の例

　秩父鉱山(すでに閉山した)の鉱床は日本を代表する典型的な接触交代鉱床のひとつで，鉛，亜鉛，鉄などの鉱石を産出した(第 I–2 表)。宮沢(1977)によれば，鉱床の生成過程は概略次のとおりである(第 I–2 図)。

　鉱山付近には古生代石炭紀・二畳紀(今からおよそ 3 億年前，第 I–3 表)の堆積岩類(砂岩，粘板岩，石灰岩)が広く分布している。砂岩や粘板岩は砂や泥が海底に堆積したものであり，石灰岩は海洋性生物

第I-2表　日本の主な鉱山

鉱山名	会社名	鉱山所在地	主要対象金属	鉱床の生成時代
黒鉱鉱床				
温川鉱山	内の岱鉱業(株)	青森県南郡平賀町	銅・鉛・亜鉛・金・銀	新第三紀中新世 (15 Ma)
古遠部鉱山	三菱金属鉱業(株)	秋田県鹿角郡小坂町	銅・鉛・亜鉛	新第三紀中新世
小坂鉱山	同和鉱業(株)	秋田県鹿角郡小坂町	銅・鉛・亜鉛・金・銀	新第三紀中新世
花岡鉱山	同和鉱業(株)	秋田県北秋田郡花岡	銅・鉛・亜鉛・金・銀	新第三紀中新世
釈迦内鉱山	日本鉱業(株)	秋田県大館市釈迦内	銅・鉛・亜鉛	新第三紀中新世
花輪鉱山	日本鉱業(株)	秋田県北秋田町花岡	銅・亜鉛	新第三紀中新世
土畑鉱山	田中鉱業(株)	岩手県和賀郡湯田村	銅	新第三紀中新世
吉野鉱山	日本鉱業(株)	山形県東置賜郡宮内町	銅・亜鉛・金・銀	新第三紀中新世
接触交代鉱床				
釜石鉱山	日鉄鉱業(株)	岩手県釜石市甲子町	銅・鉄	中生代白亜紀 (110〜120 Ma)
赤金鉱山	同和鉱業(株)	岩手県江刺市伊手	銅・鉄	中生代白亜紀 (109〜111 Ma)
八茎鉱山	日鉄鉱業(株)	福島県いわき市四倉町	銅・鉄	中生代白亜紀以後
秩父鉱山	日窒鉱業(株)	埼玉県秩父郡大滝村	鉛・亜鉛・鉄	新第三紀鮮新世 (8 Ma)
赤谷鉱山	日鉄鉱業(株)	新潟県新発田市上赤谷	鉄	新第三紀中新世
神岡鉱山	三井金属鉱業(株)	岐阜県吉城郡神岡町	鉛・亜鉛・銀	古第三紀初期 (57 Ma)
中竜鉱山	日本亜鉛鉱業(株)	福井県大野郡和泉村	鉛・亜鉛・銀	古第三紀初期 (60 Ma)
山宝鉱山	金平鉱業(株)	岡山県川上郡川上町	銅・鉄	中生代白亜紀
都茂鉱山	中外鉱業(株)	島根県美濃郡美都町	銅・鉛・亜鉛・鉄・銀	中生代白亜紀 (79 Ma)
長登鉱山		山口県美弥郡大田町	銅・コバルト	時代未詳
見立鉱山	ラサ工業(株)	宮崎県西臼杵郡日の影町	錫	中生代白亜紀以後
キースラーガー(層状含銅硫化鉄鉱鉱床)				(鉱床母岩の時代)
下川鉱山	三菱金属鉱業(株)	北海道上川郡下川町	銅	中生代白亜紀以前
田老鉱山	ラサ工業(株)	岩手県下閉伊郡田老町	銅・鉛・亜鉛	中生代白亜紀
日立鉱山	日本鉱業(株)	茨城県日立市宮田町	銅	時代未詳(日立変成岩類)
久根鉱山	古河鉱業(株)	静岡県磐田郡佐久間町	銅	時代未詳(三波川変成岩類)
柵原鉱山	同和鉱業(株)	岡山県久米郡柵原町	銅・鉄	古生代二畳紀
佐々連鉱山	住友金属鉱山(株)	愛媛県伊予三島市金砂町	銅	時代未詳(三波川変成岩類)
別子鉱山	住友金属鉱山(株)	愛媛県新居浜市角野町	銅	時代未詳(三波川変成岩類)
白滝鉱山	日本鉱業(株)	高知県土佐郡大川村	銅・亜鉛	時代未詳(三波川変成岩類)
槙峰鉱山	三菱金属鉱業(株)	宮崎県東臼杵郡北方村	銅	時代未詳(四万十層群)
鉱脈鉱床				
鴻之舞鉱山	住友金属鉱山(株)	北海道紋別市鴻之舞末広町	金・銀	新第三紀中新世
イトムカ鉱山	野村鉱業(株)	北海道常呂郡留辺蘂町	水銀	新第三紀中新世?
千歳鉱山	千歳鉱山(株)	北海道千歳市美笛	金・銀	新第三紀中新世?
*光竜鉱山	合同資源産業(株)	北海道恵庭市盤尻黄金沢	金・銀	新第三紀中新世?
*豊羽鉱山	日本鉱業(株)	北海道札幌市定山渓	鉛・亜鉛・銀	新第三紀中新世
尾去沢鉱山	三菱金属鉱業(株)	秋田県鹿角郡尾去沢町	銅・鉛・亜鉛・金・銀	新第三紀中新世
細倉鉱山	三菱金属鉱業(株)	宮城県栗原郡鴬沢町	鉛・亜鉛・銀	新第三紀中新世
佐渡鉱山	三菱金属鉱業(株)	新潟県佐渡郡相川町	金・銀・銅	新第三紀中新世
根羽沢鉱山	荒川鉱業(株)	群馬県利根郡片品村	金・銀	新第三紀
足尾鉱山	古河鉱業(株)	栃木県上都賀郡足尾町	銅	新第三紀中新世
高取鉱山	千歳鉱山(株)	茨城県西茨城郡七会村	タングステン	中生代
紀州鉱山	石原産業(株)	三重県南牟婁郡紀和町	銅	新第三紀中新世
大和水銀鉱山	大和鉱業(株)	奈良県宇陀郡菟田野町	水銀	新第三紀中新世?
鐘打鉱山	鐘打鉱業(株)	京都府船井郡和知町	タングステン・銅・錫	中生代末期〜第三紀初期
河守鉱山	日本鉱業(株)	京都府加佐郡大江町	銅・銀	中生代白亜紀末?
中瀬鉱山	日本精鉱(株)	兵庫県養父郡関宮町	金・銀・アンチモン	新第三紀
明延鉱山	三菱金属鉱業(株)	兵庫県養父郡大屋町	銅・鉛・亜鉛・錫	中生代白亜紀末期〜第三紀?
生野鉱山	三菱金属鉱業(株)	兵庫県朝来郡生野町	銅・鉛・亜鉛・錫	中生代白亜紀末期〜第三紀?
広瀬鉱山	広瀬鉱業(株)	鳥取県日野郡日南町	クロム	中生代白亜紀
対州鉱山	東邦亜鉛(株)	長崎県下県郡巌原町	鉛・亜鉛	新第三紀中新世末期〜鮮新世末期
三菱尾平鉱山	三菱金属鉱業(株)	大分県大野郡緒方町	錫・銅・ヒ素・銀	新第三紀中新世
大口鉱山	鯛生鉱業(株)	鹿児島県大口市牛尾	金・銀	第四紀更新世 (1.1 Ma)
*菱刈鉱山	住友金属鉱山(株)	鹿児島県伊佐郡菱刈町	金・銀	第四紀更新世 (0.6〜1.1 Ma)
串木野鉱山	三井串木野鉱山(株)	鹿児島県串木野市下名	金・銀	新第三紀中新世 (4.0 Ma)
錫山鉱山	協和鉱業(株)	鹿児島県鹿児島市下福元町	錫	新第三紀中新世 (13.3 Ma)
その他の鉱山				
野田玉川鉱山	新鉱業開発(株)	岩手県九戸郡野田村	マンガン	中生代白亜紀
松尾鉱山	松尾鉱業(株)	岩手県岩手郡松尾村	硫黄	第四紀
人形峠鉱山	動燃事業団	岡山県苫田郡上斉原村	ウラン	新第三紀鮮新世
*春日鉱山	春日鉱業(株)	鹿児島県枕崎市西鹿篭	金	新第三紀鮮新世 (5.0 Ma)
岩戸鉱山	三井串木野鉱山(株)	鹿児島県枕崎市別府	金	新第三紀鮮新世 (4.4 Ma)
*赤石鉱山	三井串木野鉱山(株)	鹿児島県川辺郡知覧町	金	新第三紀鮮新世 (3.7 Ma)

* 2001年9月現在操業中の鉱山。Ma: 100万年。主に日本鉱業協会 (1965, 1968) から抜粋し、編集した。会社名と鉱山所在地名にはその後変更されたものもあるが、そのまま引用した。鉱床の生成時代は新しい文献から引用したが、今後修正されるものもあるかも知れない。

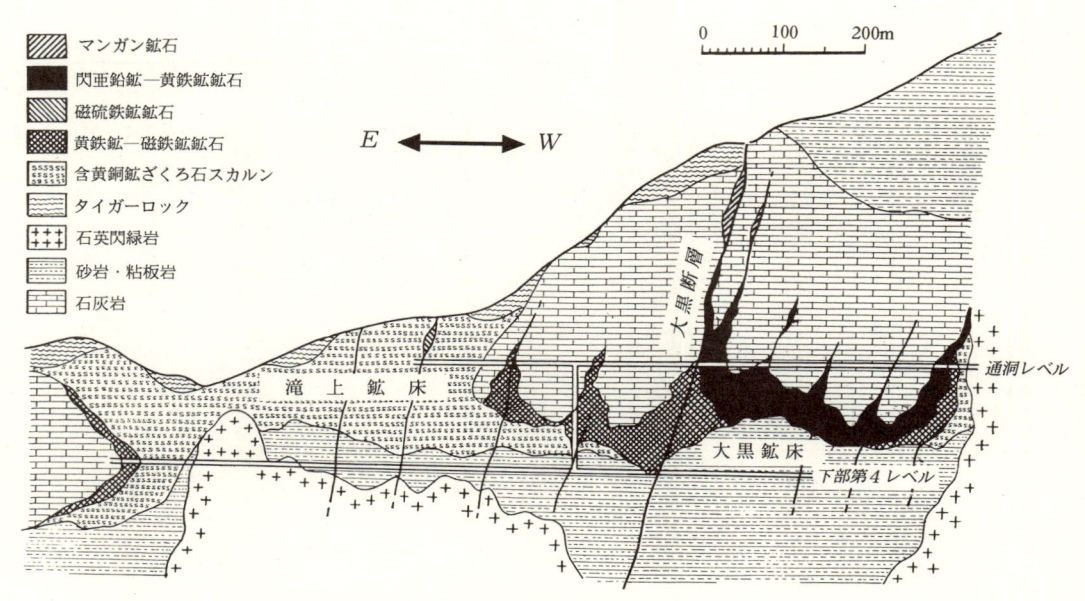

凡例:
- マンガン鉱石
- 閃亜鉛鉱―黄鉄鉱鉱石
- 磁硫鉄鉱鉱石
- 黄鉄鉱―磁鉄鉱鉱石
- 含黄銅鉱ざくろ石スカルン
- タイガーロック
- 石英閃緑岩
- 砂岩・粘板岩
- 石灰岩

第 I-2 図　秩父鉱山大黒および滝上鉱床の東西断面
宮沢 (1977) による。

第 I-3 表　地質年代表

新生代	第四紀		完新世 Holocene	0 (現在)
				0.01
			更新世 Pleistocene	
				2
	第三紀	新第三紀	鮮新世 Pliocene	
				12±2
			中新世 Miocene	
				25±2
		古第三紀	漸新世 Oligocene	
				37±2
			始新世 Eocene	
				58±4
			暁新世 Palaeocene	
				67±3
中生代			白亜紀 Cretaceous	
				135
			ジュラ紀 Jurassic	
				190
			三畳紀 Triassic	
				230
古生代			二畳紀 Permian	
				280
			石炭紀 Carboniferous	
				345
			デボン紀 Devonian	
				395
			シルル紀 Silurian	
				436
			オルドビス紀 Ordovician	
				500
			カンブリア紀 Cambrian	
				564
先カンブリア時代			原生代 Proterozoic	
				1,800 又は 2,600
			始生代 Archaean	
				3,500
			先地質時代	
			地球の誕生	4,600

数字は現在より ×100 万年前。

写真 I-1 秩父鉱山産の鉄鉱石
黒い部分 (mg) は磁鉄鉱 (Fe_3O_4),明るい部分 (py) は黄鉄鉱 (FeS_2)。

の遺骸(珊瑚,有孔虫,貝殻など)が海底に沈積したものである。これらのことから,このあたり一帯はおよそ 3 億年前は海底であったことがわかる。

その後長い時を経て,新第三紀鮮新世(今からおよそ 800 万年前)に,堆積岩類に高温のマグマが貫入し,それが固結して石英閃緑岩が形成された。マグマの貫入により堆積岩中に断層などの割れ目が生じ,また堆積岩は広く熱変成作用や,次に述べる鉱化作用を受けた。

石英閃緑岩から鉛,亜鉛,鉄,イオウなどに富む高温の熱水溶液[*1]が分離した。この熱水溶液は堆積岩中の割れ目を上昇し,石灰岩と反応してそこに重金属類を沈殿させ鉱床を形成した。石灰岩自身も広く変質し,ざくろ石,ベスブ石などのスカルン鉱物に変じた。熱水溶液の通路となった割れ目は何本も存在し,また石灰岩も厚くかつ広く分布するので,鉱床は 1 ヵ所だけでなく,何ヵ所にも生成している。鉱床の大部分は石灰岩を交代して生成しているが,これは,石灰岩が熱水溶液と反応しやすいことによる。もしこの地域に石灰岩が存在せず,砂岩や粘板岩しか存在しなかったならば,砂岩や粘板岩中の割れ目に鉱脈鉱床を形成していたものと思われる。

鉱床が生成してから今日までのおよそ 800 万年の間に風化・浸食が進み,かつて地表下数 km の深さにあった鉱床やスカルン帯の一部が地表に露出し,今日見られるような姿になった。秩父鉱山産鉄鉱石の写真を写真 I-1 に示した。

2.1.2 菱刈鉱山の例

菱刈鉱山は東洋一と言われる大金山で,その鉱床は金のほか銀(概ね金 1 に対して銀 0.6)も産出する

[*1] 熱水溶液とは一般に,シリカ,ハロゲン(フッ素,塩素など),イオウなどのほか,鉛,亜鉛,鉄,銅,金,銀などの重金属が溶けた高温(大略,500〜100°C)の水溶液を言う。溶けている成分の種類や濃度は鉱床によってさまざまに異なる。鉛・亜鉛濃度の高い溶液からは鉛・亜鉛鉱床が,銅濃度の高い溶液からは銅鉱床が生成するが,それらの鉱床には鉛・亜鉛や銅以外にも普通多くの種類の重金属が含まれる。鉱床中で重金属は,金,銀など一部を除き,普通イオウや酸素との化合物として産する。

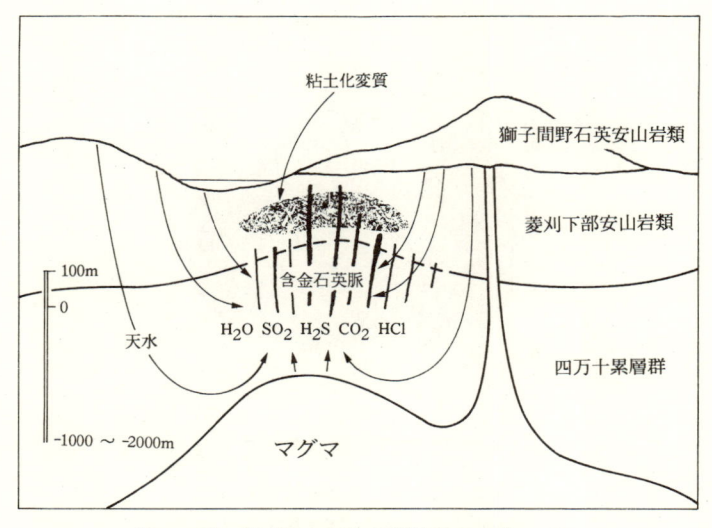

第 I-3 図　菱刈鉱山の金鉱脈鉱床の生成モデル
金属鉱業事業団パンフレット『The Story of a Successful Gold Exploration "The Hishikari Gold Deposit"』から引用した。

典型的な鉱脈鉱床である(第 I-2 表)。付近の地質は，基盤岩の四万十累層群とこれを不整合に覆う第四紀の火山岩類からなる。四万十累層群は，1億～7,000万年前に堆積した頁岩，砂岩からできており，地表には露出していない。火山岩類は，下位から上位へ菱刈下部安山岩類，黒園山石英安山岩類，菱刈中部安山岩類，獅子間野石英安山岩類，菱刈上部安山岩類，シラスとなっている。鉱床は，四万十累層群と菱刈下部安山岩類の中の割れ目を充填した浅熱水性含金銀石英氷長石鉱脈鉱床で，60万～115万年前に形成された(住友金属鉱山資料による)。金属鉱業事業団が描いた菱刈鉱山の鉱床生成モデルは概略次のとおりである(第 I-3 図)。

　天水(雨水や地下水)が長い時間をかけてゆっくりと地中に(火山岩や堆積岩中に)浸み込む。浸み込んだばかりの天水は低温であり，ほとんど重金属成分などは含んでいない。火山地帯のように地下深部にマグマが存在するところでは，地下深く浸み込んだ天水はマグマの熱によって次第に暖められ，やがて対流を始める。

　火山岩や堆積岩には，微量であるがさまざまな金属が含まれている。暖められた天水は，これらの岩石中を対流している間に，岩石からシリカや金，銀，アンチモン，イオウなどの成分を取り込んで，それらの成分に富んだ高温の熱水溶液になっていく。対流が下降から上昇に転じると，熱水溶液は，マグマの貫入によって生じた岩石中の割れ目を地表に向かって上昇し，上昇とともにその温度は次第に低下していく。やがて地表近くに達すると，地下水との会合による温度の急激な低下や圧力低下により，溶けていたシリカや金，銀などが割れ目の中で沈殿し，金銀鉱脈を形成する[*2] (写真 I-2)。

　[*2] 金の起源については，金イオンを含んだ熱水が地下深部のマグマから分離して上昇してきたとするマグマ起源説もある。

写真 I–2　菱刈鉱山の金鉱脈
鉱脈の大部分を占める白い部分は主に石英（SiO_2）。金や銀は，鉱脈中の銀黒と言われる黒い筋の中に濃集している。菱刈鉱山の金鉱石は，金品位が平均 50 g/t ときわめて高い。金属鉱業事業団パンフレット『Mining Activities of Japan』から引用した。

　鉱床生成後の金属濃度が低くなった溶液は，地表に達すると，いわゆる温泉になる。温泉水から重金属物質が沈殿している例も知られ，温泉やその付近から立ちのぼる噴気は鉱床生成後の残った熱水溶液と考えられる。

2.2　鉱床の生成時代

　秩父鉱山の鉱床は今からおよそ 800 万年前に形成され，日本で最も新しい鉱床のひとつである菱刈鉱床でさえ，およそ 100 万年前に形成されたものである。このように鉱床には古い時代にできたものも新しい時代にできたものもある（第 I–2 表）が，どの鉱床も，地球上に人間が出現する遥か前に，長い地球の営みによってゆっくりと形成されたものである。地球は誕生以来 46 億年かけて今日の姿に進化したが，鉱床はその進化過程の産物と言える。

3　鉱物資源問題

　われわれの身の廻りには飛行機，車両，鉄骨，電線，スプーン，硬貨など例を挙げればきりがないほど金属製品が氾濫している。人間は，自然界から金属を採り出し，それをうまく活用して，今日の高い文明を築いてきた。金属などの鉱物資源はわれわれの日常生活に密着し，今やそれを使わない生活は考えられない。今日の便利で豊かな生活は鉱物資源によって支えられていると言ってよい。

　今日の生活レベルを維持し，さらに発展させるには，鉱物資源の持続的確保が不可欠であり，そ

のためには直面する問題を解決していかなければならない．われわれは全人類に共通な多くの鉱物資源問題を抱えているが，著者は，それらの大部分は枯渇問題，環境問題および利害対立問題の3つに集約できると考えている．

3.1 枯渇問題

　世界の金属の消費量は20世紀に入って科学・技術の進歩とともに急激に増大してきた（第I-4図）．とくに第2次世界大戦後は，世界的な経済の活況と高成長とによって先進工業国を中心に消費量が著しく多くなった．例えば，銅で見ると，1900年には50万tであった全世界の地金消費量は50年には300万tに，第1次オイルショック直前の73年には約900万tに膨れあがった．第1次オイルショック後一時的に急激に落ち込んだが，その後76年からは再び増加し，99年には約1,400万tに達している．最近の40年間を見ると，世界の銅，鉛，亜鉛など非鉄金属の消費量はいずれも2倍以上に，アルミニウムの消費量は4倍近くに膨れあがった．また，20世紀になってから資源として使用され始めたニッケルなどのレアメタルも需要が急速に伸びている．

　2000年12月現在の国連加盟国数は189ヵ国であるが，そのうち先進国と言われる国は25ヵ国に

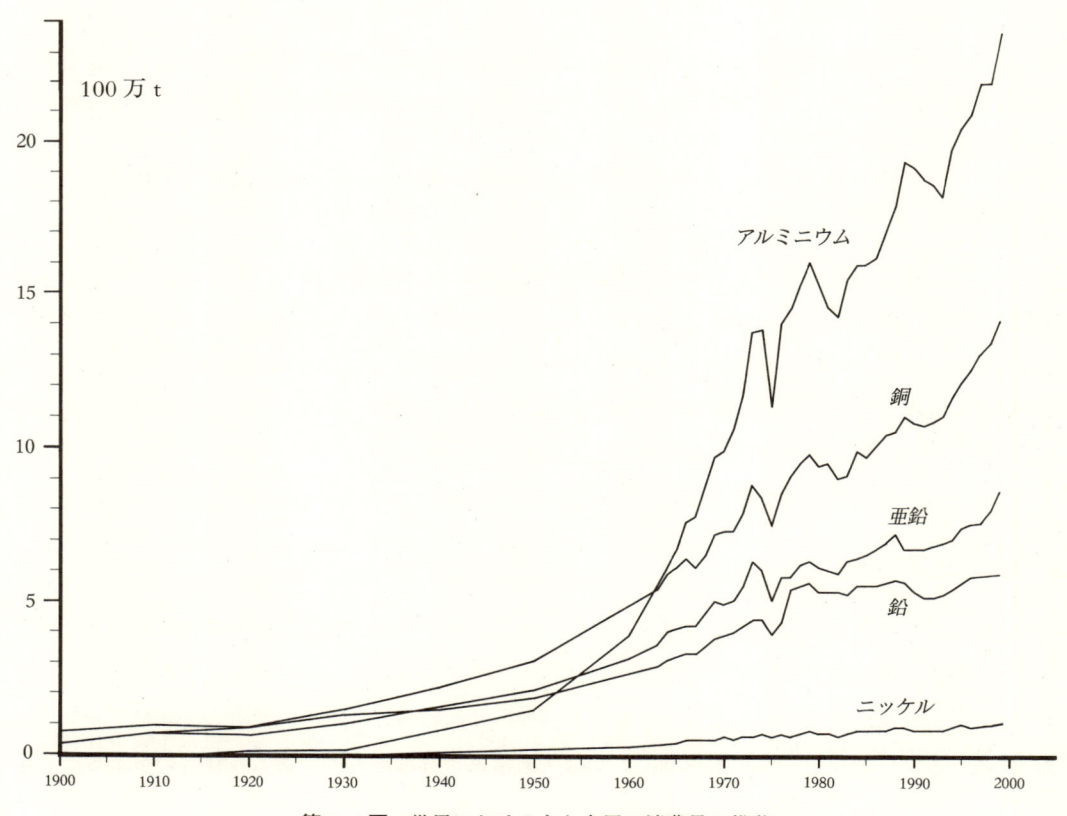

第 I-4 図　世界における主な金属の消費量の推移
志賀・納（1992）に加筆した．

満たない。160ヵ国以上が発展途上国である。発展途上国は先進国との経済格差を縮小させようと，多くは工業化社会への発展を指向している。また，20世紀に入り，世界人口はアジア，アフリカを中心に爆発的に増加している。2000年現在の世界人口はおよそ60億人に達し，毎年9,000万人以上増えている。世界人口の2/3に当たるおよそ40億人が発展途上国の人口である。さらに，90年代に入って，ロシア，中国，モンゴル，東欧諸国，中央アジア諸国など世界のほとんどの社会主義国が市場経済体制へ方向転換している。

以上のように，

○ 先進工業国における鉱物資源消費量のさらなる増加，
○ 世界の大部分を占める発展途上国の工業化政策，
○ 世界人口の爆発的増加，
○ 社会主義国の市場経済体制への方向転換

など，今日の世界情勢を見渡すと，21世紀には，南北，東西を問わず地球上での人類の活動はますます活発になり，鉱物資源の消費には一層拍車がかかっていくことが予測できる(志賀・納，1992)。

ローマ・クラブは『「人類の危機」レポート——成長の限界』(ドネラ・H・メドウズほか，1972) の中で，鉱物資源の消費量がこのまま幾何級数的に増加すると，銅，鉛，亜鉛，金，銀などの金属は30，40年以内に底がつくとし，今後期待される未発見資源の開発，技術進歩，代替素材の開発あるいは再利用の促進など最も楽観的な仮定に立っても，地球という有限のシステムの中で次々枯渇に直面し，来たるべき100年以内に人類の成長は限界点に到達し，人類は悲劇的な破局を迎えるであろうとの警告を発した。国家の順調な発展も，われわれの便利な生活も，鉱物資源の確保によってはじめて約束されるものである。いかに鉱物資源を確保していくか。これが全人類共通の課題になっている。

3.2 環境問題

鉱床から鉱石を採掘する際には鉱石の何倍もの廃石(ズリ)が発生する。採掘した鉱石でさえ，金属品位が1%の鉱石の場合，残り99%は選鉱，製錬，精製の過程で「三廃」になる。極端に言えば，鉱山で採掘したものは，廃石も鉱石も含めて大部分が，何らかの形で廃棄されると言ってよい。鉱物資源開発は，「鉱害」防止対策が十分に講じられなければ，環境への負荷が大きいことは明らかである。鉱物資源開発では，探査から採鉱，選鉱，製錬・精製までのどの工程もが環境汚染の危険をはらんでいる。

日本ではかつて，鉱物資源開発に係わる深刻な環境汚染が発生した。そのうちのいくつかは「鉱毒事件」とまで呼ばれ，大きな社会問題に発展した。野ざらしの固体廃棄物(廃石，選鉱尾鉱，スラグ)や未処理の廃液(坑廃水，選鉱廃水など)に含まれたカドミウム，ヒ素などの重金属が河川や土壌の汚染源となった。重金属汚染は一般に，河川の水質汚染に始まり，河川水を利用した田畑の土壌汚染へ，さらには海洋汚染へと，付近住民の生活の場をむしばみながら拡散していく。重金属は河川では魚

に，田畑では米などの農作物に，そして海では魚，海藻，貝などに蓄積して，それらを死滅させたり，さらにはそれらを摂取した人間の体内に蓄積して甚大な健康被害を与えた。カドミウム中毒やヒ素中毒では多くの人命が奪われた。

他方，製錬で発生した硫黄酸化物，煤塵，粉塵は大気の汚染源となった。硫黄酸化物は，雨水に容易に溶けて酸性度の強い硫酸や硫酸ミストとなり，これらが広域的に降り注いで農作物ばかりか山林の樹木をも枯らし，大規模な自然破壊を引き起こした。樹木のない死の山は保水力を失い，そのため降雨のたびに山肌の土砂が河川に流され，洪水を引き起こし，氾濫した汚泥は川の魚を死滅させ，農地を覆って農作物に壊滅的な打撃を与えた(NHK 社会部，1971, 1973; 環境保全協議会，1992)。

ひとつの国(や地域)で発生する汚染物質は国境を越えて近隣の国や海洋へ移動し，また二酸化炭素や硫黄酸化物などの気体は地球全体に拡散する。鉱業活動それ自体はその国(や地域)の中で行われても，「環境」という視点から見ればまぎれもなく地球規模の問題である。資源開発問題は今や，環境問題の一部として取り込まれ，その枠の中で論じられるようになっている。先に予測したように世界の鉱物資源の消費量は今後も伸び続けるであろう。いかに「開発」と「環境」の調和を図っていくか。これが鉱物資源に係わる 2 つ目の問題である。

3.3 利害対立問題

鉱物資源をめぐる利害対立の中で最も深刻なのは南北対立である。これに匹敵する深刻な対立に東西対立があったが，これは 80 年代末の東西冷戦終結以降解消に向かっているので，ここでは南北対立についてだけ述べることにする。

発展途上国の経済は一次産品輸出に大きく依存し，鉱物資源が経済社会開発のために必要な外貨獲得源として重要な役割を担っている国も多い。発展途上国の鉱物資源は，かつて植民地時代，欧米宗主国資本によって切り開かれたものが多い。発展途上国の多くは，第 2 次世界大戦後独立は勝ち得たものの，その後も経済的には先進国に従属せざるを得ず，依然として欧米資本による植民地的支配は続いた。発展途上国の資源は欧米資本によって搾取され，国家の発展や地域住民の利益にはつながらず，それに対する不満がアジア，アフリカ，中南米各地に広がることとなった。

70 年代に入っても植民地的支配体質は根強く残り，発展途上国の多くが独立国として存在しなかった時代に作られた国際分業体制・ガット体制とそれらに基づく不平等・不公平な国際経済秩序の下ではいつまでも経済的従属から逃れられないとして，77 ヵ国グループ (G77) を中心とした発展途上国は公平でかつバランスのとれた国際社会の実現をめざして新国際経済秩序の確立を要求し，先進国に対して根本的な挑戦を行った。すなわち発展途上国は，自国の資源に対する主権の確立をめざして，先進国資本の排除・規制，発展途上国間の横の連携の強化など，先進国に対抗するさまざまな政策を打ち出し，それらを次々と実行に移していった。その代表的な例は，チリ，ペルー，コンゴ民主共和国(旧ザイール)などで行われた鉱山の国有化や，銅輸出国政府間協議会 (CIPEC)，国際ボーキサイト連合 (IBA) など資源カルテルの相次ぐ結成に見ることができる。発展途上国における資源ナショナリズムは，国家独立を達成した発展途上国の経済的自立への要求であり，先進国に対する

富の公平な分配を求める動きであった。こうして，長年にわたる植民地支配の遺産，強大な経済力，先進的な技術を背景に，発展途上国の資源を欲しいままに入手し，経済成長と繁栄を誇ってきた先進国の経済基盤は大きく揺らぐこととなった(外務省経済局，1975)。

70年代中頃になって，先進国の一次産品問題に対する取り組みの姿勢は変化を示し始めた。先進国は発展途上国との相互依存関係を重視し，発展途上国の成長が先進国経済の健全性に大きく貢献するとの認識を示すに至った。76年の国連貿易開発会議 (UNCTAD) 総会では，発展途上国の輸出関心品目である18の一次産品(この中には銅，錫，鉄鉱石，ボーキサイト，マンガン，燐鉱石の6種の鉱物資源が含まれる)について，過度の価格変動の防止と貿易拡大，発展途上国の輸出所得の改善，発展途上国における一次産品の加工度の向上などを目的とした一次産品総合計画が採択され，引き続き個別産品協議や共通基金創設についての協議が生産国(主として発展途上国)と消費国(主として先進国)の間で精力的に進められた(外務省経済協力局，1982; 千葉，1987; 青山，1997)。しかしここでも再び南北の対立が浮き彫りになり，協議の進展は大幅に遅れることとなった。

80年代末になって，一次産品総合計画の商品協定とは別に，ニッケル，銅，錫に関するそれぞれの国際商品研究会が相次いで設立され，あるいは設立が採択された(外務省総合外交政策局，1996など)。これらの研究会は，主要な生産国と主要な消費国が相互依存の認識の下に協力を強化し，当該金属の需給動向の調査，情報の収集・交換などを通じて加盟国の経済の安定と発展を図ることをめざしている。

以上のように南北間の協調ムードは高まりつつあるものの，利害対立は，UNCTAD，ガットの多角的貿易交渉などさまざまな交渉の場において見られ，今日でも依然として根強く残っている。いかに南北の利害対立を解消していくか。植民地時代の後遺症と言えるこの対立が鉱物資源に係わる3つ目の，しかも最も厄介な問題である。

4 まとめ

(1) 枯渇問題

天然資源と言われるものには農業資源，森林資源，水産資源，鉱物資源などがある。農業資源，森林資源，水産資源は再生産でき，栽培や養殖によって資源量を増やすことが可能であるが，一方鉱物資源は，地球上に人間が出現する遥か前に，とてつもなく長い地球の営みによって形成されたものであり，人間の手によってつくることはできない。これが，他の資源には見られない鉱物資源のきわだった特徴である。

このままの勢いで鉱物資源の消費量が増大していくと，そのうち枯渇してしまうのではないかと心配されている。国家の順調な発展も，われわれの便利な生活も，鉱物資源の長期的，安定的確保によってはじめて約束されるものである。鉱物資源をいかに確保していくか。これが全人類的課題になっている。

(2) 環境問題

　60年代以降，車や工場から排出される排気ガスによる大気汚染，森林伐採・焼畑・放牧による砂漠化，大気中の二酸化炭素・フロンなど温室効果ガス濃度の増加による地球温暖化など，地球規模の環境問題が次々と発生した。72年の「人間環境宣言」の採択以来，人類の生存に係わる地球環境に対する危機意識の世界的高揚とともに，国際世論は環境問題に対してきわめて敏感になってきている。なかでも鉱物資源開発は環境汚染の最たるものとして眼の仇にすらされ，その陰の部分のみが強調される昨今である。

　今日鉱物資源開発は主として発展途上国で行われているが，これらの国では先進国と比べて一般に設備が貧弱で，環境基準も緩やかである。21世紀には，鉱物資源開発に伴う環境汚染は発展途上国で深刻化することが予想される。それをいかにして食い止めるか。これは先進国にとっても，鉱物資源を発展途上国に依存しているだけに見過ごすことのできない重大な問題である。

(3) 利害対立問題

　発展途上国(資源保有国)の多くは，資源を国家の主要な財源とし，それを基盤に経済の発展と安定を図ろうと，先進国(資源消費国)に対してさまざまな策を講じてきた。一方先進国も，順調な経済発展のためには資源の安定確保が大前提であり，その確保に向けてさまざまな策を実施している。このように資源は，発展途上国においても先進国においても重要な位置を占め，資源をめぐっては南北対立がもたらす思惑，先進各国の利害が複雑に絡み合っている。この利害対立が鉱物資源に係わる最も根の深い問題である。

文　献

青山利勝(1997)：開発途上国を考える．勁草書房発行，184p.
千葉泰雄(1987)：国際商品協定と一次産品問題．有信堂発行，366p.
ドネラ・H・メドウズほか(1972)：ローマ・クラブ「人類の危機」レポート——成長の限界(大来佐武郎監訳)．ダイヤモンド社発行，203p.
外務省経済局(1975)：昭和49年度外務省委託調査研究「資源保有国によるカルテル化の動向と今後の見通し」報告書．162p.
外務省経済協力局(1982)：一次産品問題とわが国経済協力の現状．144p.
外務省総合外交政策局(1996)：国際機関総覧1996年版．日本国際問題研究所発行，1030p.
環境保全協議会(1992)：環境破壊の歴史．環境保全協議会発行，541p.
金属鉱業事業団パンフレット『The Story of a Successful Gold Exploration "The Hishikari Gold Deposit"』．
金属鉱業事業団パンフレット『Mining Activities of Japan』．
宮沢俊弥(1977)：接触交代鉱床の研究．宮沢俊弥教授退官記念会発行，231p.
NHK社会部(1971)：日本公害地図．日本放送出版協会発行，294p.
NHK社会部(1973)：日本公害地図(第二版)．日本放送出版協会発行，387p.
日本鉱業協会(1965)：日本の鉱床総覧(上巻)．日本鉱業協会発行，581p.
日本鉱業協会(1968)：日本の鉱床総覧(下巻)．日本鉱業協会発行，941p.
志賀美英・納篤(1992)：鉱物資源——その事情と対策．資源地質，42, 263〜283.

第 II 章

未開発鉱物資源
―― 深海底および南極 ――

1 深海底鉱物資源

資源として注目されている深海底鉱物資源にはマンガン団塊，コバルト・リッチ・クラスト，海底熱水鉱床の3種がある。以下，それぞれ概要を記述する。

1.1 マンガン団塊

1.1.1 産　状

3種の深海底鉱物資源のうち最初に発見され，最も研究が進み，最も開発に近いのがマンガン団塊である。マンガン団塊は深海底の堆積物表面に存在し，径が最大 15 cm 程度の，ジャガイモを押しつぶしたような形状をした黒色〜黒褐色の塊りである(写真 II-1)。表面はブドウ状をなしゴツゴツしているものが多いが，平滑なものもある。断面を見ると，岩石片(火山岩，堆積岩など)，リン灰石，サメの歯などを核とし，その周りに樹木の年輪のような同心円状の成長層をつくっている。乾燥すると，層に沿って剥げる性質を持つ。層の成長速度は，放射性同位元素で測定すると，100万年間に 0.8〜40 mm (普通 2〜10 mm 程度)である。

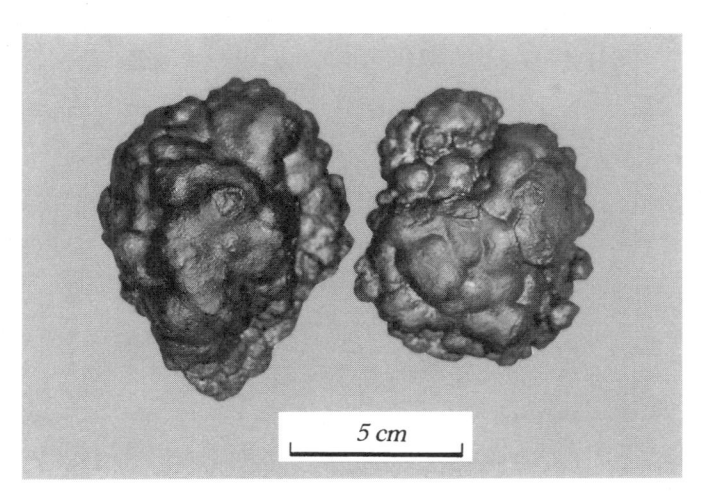

写真 II-1　マンガン団塊
ブドウ状組織がよく発達している。団塊の大きさは直径約 10 cm。ハワイ南東海域「マンガン団塊ベルト」産。サンプルは金属鉱業事業団から提供された。

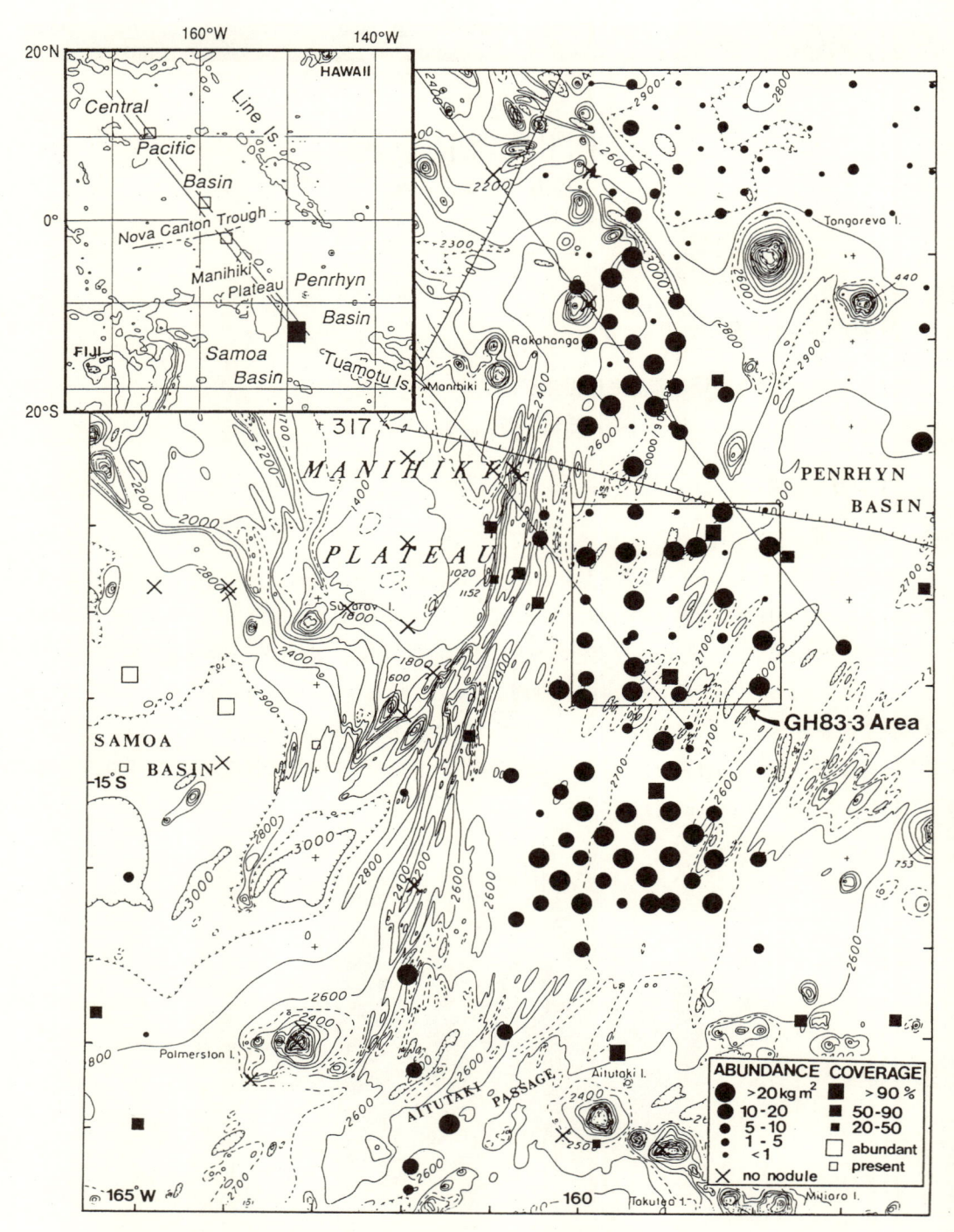

第 II-1 図 マンガン団塊の濃集量と海底面での占有率(南西太平洋のペンリン海盆の例)
USUI et al. (1994) による(産業技術総合研究所承認番号: 第 75000–20020614–1 号)。

マンガン団塊は，分布密度の高いところでは海底をびっしりと敷きつめている。ハワイ南東の「マンガン団塊ベルト」（通称「マンガン銀座」）と呼ばれる海域[*1]では，マンガン団塊の濃集量は平均 9.2 kg/m^2，最大 25.9 kg/m^2，海底面の占有率は平均 43%，最大 70% である。南西太平洋のペンリン海盆（Penrhyn Basin）では，水深 5,100～5,300 m の海底に平均 13.9 kg/m^2，最大 40 kg/m^2 のマンガン団塊が濃集し，海底面の平均 57%，最大 90% を覆っている（第 II–1 図，Usui et al., 1993b）。

マンガン団塊は，濃集量だけでなく，個々の大きさ，形，内部構造，成長速度，化学組成などが地域によって大きく変化する（Glasby, 1977; Cronan, 1980 など）。

1.1.2 発　　見

マンガン団塊の発見は，イギリスの海洋調査船チャレンジャー号が世界一周探検（1872–1876）の際，1873 年 2 月大西洋 Ferro 島（モロッコ沖の Canary 諸島）の南西約 300 km の深海底から黒色楕円体状の団塊を引き揚げたのが最初と言われている（Glasby, 1977）。それに続いて，多量のマンガン団塊が大西洋，インド洋，太平洋からも次々と発見された。当時は今日ほど世界の鉱物資源の需要は多くなく，資源が切迫した状況になかったため，資源としてはほとんど注目されなかった（松本，1990）。マンガン団塊が鉱物資源として価値が認識されるようになったのは金属の需要が急激に伸びた第 2 次世界大戦後（1960 年代に入ってから）である。1962 年にはアメリカのケネコット社が全大洋で広範なマンガン団塊調査を開始し，68 年にはアメリカでマンガン団塊開発を目的としたディープシー・ベンチャー社（U.S. スチールの前身）が設立された。そして，70 年代に入ると，アメリカをはじめイギリス，日本，カナダ，西ドイツ，フランスなど先進国の有力企業が，独自にあるいは国際ジョイントベンチャーを結成して，マンガン団塊の商業的開発をめざし積極的な活動を展開するようになった。

1.1.3 分　　布

マンガン団塊の分布は多くの研究者によりまとめられてきた（例えば，Horn et al., 1972; Skornyakova, 1976; Cronan, 1977, 1980; Andreev et al., 1984; 臼井ほか，1994）。マンガン団塊は太平洋，大西洋，インド洋，北極海，南極海など全世界の深海底に広く分布する（第 II–2 図）。とくに水深 4,000～6,000 m の深海底に濃集する傾向があるが，深海の海底面でなく比較的浅い海山の山頂や中腹に分布するものもある。例えば，伊豆・小笠原弧の天保海山では，水深が 1,100～1,500 m の山頂から中腹にかけて発見されている（臼井ほか，1992; Usui et al., 1993a）。

太平洋を見ると，マンガン団塊は赤道を挟む南北両海域に高密度に分布する。とりわけ「マンガン団塊ベルト」はマンガン団塊の密度が高い。南太平洋諸国の東方海域にも濃集している。これらの海域を取り囲んで，低濃集海域が広く分布する。低濃集海域は，南北アメリカ大陸の西海岸から

[*1] ほぼ北緯 7～15 度，西経 120～155 度のハワイ南東海域からアメリカ西海岸にかけて東西に延びる帯状の海域を指す。この海域は，地質学的には Clarion および Clipperton 断裂帯の間に位置する。

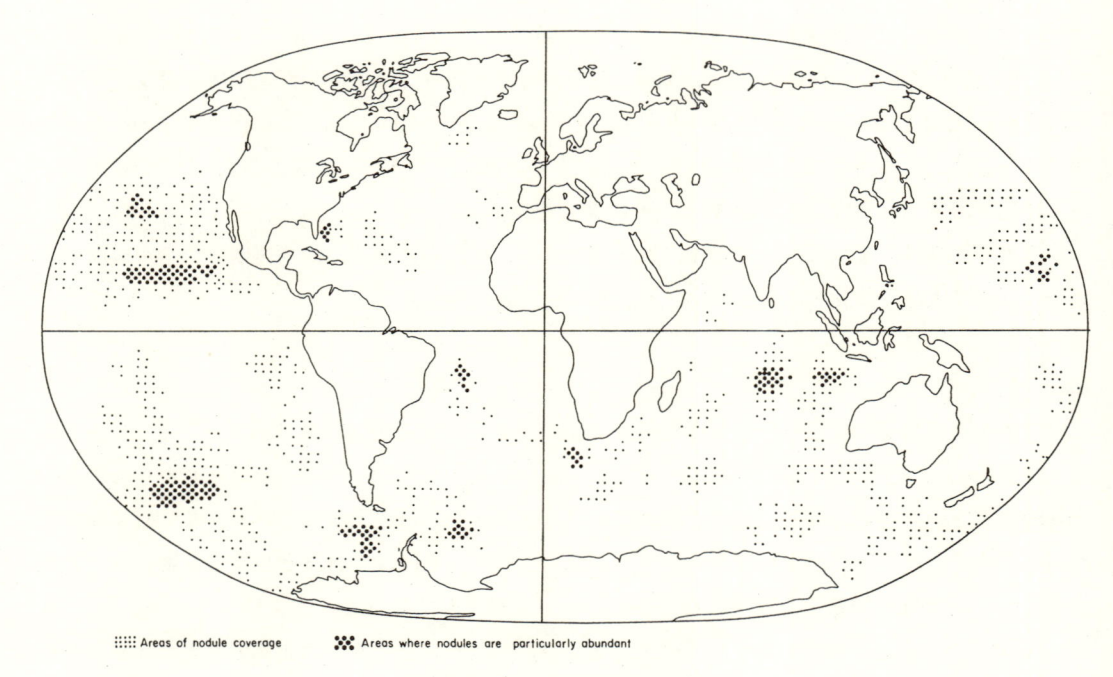

第 II-2 図　マンガン団塊の分布
CRONAN (1980) による。

東アジア・南太平洋諸国・ニュージーランド近海まで分布し，太平洋の大部分をカバーしている。日本近海でも三陸沖，伊豆・小笠原・マリアナ海域，沖縄東方海域など多くの海域に分布している（臼井ほか, 1994）。

またマンガン団塊は，海洋だけでなくアメリカの五大湖など世界の大きな淡水湖の湖底にも存在すると言われている（GLASBY, 1977）。

1.1.4　成　分

マンガン団塊を構成する主な物質はマンガンや鉄の酸化物や水酸化物である。マンガン鉱物には3種，すなわち海水起源の vernadite，続成起源の buserite，熱水起源の todorokite が存在するが，詳しい形成環境はまだはっきりしていない（臼井, 1983; USUI et al., 1993b）。

マンガン団塊はマンガン（普通15％以上），鉄（普通10％以上），ケイ素（8〜12％），アルミニウム（2〜4％），ナトリウム（約2％），マグネシウム（約2％）などからなる（CRONAN, 1980）が，その他多くの微量成分を含み，組成的にはかなり複雑である。鉱物資源として重要な金属として，マンガンと鉄のほか，銅，ニッケル，コバルトなどを含む。銅，ニッケル，コバルトの含有量はそれぞれ普通1％以下（全岩組成で）であるが，産地によって大きく変動する（第II-1表）。「マンガン団塊ベルト」から産したマンガン団塊は銅，ニッケルをそれぞれ平均1.02％，1.28％含み，鉱石としての品位は現在採掘されている陸上鉱床のものに比べて遜色がない。

第 II-1 表 マンガン団塊の平均的化学組成（重量 %）

場　所	水深 (m)	Mn	Fe	Cu	Ni	Co	Zn	Pb	文　献
マンガン団塊ベルト (Manganese Nodule Belt)	4,400–5,200	25.4	6.9	1.02	1.28	0.24	0.140	0.045	Haynes et al. (1986)
太平洋中央海盆 (Central Pacific Basin)	5,000–5,500	19.3	14.5	0.38	0.56	0.32	0.065	0.080	Usui and Moritani (1992)
ペンリン海盆 (Penrhyn Basin)	5,100–5,300	17.3	16.1	0.22	0.43	0.42	0.059	0.084	Usui et al. (1993b)

第 II-1 表から明らかなように，一般にマンガンと鉄は負の相関を示し，マンガンが高いほど，銅とニッケルが高くコバルトは低いという傾向がある。この傾向は，マンガン団塊内部の組成変化を見ても同じである。第 II-3 図はマンガン団塊の一断面におけるそれらの金属の組成変化を見たものである（Sorem and Fewkes, 1979）が，相関関係は今述べた傾向とほぼ同じである。これは上記の異なる起源を反映している。

1.1.5　賦存量

マンガン団塊は，銅資源として，またマンガンやニッケル，コバルトなどのレアメタル資源として注目されている。総賦存量については広大な海洋の全域を調査しなければ判明しないが，北太平洋の濃集部については Mero (1977)，Archer (1979)，McKelvey et al. (1979) などによって見積りがなされている。Archer (1979) の見積りによれば，「マンガン団塊ベルト」の一部を含むとりわけ有望な海域だけに限っても，埋蔵量は 230 億 t（乾燥後の重量）に達する。その中には銅が 2 億 3,000 万 t（平均品位 1.02％ として），ニッケルが 2 億 9,000 万 t（平均品位 1.28％ として），コバルトが 5,000 万 t（平均品位 0.24％ として）含まれることになり，1999 年における世界の消費量を基準にすると，銅は 15～20 年分，ニッケルは 250～300 年分，コバルトは実に 2,000～3,000 年分存在することになる。この見積りには濃集量（1 m² 当たりの kg），海底面での占有率，品位の均質性など多くの仮定が含まれているが，いずれにしても，世界の海洋全体を考えると，その資源量は陸上資源に比べて遥かに莫大なものと言える。

1.1.6　起　源

マンガン団塊の起源は，それを構成するマンガン酸化物の鉱物種によって海水起源 (hydrogenetic origin)，続成起源 (diagenetic origin) および熱水起源 (hydrothermal origin) の 3 つに分類されている（臼井，1983; Usui et al., 1993b; 臼井ほか，1994）。海水起源のものは北西太平洋（日本近海）から南西太平洋（フィジー東方海域）にかけての海域に，続成起源のものは「マンガン団塊ベルト」を中心とするハワイ南東からアメリカ西海岸にかけての海域に，そして熱水起源のものは東太平洋海膨（北緯 9 度）や伊豆・小笠原弧の西七島海嶺（天保海山）など海底火山活動の活発なあるいは活発だった海域にそれぞれ分布している。伊豆・小笠原弧の天保海山には，熱水起源のマンガン酸化物を核としそれを海水

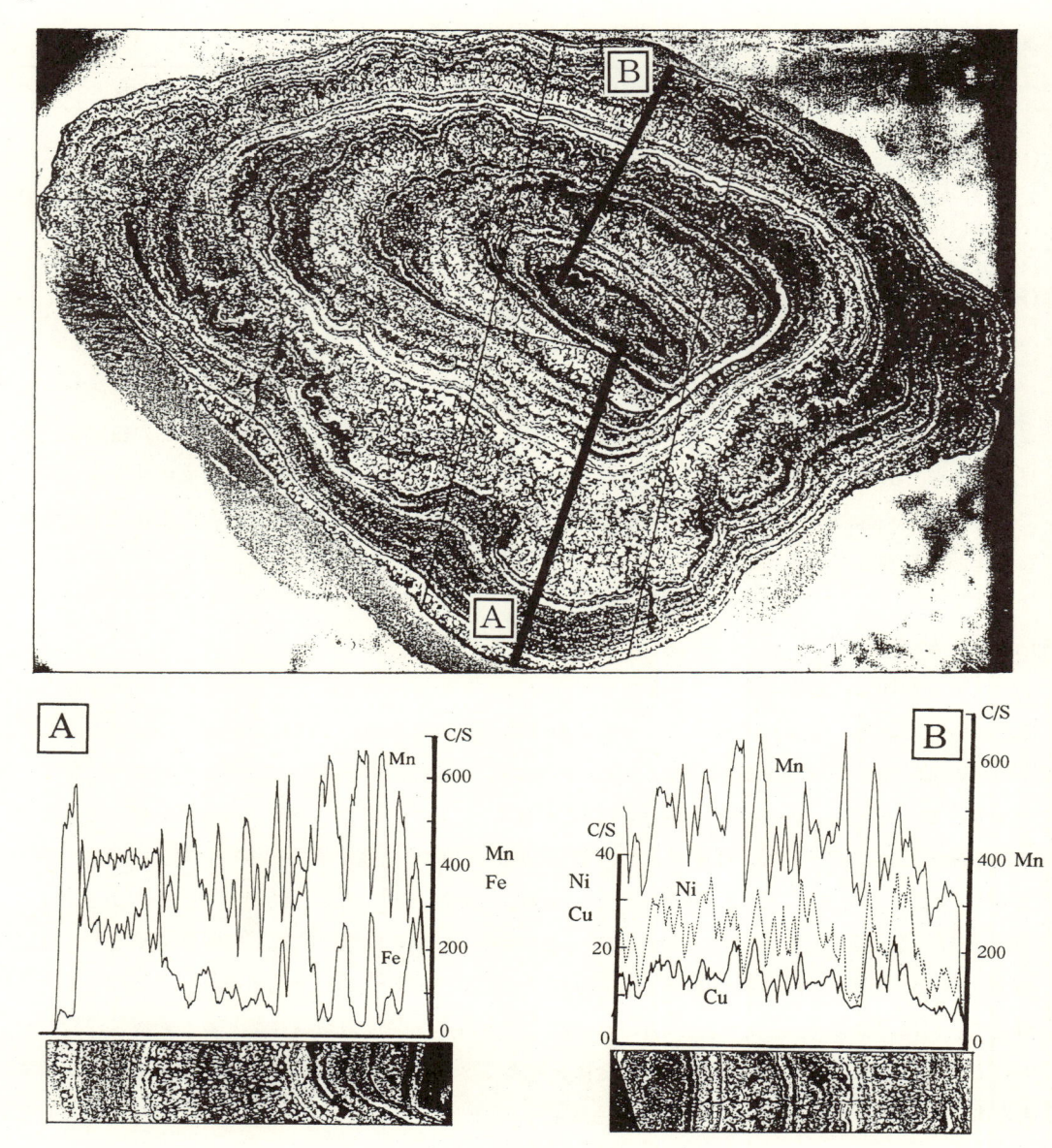

第 II-3 図　マンガン団塊の内部構造と組成変化
SOREM and FEWKES (1979) による。

起源のマンガン酸化物が覆うマンガン団塊も存在する(臼井ほか, 1992)。

1.2　コバルト・リッチ・クラスト

1.2.1　産　状

　　海山や海台の斜面や頂部において，基盤岩(玄武岩，リン灰岩～リン灰土，凝灰岩，石灰岩など)の表面を厚さ数 mm～十数 cm の皮殻状をなして薄く覆っているものをクラスト (crust) と言う(写真 II-

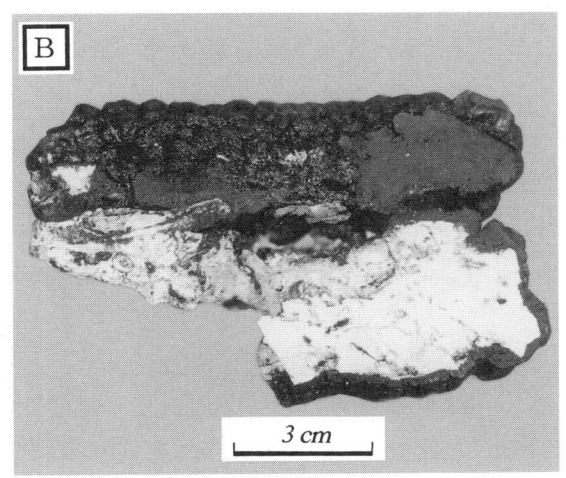

写真 II-2 コバルト・リッチ・クラスト
A：表面（海水に接する側）。ブドウ状組織がよく発達している。
B：断面。クラスト（黒色）は基盤のリン灰岩（白色）を覆っている。クラストの厚さは約 3 cm。南鳥島周辺海域産。サンプルは金属鉱業事業団から提供された。

2）。クラストは，マンガンおよび鉄を主成分としていることからマンガンクラスト（manganese crust）とも言われる。マンガンクラストの中でもとくにコバルト含有量が高いものはコバルト・マンガンクラスト（cobalt manganese crust）あるいはコバルト・リッチ・クラスト（cobalt-rich crust）と呼ばれ，単にコバルトクラスト（cobalt crust）などと呼ばれることもある。ここではコバルト・リッチ・クラストと呼ぶことにする。

コバルト・リッチ・クラストは，太平洋，大西洋，インド洋の水深 5,000〜5,500 m の大洋底から比高 3,000〜3,500 m 立ち上がった海山や海台（水深ほぼ 800〜2,800 m）の斜面や頂部に，基盤岩を覆って存在する（原田，1986；三澤ほか，1987；野原，1987；臼井ほか，1987；東海大学 CoRMC 調査団，1991

など)。形状はマンガン団塊と異なるものの，色は黒色～黒褐色で，表面はブドウ状組織を示し，マンガン団塊と類似する点も多い(写真 II–2 の A)。クラストは厚いものになると 2～3 層の層状構造をなすことが多く，この点もマンガン団塊と類似している。

1.2.2 発　　見

深海底にマンガンクラストが存在することは 1960 年代から知られていたが，マンガン団塊に比べて銅品位が低く，当時鉱物資源としてはあまり注目されなかった。しかし，次に述べるように，80 年代に入り，中部～西部太平洋海域の海山や海台にコバルト・リッチ・クラストが広範囲に分布していることが確認されると，海洋の新しい鉱物資源として一躍脚光を浴びることとなった[*2]。

コバルト・リッチ・クラストの最初の組織的な調査は，81 年に中部太平洋のライン諸島近海で実施された西ドイツとアメリカによる共同調査(MIDPAC '81 研究航海)であった。この調査で，ライン諸島の水深 800～2,400 m の海山の山麓から山頂にかけて 1% 以上のコバルトを含む高品位のクラストが大量に発見された (HALBACH et al., 1982)。アメリカは 83 年にライン諸島近海で，84 年にマーシャル諸島近海とハワイ諸島近海で，それぞれ調査を実施し (CRONAN, 1984)，84 年には西ドイツもハワイ諸島南方の中央太平洋海山で調査を実施した (HALBACH and MANHEIM, 1984)。日本は，85 年と 86 年に東海大学海洋学部のコバルトクラスト調査団が南鳥島近海で調査し(三澤ほか，1987; 東海大学 CoRMC 調査団，1991)，86 年には工業技術院地質調査所(現産業技術総合研究所)が小笠原海台周辺海域で調査を行った(臼井ほか，1987)。86 年にはフランスもツアモツ諸島近海で調査を実施している。

1.2.3 分　　布

コバルト・リッチ・クラスト鉱床の調査研究は歴史が浅く，分布はまだ十分には明らかになっていない。海山や海台は太平洋，大西洋，インド洋など世界の大洋に広く分布し，太平洋だけでも 10,000 個存在すると言われている(石井，1988b)。世界の海山のうちこれまでコバルト・リッチ・クラスト調査が精力的に行われたのは，ハワイ諸島から伊豆—マリアナ海溝にかけての中部～西部太平洋海域においてのみである。太平洋におけるコバルト・リッチ・クラスト鉱床の潜在的分布域(桂，1987) を第 II–4 図に示した。

1% 以上のコバルトを含有する高品位のクラストは，太平洋だけでなく，大西洋，インド洋からも報告されている(桂，1987)。また，日本海やフィリピン海(九州—パラオ海嶺など)からもコバルト含有量が 0.2～0.6% とやや高いクラストが発見されており(石井，1988a)，コバルト・リッチ・クラスト鉱床は広域的分布を示す可能性がある。

石井 (1988b) によると，太平洋に存在する海山，海台および海洋島はほとんどが火山と考えられている。これらの火山は線状配列を示し，ホット・スポット説で説明されている。これらの火山の

[*2] コバルトは超合金の製造に不可欠な金属であり，戦略的重要性が高い。またコバルト・リッチ・クラストは各国の排他的経済水域内に分布することが多く，沿岸国にとって開発をするうえで国際法上の問題が少ない。

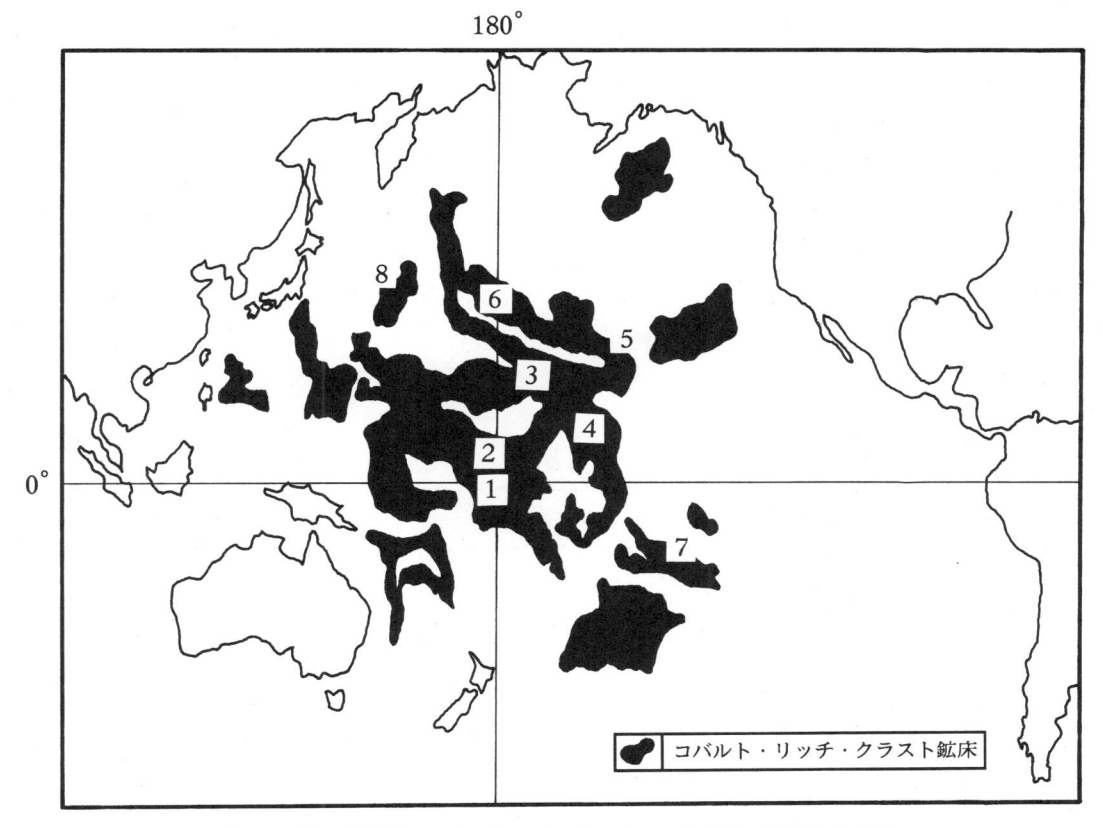

第 II–4 図 太平洋のコバルト・リッチ・クラスト鉱床の潜在的分布域
1: キリバス諸島，2: マーシャル諸島，3: ジョンストン島，4: パルマイラ島，5: ハワイ諸島，6: ミッドウェー島，7: ポリネシア，8: ウェーク島。桂 (1987) による。

生成年代は，現世から 1 億数千年に及んでいる。中部〜西部太平洋のコバルト・リッチ・クラスト鉱床は，1 億年以上の古い海底(太平洋プレート)に乗った比較的若い巨大な火山に伴っていると言える。

1.2.4 成　分

コバルト・リッチ・クラストはマンガン団塊同様，フェロ・マンガン酸化物からなる。マンガン酸化物は，主に海水起源に特有の vernadite であり，続成起源または熱水起源を示す buserite や todorokite はまれである(原田, 1986; 湯浅・横田, 1986; 野原, 1987; 臼井ほか, 1987)。鉄はその大部分が隠微晶質(野原, 1987)または非晶質(原田, 1986)な水酸化物(褐鉄鉱)を形成している。

含有金属はマンガン，鉄，銅，ニッケル，コバルト，亜鉛，鉛などで(第 II–2 表)，ほぼマンガン団塊と同様であるが，コバルトの品位が高く(0.5〜1%)，一般にマンガン団塊(通常 0.2〜0.4%)の 2〜3 倍，陸上コバルト鉱山(通常 0.1%)の数倍〜10 倍に当たるコバルトを含有する。逆に銅の品位は通常 0.05〜0.15% であり，マンガン団塊に比べてかなり低い。しかし化学組成は，海域により，また同じ海域でも水深などにより大きく変動する。水深との相関性については，浅いほどコバルト品位が高

第 II-2 表　コバルト・リッチ・クラストの平均的化学組成（重量%）

場　所	水深（m）	Mn	Fe	Cu	Ni	Co	Zn	Pb	文　献
中部太平洋									Halbach (1986)
ハワイ南方		17.7	10.7	0.120	0.33	0.51	0.077		
ライン諸島		22.8	11.6	0.057	0.62	0.98	0.094		
ジョンストン島		25.2	12.9	0.073	0.64	1.02	0.086		
中央太平洋海山群		22.5	14.6	0.082	0.53	0.83	0.085		
小笠原海台周辺海域	790–2,780	20.43	13.57	0.082	0.48	0.56	0.070	0.18	臼井ほか (1987)
マリアナ海溝北東海山									野原 (1987)
サンプル番号 47		25.25	16.69	0.05	0.53	1.01	0.06	0.26	
サンプル番号 57		24.53	5.13	0.08	0.77	0.66	0.10	0.24	

第 II-3 表　南鳥島近海の海山から採取したプラチナ・コバルトクラストの化学組成（重量%, Pt は ppm）

水深（m）	Mn	Fe	Cu	Ni	Co	Zn	Pb	Pt
1,240	21.27	5.41	0.13	0.77	0.43	0.10	0.14	1.20
	19.34	4.27	0.10	0.64	0.49	0.09	0.13	1.00
	23.84	9.41	0.11	0.70	0.67	0.09	0.18	2.30
	24.42	15.88	0.08	0.62	0.78	0.08	0.21	2.50
	20.67	5.88	0.08	0.69	0.49	0.10	0.14	2.80

東海大学 CoRMC 調査団 (1991) から抜粋した。

い傾向があり，水深が 1,500 m より浅いところには最高 2% のコバルトを含むクラストが産することもある(原田, 1986)。また，海域の北上とともにコバルト，ニッケル品位が低下するという，組成と緯度との関係も指摘されている(鶴崎, 1987)。

　日本近海の南鳥島周辺海域や小笠原海台からは白金をそれぞれ 1～2 ppm（第 II-3 表，東海大学 CoRMC 調査団, 1991），0.4～0.5 ppm（石井, 1988a）含むクラストが発見されている。コバルトのほか白金の含有量も高いこのようなクラストはプラチナ・コバルトクラストあるいはプラチナクラストなどと呼ばれ(石井, 1988a)，プラチナ資源としての興味が持たれている。

1.2.5　賦存量

　ハワイ群島周辺の海山域におけるコバルト・リッチ・クラストの平均被覆率は約 40% と推定されている(原田, 1986)。ハワイ列島では北西ほど，すなわち生成年代が古いほどコバルト・リッチ・クラストの厚さが厚くなり，ミッドウェー島とオアフ島の中間のリーウァード海域(水深 1,200 m)では厚さが平均 25～50 mm に達する。そこでは濃集量も 1 m^2 当たり 50～100 kg と多く，鉱床は相模灘と同じくらいの面積を持つ(益田, 1983)と言われている。

　現在までのアメリカの調査によれば，極めて粗い見積りに過ぎないが，太平洋におけるアメリカの排他的経済水域内に賦存するものだけでも 40 億 t と推定されている(資源エネルギー庁, 1989)。コバルトの平均品位を 1% とすると，この中には 4,000 万 t のコバルトが含まれる計算になり，これは

99 年の世界の年間消費量の 1,500～2,000 年分に当たる。

1.2.6 起　源

先に「1.2.1 産状」で，厚いコバルト・リッチ・クラストには 2～3 層の層状構造が認められることが多いと述べた。これらの層はクラストの成長ステージを表わすと考えられている(HALBACH, 1986; 原田，1986; 三澤ほか，1987; 臼井ほか，1987; 野原，1987)。

中部太平洋のマンガンクラストは，基盤岩に接する側の古期クラストと海水に接する側の新期クラストの 2 層に区分され，両者は鉄，マンガン，コバルトおよびリン酸塩の含有量に顕著な差違がある。HALBACH (1986) は，放射性同位体による年代測定の結果と合わせて，両者の違いを汎地球的な海洋環境の変化と対応付けて説明している。

一方小笠原海台周辺のコバルト・リッチ・クラストには明らかに異なる 3 つの成長ステージが認められる(臼井ほか，1987)。すなわち，リン酸塩岩の基盤に接する最も内側の層は，0.1 μm 程度のコロイド粒子状の黒色緻密な鉄・マンガン酸化物からなり，層内にリン灰石を含有する。中間層は多孔質で，その孔隙は砕屑物で充填されている。この中間層は限られた試料にしか認められない。海水に接する表面の層は土状黒色を呈し，内部には波状の成層構造が卓越する。これらの 3 つの層のマンガン酸化物はいずれも海水起源の vernadite (δ-MnO$_2$) である。

これまでのコバルト・リッチ・クラストの成因に関する研究をまとめると，次のとおりである。

○ 大部分が海水起源である。
○ 層状をなし，基盤に接する内側の層から外側の層へと順に成長していった。中部太平洋の古期クラストの生成期は 1,600 万～900 万年前，新期クラストの生成期は 800 万年前～現在と推定されている。その成長速度は 100 万年間にそれぞれ平均約 4.8 mm，2.7 mm 以下であり，若い世代の成長速度は非常に遅いと推定されている。
○ 古期クラストと新期クラストは化学組成に差違があり，コバルトは新期クラストに濃集している。
○ コバルト・リッチ・クラストの生成はリン酸塩の生成と密接な関係がある。
○ コバルト・リッチ・クラストの生成には海洋環境の変化が重要な役割を果たした可能性がある。

1.3　海底熱水鉱床

海底熱水鉱床は，資源としての興味だけでなく，つくられつつある鉱床として自然科学的興味の対象ともなっている。海底熱水鉱床は 70 年代以降世界で最も活発に研究されてきた鉱床と言ってよい。それだけにその概要は多くの研究者によってまとめられてきた(例えば，RONA, 1978; CRONAN, 1980; 水野，1983a, b; 志賀，1996 など)。

1.3.1 産　状

海底熱水鉱床は，海底火山活動に関係する熱水活動に伴って形成されたものである。すなわち，金属などに富む 200～350°C の熱水溶液が海底から海中に噴出し，それが海水によって急速に冷やされ，金属を多量に含んだ硫化物や酸化物として凝固したものである(写真 II-3)。

ここで，東太平洋海膨北緯 21 度付近に見られる多金属塊状硫化物鉱床(第 II-5 図)を例に，海底熱水鉱床の産状を概説する。ここの鉱床地帯は水深 2,500～3,500 m の海嶺中軸部[*3]にあり，幅 100～

写真 II-3　海底熱水鉱床から採取された硫化物
大部分が黄鉄鉱（FeS_2）からなる。黄鉄鉱は径 1 mm 以下の微細な結晶の集合体をなし，表面は酸化して褐色を呈する。東太平洋海膨産。サンプルは金属鉱業事業団から提供された。

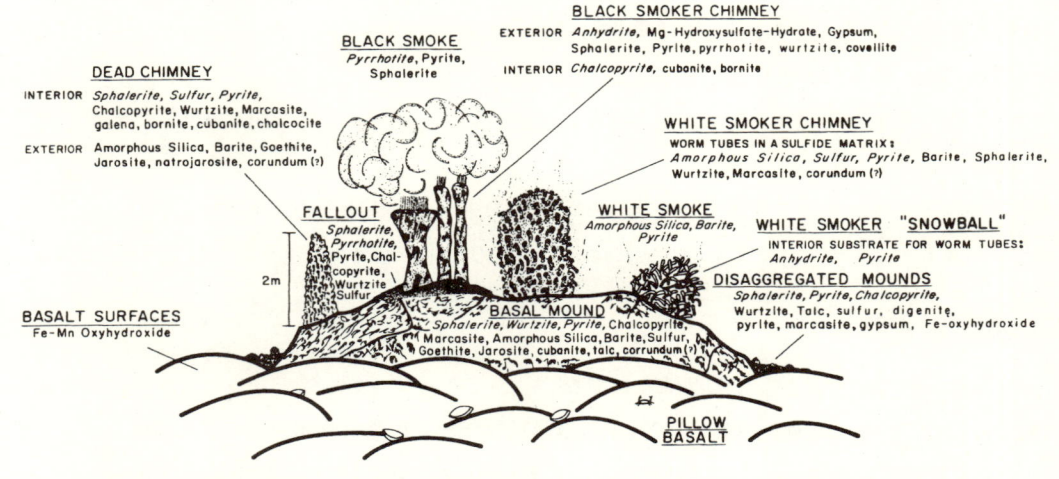

第 II-5 図　東太平洋海膨北緯 21 度付近に見られる海底熱水鉱床の様子
HAYMON and KASTNER (1981) による。

[*3] 地球深部のマントル物質が海底に出現し，新しい地殻を形成する海洋地殻拡大の場であり，「地球の割れ目」の一形式。海洋地殻拡大の場には，東太平洋海膨のほかに大西洋中央海嶺，インド洋中央海嶺などがある。

200 m，延長 6.2 km の範囲を持つ。そこでは枕状溶岩やシートフローからなる海底に多数の硫化物マウンド(硫化物からなる小さい高まり)とチムニー(煙突)がほぼ線状に並んでいる。マウンドは底部の広さが 450 m^2，高さが 2 m 程度である。チムニーは高さが 1～5 m で，マウンドの上に立ち，350°C 前後のブラックスモーカー(黒煙)やこれよりやや温度の低い(300°C 以下の)ホワイトスモーカー(白煙)を噴き上げている。ブラックスモーカーからは凝固した鉄，亜鉛，銅，鉛などの硫化物微粒子が黒煙のように舞い上がり，周辺に降下している。チムニーには活動を停止しているものもある。マウンドは主にチムニーの崩壊物からなり，マウンド周辺にはマウンドの二次的崩壊物やチムニーから降下した未固結泥状の微粒鉱物が堆積している(HAYMON and KASTNER, 1981; エドモンド・ダム，1983 など)。

1.3.2 発　　見

1948 年，スウェーデンの調査船アルバトロス号によって，紅海底の中央を縦断する中軸帯から高塩濃度の海水が発見された。この海域は 65～66 年アメリカのアトランティス II 世号によって詳しく調査され，高塩濃度の海水の下にはディープ(Deep)と呼ばれるくぼ地があり，ディープには銅，亜鉛，鉛，金，銀など多種の金属を含む重金属泥(metalliferous mud)が存在することが確認された。その後，重金属泥を含む同様のディープは紅海の中軸帯に沿って次々と発見され(第 II-6 図)，高温・高塩濃度海水(海底熱水)の活動に伴う重金属泥の生成は，学術的に注目を浴びることとなった。紅海の中央を縦断する中軸帯は，言わば「地球の割れ目」であり，ここでの重金属鉱床の一連の発見は大洋中央海嶺の拡大軸部の調査・研究へと発展していった。

大洋中央海嶺の拡大軸部で熱水活動の兆候を初めて発見したのは，73 年から 74 年にかけて大西洋中央海嶺の中軸部で実施されたフランス—アメリカ共同調査(FAMOUS プロジェクト)であった。この調査では海底熱水活動の産物と見られる鉄・マンガン酸化物が発見された。海底からの高温熱水の噴出や熱水からの鉱物沈殿など鉱床生成の現場を初めて目撃したのは，78 年から 79 年にかけて東太平洋海膨北緯 21 度の拡大軸部において行われたフランス，アメリカ，メキシコによる共同調査(RITA プロジェクト)であった。この調査では前項「1.3.1 産状」で述べたような，形成されつつある銅・鉛・亜鉛・金・銀などの多金属塊状硫化物鉱床がまのあたりに観察された(HAYMON and KASTNER, 1981; ポト，1983 など)。そして，81 年のアメリカ NOAA によるエクアドル沖 560 km のガラパゴス拡大軸における調査で，長さ 970 m，幅 200 m，高さ 35 m 以上に及ぶ巨大な鉱床が発見され，急速に資源的関心を集めることとなった(MALAHOFF, 1982 など)。その後この種の鉱床は東太平洋海膨北緯 13 度，同南緯 20 度付近(ポト，1983 など)や大西洋中央海嶺北緯 23 度付近(例えば，DETRICK et al., 1986; 加瀬ほか，1988 など)などで相次いで発見された。

一方，島弧—海溝系の火山フロントのすぐ背後(陸側)にある背弧海盆(back arc basin)，背弧凹地(back arc depression)，トラフ(trough)などと呼ばれる陥没性のくぼ地は，中央海嶺と類似の海底拡大過程によって形成されたもの(伸長テクトニクスによって開いた割れ目)と考えられ，そのような海域の調査・研究も盛んに進められるようになっていった。その結果，伊豆・小笠原海域(上田，1983; 湯浅

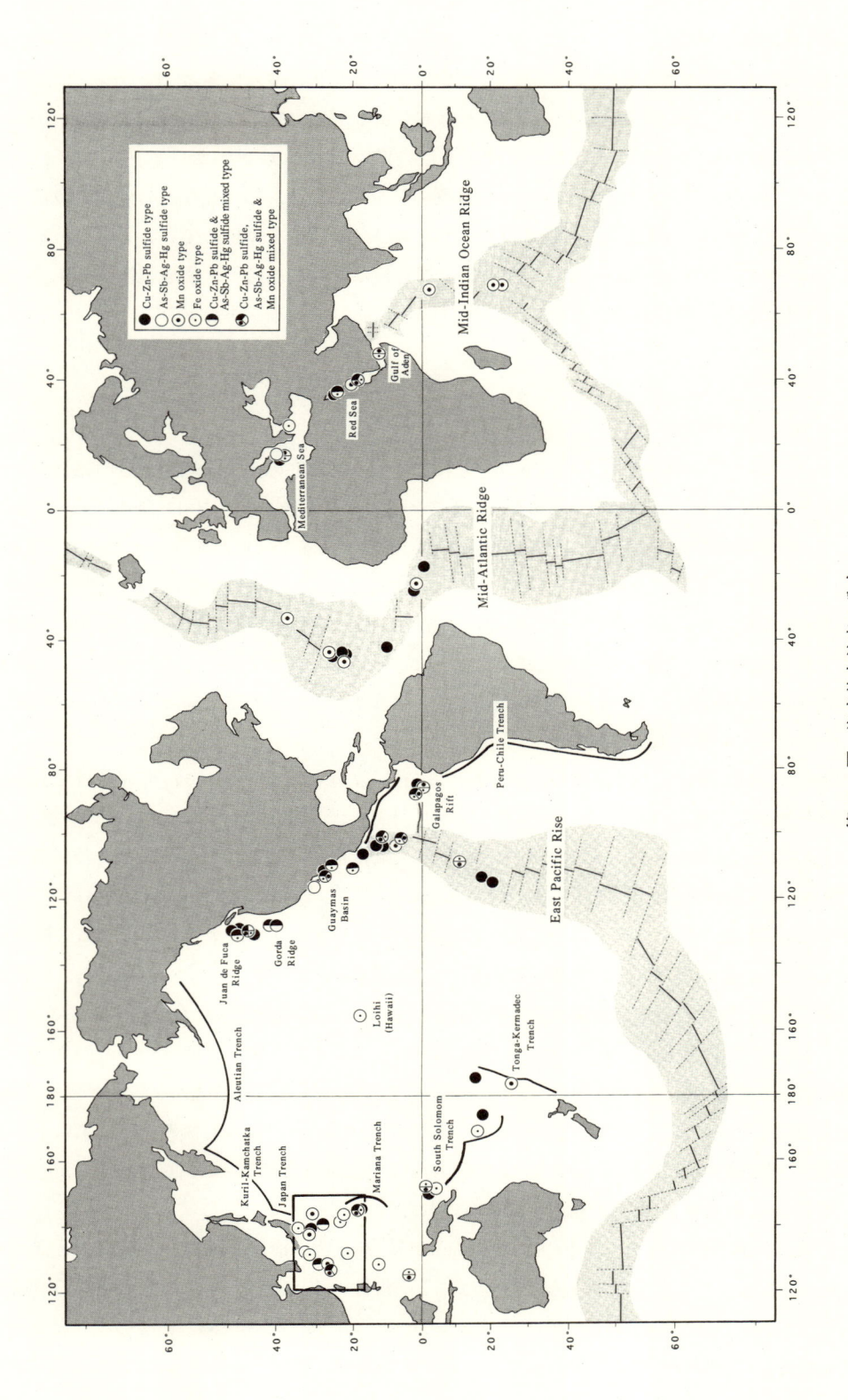

第 II-6 図　海底熱水鉱床の分布

図の右上に鉱石型の分類を示した。志賀 (1996) による。

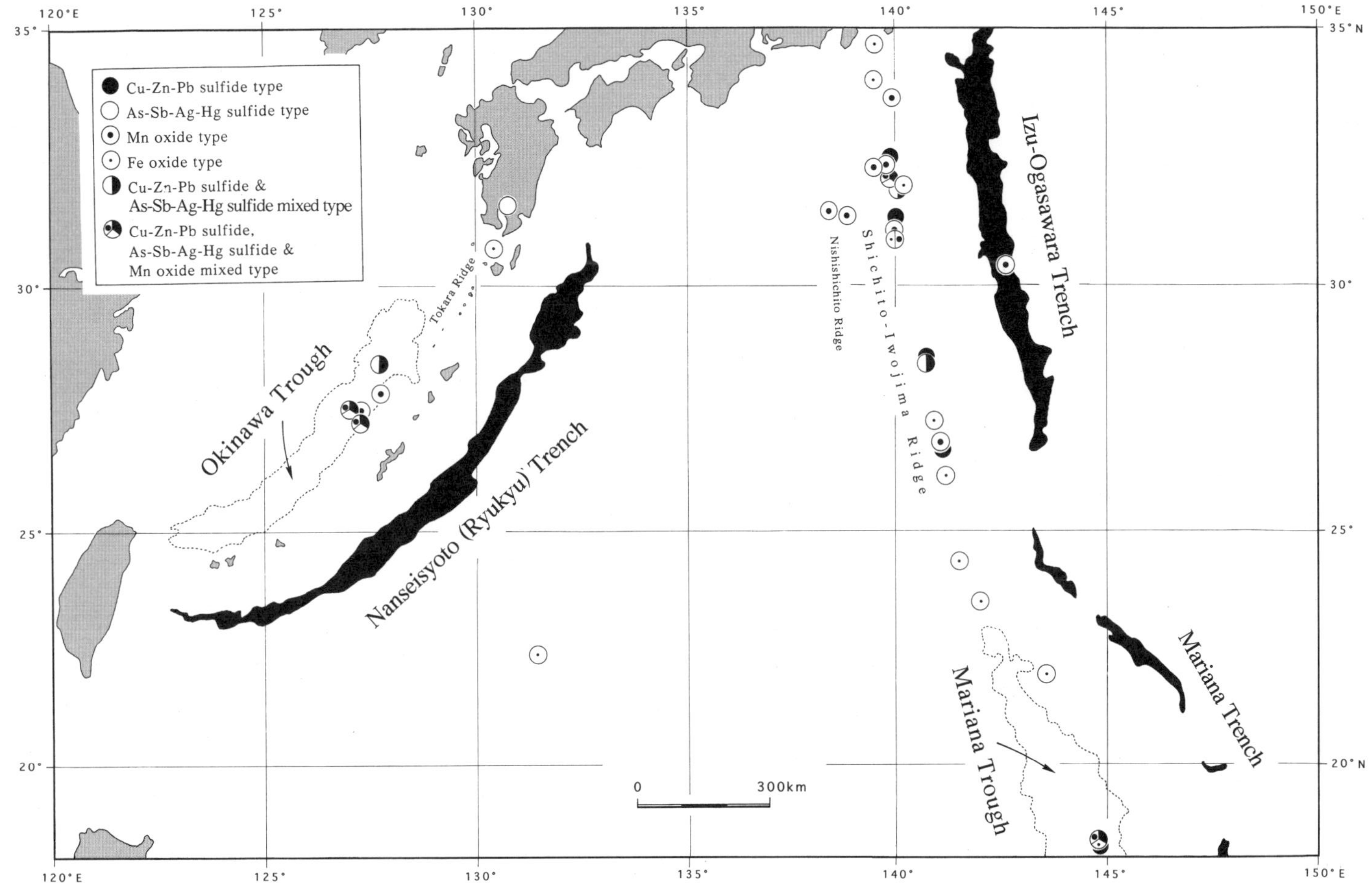

第 II 章　未開発鉱物資源

第 II-7 図　日本近海の海底熱水鉱床の分布

第 II-6 図の一部を拡大した。図の左上に鉱石型の分類を示した。志賀 (1996) による。

ほか, 1983), マリアナ海域(堀部, 1982; 上田, 1983), 南西諸島・沖縄海域(上田, 1983; 湯浅ほか, 1983; 青木・中村, 1989), 南西太平洋海域 (CRONAN, 1983) などの背弧海盆・背弧凹地から海底熱水鉱床が相次いで発見された(第 II-6 図, 第 II-7 図)。沖縄トラフでは 80 年代末頃から海底熱水鉱床が次々と発見され, 伊是名海穴では黒煙状の熱水が 2 m 近くも激しく湧き上がる高さ 1 m 余のチムニーが観察されている。

また, グローマーチャレンジャー号による海底掘削 (DSDP) などの調査により, 地質時代的過去の大洋中央海嶺や縁海拡大の活動に伴って拡大軸部近傍に形成されたと考えられる基底重金属堆積物 (basal metalliferous sediments) がところどころに発見されている。この基底重金属堆積物は酸化物からなり, 太平洋, 大西洋, インド洋, フィリピン海などの大洋盆, 縁海盆に分布している。中央海嶺で形成された酸化物の濃集体がプレートの移動によって, 海溝域に到達し, 断層崖に露出していると考えられているところもある(湯浅ほか, 1983)。

その他, ホットスポット起源の火山活動に伴って形成された海底熱水鉱床も知られている(例えば, ハワイ沖のロイヒ海底火山に伴う鉄酸化物)。

1.3.3 海底熱水鉱床に産出する鉱物

海底熱水鉱床に産出する鉱物の大部分は硫化鉱物, 酸化鉱物, 硫酸塩鉱物, シリカ鉱物, 粘土鉱物および炭酸塩鉱物である(第 II-4 表)。第 II-4 表で, 普遍的に産出する鉱物は太字で示した。硫化鉱物では, 鉄, 亜鉛, 銅の鉱物が普遍的に産する。次いで鉛, ヒ素, アンチモンの鉱物が多く, テルル, ビスマス, カドミウム, マンガン, ニッケルの鉱物はまれである。酸化鉱物, 硫酸塩鉱物, シリカ鉱物, 炭酸塩鉱物についてはそれぞれ多種類の鉱物の産出が報告されているが, 出現頻度の高い鉱物種は限られているようである。

海底熱水鉱床に産出する鉱物の主な鉱物学的特徴は, 含水マンガン酸化物, 含水鉄酸化物, 非晶質シリカなど結晶度の低い物質や, ウルツ鉱, アイソキューバ鉱, Cu-Fe-S 系の中間固溶体 (iss) など陸上鉱床にはまれな, あるいはほとんど見られない鉱物がよく産出することである。

1.3.4 海底熱水鉱床の鉱物学的分類とその分布

(1) 鉱床型の分類

多くの海底熱水鉱床では硫化鉱物, 酸化鉱物, 硫酸塩鉱物などがさまざまな割合に混じり合っていて, 例えば硫化鉱物だけからなる鉱床, 炭酸塩鉱物だけからなる鉱床といったような端成分型のものはあまり多くない。

硫酸塩鉱物やシリカ鉱物などの脈石鉱物を無視し, 金属鉱物だけに注目すると, 鉱床は硫化物型, 酸化物型および硫化物―酸化物混合型に分けられ, 硫化物型はさらに銅―亜鉛―鉛硫化物型とヒ素―アンチモン―銀―水銀硫化物型とに, 酸化物型はマンガン酸化物型と鉄酸化物型とに分けられる。実際海底熱水鉱床には, これらの 4 つの型を基本にしたさまざまな組み合わせの混合型鉱床が存在している。

第 II–4 表 海底熱水鉱床に産出する鉱物

	鉱 物 名
硫化鉱物	
鉄鉱物	グライガイト，**白鉄鉱，黄鉄鉱，磁硫鉄鉱**
亜鉛鉱物	**閃亜鉛鉱**，ウルツ鉱
銅鉱物	**斑銅鉱**，輝銅鉱，**黄銅鉱**，銅藍，**キューバ鉱**，ダイジェナイト，アイーダ鉱，アイソキューバ鉱，**中間固溶体（Cu-Fe-S系）**，バレリー鉱
鉛鉱物	ブーランジェライト，ガレノビスマタイト，方鉛鉱，ヨルダン鉱，ロビンソナイト
ヒ素―アンチモン―銀―水銀鉱物	含銀テンナンタイト，非晶質ヒ素―イオウ化合物，輝銀鉱，硫ヒ鉄鉱，ブーランジェライト，辰砂，硫ヒ銅鉱，ヨルダン鉱，ヒ鉄鉱，**雄黄**，**鶏冠石**，ロビンソナイト，**輝安鉱**
テルル―ビスマス鉱物	輝蒼鉛鉱，ガレノビスマタイト，自然ビスマス，テルロビスマタイト
カドミウム鉱物	硫カドミウム鉱
マンガン鉱物	アラバンダイト
ニッケル鉱物	黄鉄ニッケル鉱
酸化鉱物および水酸化物	
マンガン鉱物	**バーネサイト**，グロータイト，**含水マンガン酸化物**，マンガナイト，ランシーアイト，**トドロカイト**
鉄鉱物	**ゲーサイト**，赤鉄鉱，**含水鉄酸化物**，鱗鉄鉱，**褐鉄鉱**，磁鉄鉱
銅鉱物	アタカマ鉱
硫酸塩鉱物およびイオウ	明ばん石，非晶質イオウ，硫酸鉛鉱，**硬石膏**，アストラカナイト，**重晶石**，キャルカンサイト，**石膏**，鉄明ばん石，メランテライト，**自然イオウ**，ソーダ鉄明ばん石
シリカ鉱物	**非晶質シリカ**，玉髄，クリストバライト，**オパール**，石英
粘土鉱物	**緑泥石**，緑泥石/スメクタイト混合層鉱物，クリソタイル，ハロイサイト，イライト，鉄ノントロナイト，**カオリナイト**，雲母/モンモリロナイト混合層鉱物，**モンモリロナイト**，ノントロナイト，パイロフィライト，絹雲母，蛇紋石，**スメクタイト**，スティーブンサイト，**滑石**
炭酸塩鉱物	**霰石，方解石**，白鉛鉱，**苦灰石**，マンガン方解石，マンガン菱鉄鉱，**菱マンガン鉱**，菱鉄鉱
その他	単斜プチロル沸石，緑簾石，長石，緑鉛鉱，ルチル

志賀（1996）による。

(2) 鉱床型の分布

銅―亜鉛―鉛硫化物型鉱床

銅―亜鉛―鉛硫化物型鉱床は中央海嶺系にも島弧―海溝系にも産する．中央海嶺系では東太平洋海膨，大西洋中央海嶺，紅海の拡大軸上からの報告が多い（第 II–6 図）．一方，島弧―海溝系ではマリアナトラフ，沖縄トラフ，北フィジー海盆などの拡大軸上だけでなく，七島―硫黄島海嶺など拡大軸から離れた火山フロントからの報告もある（第 II–7 図）．

この型の鉱床は端成分として単独で産することもあるが，他の型の鉱床との混合型を形成することが多い．伊豆―マリアナ海域や沖縄海域ではほとんどがヒ素―アンチモン―銀―水銀硫化物型や

マンガン酸化物型との混合型を形成している。

ヒ素―アンチモン―銀―水銀硫化物型鉱床

ヒ素―アンチモン―銀―水銀硫化物型鉱床は中央海嶺系にも島弧―海溝系にも産する。中央海嶺系では，東太平洋海膨拡大軸上のファンデフーカ海嶺（Juan de Fuca Ridge）やゴーダ海嶺（Gorda Ridge）のほか，拡大軸から離れた Northern Baja California などにも産する（以上はいずれもアメリカ西海岸近くに位置する。第 II–6 図）。島弧―海溝系では，拡大軸上の沖縄トラフや火山フロントの七島―硫黄島海嶺，鹿児島湾（第 II–7 図），地中海などから報告がある。これまでの報告を見ると，この型の鉱床は比較的大陸に近いところに産する傾向があり，とくに火山のカルデラ底温泉活動に伴うもの（Northern Baja California，鹿児島湾など）やカルデラ底堆積物中に産するもの（七島―硫黄島海嶺）が多い。

ヒ素―アンチモン―銀―水銀硫化物型鉱床は端成分として単独で産することもあるが，銅―亜鉛―鉛硫化物型やマンガン酸化物型，鉄酸化物型との混合型を形成することが多い。これまでの報告では，端成分に近い形で産するところは Northern Baja California や鹿児島湾など，海岸に近い（陸にきわめて近い）浅海底の温泉活動の活発なところである。

マンガン酸化物型鉱床

マンガン酸化物型鉱床は中央海嶺系にも島弧―海溝系にも，また拡大軸上にも拡大軸から離れたところにも産する。とくに中央海嶺系では拡大軸上のガラパゴスリフト，大西洋中央海嶺，インド洋中央海嶺から（第 II–6 図），島弧―海溝系では拡大軸上の伊豆―小笠原海凹や沖縄トラフ，火山フロントの西七島海嶺，七島―硫黄島海嶺などから（第 II–7 図）多数報告されている。

この型の鉱床は端成分として産することも多い（大西洋中央海嶺，インド洋中央海嶺，伊豆七島海嶺など）が，他の型との混合型を形成することも多い。マンガン酸化物型鉱床は海底熱水鉱床の中では最も普遍的に分布する型の鉱床と言える。

鉄酸化物型鉱床

鉄酸化物型鉱床は中央海嶺系の拡大軸上（東太平洋海膨，ガラパゴスリフト，アデン湾，紅海）や島弧―海溝系の火山フロント（七島―硫黄島海嶺，マリアナ弧，地中海など）のほか，ホットスポット系（ハワイのロイヒ海底火山）にも産する（第 II–6 図，第 II–7 図）。とくに島弧―海溝系では，伊豆―マリアナ海域から沖縄海域，インドネシアを経てバヌアツに至る西部―南西太平洋や，地中海などの火山フロントに沿って広く分布する。これまで述べてきたように火山フロントの海底火山活動はいろいろな型の鉱床を形成しているが，なかでも鉄酸化物型鉱床の形成が最も優勢のようである。

この型の鉱床は，中央海嶺系ではマンガン酸化物型，銅―亜鉛―鉛硫化物型およびそれらの混合型鉱床に付随して副成分として産することが多いが，島弧―海溝系（やホットスポット系）では端成分に近い形で産することが多い。

1.3.5 海底熱水鉱床の生成過程

海底熱水鉱床生成のモデル（第 II-8 図）を基に，鉱床生成までの過程を概説する。ここでは主として中央海嶺系を念頭に置いている。

(1) 海水の地殻中への浸透

冷たく重い海水が海底面から深さ約 5 km 程度まで浸透する（RONA, 1978）。マグマが深部から海洋地殻中を上昇してくると，周辺の地殻とそこに含まれる海水は次第に暖められる（SKINNER and PORTER, 1987）。

(2) 海水—玄武岩交換反応と熱水溶液の形成

熱せられた海水は海洋地殻の玄武岩と反応し，母岩の変質や元素の溶脱を引き起こす。玄武岩中に微量～少量含まれる銅，鉄，イオウ，チタン，亜鉛などは溶脱され，溶液（熱せられた海水）中に取り込まれる。こうして溶液は，金属やイオウに富む熱水溶液となる。

(3) 熱水溶液の対流

加熱され軽くなった熱水溶液はマグマの熱によって対流し，地殻中の割れ目などを通って上昇する。地殻上部に達すると，割れ目などを通って上から浸透してきた冷たい海水と会合する（BALLARD et al., 1981）。上昇する熱水溶液と下降する海水との会合によって，海底面下に脈状や鉱染状の硫化

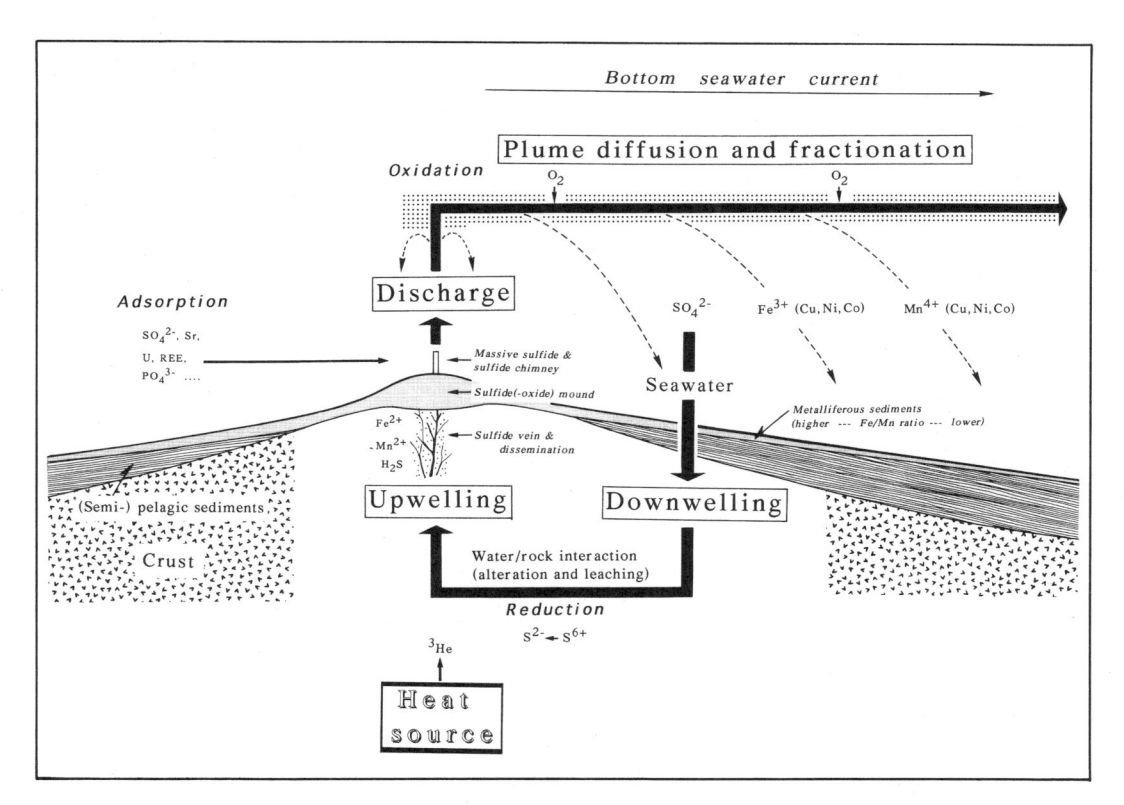

第 II-8 図 海底熱水鉱床生成のモデル
志賀（1996）による。

物鉱床を形成することもある。

(4) 熱水溶液の噴出と鉱物の沈殿

海底面から噴出した高温の熱水溶液は海水と混合し，熱水溶液中の成分は硫化物，酸化物，硫酸塩鉱物，シリカ鉱物，粘土鉱物，炭酸塩鉱物などとして凝固・沈殿する。この際，海水から硫酸塩，ストロンチウム，ウランなどの成分が吸収される。鉱床には，先に述べたように非晶質な物質や陸上鉱床にはほとんど見られない鉱物がよく産出するが，これは，高温の熱水溶液が冷たい海水によって急冷されたことを物語っている。

(5) 鉱物の分別と鉱床の生成

熱水は温度が高いほど勢いよく噴出し，プリューム (plume) は高くまで上昇する。熱水は少なくても海底から数百 m 上昇する。そして，プリュームは海水の流れによって水平方向に広く分散する。

銅硫化物は噴出口のすぐ上で急冷して沈殿し，亜鉛や鉛の硫化物はプリュームのさらに高いところで沈殿する。プリュームに乗って高くまで運ばれた亜鉛や鉛の硫化物は微粒子状をなして海底面上に雨のように降り注ぎ，未固結泥状の硫化物鉱床を形成する。鉄やマンガンの酸鉱物は噴出口から離れたところに運ばれて沈殿する傾向がある。この硫化物—酸化物分別は鉄やマンガンの酸化物の溶解度が硫化物のそれより高く (TUFAR et al., 1986)，硫化物が沈殿している間も鉄やマンガンは溶液中に留まっていることによる (BONATTI, 1975)。

1.3.6 成　分

多金属塊状硫化物鉱床に限ると，鉱床は一般に亜鉛，銅，鉛に富み，金，銀，白金などの貴金属やニッケル，コバルトなどのレアメタルを少量伴っている。これらの金属は普通硫化物の形で存在する。東太平洋海膨北緯 21 度の多金属塊状硫化物鉱床からは数百 ppm のコバルトや銀が検出されている。また同鉱床の白鉄鉱や黄銅鉱には白金がそれぞれ最大 1.17%，0.32% 含まれる場合があり，黄鉄鉱には金が最大 3.15% 含まれるものもある (HEKINIAN et al., 1980; OUDIN, 1983; ポト, 1983)。沖縄トラフの「JADE 熱水地帯」の熱水噴出孔付近からは銀を含む閃亜鉛鉱が産する。そこの鉱石の銀含有量は 1% に達すると言われている。

1.3.7 賦存量

海底熱水鉱床は銅，鉛，亜鉛などのベースメタル資源として，また金，銀などの貴金属資源として注目されているが，これまで世界的に見ても商業ベースで採掘された例はない。鉱床の規模はさまざまであるが，これまでに知られている最大の鉱床はガラパゴス拡大軸の一部に発見された長さ約 1 km，幅約 200 m，高さ約 35 m の鉱床である。その資源量は 500 万 t とも，200 万 t とも推定されているが確かでなく，今後の調査を待たねばならない。紅海の「アトランティス II ディープ」では 60 km² の範囲内に 1 億 t の鉱量があり，その中に亜鉛 250 万 t，銅 50 万 t，銀 9,000 t が含まれると見積られている (ELGARAFI, 1980 など)。これとは別に，同ディープの重金属泥には亜鉛 290 万 t，銅 106 万 t，鉛 8 万 t，銀 4,500 t，金 45 t が含まれるとの見積りもある。

地球上には海嶺部だけでも長さが2万数千kmあり，これに背弧海盆を含めると，海底熱水鉱床は今後次々と発見されていくことが期待できる．また，海嶺部では物質が年数cmというきわめてゆっくりとした速度で両側へ移動しており，中央海嶺から離れた海底に古い時代に生成した海底熱水鉱床が発見されていく可能性もある．海底熱水鉱床の調査研究は線から面へ進展していくだろう．

2 南極の鉱物資源

2.1 種類と分布

南極大陸は日本の約34倍，オーストラリアの約1.8倍の面積を持ち，年平均気温がマイナス10°Cで，その97%は平均2,000mに近い厚さの氷床によって覆われている．南極大陸は地質学的に先カンブリア時代の安定大陸である東南極，古生代〜中生代の変動帯を中心とした西南極，両者の境界に発達する南極横断山脈とリフト帯，および南アメリカ大陸の延長に当たる南極半島の4つの部分からなる(第II-9図)．厚い氷床を剥ぎ取ると，東南極は大陸，西南極は大きな島の集合であることが判明している．

露岩地域は南極全体のわずか3%で，海岸線や山脈などごく一部に限られ，鉱物資源の分布状況を把握することは実際上不可能であるが，それでも多くの場所で有用鉱物の産出が確認されている(第II-9図)．資源と言える規模に達しているものに南極横断山脈の石炭と東南極プリンスチャールス山脈の縞状鉄鉱層および石炭がある (SPLETTSTOESSER, 1985)が，きわめて困難な自然条件のため開発には巨額な資金を要し，現在の経済事情のもとで商業的開発可能な資源はまだ見いだされていない(HEIMSOETH, 1983)と言われている．

南極に産する鉱物や鉱物資源はこれまで多くの研究者によってまとめられてきた(例えば，西山，1984，1985；松枝ほか，1985；松枝，1986；兼平，1985；SPLETTSTOESSER, 1985；ROWLEY et al., 1991)．それらの研究によると，南極で鉱物資源として注目され，期待されているものに次のようなものがある．

2.1.1 石　　炭

多くの場所で石炭の産出が確認され(第II-9図)，南極は世界有数の石炭の宝庫と推測されている．とくに注目されているのは南極横断山脈であり (SPLETTSTOESSER, 1985)，ここには二畳紀〜三畳紀の石炭層が広く分布している．石炭層は何枚もあって，各層の厚さはところによっては5m以上に達する．また石炭は東南極のプリンスチャールス山脈にも見られる．南極横断山脈とプリンスチャールス山脈の石炭は，質，量ともに比較的まとまっており，そこが温暖地域であればすでに開発が進められていただろうと言われている．

2.1.2 縞状鉄鉱層

東南極の各地で縞状鉄鉱層の露頭や転石が発見されている(第II-9図)．なかでもプリンスチャー

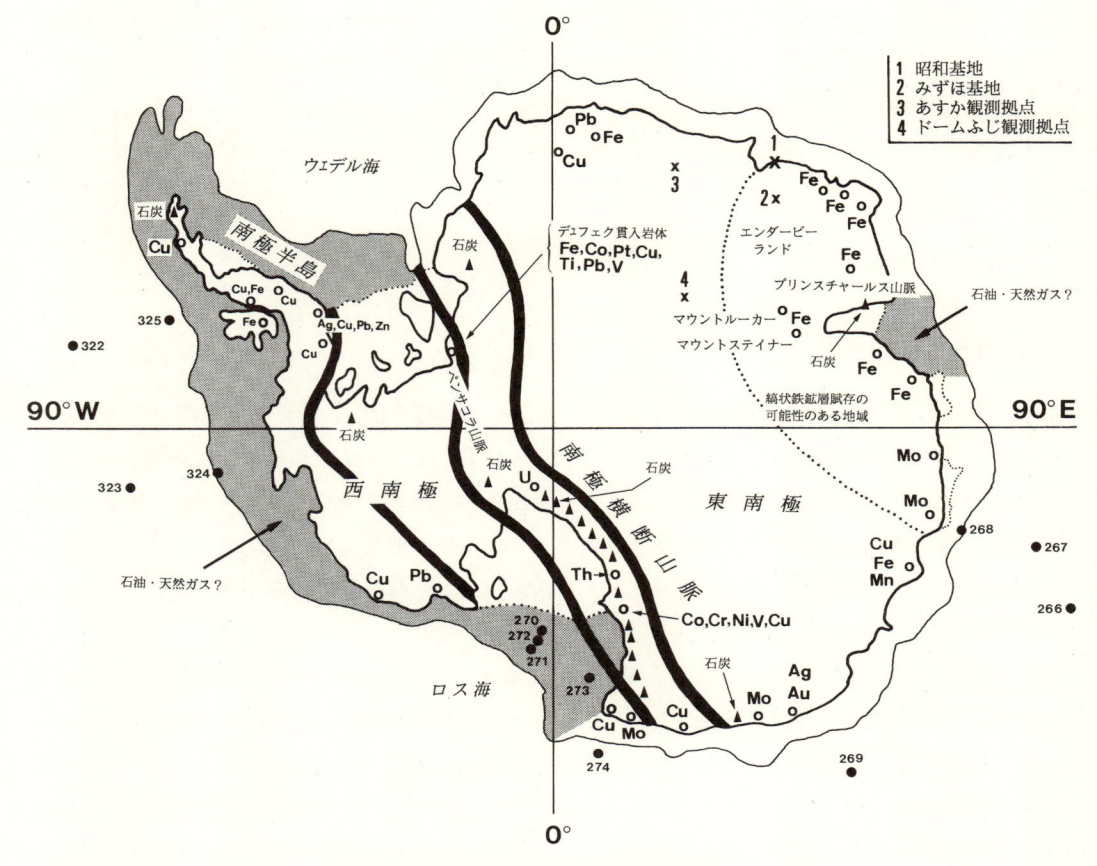

第 II-9 図　南極大陸における有用鉱物の分布
石炭および石油・天然ガスの有望地域も含む。細い実線は予想される大陸棚の範囲。黒丸の付いた地点は DSDP 計画でボーリングが実施された場所。太い実線は南極大陸の地質構造区分。志賀 (1999) による。

ルス山脈のマウントルーカーとマウントステイナーの露頭はとりわけ注目されている。マウントルーカーでは約 10 層のジャスピライト (jaspilite) 層が認められ，変成した塩基性噴出岩，含鉄ケイ岩などからなる岩層と互層をなしている。主要なジャスピライト層は約 400 m の厚さがある。鉱石鉱物は磁鉄鉱と赤鉄鉱である。磁気異常の広さは幅 5〜10 km，長さ 120〜180 km に及び，膨大な鉱量が期待できる。ここの鉄鉱層は，鉄酸化物含有量が 33.7〜57.4% とやや低いが，もしここが南極でなければ，すでに開発されていただろうと言われている (SPLETTSTOESSER, 1985)。同様の縞状鉄鉱層は昭和基地東方のエンダービーランドでも発見されており，東南極は縞状鉄鉱層の有望地域と推定されている (ROWLEY et al., 1983)。

2.1.3　デュフェク塩基性層状貫入岩体

この岩体はペンサコラ山脈の北部に位置し (第 II-9 図)，表面の多くは氷で覆われている。面積 5 万

km² 以上，厚さ 8〜9 km に及ぶ層状の岩体(ジュラ紀中期)であり (BEHRENDT et al., 1980)，構成岩石や岩体内部の構造は南アフリカのブッシュフェルド塩基性層状岩体と類似している (FORD, 1983)。ブッシュフェルド岩体はプラチナなどの鉱床を伴う岩体としてよく知られ (WILLEMSE, 1969)，デュフェク岩体にも同様の鉱物資源が賦存しているに違いないと予測されている。デュフェク岩体にはすでに厚さ数 m の磁鉄鉱の鉱床が確認され，そのほかコバルト，プラチナ，銅，チタン，バナジウムなどの鉱床も期待されているが，まだ資源とみなせる規模のものは発見されていない。FORD and HIMMELBERG (1991) は，資源賦存の可能性は直接探査してみるまでわからないと述べている。

2.1.4 ポーフィリー型銅・モリブデン・金鉱床

南アメリカのアンデス山脈に沿っては大規模なポーフィリー型銅・モリブデン・金鉱床が数多く分布している。南極半島は地質学的にアンデス山脈と連続していることから，南極半島にも同様の鉱床が存在すると期待されている (ROWLEY and PRIDE, 1982)。事実，経済性は低いものの，南極半島の数ヵ所(第 II-9 図)で白亜紀の花崗岩，花崗閃緑岩，石英モンゾニ岩中にポーフィリー型の銅鉱化作用が認められている (ROWLEY et al., 1988)。

2.1.5 石油・天然ガス

DSDP (Deep Sea Drilling Project) 計画に基づき，1973 年 1 月から 2 月にかけてロス海の大陸棚上でグロマーチャレンジャー号によって 4 本のボーリングが行われた(第 II-9 図にボーリング地点が示されている)。そのうち 3 本が中新世の地層中にメタンやエタンを含むガスに遭遇し (SHIPBOARD SCIENTIFIC PARTY, 1975)，天然ガスの兆候として論議が高まった。南極大陸周辺の大陸棚，とくにウェデル海，ロス海など比較的新しい堆積物中に石油や天然ガスが埋蔵されている可能性がある (BEHRENDT, 1983, 1991) と言われている。

2.2 周辺大陸からの類推

大陸移動説によると，南極大陸は古生代以前には南アメリカ，アフリカ，インド，オーストラリア大陸などと一体になってゴンドワナ大陸を形成していた (CRADDOCK, 1982)。ゴンドワナ大陸は 1 億 5,000 万年前頃にアフリカ大陸，インド大陸などと分離した。そして 1 億年前頃からオーストラリア大陸と分離を始め，4,000 万年前頃には完全に分離した。さらに 2,000 万年前頃に南アメリカ大陸と分離し，今日のような形状が形成された(南極の地質に関しては ROWLEY (1983)，TINGEY (1991) などを参照されたい)。南極から分離したこれらの大陸は鉱物資源に恵まれており，このことは，これらの大陸に存在する鉱床が南極大陸にも広がっていることを示唆する(西山, 1985)。

3 まとめ

本章では，未開発鉱物資源として深海底と南極の鉱物資源を取り上げ，それぞれ存在する資源の

種類，分布，化学成分，賦存量などについて述べた。

　深海底には鉱物資源として注目されているものにマンガン団塊，コバルト・リッチ・クラスト，海底熱水鉱床の3種がある。これらのうち最も開発に近いのがマンガン団塊である。マンガン団塊は太平洋，大西洋，インド洋，北極海，南極海など全世界の深海底に広く分布するが，なかでもハワイ南東海域の「マンガン団塊ベルト」は有望海域とみなされている。マンガン団塊は，銅資源として，またマンガンやニッケル，コバルトなどのレアメタル資源として注目されている。「マンガン団塊ベルト」のマンガン団塊は銅，ニッケルをそれぞれ平均1.02%，1.28%含み，鉱石としての品位は現在採掘されている陸上鉱床のものに比べて遜色がない。埋蔵量は，「マンガン団塊ベルト」の一部を含むとりわけ有望な海域だけに限っても，230億t(乾燥後の重量)と見込まれ，それは，1999年の世界の年間消費量を基準にすると，銅は15～20年分，ニッケルは250～300年分，コバルトは実に2,000～3,000年分に相当する。世界の海洋全体を考えると，その資源量は陸上資源に比べて遥かに莫大である。

　コバルト・リッチ・クラストは，太平洋，大西洋，インド洋の海山や海台(水深ほぼ800～2,800m)の斜面や頂部に存在する。含有金属はマンガン，鉄，銅，ニッケル，コバルトなどで，マンガン団塊とほぼ同様であるが，コバルトの品位が0.5～1%と高く，マンガン団塊の2～3倍，陸上コバルト鉱山(通常0.1%)の数倍～10倍に当たるコバルトを含有する。

　海底熱水鉱床は，中央海嶺系の拡大軸部や，島弧—海溝系の背弧海盆などにおいて，海底火山活動に伴って形成されている。海底熱水鉱床は銅，鉛，亜鉛などのベースメタル資源として，また金，銀などの貴金属資源として注目されている。鉱床の規模はさまざまであるが，これまでに知られている最大のものはガラパゴス拡大軸の一部に発見された長さ約1km，幅約200m，高さ約35mに及ぶ鉱床で，その資源量は200万tとも500万tとも推定されている。紅海の「アトランティスIIディープ」では60km^2の範囲内に1億tの鉱量があり，その中に亜鉛250万t，銅50万t，銀9,000tが含まれると見積られている。地球上には海嶺部だけでも長さが2万数千kmあり，これに背弧海盆を含めると，海底熱水鉱床は今後次々と発見されていくことが期待できる。また，海嶺部では物質が年数cmというきわめてゆっくりとした速度で両側へ移動しており，中央海嶺から離れた海底に古い時代に生成した海底熱水鉱床が発見されていく可能性もある。

　一方，南極にも資源として注目されているものがある。とくに注目されているのは，石炭(南極横断山脈とプリンスチャールス山脈)と縞状鉄鉱層(プリンスチャールス山脈)である。これらは，そこが温暖地域であればすでに開発が進められていただろうと言われている。そのほか，コバルト・プラチナ(デュフェク岩体)，銅・モリブデン・金(南極半島)，石油・天然ガス(南極大陸周辺の大陸棚)なども期待されている。

　深海底や南極の鉱物資源はこれまで世界的に見ても商業ベースで採掘された例はない。これらは元来，先進国が自国の資源の確保のために探査を始めたものである(後の章で述べる)が，人類が国家の枠を越えて鉱物資源を確保していくうえで最も期待できる資源である。

文　献

深海底鉱物資源に関するもの

ANDREEV, S. I., KAZMIN, YU. B., EGIAZAROV, B. KH., KORSAKOV, O. D., LYGINA, T. I. and MIRCHINK, I. M. (1984): Distribution of manganese nodules. In "Manganese Nodules of the World Ocean". Moscow, Nedra, 18〜61 (in Russian).

青木正博・中村光一 (1989): 伊是名海穴，鉱床サイト2のチムニー群の産状，及び硫化物チムニーの組織と鉱物組成．海洋科学技術センター試験研究報告，197〜210.

ARCHER, A. A. (1979): Resources and potential reserves of nickel and copper in manganese nodules. In "Manganese Nodules: Dimensions and Perspectives (prepared by the United Nations Ocean Economics and Technology Office)". D. Reidel Publishing Company, 71〜81.

BALLARD, R. D., FRANCHETEAU, J., JUTEAU, T., RANGAN, C. and NORMARK, W. (1981): East Pacific Rise at 21° N: the volcanic, tectonic, and hydrothermal processes of the central axis. Earth Planet. Sci. Lett., 55, 1〜10.

BONATTI, E. (1975): Metallogenesis at oceanic spreading centers. Annual Review Earth Planet. Sci., 3, 401〜431.

CRONAN, D. S. (1977): Deep-sea nodules: distribution and geochemistry. In "Marine Manganese Deposits (edited by G.P. GLASBY)". Elsevier Scientific Publishing Company, Amsterdam, 11〜44.

CRONAN, D. S. (1980): Underwater minerals. Academic Press, London, 362 p.

CRONAN, D. S. (1983): Metalliferous sediments in the CCOP/SOPAC region of the Southwest Pacific, with particular reference to geochemical exploration for the deposits. CCOP/SOPAC Tech. Bull., 4, 1〜55.

CRONAN, D. S. (1984): Criteria for the recognition of areas of potentially economic manganese nodules and encrustations in the CCOP/SOPAC regions of the Central and Southwestern Pacific. S. Pacific Geol. Notes, 3, 1〜17.

DETRICK, R. S., HONNOREZ, J., ADAMSON, A. C., BRASS, G., GILLIS, K. M., HUMPHRIS, S. E., MEVEL, C., MEYER, P., PETERSEN, N., RAUTENSCHLEIN, M., SHIBARTA, T., STAUDIGEL, H., YAMAMOTO, K. and WOOLDRIDGE, A. L. (1986): Drilling the Snake Pit hydrothermal sulfide deposit on the Mid-Atlantic Ridge, lat 23° 22′ N. Geology, 14, 1004〜1007.

エドモンド，J. M.・ダム，K.V. (1983): 海底の熱水噴出(藤岡換太郎・川幡穂高訳)．日経サイエンス，13, 32〜46.

ELGARAFI, A. (1980): Metalliferous muds in the Red Sea: A review of their discovery, exploration and development. Nat. Res. Forum, 4, 324〜327.

GLASBY, G. P. (1977): Marine manganese deposits. Elsevier Scientific Publishing Company, Amsterdam, 523 p.

HALBACH, P. H. (1986): Pacific mineral resources-Physical, Economic, and Legal Issues (edited by C. L. JOHNSON and A. L. CLARK). Proc. Pacific Marine Mineral Resources Training Course, E-W Center, Hawaii, 137〜160.

HALBACH, P. H., MANHEIM, F. T. and OTTEN, P. (1982): Co-rich ferromanganese deposits in the marginal seamount regions of the Central Pacific Basin-Results of the MIDPAC '81. Erzmetall, 35, 447〜453.

HALBACH, P. H. and MANHEIM, F. T. (1984): Cobalt and other metal potential of ferromanganese crusts in seamount areas of the Central Pacific Basin-Results of the MIDPAC '81. Marine Mining, 4, 319〜325.

原田憲一 (1986): 海山産コバルトクラストの特徴と成因．月刊地球，8, 297〜301.

HAYMON, R. M. and KASTNER, M. (1981): Hot spring deposits on the East Pacific Rise at 21° N: Preliminary description of mineralogy and genesis. Earth Planet. Sci. Lett., 53, 363〜381.

HAYNES, B. W., LAW, L.L. and BARRON, D. C. (1986): An elemental description of Pacific manganese nodules. Marine Mining, 5, 239〜276.

HEKINIAN, R., FEVRIER, M., BISCHOFF, J. L., PICOT, P. and SHANKS, W. C. (1980): Sulfide deposits from the East Pacific Rise near 21° N. Science, 207, 1433〜1444.

堀部純男（1982）： マリアナトラフの熱水．海洋の動的構造．ニュースレター，6, 3～5.
HORN, D. R., HORN, B. M. and DELACH, M. N. (1972): World-wide distribution and metal content of deep sea manganese deposits. In "Manganese Nodule Deposits in the Pacific". Symposium/Workshop Proceedings, Honolulu, Hawaii, 16–17 October 1972. State Centre Sci. Policy Technol. Assess. Dep. Plann. Econ. Dev., State of Hawaii, 46～60.
石井輝秋（1988a）： 日本近海の鉄・マンガン酸化物（マンガン団塊とコバルトクラスト）の化学組成．月刊海洋科学，20, 260～266.
石井輝秋（1988b）： 海山・海洋島の分類とその一生——海山・海洋島にオリビン団塊を求めて——．月刊海洋科学，20, 267～276.
加瀬克雄・山本雅弘・柴田次夫（1988）： 別子型鉱床の生成環境——MAR23° N での知見をもとに——．月刊海洋科学，20, 223～228.
桂忠彦（1987）： コバルトクラスト鉱床と海底地形調査．月刊海洋科学，19, 226～232.
MALAHOFF, A. (1982): A comparison of the massive submarine polymetallic sulfides of the Galapagos Rift with some continental deposits. Marine Tech. Soc. Jour., 16, 39～45.
益田善雄（1983）： 海山域の多種金属資源の特徴と回収法．月刊海洋科学，15, 437～441.
松本勝時（1990）： 第2白嶺丸の深海底鉱物資源探査機器．海洋開発ニュース，18, 1～7.
MCKELVEY, V. E., WRIGHT, N. A. and ROWLAND, R. W. (1979): Manganese nodule resources in the northeastern equatorial Pacific. In "Marine Geology and Oceanography of the Pacific Manganese Nodule Province (edited by J. L. BISCHOFF and D. Z. PIPER)". Plenum Press, 747～762.
MERO, J. L. (1977): Economic aspects of nodule mining. In "Marine Manganese Deposits (edited by G. P. GLASBY)". Elsevier Scientific Publishing Company, Amsterdam, 327～355.
三澤良文・田望・友田好文・青木斌・飯塚進・石川秀浩（1987）： 南鳥島周辺海域のコバルト・クラスト．月刊海洋科学，19, 209～214.
水野篤行（1983a）： 概論：海底の熱水性鉱床，とくに多金属塊状硫化物鉱床について．月刊海洋科学，15, 502～505.
水野篤行（1983b）： 概論：海底の熱水性鉱床，とくに多金属塊状硫化物鉱床について．月刊海洋科学，15, 566～581.
野原昌人（1987）： コバルトリッチクラスト形成におけるフォスフォライトの役割．月刊海洋科学，19, 221～225.
OUDIN, E. (1983): Hydrothermal sulfide deposits of the East Pacific Rise (21° N). Part I: Descriptive mineralogy. Marine Mining, 4, 39～72.
ポト, G. (1983)： 中央海嶺軸部における大洋底熱水作用（水野篤行訳）．月刊海洋科学，15, 506～512.
RONA, P. A. (1978): Criteria for recognition of hydrothermal mineral deposits in oceanic crust. Econ. Geol., 73, 135～160.
志賀美英（1996）： 海底熱水鉱床の分布と分類．資源地質，46, 167～186.
資源エネルギー庁（1989）： '90 資源エネルギー年鑑．通産資料調査会発行．
SKINNER, B. J. and PORTER, S. C. (1987): Sources of materials. In "Physical Geology (John Wiley & Sons)". Chapter 22, 614～637.
SKORNYAKOVA, N. S. (1976): Chemical composition of ferromanganese nodules of the Pacific. In "Ferromanganese Nodules of the Pacific Ocean". Moscow, Nauka, 190～240 (in Russian).
SOREM, R. K. and FEWKES, R. H. (1979): Manganese nodules-Research data and methods of investigation. Plenum Data Company, 723 p.
東海大学 CoRMC 調査団（1991）： 図鑑——海底の鉱物資源 Cobalt-rich manganese crust. 東海大学出版会，123 p.
鶴崎克也（1987）： コバルトクラスト鉱床の採掘法——流体ドレッジ法——．月刊海洋科学，19, 239～244.
TUFAR, W., TUFAR, E. and LANGE, J. (1986): Ore paragenesis of recent hydrothermal deposits at the Cocos-Nazca plate boundary (Garapagos Rift) at 85°51′ and 85°55′ W: complex massive sulfide mineralizations, non-sulfidic mineralizations and mineralized basalts. Geol. Rundschau, 75, 829～861.
上田誠也（1983）： 背弧海盆の熱水鉱床．月刊海洋科学，15, 554～561.
臼井朗（1983）： 中部太平洋マンガン団塊の鉱物・化学組成と内部構造．月刊海洋科学，15, 391～395.

臼井朗・寺島滋・湯浅真人（1987）：小笠原海台周辺海域の含コバルト・マンガンクラスト．月刊海洋科学，19，215〜220．

USUI, A. and MORITANI, T. (1992): Manganese nodule deposits in the Central Pacific Basin: Distribution, geochemistry, mineralogy, and genesis. *In* "Geology and Offshore Mineral Resources of the Central Pacific Basin (edited by B. H. KEATING and B. R. BOLTON)". Springer, New York, 14, 205〜223.

臼井朗・西村昭・三田直樹（1992）：伊豆・小笠原弧，西七島海嶺天保海山のマンガン団塊及びクラストの潜水調査．第8回しんかいシンポジウム報告書，海洋科学技術センター，257〜270．

USUI, A., NISHIMURA, A. and IIZASA, K. (1993a): Submersible observations of manganese nodule and crust deposits on the Tenpo Seamount, northwestern Pacific. Marine Georesources and Geotechnology, 11, 263〜291.

USUI, A., NISHIMURA, A. and MITA, N. (1993b): Composition and growth history of surficial and buried manganese nodules in the Penrhyn Basin, Southwestern Pacific. Marine Geology, 114, 133〜153.

臼井朗・飯笹幸吉・棚橋学（1994）：日本周辺海域鉱物資源分布図．通産省工業技術院地質調査所発行，特殊地質図33．

USUI, A., NOHARA, M., OKUDA, Y., NISHIMURA, A., YAMAZAKI, T., SAITO, Y. et al. (1994): Outline of the Cruise GH83-3 in the Penrhyn Basin, South Pacific. Geological Survey of Japan Cruise Report, No. 23, 1〜17.

湯浅真人・横田節哉・佐藤任弘（1983）：日本周辺海域における熱水起源酸化物．月刊海洋科学，15，519〜524．

湯浅真人・横田節哉（1986）：伊豆・小笠原海域のマンガン団塊とクラスト．月刊地球，8，292〜296．

南極の鉱物資源に関するもの

BEHRENDT, J. C. (1983): Are there petroleum resources in Antarctica? *In* "Petroleum and Mineral Resources of Antarctica (edited by J. C. BEHRENDT)". U.S. Geological Survey Circular 909, 3〜24.

BEHRENDT, J. C. (1991): Scientific studies relevant to the question of Antarctica's petroleum resource potential. *In* "The Geology of Antarctica (edited by R. J. TINGEY)". Clarendon Press, Oxford, 588〜616.

BEHRENDT, J. C., DREWRY, D. J., JANKOWSKI, E. and GRIM, M. S. (1980): Aeromagnetic and radio echo ice-sounding measurements show much greater area of the Dufek intrusion, Antarctica. Science, 209, 1014〜1017.

CRADDOCK, C. (1982): Antarctica and Gondwanaland (Review paper). *In* "Antarctic Geoscience (edited by C. CRADDOCK)". Madison, Univ. of Wisconsin Press, 3〜13.

FORD, A. B. (1983): The Dufek intrusion of Antarctica and a survey of its minor metals and possible resources. *In* "Petroleum and Mineral Resources of Antarctica (edited by J. C. BEHRENDT)". U.S. Geological Survey Circular, 909, 51〜75.

FORD, A. B. and HIMMELBERG, G. R. (1991): Geology and crystallization of the Dufek intrusion. *In* "The Geology of Antarctica (edited by R. J. TINGEY)". Clarendon Press, Oxford, 175〜214.

HEIMSOETH, H. (1983): Antarctic mineral resources. Environmental Policy and Law, 11, 59〜61.

兼平慶一郎（1985）：南極大陸の鉱物資源ポテンシャリティー．月刊地球，7，280〜285．

松枝大治・本吉洋一・松本徰夫（1985）：南極大陸の鉱物と産状．月刊地球，7，253〜260．

松枝大治（1986）：南極大陸の鉱物資源．化学と工業，39，334〜335．

西山孝（1984）：南極大陸の地下資源．鉄と鋼，70，26〜31．

西山孝（1985）：南極大陸のエネルギー・鉱物資源．月刊地球，7，261〜267．

ROWLEY, P. D. (1983): Developments in Antarctic geology during the past half century. *In* "Revolution in the Earth Sciences; Advances in the Past Half-Century (edited by S. J. BOARDMAN)". Dubuque, Iowa, Kendall/Hunt Publishing Company, 112〜135.

ROWLEY, P. D. and PRIDE, D. E. (1982): Metallic mineral resources of the Antarctic Peninsula (Review paper). *In* "Antarctic Geoscience (edited by C. CRADDOCK)". Madison, Univ. of Wisconsin Press, 859〜870.

ROWLEY, P. D., FORD, A. B., WILLIAMS, P. L. and PRIDE, D. E. (1983): Metallogenic provinces of Antarctica. *In* "Antarctic Earth Science (edited by R. L. OLIVER, P. R. JAMES and J. B. JAGO)". Cambridge Univ. Press, Cambridge, 414〜419.

Rowley, P. D., Farrar, E., Carrara, P. E., Vennum, W. R. and Kellogg, K. S. (1988): Porphyry-type copper deposits and potassium-argon ages of plutonic rocks of the Orville Coast and eastern Ellsworth Land, Antarctica. *In* "Studies of the Geology and Mineral Resources of the Southern Antarctic Peninsula and Eastern Ellsworth Land, Antarctica (edited by P. D. Rowley and W. R. Vennum)". U.S. Geological Survey Professional Paper 1351-C, 35～49.

Rowley, P. D., Williams, P. L. and Pride, D. E. (1991): Metallic and non-metallic mineral resources of Antarctica. *In* "The Geology of Antarctica (edited by R. J. Tingey)". Clarendon Press, Oxford, 617～651.

志賀美英 (1999)：資源開発か環境保護か――南極の鉱物資源開発問題に見る世界の選択．資源地質，49, 47～62.

Shipboard Scientific Party (1975): Initial reports of the Deep Sea Drilling Project, Part 1, Shipboard site reports. California Univ., Scripps Institution of Oceanography, La Jolla, 28, 1～369.

Splettstoesser, J. F. (1985): Antarctic geology and mineral resources. Geology Today, 1, 41～45.

Tingey, R. J. (ed.) (1991): The geology of Antarctica. Clarendon Press, Oxford, 680 p.

Willemse, J. (1969): The geology of the Bushveld Igneous Complex, the largest repository of magmatic ore deposits in the world. *In* "Magmatic Ore Deposits, a Symposium (edited by H.D.B. Wilson)". Economic Geology Monogr., 4, 1～22.

第 III 章

鉱物資源探査，鉱山開発および採鉱

1 探　　査

鉱物資源探査は，広い調査対象範囲から次第に有望地域を絞っていく方向で進められる（第 III-1 表）。まず広い範囲の情報を収集するために，人工衛星を用いた宇宙からのリモートセンシング探査や航空機を利用した空中からの探査が行われる。そして次第に調査地域を絞り込み，有望地域について地質探査，地球化学探査，物理探査が行われ，さらに有望地点が発見されれば，試錐探査，坑道探鉱などが行われる。最後に鉱量や品位の確認などが行われ，経済的側面から開発の可能性が検討される。

1.1　リモートセンシング探査

鉱物資源探査ではまず，広域的な地形状況を把握することが必要である。リモートセンシングには，地理的，政治的条件に左右されずに，いつでも精度の高い地形情報が取得できるという利点がある。海外には地形図のない地域や軍事上地形図を公表しない国もあり，そのような地域にはとくにリモートセンシングが有効である。

地下資源探査を主目的に開発された国産資源探査衛星 JERS-1（Japanese Earth Resource Satellite-1）は，短波長赤外域と立体視機能を特徴とする光学センサーと合成開口レーダーを同一プラットフォー

第 III-1 表　鉱物資源の探査から開発までの流れ

段　　階	資源賦存地帯の発見	発見資源の規模，品位などの確認および開発可能性の検討	開発準備	採　　鉱
事業内容	空中探査，地質探査，地化学探査，物理探査，試錐，坑道調査を実施し，賦存可能性の高い地帯を漸次絞りながら最終的に賦存地帯を発見する。	発見地帯における密度の高い試錐，坑道探査の実施により，鉱床の規模，品位，形状，深さなどを確認し，開発の可能性を経済的側面から検討する。	1　採鉱準備 表土剥ぎ（露天掘りの場合），立坑，水平坑道の掘削（坑内掘りの場合）。 2　選鉱場の建設	
必要期間	3〜6 年	3〜5 年	3〜5 年	10〜20 年
必要資金	1〜10 億円	10〜20 億円	200 億円〜	

金属鉱業事業団（1995）による。

ム上に搭載した世界初の衛星である。合成開口レーダーはマイクロ波を照射しながら，地表面からの反射パルスを受信するため，天候や昼夜の区別なく地形の情報を拾うことができる。とくに，雲の影響を受けやすい熱帯地方などでの情報収集に有効である。裸岩地域においては，スペクトルデータの解析により岩相区分や変質帯の判別も可能である。近く日本では JERS-1 の後継機として合成開口レーダーを搭載した陸域観測技術衛星 ALOS（Advanced Land Observing Satellite）の打ち上げを予定しており，金属鉱業事業団はここから得られる高精度な地形情報の資源探査への利用方法の開発に取り組んでいる(金属鉱業事業団, 2002)。

1.2 地質探査

地質探査は，陸上の鉱床探査において最も重要な，かつ最初に行われる探査手法である。地表近くに現われている地質現象を地質学，岩石学，鉱床学，鉱物学などの知識を応用して解明する作業である。この作業は野外のほか室内でも行われる。

野外調査では，地質調査，地質図の作成，室内実験のための岩石・鉱物の採取などが行われる。鉱床が存在するような地域の岩石は普通熱水溶液によって著しく変質しているので，変質帯の調査はとりわけ重要である。変質している岩石は，変質していない新鮮な岩石と色や鉱物などが異なるので，容易に識別できる。変質帯の分布，変質の強弱，変質の鉱物学的特徴などを詳しく調査し，スケッチやサンプルの採取などが行われる。第Ⅰ章で取り上げた秩父鉱山では，鉱床近くの岩石は広くスカルン化し(第 I–2 図)，また菱刈鉱山では，鉱脈近くの岩石は広く粘土化変質を被っている(第 I–3 図)。これらの例からも，鉱床を探査するうえで変質帯の調査がいかに重要であるかが分かるであろう。地表が風化したり土壌化していて新鮮な露頭が少ない場合や草木に覆われている場合はトレンチが有効である。トレンチは，幅 1〜2 m，深さ 1〜2 m，長さ 10〜20 m 程度に表土を剥いで，表土下の新鮮な岩石を調査する方法である(写真 III–1)。

野外調査で採取されたサンプルは実験室で調べられる。室内で行われる作業は，顕微鏡観察，X 線回折分析，各種の化学分析(主成分分析，微量成分分析，同位体分析など)，鉱床生成温度の測定，鉱床生成年代の測定などである。

野外調査が地質探査の基本であるが，最近では機器の発達により室内作業の割合が多くなる傾向がある。地質探査は，野外調査にせよ室内実験にせよ，鉱床がいつの時代に，どのような場所に，どのような性質の溶液から，どの程度の温度で生成したかなど(すなわち，鉱床の成因)を明らかにする作業である。ひとつの鉱床の成因が解明されれば，類似の鉱床を別の場所で探査する際の指針になり，新たな鉱床の発見につながる。

1.3 地球化学探査

金属鉱床地帯は鉱床の存在しない地帯に比べて金属分が相対的に濃集している場合が多い。これは，熱水溶液から鉱床が生成する際，溶液が鉱床周辺の岩石中にも浸透していくこと，鉱床地帯の風化により金属分が溶脱し，周辺の岩石や土壌に拡散することなどによる。

第 III 章　鉱物資源探査，鉱山開発および採鉱　　　　　　　　　　　　　　　　　43

写真 III-1　トレンチによる鉱床探査
中国内蒙古自治区満洲里の南方。96 年 8 月著者撮影。

　地球化学探査(地化学探査とも地化探とも言われる)は，岩石，土壌，自然水(沢水，湧水)，河川堆積物，植物などに含まれる化学成分や，土壌から発散しているガスの成分を分析して，鉱床賦存の可能性を判断する探査法である。以下に，代表的な地球化学探査法を取り上げ，それぞれ概略を述べる。

(1)　沢砂分析

　沢砂や河川堆積物中の金属鉱物を調べる方法である。金属鉱物が見つかれば，付近や上流に鉱床が存在する可能性がある。この探査法は，水に溶けにくく比重の大きい金属鉱物(例えば，自然金，白金，錫鉱物，タングステン鉱物など)を含む鉱床の探査に有効である。

(2)　植物分析

　植物は水分とともに，水に溶けている成分をも吸収する(カドミウムに汚染された水田で育ったイネは高濃度のカドミウムを含むというように)。採取した植物の金属濃度を調べ，金属含有量が高ければ，地下や付近に金属鉱床が存在する可能性がある。植物分析は金鉱床の探査に有効である。

(3)　ガス分析

　地表から放出される水銀，二酸化硫黄，硫化水素，二酸化炭素，ハロゲン，貴ガスなどを分析する方法である。金属鉱床地帯では鉱床の存在しない地帯に比べて一般にこれらの濃度が高い。鉱脈型金鉱床ではイオウ分や水銀が高いなど，鉱床の型や金属の種類によってガスの種類や組合せが異なる。

1.4　物理探査

　地質探査や地球化学探査では地表近くの情報しか得ることができない。地下に埋もれた潜頭鉱床

の探査に威力を発揮するのが物理探査(物探とも言われる)である。

　岩石は種類によって物理学的性質(例えば，密度，磁力，地震波の速度，電気抵抗など)が異なる。物理探査はこのことを利用して地下構造や鉱床の存在・分布・形状などを把握する方法である。鉱床は「特殊な岩石」なので，その物理学的諸性質は通常の岩石と大きく異なり，その地域で物理的性質の異常な部分として浮き出てくる。物理探査にはいろいろな手法があり，鉱床の特徴によって効果的なものをいくつか選んで実施するのが普通である。多くの種類の物理的異常が同一地域で重なれば，それだけ高い確立で鉱床の存在が予想できる。

　物理探査は，天然に発生している地殻上部(地下数 km まで)の物理現象，あるいは人工的に発生させた物理現象を地表において観測し，得たデータを解析することによって行う。天然の物理現象を観測する方法には重力探査法，磁気探査法，自然電位法，放射能探査法，地熱探査法などがあり，人工的に発生させた物理現象を観測する方法には比抵抗法，地震探査法などがある(岡野，1975)。以下，代表的な物理探査法について概略を述べる。

(1) 重力探査

　重力とは地球が地上の物体を引っぱる力である。地球上の重力は，地球が完全な球でないこと，緯度の高低，観測点の標高，地殻構造の不均一などのために，場所によって値が異なる。そこで，地表において測定した重力の値から地球の形，観測点の標高，周囲の地形などによる要素を除けば，地下の物質の密度分布だけを反映した重力の情報が得られる。重力探査は，地表で測定した重力にそのような補正を加え，地下の密度分布による重力異常(ブーゲ異常と言う)を求め，地下の構造，基盤岩の分布，特殊物質(金属鉱床など)の存在・分布などを推定する探査法である。

　地下に金属鉱床のような特殊な物質が存在する地域で重力異常図を作成すると，その部分は周囲と比べて相対的に大きな重力異常(高重力異常)を示す。重力探査はほとんどの金属鉱床の探査に有効である。重力探査に用いる単位は普通 mgal (1/1,000gal) である。

(2) 磁気探査

　天然の鉱物の多くは磁性を持っている。磁性の強いものから微弱なものまでいろいろある。従って，鉱物の集合体である岩石もまた磁性を持っている。岩石は岩種によって含有する鉱物の種類や鉱物の量比が異なるため，岩石の磁性も岩種によって異なる。

　地下に磁性の強い鉱物(例えば，磁鉄鉱，赤鉄鉱，磁硫鉄鉱，チタン鉄鉱など)を多量に含有する岩体や鉱床が存在する地域において磁気分布を調査すると，それらの岩体や鉱床は周辺より高い磁気を示し，高磁気異常帯となって現われる。このような地下の磁気異常を調査し，得られた情報から地下構造の解明や鉱床探査を行う方法が磁気探査法である。磁力の測定は，高精度なプロトン磁力計を航空機に搭載して移動しながら行われる。

(3) 電気探査

　電気探査は岩石や鉱床の電気的性質を利用した地下探査法の総称であり，自然電位法，比抵抗法，IP 法，電磁法，電気検層法などいろいろな方法がある(岡野，1975)。ここでは自然電位法と比抵抗法についてのみ簡潔に述べる。

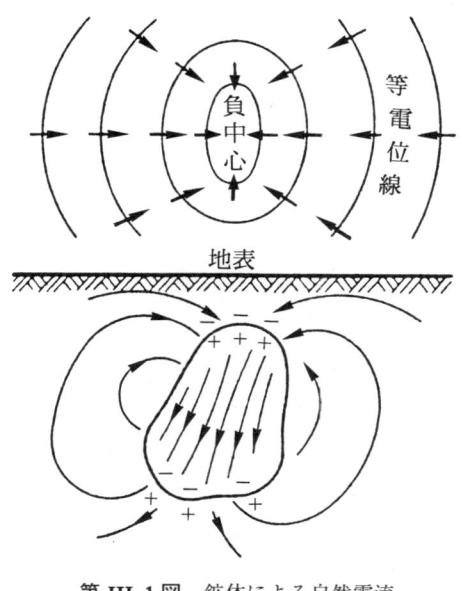

第 III-1 図 鉱体による自然電流
岡野（1975）による。

　自然電位法：地下水などの作用により鉱床の上部が酸化した鉱床は，地下で一種の電池を形成している（第 III-1 図）。このような鉱床では，鉱床周辺に自然電流が流れ，鉱床の上部に負の電位が生じている。このような場合，探査地点から離れた地点を基点として探査地域内の多くの測点との電位差を測定し，等電位差図を作成すると，鉱床の上部の地表は電位の低いところとなって現われる。自然電位法はこのような自然電流による電位差を測定する探査法で，SP 法とも言われる。

　比抵抗法：岩石中の電気の流れやすさ（電気伝導度）は，含有する鉱物の種類，空隙率，含水率などによって異なる。比抵抗は，電気伝導度の逆数で，電気の流れにくさを表わし，岩種によって異なる。測線に沿って既知の一定の電流を流し，測線上の 2 点間の電位差を測定することによって 2 点間の比抵抗を知ることができる。この探査方法を比抵抗法と言い，地下構造の解明に用いられることが多い。比抵抗の単位は Ωm で，岩石は普通 0.5～2,000 Ωm の値である。

(4) 地震探査

　地震波の伝播速度は物質の密度によって異なり，性質を異にする物質間の境界では屈折したり反射したりする。地震探査は，人工的に発生させた地震の波が地層間の境界面で屈折，反射して地表に返ってきたものを地表で受震し，波の伝播経路，衰退の仕方，到着時間などから地下の構造を調べる方法である。地震探査には，地層内で屈折する波動を用いる屈折法と，地層の境界で反射する波動を用いる反射法があり，石油，石炭，金属鉱床の探査に応用される。人工地震の振動源にはダイナマイト，圧縮空気などを使用する。

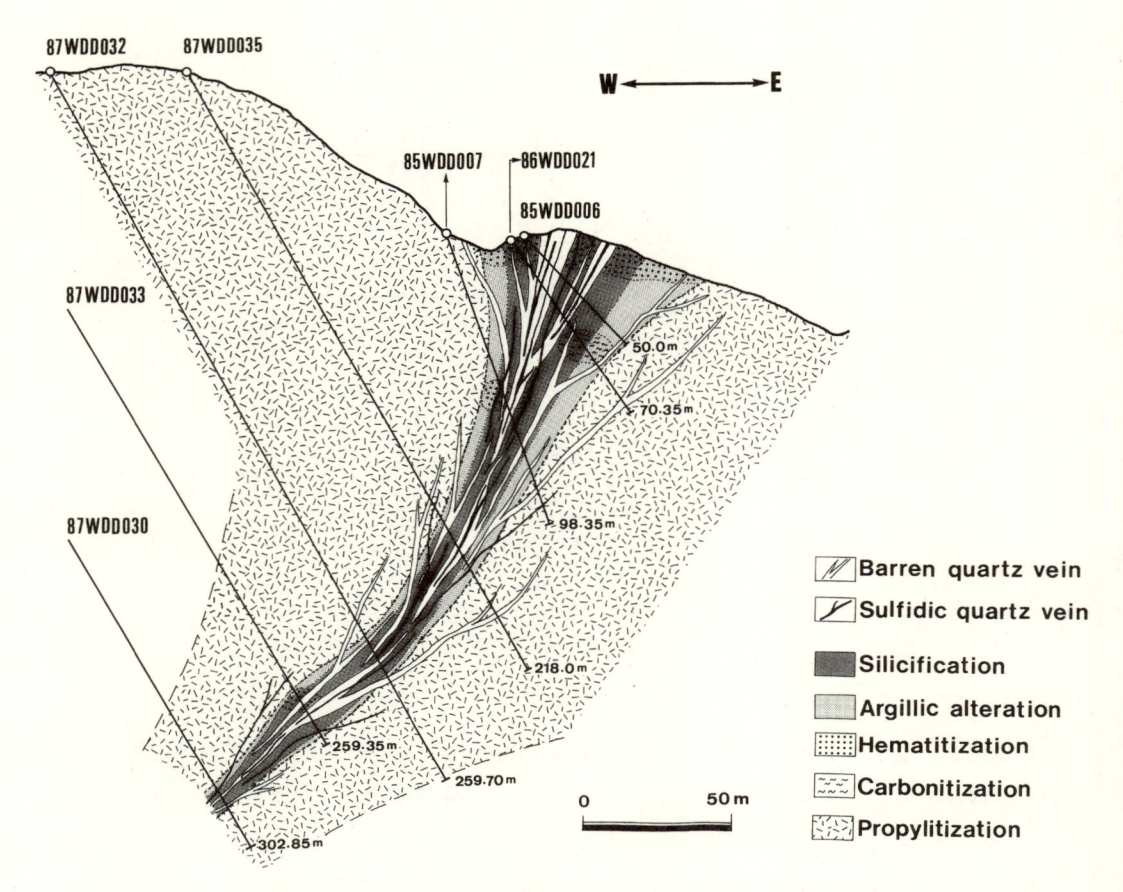

第 III-2 図　パプアニューギニアの Wild Dog 金鉱床の断面
鉱脈に向かって何本もの試錐が実施された。SHIGA and HIGASHI (1993) による。

1.5　試 錐 探 鉱

　地質探査，地球化学探査，物理探査などによって鉱床の存在が有望と判断された場合，試錐(ボーリング)による探鉱が行われる。試錐は 20〜100 m 間隔で何本も実施され(第 III-2 図)，採取した岩心(ボーリングコア)を検討して，鉱床の有無のほか，鉱床が存在する場合はその品位，規模，形態，変質状況などを明らかにする。

　試錐探鉱では，地表のどの地点から，どの方向に，どの角度で，どれだけ(長さ)，掘進させるかの判断が重要である。鉱床が存在するにもかかわらず判断の誤りによって着鉱しなければ，それまでの探査は無になってしまう。そうならないためにも，事前に可能な限り精度の高い探査情報を得ておく必要がある。

1.6　菱刈鉱山における探査の例

　菱刈鉱床の探査は最新の知識と技術を駆使して行われ，鉱床発見まで昭和 50 年度から昭和 55 年

度まで6年を費やした。探査方法および探査規模は概略以下のとおりである(金属鉱業事業団・住友金属鉱山株式会社，1987)。

地形図作成 (1/10,000)	850 km²
地質調査 (1/20,000，一部 1/50,000)	910 km²
地球化学探査 2 件	40 km²
重力探査	910 km²
電気探査 1 件(比抵抗法)	29.3 km²
空中電磁探査	
試錐 13 孔	5,797 km

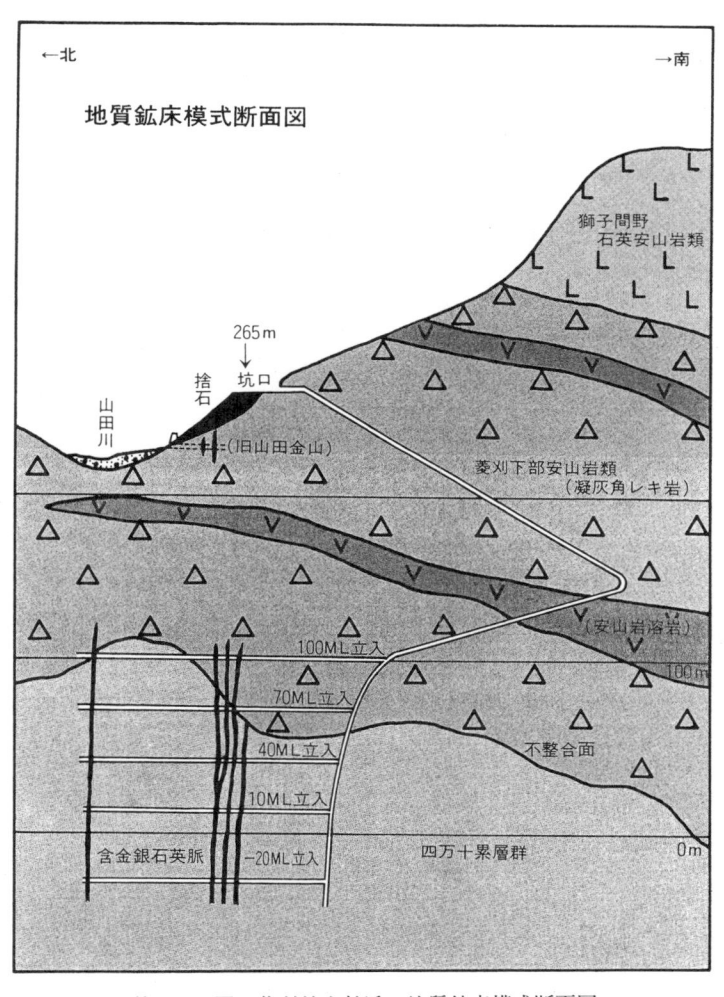

第 III-3 図　菱刈鉱山付近の地質鉱床模式断面図
住友金属鉱山株式会社パンフレット『菱刈鉱山』から引用した。

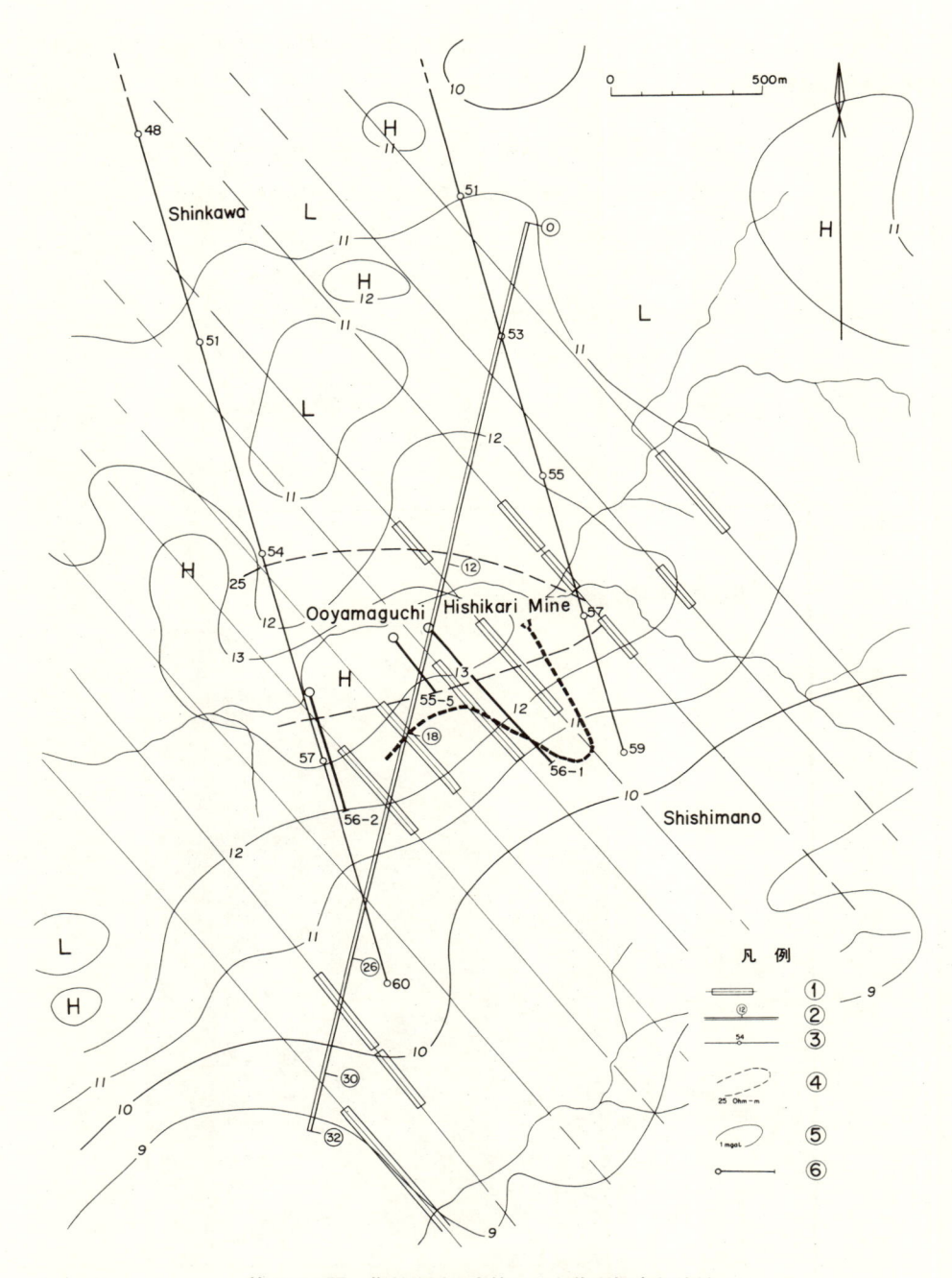

第 III-4 図　菱刈地区で実施された物理探査と結果
1: 空中電磁法，2: CSAMT 法 (Controlled Source Audio Frequency Magnetotelluric Method)，3: シュランベルジャー法，4: シュランベルジャー異常，5: 重力異常，6: 試錐。太点線は鉱山の斜坑。金属鉱業事業団・住友金属鉱山株式会社 (1987) による。

第III-2表　菱刈地区で実施された試錐の分析結果

試錐番号	深度 (m)	Au (g/t)	Ag (g/t)
55MAHT-5	291.70～291.85	290.3	167.0
56MAHT-1	465.25～466.00	102.0	50.3
56MAHT-1	476.35～476.60	149.7	52.0
56MAHT-2	241.68～242.90	63.7	44.0
56MAHT-2	261.40～265.15	69.9	52.8
56MAHT-2	277.65～283.10	220.3	57.6
56MAHT-2	301.75～302.50	44.7	26.3

通産省資源エネルギー庁（1982）による。

　菱刈鉱山の金銀鉱脈鉱床は，旧山田金山の下部，地表下 150～300 m に存在する潜頭鉱床である（第 III-3 図）。旧山田金山は藩政時代末期に発見され，昭和 30 年代まで地表付近で断続的に金の採掘が行われていた。この地域の地質は，基盤の四万十累層群とこれを不整合に覆う新第三紀～第四紀の火山岩類からなる（第 III-3 図）。安山岩類は旧山田金山周辺で著しく粘土化作用，黄鉄鉱化作用などの熱水変質を受けている。

　この地域で重力探査を実施したところ，旧山田金山付近に高重力異常帯が現われた（第 III-4 図）。引き続きシュランベルジャー電極配置による垂直比抵抗法を実施した結果，同じ地域に顕著な低比抵抗異常帯が認められ，さらにヘリコプターを用いた空中電磁法によってもこの地域に低比抵抗異常帯が確認され，有力な探鉱箇所と判断されるに至った。以上の調査結果を検証するために構造試錐が計画され，55MAHT-5 号（孔長 10 cm），56MAHT-1 号，56MAHT-2 号の 3 本の試錐が実施された。その結果，地表下 150～200 m に存在する四万十累層群の盛り上がり付近で，最高品位 290.3 g/t Au，167.0 g/t Ag という高品位の金銀鉱脈に着脈した（第 III-2 表）。鉱床は四万十累層群とこれを覆う安山岩類の中に発達した割れ目を充塡する浅熱水性含金銀石英脈で（第 III-3 図），おおよそ 100 万年前に生成したことが判明した（菱刈鉱山の鉱床生成モデルは第 I 章で述べた）。

2　鉱山開発

　試錐探鉱によって鉱床の規模，品位などから開発有望と判断された場合，坑道を開削し，坑道探鉱に入る。坑道探鉱では，さらに試錐を行って鉱床の詳細を調査し，主として経済的側面から開発の可能性を検討する。期待した鉱量，品位が確保できず開発に移れない場合，それまで探査に要した経費は回収不能になる。鉱床の規模，品位などが経済的に開発に値すると判断されると，開発準備に入る。

　鉱山の立地は他の産業のように自由に選択できない。鉱山開発に必要なインフラストラクチャーや設備は，鉱山の立地条件（都市部に近いか，山間部か，臨海部かなど）によって大きく異なるし，また露天掘りと坑内掘り（次の第 3 節で述べる）でも異なる。遠隔地において坑内掘りによって鉱床を採掘する

場合，どのようなインフラストラクチャーや施設が必要になるであろうか。第 III-3 図の断面図を見て，作業を順に考えていけば予想がつくであろう。思いつくだけでも次のようなものを挙げることができる。これらの中には鉱山の立地条件によっては不必要なものもあるであろうし，またこれに追加しなければならないものもあるであろう。また当然，鉱床の規模によって設備の規模（数量など）に差が出てくる。

インフラストラクチャー
・道路，鉄道，港湾（資機材搬入，鉱石輸送のため）
・配電設備（ケーブル，変電所，非常用発電機など）
・給排水設備

施　設
・鉱石破砕場
・選鉱場
・貯鉱場
・鉱害対策施設（捨石堆積場，尾鉱ダム，廃液処理施設など）
・火薬庫
・給油所
・重機修理工場
・試験室（分析室）
・資機材倉庫
・事務所
・社員社宅

資機材
・通気・換気用資機材（コンプレッサー，送風管，扇風機など）
・採鉱用資機材（穿孔機，爆薬，砕岩機など）
・捨石・鉱石運搬用車輛（ショベルカー，ダンプトラックなど）
・探査用資機材（試錐機，ダイヤモンドビットなど）
・選鉱用資機材（クラッシャー，ミル，選鉱機，試薬類など）
・化学分析用機器
・事務機器

　菱刈鉱山では，坑内作業の安全を確保し，生産性を高めるためコンピュータ制御システムを導入している。また鉱脈から約 60°C の温泉が湧き出しているので，坑内に抜湯・揚水設備を設置し，坑外には汲み上げた温泉を冷却するための温泉水冷却設備（60°C の温泉を 35°C まで下げるためのクーリングタワー）を設置している。坑内の岩盤も高温なので，坑内環境を作業に適したものにするために，坑外に設置した主要扇風機で 8,000 m³/分の風を坑内に導き，各作業現場にクーラーで冷やした風を

送り込んでいる。またこの鉱山では汲み上げた温泉の一部を近隣の街へ提供しているので，坑外にはそのためのパイプラインを敷いている(住友金属鉱山株式会社パンフレット『菱刈鉱山』より)。

　以上のように，鉱山開発には一般に莫大な資金を要し，採鉱までの準備に要する期間(収益のあがらない期間)も長い(第 III–1 表)。それだけ投資額に対する金利も他産業に比べて高くなる。鉱山開発は他の産業に比べて投資リスクが著しく高い。

3　採　　鉱

3.1　概　　要

　採鉱とは鉱床から鉱石を掘り出す作業である。採鉱法には大きく分けて露天採鉱法(露天掘り，写真 III–2)と坑内採鉱法(坑内掘り)があり，前者は地表に露出する鉱床や地下浅部に存在する鉱床の採掘に採用され，後者は地下に埋もれた鉱床(潜頭鉱床)の採掘に採用される。いずれの場合も採鉱は次のような流れで行われる。

　　　　　　　　穿孔機で岩盤(鉱床)に孔をあける。
　　　　　　→　そこに爆薬を詰め込み，破壊する。
　　　　　　→　崩れた鉱石を適当な大きさに破砕する。
　　　　　　→　鉱石をダンプトラックやトロッコに積み込む。
　　　　　　→　選鉱場や貯鉱場まで鉱石を運搬する。

　採鉱の作業量は膨大であり，とくに潜頭鉱床では作業が地中において行われることから危険を伴う。この作業を経済的かつ安全に行うために，鉱床の形状，規模，岩盤強度などによってさまざ

写真 III–2　鉱床の露天掘り
南米チリのチュキカマタ斑岩銅鉱床。85 年 8 月著者撮影。

3.2 菱刈鉱山の採鉱の例

菱刈鉱山の鉱脈鉱床は地表下に存在するので，採鉱は坑内堀りで行われている。坑口から2本の斜坑（第一斜坑および第二斜坑，いずれも傾斜約10°）で鉱脈に向けて下っていく（第III-3図）。100 ML，70 ML，40 MLなどの各主要レベルで鉱脈にほぼ直角に立入坑道*1を掘進し，さらにその奥で立入と立入を下盤坑道*2で結び，通気と運搬のルートを確保している。ヒ押坑道*3は，鉱脈に詰まっている温泉を抜水し水位を下げてから展開している。例えば，100 MLのヒ押は，70 MLに定置式ポンプ庫を設置し，ボーリングにより鉱脈中の温泉を抜湯・揚水して水位を95 ML以下に下げてから展開している。70 ML，40 MLのヒ押の場合も同様に，それぞれ40 ML，10 MLにポンプ庫を設置して水位を下げてから実施している（住友金属鉱山株式会社パンフレット『菱刈鉱山』など）。

採鉱は全面的にトラックレス・マイニング*4で行い，採鉱法は穿孔，積込，運搬，充填の諸作業を各種の専用重機で行うベンチストーピング法を採用している。採掘は鉱床の下部から上部へ向かって進め，採掘後の掘り跡は岩盤崩壊防止および捨石削減のため捨石で充填している。

4 まとめ

本章では，鉱床の探査から鉱山開発，採鉱までの過程を解説した。鉱物資源の探査・開発は，初めは見つけやすく採掘しやすい鉱床（地表に露出した，地理的条件の良い鉱床）から始まったに違いない。開発の進んだ国ではそのような有利な鉱床は年々少なくなり，開発の余地のある発展途上国でも開発が進めば確実に条件は悪化していく。鉱物資源の探査・開発の環境は世界的に見て，より奥地へ，より深部へと厳しくなる方向にある。

地殻の厚さは大陸で数十kmに及ぶが，人類による開発はまだせいぜい地下数百mまでしか及んでいない。しかも，地球全体から見れば，一部の限られた地点だけである。地下には膨大な量の鉱物資源が眠っているはずである。鉱物資源の探査は，科学技術の進歩とともに，また鉱物資源需要の増大に後押しされて，より高度に，そしてより大規模に行われるようになってきた。さらなる探査技術の進歩は，奥地や深部に眠る鉱床の発見を可能にしていくことであろう。最新の科学的知識と近代的探査技術の結集によって地下に埋もれた鉱床が発見された菱刈鉱山の例はわれわれに大きな励みを与えている。探査技術の進歩は，人類が鉱物資源を確保していくための最も有力な手段である。

---

*1 最短距離で鉱床に出合うように，鉱床の走向と直角の方向から掘進させた水平坑道。鉱床開発のための主要坑道となり，鉱石および資材の運搬坑道として用いることが多い。
*2 鉱床に沿って各レベルの立入坑道を連結させ，ヒ押を展開するための水平坑道。
*3 鉱床に沿って掘進させた水平坑道。
*4 軌道を必要としない車輌を用いて鉱石を運搬する採掘方式。

しかし現実には，金属鉱山では，深部の探査は行わないことや深部に鉱床の存在が確認できても採掘を断念することがある．それは，採掘経費が高くつき，企業利益が確保できないからである．このように深部開発には，経済面での限界がある．人類が深部資源の開発を可能にし，資源の量を増やしていくには，探査技術の開発と並行して，カネのかからない採鉱法の開発も進めていかなければならない．

文　献

金属鉱業事業団・住友金属鉱山株式会社 (1987)：菱刈鉱山の発見と開発．資源地質，37, 227〜236.
金属鉱業事業団 (1995)：非鉄金属の安定供給を守る．金属鉱業事業団発行，51p.
金属鉱業事業団 (2002)：新たな技術の開発をめざして――金属鉱業事業団技術研究所――．金属鉱業事業団 BO-NANZA, 2, 2〜7.
岡野武雄 (1975)：地下資源．共立出版，230p.
SHIGA, Y. and HIGASHI, S. (1993): Epithermal gold quartz veins at Wild Dog, East New Britain, Papua New Guinea, with reference to the hydrothermal activity and ore mineralogy. Resource Geol. Special Issue, No. 16, 107〜127.
住友金属鉱山株式会社パンフレット『菱刈鉱山』．
通産省資源エネルギー庁 (1982)：昭和56年度広域調査報告書，北薩・串木野地域，4〜15.

第 IV 章

選　鉱

1　選鉱とは

鉱山で採掘される鉱石は普通有用鉱物と非有用鉱物から構成されている(写真 IV-1)。このような鉱石から金属を抽出するには，普通次の2段階の工程が必要である。

　　　　　第1段階：鉱石から有用鉱物だけを選別する。
　　　　　第2段階：選別した有用鉱物から金属だけを抽出する。

第1段階の工程を選鉱と言う。例えば，鉄鉱石から磁鉄鉱 (Fe_3O_4) を選別したり，銅鉱石から黄銅鉱 ($CuFeS_2$) を選別する工程である。複数の有用鉱物を含む鉱石からそれら複数の有用鉱物を選別することもある。写真 IV-1 に示した鉛・亜鉛鉱石からは方鉛鉱 (PbS) と閃亜鉛鉱 (ZnS) の2種類の有用鉱物を選別する。選別された有用鉱物(これを精鉱と言う)は第2段階の工程に移されるが，この工程については次の第 V 章で述べる。

写真 IV-1　鉛・亜鉛鉱石
黒色 (gs)：方鉛鉱と閃亜鉛鉱，灰色 (py)：黄鉄鉱，白色 (qz)：主として石英。鉱石は有用鉱物と非有用鉱物からなる。中国内蒙古自治区満洲里の南方で採取。

2 前処理──破砕工程および磨鉱工程──

鉱石から有用鉱物を選別する(選鉱する)にはまず鉱石を粉砕し，有用鉱物と非有用鉱物をばらばらに単体分離する必要がある(第 IV-1 図)。細かく砕くほど分離は進むが，いかに細かく砕いても，「片刃」と呼ばれる有用鉱物と非有用鉱物からなる粒子が残存し，完全に分離することは物理的に不可能である。経済性をも考慮し，100～50 μm 程度に粉砕するのが普通である。鉱石を一回の処理で目的の粒径(100～50 μm 程度)にまで粉砕することはできないので，破砕工程と磨鉱工程の 2 段階で細かくしていく。

破砕工程では最終的に鉱石を径 2 cm 程度にまで破砕するのであるが，粗いものから細かいものへ 2，3 段階に分けて破砕していくのが普通である。破砕に用いる機材はクラッシャーと呼ばれるもので，いろいろな形式のものがある。はじめジョークラッシャーと呼ばれる破砕機で粗砕し，これをコーンクラッシャーでさらに細かく破砕する。

磨鉱工程ではクラッシャーで破砕した鉱石を最終目的の粒径にまで粉砕する。これに最も広く利用されているのはロッドミルおよびボールミルと呼ばれる粉砕機である。ロッドミルは，中に鋼鉄製の棒(ロッド)を入れた円筒形の容器である。この容器に原料鉱石を入れて回転させると，原料鉱石はロッドによって砕かれる。ロッドミルでやや粗めに粉砕された鉱石はボールミルに移される。ボールミルも円筒形の容器で，その中には容積の約 40% を充たす多くの鋼鉄製のボールが入っている。このミルを回転させると，鉱石はボールによって叩きつぶされたり，すりつぶされたりして，さらに細かくなっていく。

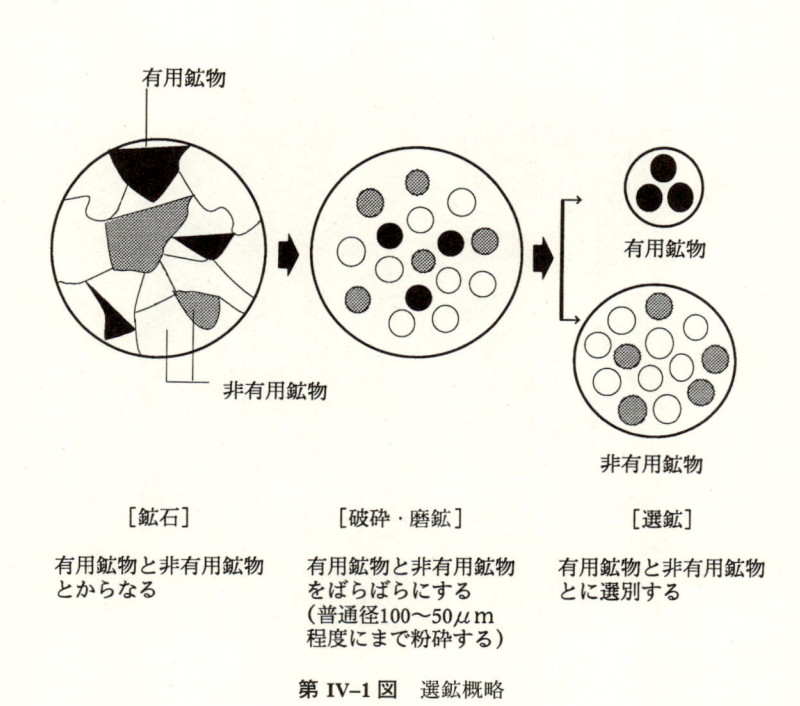

[鉱石]	[破砕・磨鉱]	[選鉱]
有用鉱物と非有用鉱物とからなる	有用鉱物と非有用鉱物をばらばらにする(普通径100～50μm程度にまで粉砕する)	有用鉱物と非有用鉱物とに選別する

第 IV-1 図　選鉱概略

鉱石の粉砕には大がかりな設備と大量のエネルギーが必要とされ，これらのコストをいかに低く抑えるかが鉱石処理コストを大きく支配する。そのため粉砕技術の理論，粉砕機の構造などについて，古くから研究が積み重ねられてきた(山口, 1986)。

3 選　鉱

選鉱法には磁力選鉱法，比重選鉱法，浮遊選鉱法，静電選鉱法，重液選鉱法，放射能選鉱法などさまざまな方法が考案され，実用化されてきた。どの方法も，基本的には，有用鉱物と非有用鉱物の物理的性質の違いを利用している(第 IV-1 表)。ここでは磁力選鉱法，比重選鉱法，浮遊選鉱法の3つを取り上げ，それらの概略を述べる。選鉱法の詳細は山口 (1986)，原田種臣『物理選鉱』などの専門書を参照されたい。

3.1 磁性の差を利用する方法——磁力選鉱法——

3.1.1 概　説

天然の鉱物は普通，程度の差こそあれ，磁性を持っており，磁性の強度によって高磁性鉱物，磁性鉱物，弱磁性鉱物，ほとんど磁性を持たない非磁性鉱物などに分けられる。第 IV-2 表は主な鉱物の磁性の強さを比較したものである。この表の数値は鉄片が磁石に引き付けられる強さを 100 とした場合の相対値であり，数値が大きい鉱物ほど磁性が強く，磁石に引き付けられやすい。鉱物の磁性の差異を利用して，磁性の異なる複数の鉱物が混合しているものの中から，磁性の強い鉱物のみを磁石に吸引することによって選別する方法が磁力選鉱法(単に磁選とも言われる)である。例えば，磁鉄鉱，石英，その他の非有用鉱物からなる鉄鉱石では，磁鉄鉱は磁性が強く，石英やその他の鉱物は磁性が弱い(ほとんど磁性がない)ので，この鉱石から磁鉄鉱を選別するには磁力選鉱法が有効である。

3.1.2 磁力選鉱機

磁力選鉱機にはさまざまな機種が考案されているが，乾式と湿式に大別できる。また，乾式と湿式の両方にそれぞれ低磁力のものから高磁力のものまでが考案されている(藤田, 1997)。低磁力選鉱

第 IV-1 表　粒子の物性とそれを利用した分離技術

粒子の物性	分離技術
磁気的特性	磁力選別
密　度	比重選別
表面の物理化学的特性	浮遊選別など
電気的特性	静電選別
表面の光学的性質	手選，色彩選別

山口 (1986) から一部抜粋した。

第 IV-2 表　主な鉱物の磁性の強さの比較

鉱物名	化学式	鉄を標準（100）とした磁性の強さ
鉄	Fe	100.00
磁鉄鉱	$FeO \cdot Fe_2O_3$	40.18
チタン鉄鉱	$FeO \cdot TiO_2$	24.70
磁硫鉄鉱	$Fe_{1-x}S$	6.69
菱鉄鉱	$FeCO_3$	1.82
赤鉄鉱	Fe_2O_3	1.32
ジルコン	$ZrO_2 \cdot SiO_2$	1.01
鋼玉	Al_2O_3	0.83
軟マンガン鉱	MnO_2	0.71
水マンガン鉱	$Mn_2O_3 \cdot H_2O$	0.52
石英	SiO_2	0.37
金紅石	TiO_2	0.37
白鉛鉱	$PbCO_3$	0.30
輝銀鉱	Ag_2S	0.27
雄黄	As_2S_3	0.24
黄鉄鉱	FeS_2	0.23
閃亜鉛鉱	ZnS	0.23
輝水鉛鉱	MoS_2	0.23
斑銅鉱	Cu_5FeS_4	0.22
硫ヒ鉄鉱	$FeAsS$	0.15
黄銅鉱	$CuFeS_2$	0.14
石膏	$CaSO_4 \cdot 2H_2O$	0.12
蛍石	CaF_2	0.11
辰砂	HgS	0.10
輝銅鉱	Cu_2S	0.09
赤銅鉱	Cu_2O	0.08
輝安鉱	Sb_2S_3	0.05
方鉛鉱	PbS	0.04
方解石	$CaCO_3$	0.03

原田種臣『物理選鉱』から一部抜粋した。

機は磁性の強い鉱物（例えば，磁鉄鉱，チタン鉄鉱，磁硫鉄鉱など）の回収に用いられ，高磁力選鉱機は磁性の弱い鉱物（例えば，軟マンガン鉱，鉄マンガン重石，ざくろ石，モナズ石など）の回収に用いられる。

　鉄の原料として利用されている磁鉄鉱および赤鉄鉱は磁性の強い鉱物であり，比較的処理コストの安い低磁力選鉱機によって効率よく分離を行うことができる。第 IV-2 図は鉄鉱石の磁選に広く使われている湿式回転ドラム型磁力選鉱機の例である。回転する非磁性金属の円筒ドラム（1）の内側に動かない磁極（2）が配置されており，供給されたパルプ（3）の中に含まれる強磁性鉱物（磁鉄鉱や赤鉄鉱）がこれらの磁極に吸引されてドラムとともに移動し，（4）から排出される。磁極に吸引されなかった非有用鉱物粒子は（5）からパルプ状のまま排出される（山口，1986）。分離効率を高めるには，パルプの給鉱速度やドラムの回転速度の調整が必要であることは言うまでもない。鉱物の

第 IV 章 選 鉱

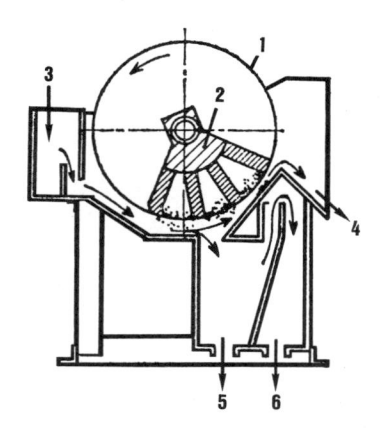

第 IV-2 図 湿式回転ドラム型磁力選鉱機の例
1: 回転ドラム，2: 磁極，3: 原料パルプ，4: 着磁産物，5: 非着磁産物，6: オーバーフロー。山口 (1986) から引用した。

写真 IV-2 鉄鉱石と磁鉄鉱精鉱
A: 中国密雲鉄鉱鉱床産縞状鉄鉱層。黒い部分は主として磁鉄鉱，白い部分は石英などの非有用鉱物。
B: 選鉱後の磁鉄鉱精鉱。磁鉄鉱は強磁性鉱物なので，磁石に付着する。

化学組成や粒径*1 も分離効率を左右する重要な要素である。中国密雲鉄鉱床産の鉄鉱石（縞状鉄鉱層）と，同鉱石から湿式回転ドラム型磁力選鉱機を用いて回収された磁鉄鉱の精鉱を写真 IV-2 に示す。

　磁性のごく弱い鉱物はアイソダイナミックセパレータ（磁気分離器）と呼ばれる乾式高磁力選鉱機を用いて分離する。アイソダイナミックセパレータでは，磁極の磁場の強度を変えることによって磁性の差異がわずかな複数の鉱物を分離することができる。例えば，黒雲母と角閃石はともに磁性が弱くかつ磁性の差もわずかであるが，磁場の強度を厳密に調整することによってこれらの鉱物を精度よく分離することができる。

3.2　比重の差を利用する方法──比重選鉱法──

3.2.1　概　説

　比重の大きい鉱物と比重の小さい鉱物とから構成される鉱石の場合は，比重の差異を利用することによって鉱物を効率的に選別することができる。このように鉱物間の比重の差を利用して鉱物を選別する方法を比重選鉱と言う。比重の差が大きいほど選鉱の効率はよい。一般に，比重の差が 1 以上ある場合には選別が可能であるが，差が 1〜0.5 の場合にはかなり注意が必要であり，0.5 以下では実際上選別は困難である（中廣，1997）。錫石，石英，その他の鉱物からなる錫鉱石では，錫石は比重が大きく (6.99)，石英やその他の鉱物は比重が小さい（普通 3 以下）ので，この鉱石から錫石を選別するには比重選鉱法が効果的である。また砂金（金の比重 19.3）の採取にも比重選鉱法の原理がいかされている。

3.2.2　振動式テーブル選鉱法

　代表的な振動式テーブル選鉱機を第 IV-3 図に示す。わずかに傾斜させた盤面に少量の水を流しながら，盤面を左右に往復振動させることによって鉱物粒子を選別する装置である。盤上には高さ 1〜3 mm ほどの桟(さん)が多数配置されている。

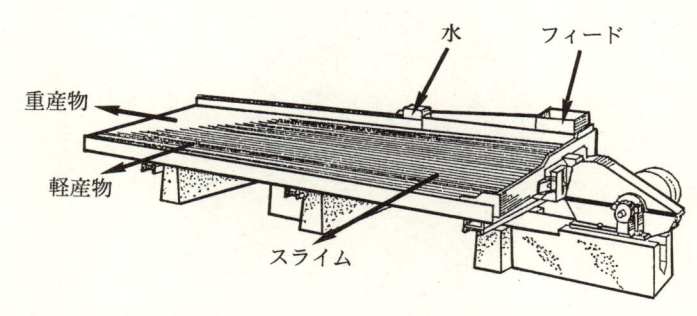

第 IV-3 図　振動式テーブル選鉱機の例
山口 (1986) から引用した。

---

*1　鉱物の磁性は，同一鉱物でも化学組成，粒子の大きさなどによって著しく変化する。例えば，天然の磁鉄鉱は少量のチタン，バナジウムなどを含有するが，これらの不純物が増すと磁性は弱くなる。また磁鉄鉱の帯磁率は粒径 100 μm 位まではゆるやかに減少するが，それより細かくなると急速に減少する。

盤上の鉱物粒子は，水に流される間に比重の差によって層を形成する。下層には比重の大きい粒子が，上層には比重の小さい粒子が集まる。比重の小さい上層部は水流によって速く洗い流され，比重の大きい下層部は底をゆっくりと流れる。しかし，盤の上流から鉱石粉が絶えず供給されているので，これだけでは鉱物を分離することはできない。

そこで，盤面を，往きは遅く，戻りは速い往復運動をさせる。往きは運動の速度が遅いので，比重の大きい粒子も比重の小さい粒子も盤と一緒に移動する。しかし戻りは速いので，下層の比重の大きい粒子は盤面と一緒に移動できるが，上層の比重の小さい粒子は盤面の速い動きについていけず，その場に取り残される形になる。この運動を繰り返すことによって比重の大きい鉱物粒子と比重の小さい鉱物粒子を分離することができる。このように振動式テーブル選鉱法は，水流とテーブルの往復運動との組み合わせによって鉱物を分離する方法である(山口，1986; 中廣，1997)。

この選鉱法は古い歴史をもち，浮遊選鉱法(後述する)が実用化されるまではきわめて有力な選鉱法であった。現在では，浮遊選鉱法の際の補助として用いられる場合もあるが，錫石のように浮遊選鉱法では分離回収が困難で比重の大きい鉱物の場合には主要な選鉱機となっている(中廣，1997)。鹿児島県錫山鉱山(昭和63年閉山)では，錫鉱石の選鉱に振動式テーブル選鉱法を採用していた(協和鉱業株式会社パンフレット『錫山鉱業所』)。同鉱山では，1回のテーブル選鉱では鉱物分離が十分でないため，何度かこれを繰り返し，精鉱の品位を上げていた。鉱石の粗鉱品位は0.3～0.5% Sn (昭和16～20年実績)，選鉱後の精鉱品位は61～66% Sn (同年実績)であった(宮久，1973)。

3.2.3 砂金採取の例

砂金を含む河川堆積物は，金を含む鉱床の風化・侵食によって生じた砕屑物が，沢水や河川水によって下流に運ばれたものである。金の比重(19.3)は砂(石英など)の比重(普通3以下)に比べてかなり大きい。

(1) 碗掛け

パンと呼ばれる円い器の中に土砂と水を入れ，パンを少し傾けて水と土砂を静かに回転させると，比重の大きい粒子(砂金)は回転の中心近くに集まって静かに回転し，比重の小さい粒子(土砂)はその外側を水とともに大きく回転する。パンを回転させながら外側の土砂を流し出すと，回転の中心近くに砂金の粒が残る。このような方法を碗掛け(パンニング，panning)と言う(写真 IV-3)。金属鉱物は普通の鉱物(石英，長石など)に比べて一般に比重が大きいので，碗掛けは，砂金の採取にだけでなく，鉱物資源探査に広く用いられている。

(2) ねこ流しまたは樋流し

傾けた木製の樋に土砂を入れ，そこに水を流すと，比重の大きい粒子は底をゆっくり流れ，比重の小さい粒子は水とともに上層を速く流れ去る(これに類したことは振動式テーブル選鉱法のところで述べた)。この樋の底に金網を張ると，比重の大きい粒子は金網の目に詰まって定着する。このようにして比重の大きい粒子を回収する仕掛けをねこ流しまたは樋流しと言う(写真 IV-4)。樋には，小粒の粒子を採るための目の細かい金網(樋の上流側)と大粒の粒子を採るための目の粗い金網(樋の下流側)の

写真 IV-3 砂金の碗掛け（パンニング）
南米チリの Copiapo 付近。85 年 5 月著者撮影。

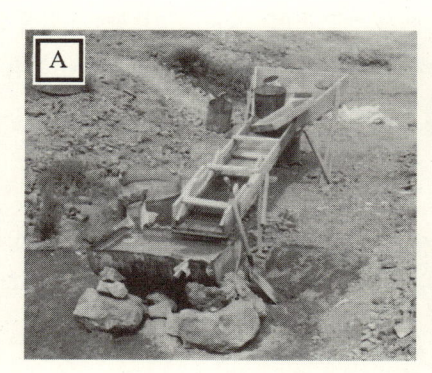

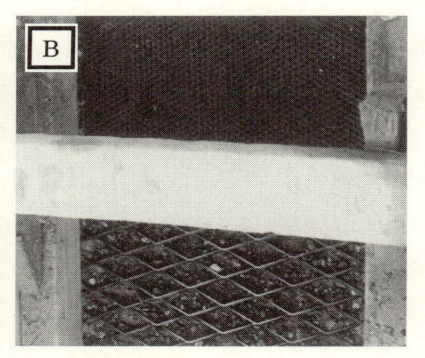

写真 IV-4 砂金採取のねこ流し（樋流し）
A: 仕掛けの外観。B: 樋の下流には目の細かい金網と目の粗い金網が張ってある。金粒は金網に引っかかる。南米チリの Copiapo 付近。85 年 5 月著者撮影。

2 種類が張られている。この仕掛けは今日でも砂金採りに使用されている。

3.3　水に対する鉱物表面の濡れやすさの差を利用する方法——浮遊選鉱法——

3.3.1　概　　要

　水に対する物質表面の濡れやすさは物質ごとに異なり，物質表面の処理によっても変化する。石油やアルコールに対する物質の濡れやすさも，水に対する濡れやすさとは全く異なる。このように物質表面の液体に対する濡れやすさは物質ごとに，また同じ物質でも液体の性質によって異なる。

　細かく砕いた鉱石を水に懸濁させ，これにある試薬を添加して鉱物粒子の表面を処理した後，気泡を導入すると，水に濡れにくい疎水性の表面をもつ鉱物粒子は気泡に付着し，気泡の浮力で気泡

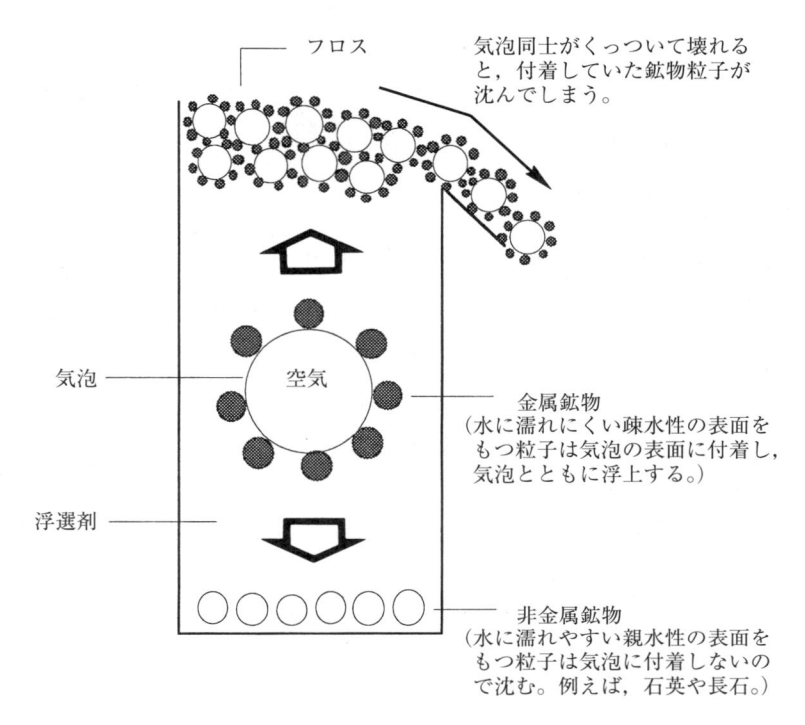

```
                    フロス         気泡同士がくっついて壊れる
                                   と，付着していた鉱物粒子が
                                   沈んでしまう。


  気泡 ─────   空気
                                  ─── 金属鉱物
                                     （水に濡れにくい疎水性の表面を
                                      もつ粒子は気泡の表面に付着し，
                                      気泡とともに浮上する。）

  浮選剤 ─────

                                  ─── 非金属鉱物
                                     （水に濡れやすい親水性の表面を
                                      もつ粒子は気泡に付着しないの
                                      で沈む。例えば，石英や長石。）
```

第 IV-4 図　浮遊選鉱法の原理

とともに浮上する（第 IV-4 図）。一方水に濡れやすい親水性の表面をもつ鉱物粒子は気泡に付着せず，沈下する。このように，水に対する物質表面の濡れやすさの違いを利用して，ある種の鉱物を気泡とともに浮上させ，別の鉱物を沈下させることによって鉱物分離を行う方法を浮遊選鉱法（略して浮選）と言う[*2]。浮選は，磁性，比重など物理的な差がなくても試薬の組み合わせによって鉱物分離が可能であること，適用鉱物粒子サイズが比重選鉱の場合より小さく，鉱物組織が緻密で，単体分離粒度の小さい鉱物の分離が可能であることなどから，比重選鉱法に代わって鉱物選別の主流の座を占めている（松岡, 1997）。

　浮選装置にはいろいろな型があるが，現在広く使われているのは機械攪拌式の装置である（第 IV-5 図）。この装置は容器（セル）と攪拌装置から構成されている。攪拌装置は回転軸に取り付けられた回転翼と固定翼から構成されている。回転軸は外筒によって被われ，この外筒から空気が導入されるようになっている。容器の中には，鉱石粉を懸濁させた液（この懸濁液をスラリまたはパルプと言う）が入っている。攪拌装置は，懸濁液を攪拌して鉱物粒子を分散させたり，鉱物粒子の沈積を防止するとともに，回転軸から導入された空気を攪拌して細かい気泡に分散させたり，気泡と鉱物粒子の衝

[*2] 浮遊選鉱法は 1860 年代に開発され，皮膜浮選，多油浮選，泡沫浮選などいろいろな方法が考案されてきたが，今日工業的に行われている浮選はほとんど例外なく泡沫浮選（froth flotation）である（原田, 1973）。本書で扱う浮選は泡沫浮選である。

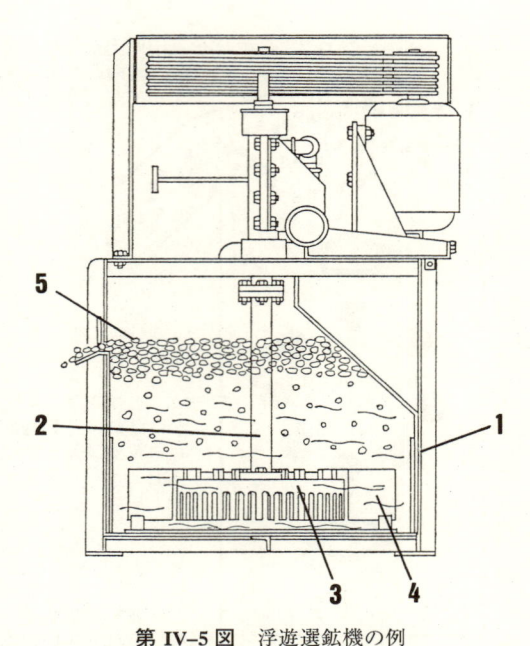

第 IV-5 図　浮遊選鉱機の例
1: 容器(セル)，2: 攪拌装置(空気を導入し，細かい気泡にして分散させる)，3: 回転翼，4: 固定翼，5: フロス。山口 (1986) から引用した。

突を促す働きをする。気泡に衝突し付着した鉱物粒子は気泡とともに浮上し，容器の上部に溜まって層(フロス層)を形成する。気泡に付着しない鉱物粒子は容器の底に沈下する。このフロス層を取り出すことによって鉱物を選別することができる(山口，1986)。実際の浮遊選鉱工場においてはこのような浮選機が多数接続配置されている。

3.3.2　浮選剤

　鉱物粒子を単に水に懸濁させても，すべての粒子の表面が濡れて沈んでしまい，鉱物分離は行えない。効率よく選鉱を行うには鉱物粒子の表面を膜で被ったり，水の性質を調整したりして，鉱物粒子の濡れやすさを調節する必要がある。浮遊選鉱ではこれを調節するために，目的に応じたさまざまな試薬が用いられている。これらの試薬は浮選剤と総称されている。

　捕収剤：鉱物の表面に，水に濡れにくい被膜を形成させることによって，気泡に付着しやすくすることができる。このように鉱物の表面に吸着して水に濡れにくい被膜をつくるための試薬を捕収剤 (collector) と言い，ザンセートがその代表的なものである。金属鉱物はそのままでは気泡に付着しないが，ザンセートなどで表面を被うと疎水性が増し，気泡に付着しやすくなる。

　抑制剤：鉱物表面に吸着した捕収剤被膜を破壊したり，鉱物表面の親水性を増したりすることによって，気泡に付着していた鉱物粒子を沈下させることができる。このように捕収剤の働きを抑制し，鉱物粒子の浮遊を抑制するための試薬を抑制剤 (depressant) と言い，硫化アンモニウム，硫化ソーダなどがある。

pH 調節剤：pH 調節剤を添加して H$^+$ および OH$^-$ の濃度を変化させることによって，鉱物表面への捕収剤被膜の吸着量を制御することができる。pH の微妙な調節によって，ある特定の金属鉱物粒子のみを浮遊させ，他の金属鉱物粒子はすべて沈下させるといったようなことができる。pH 調節には消石灰，水酸化ナトリウム，塩酸，二酸化硫黄などが使用される。

起泡剤：気泡が接触して壊れると，せっかく付着した鉱物粒子が沈んでしまう。このようなことを避けるには，気泡の表面に有機化学物質などを吸着させて気泡の表面を保護する必要がある。このために用いる試薬を起泡剤 (frother) と言い，有機化学物質(グリコール，エーテル，クレゾールなど)，パイン油などがある。

3.3.3 斑岩銅・モリブデン鉱石の浮遊選鉱の例

天然には性質のよく似た複数の有用鉱物を含む鉱石が多い。第 IV–6 図に中国内蒙古自治区の斑岩銅・モリブデン鉱床の鉱石について行われた浮遊選鉱試験の例を示す。試験対象の鉱石は，銅品位 0.42%，モリブデン品位 0.021% の低品位鉱石である。銅鉱物は主として黄銅鉱，モリブデン鉱物は輝水鉛鉱である。この 2 種類の有用鉱物を効率よく経済的に分離回収するために浮遊選鉱試験が行われた(国際協力事業団・金属鉱業事業団, 1993)。鉱石を径 74 μm 程度に粉砕し(1 次磨鉱)，これを試験試料としている。

要点だけを述べると，まず黄銅鉱粒子と輝水鉛鉱粒子の双方を同時に浮上させて回収し，その他の鉱物は非有用鉱物として沈下させて尾鉱としている。ここでは捕収剤としてブチルザンセートなどを用いている。回収した黄銅鉱と輝水鉛鉱の混合物にはまだ非有用鉱物が混じっているので，これを分離するために混合物をさらに細かく磨鉱(2 次磨鉱)して黄銅鉱，輝水鉛鉱，非有用鉱物をばらばらにし，同じ浮選を繰り返している。次に，回収した黄銅鉱と輝水鉛鉱の混合物から輝水鉛鉱を浮上，黄銅鉱を沈下させ，銅精鉱を回収している。精鉱品位を上げるためにここでも同じ浮選を 2 度繰り返している。黄銅鉱を沈下させるための抑制剤として硫化アンモニウムを使用している。

試験結果(試験 I)を見ると，銅精鉱の銅品位，モリブデン品位はそれぞれ 21.1%，0.16%，モリブデン精鉱のモリブデン品位，銅品位はそれぞれ 45.7%，0.9% であった。また銅の採収率は 93.0%，モリブデンの採収率は 90.9% であった。抑制剤として硫化アンモニウムの代わりに硫化ソーダを使用した試験(試験 II)も実施されている。

3.3.4 複雑硫化鉱(黒鉱)の浮遊選鉱の例

日本を代表する黒鉱鉱床の鉱石は，多種類の有用鉱物を含む典型的な複雑鉱である。主な有用鉱物は閃亜鉛鉱，方鉛鉱，黄銅鉱，黄鉄鉱であるが，そのほか少量の斑銅鉱，輝銅鉱，四面銅鉱，金，銀なども含んでいる。主な脈石鉱物(非有用鉱物)は石英，石膏，重晶石，粘土鉱物などである。有用鉱物は物理的性質が互いに類似し，浮遊選鉱法以外の方法(例えば，比重選鉱法)では鉱物分離がきわめて難しい。黒鉱は浮遊選鉱法の導入によって鉱物分離が可能になったよい例である。それでも黒鉱の鉱物分離は困難であった。その原因として，有用鉱物の種類が多いことのほか，次のような点が

浮選試験系統の骨格：

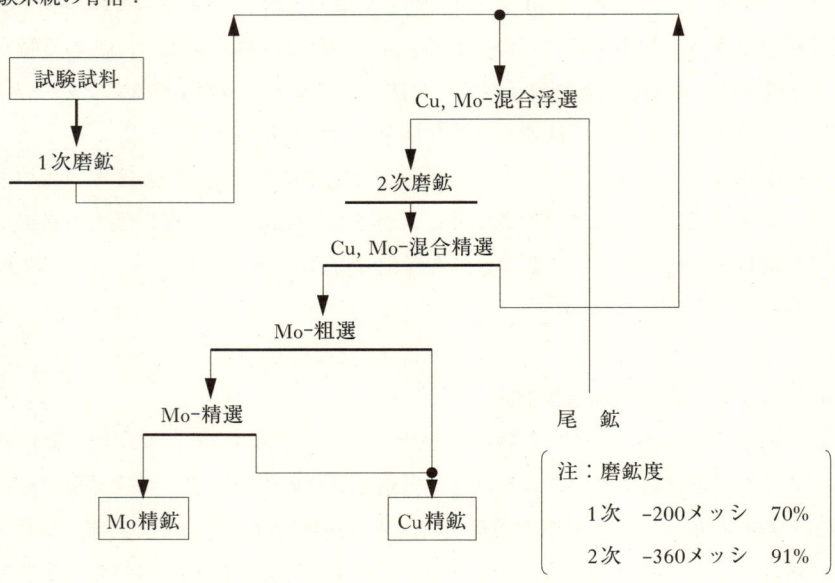

```
試験試料
   ↓
  1次磨鉱 ←─────────────────┐
       ↓                    │
      Cu, Mo-混合浮選 ───────┤
       ↓                    │
      2次磨鉱                │
       ↓                    │
      Cu, Mo-混合精選        │
       ↓                    │
      Mo-粗選 ───────────────┤
       ↓                    │
      Mo-精選                尾鉱
       ↓         ↓
     Mo精鉱    Cu精鉱
```

注：磨鉱度
1次　−200メッシュ　70%
2次　−360メッシュ　91%

試験結果：

鉱　種	試験Ⅰ（硫化アンモニウム使用）					試験Ⅱ（硫化ソーダ使用）				
	鉱　量 (%)	品　位 (%)		採収率 (%)		鉱　量 (%)	品　位 (%)		採収率 (%)	
		Cu	Mo	Cu	Mo		Cu	Mo	Cu	Mo
給　鉱	100.00	0.42	0.021	100.0	100.0	100.00	0.42	0.021	100.0	100.0
Cu精鉱	1.860	21.1	0.16	92.9	14.9	1.866	21.0	0.30	92.9	25.9
Mo精鉱	0.036	0.9	45.7	0.1	76.0	0.030	1.5	46.8	0.1	65.0
尾　鉱	98.104	0.03	0.002	7.0	9.1	98.104	0.03	0.002	7.0	9.1

注：試験Ⅰ＝連続閉回路試験結果　　試験Ⅱ＝開回路試験結果からの推定

浮選条件：（浮選試薬の数字は添加量g/t−原鉱を示す）

項　　目	Cu, Mo 混合粗選・精選	Mo 粗選・精選
粒度−Mesh（重量%）	粗選＝−200(70)，精選＝−360(91)	粗選・精選＝−360(91)
pH	9（粗選・精選）	11（粗選・精選）
硅酸ソーダ	750（粗選）　150（精選）	──
灯　　油	50	20（粗選）　5（精選）
ブチルザンセート	70	──
パイン油（No. 2）	50	──
硫化アンモニウム	──	1,500（粗選）　200（精選）
消　石　灰	1,000	

注：硫化ソーダ使用の場合の添加量（g/t）＝1,300（粗選），300（精選）

第 IV–6 図　銅・モリブデン鉱石の浮遊選鉱試験
国際協力事業団・金属鉱業事業団（1993）による。

指摘されている。

- 鉱物組織が微細で，鉱物相互の単体分離が困難である。
- 酸化を受けやすく，鉱物表面が鉱物本来の特性を示さない。
- 粘土鉱物の種類や量が多い。

1970年頃黒鉱の浮選は High-Lime 法によって行われていた(第 IV–7 図)。銅，鉛，亜鉛のバルク浮選によって銅，鉛，亜鉛を浮鉱として採取し，次に青化ソーダ(シアン化ナトリウム)による鉛浮選で鉛を浮鉱として採取していた。銅，亜鉛沈鉱は加温浮選で亜鉛を浮鉱，銅を沈鉱として採取していた。一方，銅，鉛，亜鉛のバルク浮選の尾鉱からは黄鉄鉱浮選によって黄鉄鉱精鉱を採取していた。High-Lime 法による選鉱の成績(第 IV–3 表)は品位，実収率とも満足いくものでなかった。鉛，亜鉛の実収率はそれぞれわずか 37%，59% に留まっている。

その後黒鉱の浮選法に幾多の改善が加えられ，1980年代に SO_2-Lime 法が開発され実用化された(第 IV–8 図)。まず二酸化硫黄と消石灰で条件付けをし(二酸化硫黄で pH4.5，消石灰で pH5.5)，ジチオリン酸系の捕収剤を添加して銅，鉛セミバルク浮選を行い，銅と鉛を浮鉱として採取する。二酸化硫黄を添加すると，閃亜鉛鉱と黄鉄鉱の表面に亜硫酸塩が生成して捕収剤が吸着しにくくなる。黄銅鉱と方鉛鉱の表面には捕収剤が吸着するので，黄銅鉱と方鉛鉱は浮き，閃亜鉛鉱と黄鉄鉱は沈む。銅，鉛バルク精鉱は，加温浮選で銅と鉛に分離し，銅を浮鉱，鉛を沈鉱として採取する。この加温浮選では，スチームを直接コンデショナーに入れ，パルプを 60〜70°C に加温するのであるが，加温により捕収剤が方鉛鉱表面から選択的に脱着し，かつ方鉛鉱表面が酸化して，方鉛鉱表面の親水性化が促進される。一方，銅，鉛セミバルク浮選の尾鉱からは優先浮選で亜鉛，黄鉄鉱，重晶石

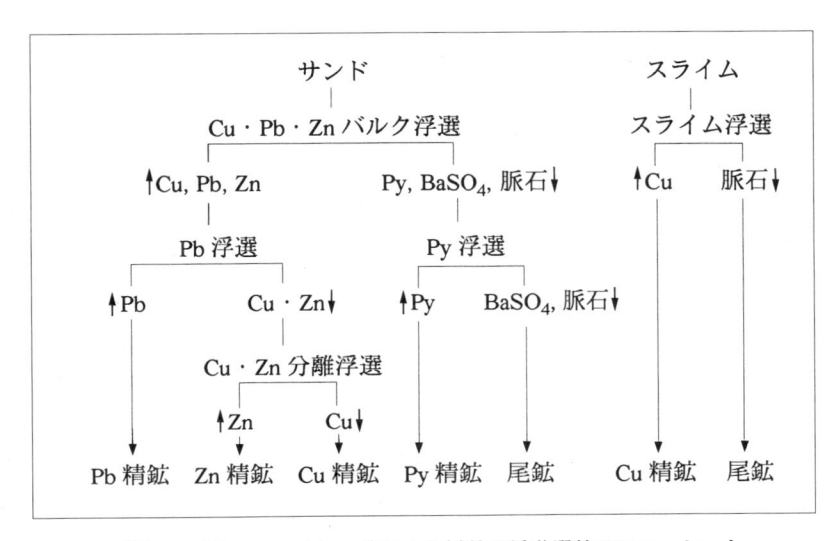

第 IV–7 図 High-Lime 法による黒鉱の浮遊選鉱のフローシート
金属鉱業事業団による。

第 IV-3 表　High-Lime 法および SO$_2$-Lime 法による黒鉱の浮遊選鉱成績

精　鉱	High-Lime 法（1970年）			SO$_2$-Lime 法（1985年）		
		品位(%)	実収率(%)		品位(%)	実収率(%)
銅精鉱	銅	19	93	銅	23	93
鉛精鉱	鉛	47	37	鉛	56	66
亜鉛精鉱	亜鉛	54	59	亜鉛	55	93
黄鉄鉱精鉱	黄鉄鉱	50	85	黄鉄鉱	49	75
				BaSO$_4$ 精鉱	97	50
金			32			70
銀			64			88

金属鉱業事業団による。

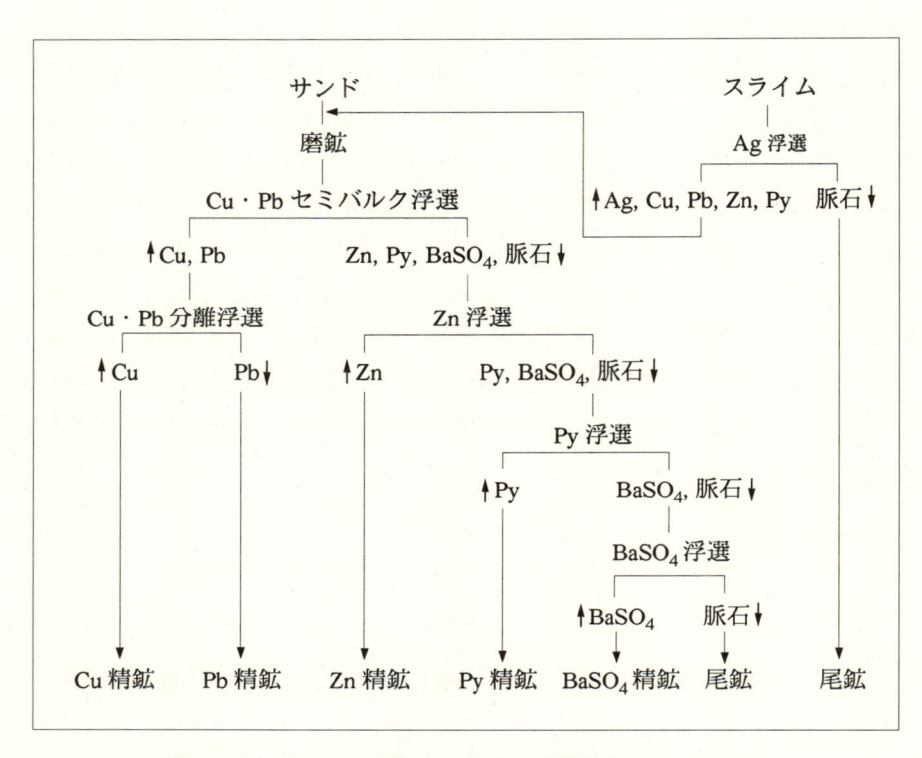

第 IV-8 図　SO$_2$-Lime 法による黒鉱の浮遊選鉱のフローシート
金属鉱業事業団による。

の精鉱を得ている。亜鉛浮選では消石灰を添加して pH を 8 に調整した後，エアレーションによって黄鉄鉱抑制条件を付与する。その後硫酸銅やザンセートを添加して亜鉛浮選を行う。黄鉄鉱浮選，重晶石浮選では pH を適正値に調整した後，捕収剤としてそれぞれザンセート，石油スルフォン酸を用いる。重晶石浮選の尾鉱は分級され，粗粒は坑内充填材として利用され，細粒は山元のダムに送られる。選鉱廃液は清澄池を経てダムに送られる。SO$_2$-Lime 法による選鉱の成績を第 IV-3 表

に示す。High-Lime 法に比べて品位，実収率ともに大幅に改善されている。

4 まとめ

現在では世界のほとんどの鉱山で浮遊選鉱法が採用されている。鉄鉱石の磁力選鉱や錫鉱石の比重選鉱でも，浮遊選鉱法が併用されている場合が多い。浮選の原理はすでに140年にも及ぶ長い歴史があるが，浮選機の開発，浮選剤の開発，磨鉱機の開発などこれまでの技術的進歩には目覚ましいものがある。

浮遊選鉱法が普及する20世紀初頭まではわずかな比重差を利用して比重選鉱が行われていたが，比重選鉱法では高品位鉱しか選鉱できなかったし，しかも回収率が低く無駄も多かった。例えば，高品位の銅鉱石でさえ回収率は60〜70%程度に留まり，30〜40%は回収できず捨てられていた。また低品位鉱や複雑鉱は選鉱が難しいため見捨てられていた。浮遊選鉱法が普及してからは，

○ 回収率が格段に高まり，無駄が少なくなった。今日では銅鉱石の銅回収率は90〜95%に達している。
○ 低品位鉱の選鉱が可能になり，見捨てられてきた低品位鉱が資源として生きてきた。銅鉱石の採掘最低品位は，鉱床のタイプや鉱山の立地条件などによって異なるが，斑岩銅鉱床の場合現在0.4%程度である。天然には普通高品位鉱より低品位鉱のほうが多く存在するので，低品位鉱の開発が可能になれば資源量は格段に増えることになる。
○ 複雑鉱も鉱物分離が可能になり，資源としての価値が生じた。黒鉱の浮選は70年代の High-Lime 法が80年代には SO_2-Lime 法に改善され，これによって黒鉱の鉛，亜鉛の資源量はそれぞれ1.8倍，1.6倍に増加した。

以上のように，浮遊選鉱法の出現により鉱物資源の量は飛躍的に増大した。このように選鉱法を開発することにより，鉱物資源の量を増やすことができる。

文　献

藤田豊久（1997）：磁気的選別．資源と素材，113，916〜919．
原田種臣（1973）：浮選法．分析化学，22，476〜484．
原田種臣『物理選鉱』．早稲田大学理工学部資源工学科，210p．
国際協力事業団・金属鉱業事業団（1993）：中華人民共和国レアメタル総合開発調査・資源開発協力基礎調査報告書——黒竜江北西部地域総括報告書．110p．
協和鉱業株式会社パンフレット『錫山鉱業所』．
松岡功（1997）：浮選・液—液抽出．資源と素材，113，924〜928．
宮久三千年（1973）：錫山・喜入・佐多地方の金銀錫鉱床——鹿児島県下有望鉱床地域昭和47年度調査報告．鹿児島県地下資源開発促進協会発行，33p．
中廣吉孝（1997）：比重選別・重選．資源と素材，113，912〜915．
山口梅太郎（1986）：現代資源論．放送大学教育振興会発行．

第 V 章

製錬および精製

1 製錬・精製とは

　製錬 (smelting) とは選鉱後の精鉱から金属を抽出する工程を言う。例えば，選鉱後の磁鉄鉱 (Fe_3O_4) 精鉱から金属鉄 (Fe) を，選鉱後の黄銅鉱 ($CuFeS_2$) 精鉱から金属銅 (Cu) を抽出する工程である。しかし製錬で抽出される金属は不純物を多く含み，普通そのままでは使用できない。不純物を取り除いて金属の純度を高める工程が精製 (refining) である。ここでは鉄，銅および金・銀の製錬法と精製法を述べる。

2 鉄の製錬と精製

　製鉄所での作業は，原料の事前処理，銑鉄をつくる製銑，銑鉄から鋼をつくる製鋼，鋼から鋼材をつくる圧延，鋼材にめっきなどを施す表面処理などの工程に分けることができる。この一連の流れを第 V–1 図に示した。詳しくは，日本鉄鋼協会監修の『鉄鋼技術の流れ——第 1 シリーズ』(梶岡, 1997; 鎌田, 1997; 羽田野, 1999 など) を参照されたい。

2.1 原料の事前処理——焼結鉱とコークスの製造——

　粉状の磁鉄鉱精鉱(第 IV 章の写真 IV–2B)をそのまま溶鉱炉(高炉と言う)に装入すると，高炉は目づまりを起こし，炉内を下から上へ流れる還元ガスの流れを阻害してしまう。炉中にはガスの通りを良くするための間隙が必要である。そこで，精鉱に数%の粉コークスと石灰石[*1]を混ぜ，これを焼結機(焼結炉)で高温度に加熱し半溶解状態で焼き固めて焼結鉱をつくる。また，精鉱に水と粘結剤を加えて直径 1～3cm の球状にし，これを焼き固めてペレット(写真 V–1)をつくることもある。いずれの場合も磁鉄鉱は，高温で焼結されるので，一部ないし大部分が赤鉄鉱 (Fe_2O_3) に変じる。

$$4Fe_3O_4 + O_2 \rightarrow 6Fe_2O_3$$
磁鉄鉱　　　　　　　赤鉄鉱

　もうひとつの重要な事前作業はコークスの製造である。コークスは，粉砕し整粒した石炭を炉(コー

[*1] 焼結鉱を作るために石灰石を使用しているが，これは次の製銑工程を考慮したものである。このことに関しては次の項で述べる。

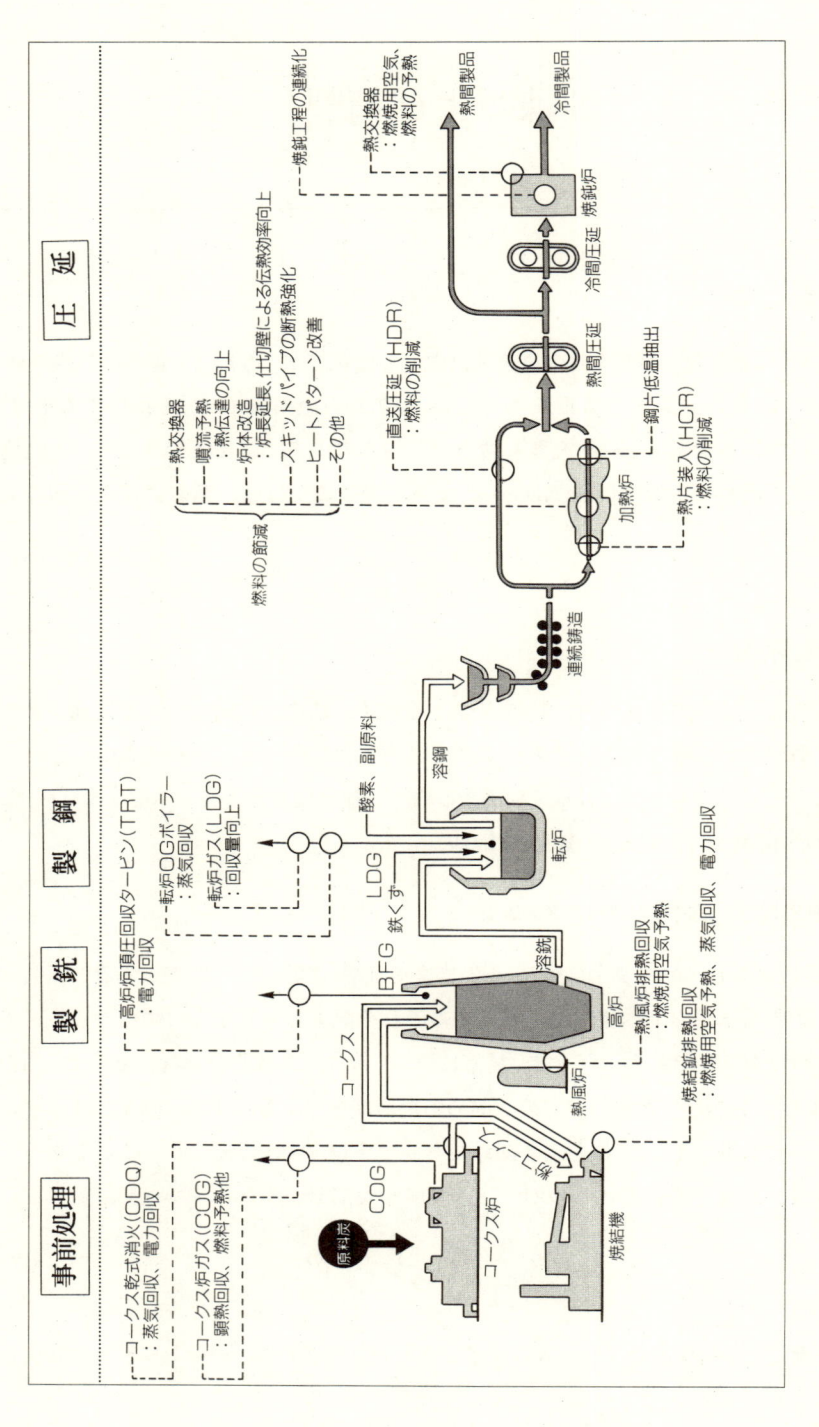

第 V-1 図 鉄鋼の製造工程
-日本鉄鋼連盟『鉄ができるまで』から引用した。

第 V 章　製錬および精製

写真 V-1　磁鉄鉱精鉱を焼き固めたペレット
中国密雲鉄鉱床。

クス炉)に装入し，これを十数時間かけて蒸し焼き(乾留)にしてつくる*2。

2.2 製　銑

高炉の炉頂からコークスを装入し，炉の中心部に炉心コークスの山をつくる(第 V-2 図)。次いで焼結鉱(またはペレット)とコークスを交互に供給し，焼結鉱(またはペレット)とコークスの層をつくる。炉の下部の羽口から 1,300°C 前後の熱風と，炉内の反応を促進するため補助燃料として微粉化した石炭(微粉炭)*3 を吹き込む。炉心コークスは，吹き込まれる熱風や酸素と反応して一酸化炭素ガスを発生する。

$$2C + O_2 \rightarrow 2CO$$
　　コークス　　　　一酸化炭素

この熱い一酸化炭素ガスは上昇気流となって炉内を吹き上がり*4，焼結鉱やペレットを溶かしながら酸素を奪い取っていく(間接還元)。溶けた銑鉄は炉の中を流れ落ち，コークスの炭素と接触してさらに還元(直接還元)され，炉底に溜まる。炉の上部では主として間接還元が，下部では主として直接還元が行われる。

---

*2　かつては，焼きあがったコークスを消火するために水をかけ，熱を水蒸気にして空気中に捨てていた。今日では水を使わず窒素やアルゴンなどの不活性ガスで消化，冷却し，不活性ガスの熱を回収して発電に利用している。この発電設備はコークス乾式消火設備 (Coke Dry Quenching: CDQ) と言われ，製鉄所の排熱利用のシンボル的な存在となっている。
*3　石油ショック以前は重油を用いていたが，その後脱石油対策を進め，現在日本ではほとんどが微粉炭吹き込みが採用されている。
*4　高炉は，焼結鉱やペレットの還元反応を促進するため，内部の圧力を高める高圧操業を行っている。炉内を吹き上がる還元ガスの圧力は，炉頂で 2.5〜3.5 気圧になるので，これをタービンに入れて発電(炉頂圧発電)している。

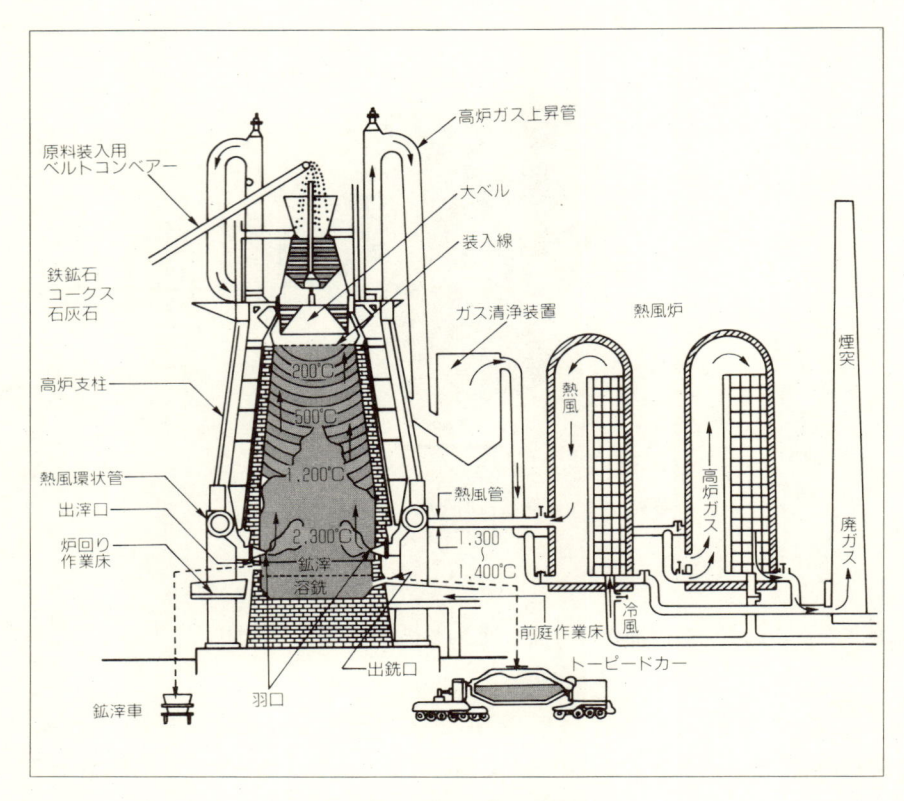

第 V-2 図　高炉と付帯設備
日本鉄鋼連盟『鉄ができるまで』から引用した。

[間接還元]　$Fe_2O_3 + 3CO \rightarrow 2Fe + 3CO_2$
　　　　　　赤鉄鉱　一酸化炭素　銑鉄　二酸化炭素

[直接還元]　$Fe_2O_3 + 3C \rightarrow 2Fe + 3CO$
　　　　　　赤鉄鉱　コークス　銑鉄　一酸化炭素

　選鉱後の磁鉄鉱精鉱には片刃（第 IV 章の第2節で述べた）として非有用鉱物が混入しているので，純度の高い銑鉄を製造するにはこれを除去する必要がある。非有用鉱物を除去するために採用されている方法は，非有用鉱物と結合しやすい物質を加え，非有用鉱物とその物質との化合物をつくらせて除去する方法である。この加えられる物質が溶剤（フラックス）で，石灰石が使われる。石灰石は，直接炉中に装入されることはなく，焼結鉱の形で高炉に入っていく。生成する化合物はスラグ（鉱滓）と呼ばれ，天然には存在しない物質である。これを化学反応式で示すと次のとおりである。この式で片刃の非有用鉱物は $Al_2O_3\text{-}SiO_2$ で代表されている。

$$CaCO_3 \rightarrow CaO + CO_2$$
　　　溶剤

$$CaO + Al_2O_3\text{-}SiO_2 \rightarrow CaO\text{-}Al_2O_3\text{-}SiO_2$$
　　　　片刃中の非有用鉱物　　　　スラグ

炉中の燃焼部分の温度は 2,000°C 以上に達する。純鉄の融点は 1,535°C で，不純物を含むと融点はこれより下がるので(炉中の銑鉄は不純物を多く含み，融点は約 1,200°C まで下がる)，生成した銑鉄は炉の中で溶融状態にある。溶融した銑鉄(溶銑と呼ばれる)は炉の下部に溜まる。また生成したスラグも溶融状態にあり，炉の下部に溜まる。こうして炉の下部には溶銑と溶融スラグが溜まるが，比重の差によって下層の溶銑と上層の溶融スラグとの 2 層に分離し，それぞれ取出口から排出される。

2.3 製　鋼

高炉から取り出された溶銑は，炭素（3～4%）のほか原料鉱石の特徴によってケイ素，マンガン，リン，イオウなど多くの不純物を含み，そのままでは使用できない。溶銑からこれらの不純物を除去し純度を高めたのが鋼であり，日常「鉄」と呼んでいるのはこの鋼のことである。鋼は転炉でつくられる。

転炉には少量の鉄スクラップ(酸化鉄)が装入され，続いて，高炉から運ばれてきた溶銑が注がれる(第 V-3 図)。溶銑にフラックスとして石灰を入れてから，これに高純度の酸素を吹き込むと，溶銑中の炭素やイオウは高熱(酸化熱)を発して燃焼する。炭素とイオウはそれぞれ CO_2 ガス，SO_2 ガスとなって除去される。ケイ素，リンなどの不純物は石灰と化合して転炉スラグとして固定される。こ

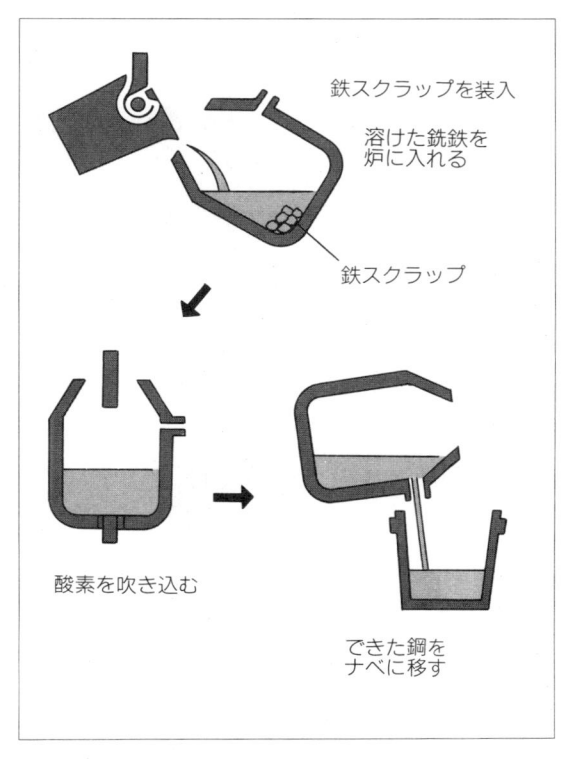

第 V-3 図　転炉の操業図
日本鉄鋼連盟『鉄ができるまで』から引用した。

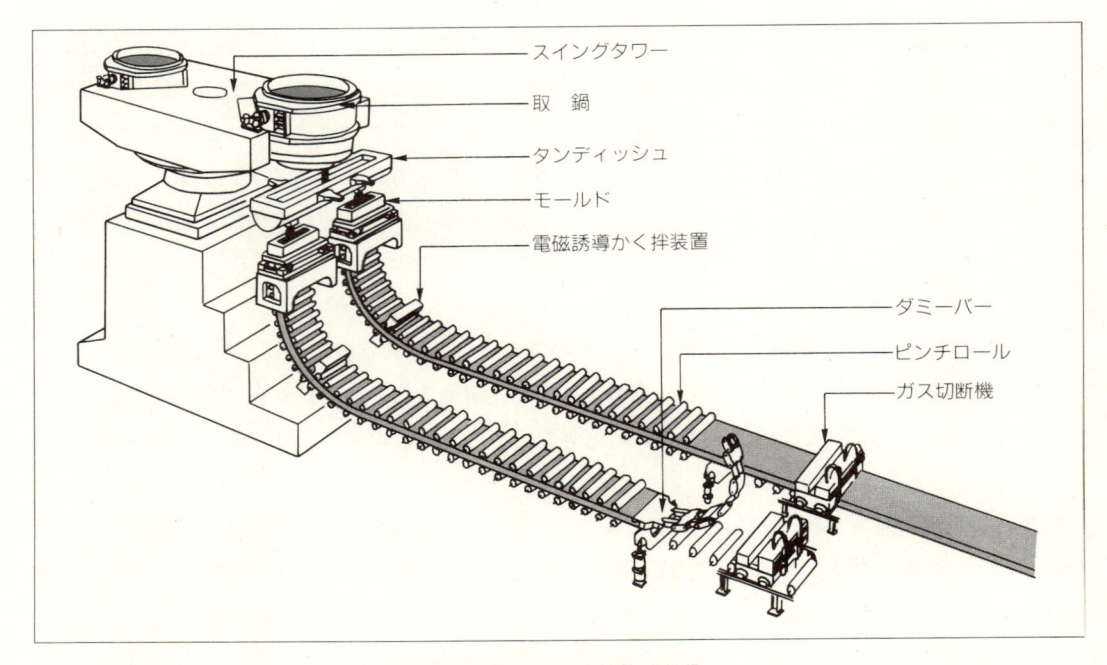

第 V-4 図　鉄の連続鋳造設備
日本鉄鋼連盟『鉄ができるまで』から引用した。

のように転炉は「火を使わずに鋼をつくる」方法である。

　日本では，鉄への要求が高度化，多様化している。転炉では吹き込まれた酸素が炭素などと結び付いて不純物の少ない溶鋼をつくり出しているが，それでも鋼の中にはまだ ppm オーダーの酸素や不純物が残る。高級鋼の製造では，これらの成分を取り除くために，溶鋼を別の炉に入れ，二次精錬(取鍋精錬)が行われている。二次精錬の方法にはいろいろあるが，真空の容器に溶鋼を入れ，不活性ガスで攪拌しながら好ましくない成分をガスとして除去する真空脱ガス技術が広く用いられている(梶岡，1997)。こうしてつくられた高品質な溶鋼は，連続鋳造設備(第 V-4 図)によってスラブ，ブルーム，ビレットなどの鋼片に固められる[*5]。

　なお，製鋼には，転炉による方法のほか電気炉による方法がある。電気炉は原料が銑鉄でなく鉄スクラップであり，電気の熱を利用してスクラップから鋼を製造する炉である。

2.4　圧　延

　鋼材は普通，鋼片を上下のロールに挟んでおし延ばす圧延でつくられる。圧延には，鋼片を加熱炉で加熱しておし延ばす熱間圧延と，そこでできたものを常温でさらに延ばす冷間圧延とがある(第

---

　*5　従来は，溶鋼をインゴットケース(鋳型)に注ぎ，自然に固め，できた鋼塊を再び加熱してから圧延機でスラブなどの形状にしていた。連続鋳造はこの複雑な工程を簡略化することができ，これによってエネルギーの大幅な削減が達成できた。

第Ⅴ章　製錬および精製

V-1図)。厚板は，加熱炉で1,000℃以上に熱した鋼片を粗圧延機，仕上圧延機にかけて目的の厚みまで延ばしてつくられる。厚板のほか，鉄筋，H形鋼，鋼矢板(シートパイル)，レール，継目無鋼管なども熱間圧延によってつくられる。薄板は，熱間圧延に続く冷間圧延によってつくられ，自動車の車体や家電製品用に使われる。

熱間圧延では，鋼片が加熱炉で再加熱されてから圧延されるが，最近は連続鋳造された鋼片を熱いまま(再加熱せず)圧延するダイレクトローリングも行われている。

2.5　鋼のいろいろ

鋼は炭素の含有量によってその性質が大きく変化する。軟鋼(低炭素鋼)は炭素含有量が0.2%以下の鋼であり，軟らかいので，引き伸ばすことができ，針金，鎖などに使用されている。普通鋼は0.2〜0.6%の炭素を含む鋼であり，軟鋼に比べてやや硬く，レール，建築材料などに使用されている。高炭素鋼は0.75〜1.5%の炭素を含み，硬くかつもろく，刃物類に使用されている。鋼は特殊な性質を持つ合金(特殊鋼)の製造にも広く使われている。特殊鋼にはマンガン鋼，ニッケル鋼，クロム—バナジウム鋼，ステンレス鋼，モリブデン鋼，タングステン鋼などがあり，鉄とレアメタルとの合金が多い。それぞれ強靭性，耐食性，耐熱性など固有の優れた性質をもっており，先端産業に不可欠なものとなっている。日常なじみの深い「ステンレス」は鉄にクロムやニッケルを添加した合金鋼で，18%のクロムと8%のニッケルを含む「18クロム8ニッケル」，18%のクロムを含む「18クロム」，13%のクロムを含む「13クロム」の3種がある。

3　銅の製錬と精製

銅の製錬には乾式製錬法と湿式製錬法とがある。前者は，鉄の製錬同様，炉の中で鉱石(精鉱)を溶融することによって銅を得る方法であり，後者は酸を用いて鉱石を溶解することによって銅を抽出する方法である。ここでは乾式製錬法としてOutokumpu式自溶炉法と三菱式連続製銅法（MI法）を，湿式製錬法として溶媒抽出—電解採取法（SX-EW法）を取り上げる。

3.1　Outokumpu式自溶炉法

銅の乾式製錬には電気炉，反射炉，自溶炉など種々の炉が使われている。主な乾式製錬法と工程を第V-5図に示した。

天然には銅鉱物として黄銅鉱（$CuFeS_2$），斑銅鉱（Cu_5FeS_4），輝銅鉱（Cu_2S）などの硫化物のほか，赤銅鉱（Cu_2O）などの酸化物も存在するが，硫化物が圧倒的に多い。なかでも黄銅鉱が最も多く産出する。自溶炉法は，黄銅鉱など硫化物の溶錬に用いられ，今日，世界の銅溶錬法の主流となっている。自溶炉法には炉の構造上の違いによりOutokumpu式とINCO式とがあるが，その大勢を占めるのはOutokumpu式である。Outokumpu式自溶炉はフィンランドで開発され，日本で大きく改善されたものである。この自溶炉はニッケルや黄鉄鉱の製錬にも用いられている。

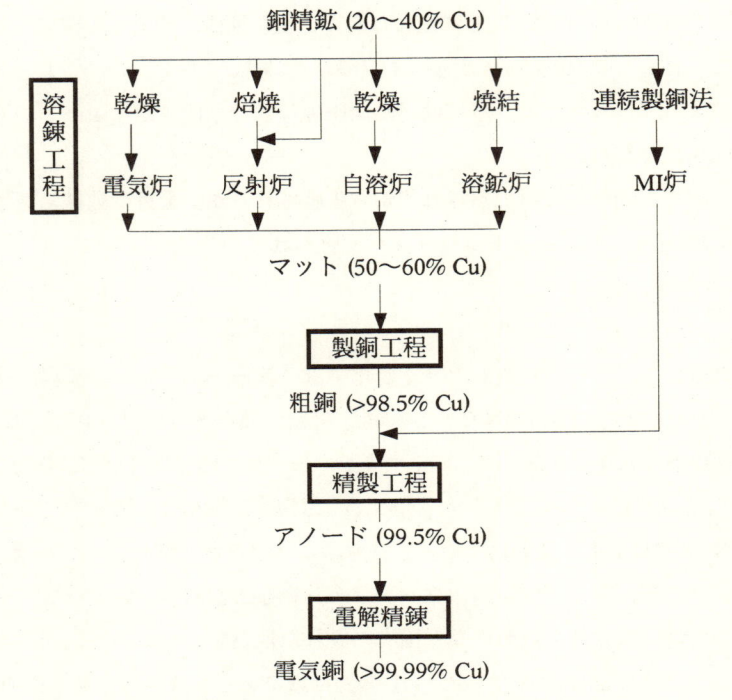

```
                         銅精鉱 (20～40% Cu)
          ┌──────┬──────┬──────┬──────┬──────┐
┌────┐   乾燥    焙焼    乾燥    焼結   連続製銅法
│溶錬│    │      │      │      │      │
│工程│   電気炉  反射炉  自溶炉  溶鉱炉   MI炉
└────┘    │      │      │      │      │
          └──────┴──┬───┴──────┘      │
                    ▼                  │
             マット (50～60% Cu)        │
                    │                  │
               ┌────────┐              │
               │ 製銅工程 │              │
               └────────┘              │
                    │                  │
             粗銅 (>98.5% Cu)◄─────────┘
                    │
               ┌────────┐
               │ 精製工程 │
               └────────┘
                    │
             アノード (99.5% Cu)
                    │
               ┌────────┐
               │ 電解精錬 │
               └────────┘
                    │
             電気銅 (>99.99% Cu)
```

第 V-5 図　銅の乾式製錬法と主な工程
金属鉱業事業団による。

3.1.1　溶錬工程

Outokumpu 式自溶炉は，銅精鉱と珪酸(フラックス)を吹き込む精鉱バーナー，分解・酸化反応が行われるリアクション・シャフト，比重差でマットとスラグを分離するセットラー，排ガスの通路となるアップテイク・シャフトなどから構成されている(第 V-6 図)。

正確に調合した銅精鉱と珪酸を乾燥させた後，これを粉状のままリアクション・シャフトの頂部から精鉱バーナーによって予熱空気（1,000°C 程度に加熱した酸素富化熱風）とともに炉内に吹き込む。リアクション・シャフトでは，次の反応式に見られるような分解および選択的酸化が行われ，マット(硫化物融体)とスラグができる。

$$
\begin{aligned}
2CuFeS_2 &\rightarrow Cu_2S + FeS + FeS_2 &\text{（分解）}\\
FeS_2 + O_2 &\rightarrow FeS + SO_2 &\text{（酸化）}\\
2FeS + 3O_2 &\rightarrow 2FeO + 2SO_2 &\text{（酸化）}\\
2FeO + SiO_2 &\rightarrow 2FeO \cdot SiO_2 &\\
\hline
2CuFeS_2 + SiO_2 + 4O_2 &\rightarrow Cu_2S + 2FeO \cdot SiO_2 + 3SO_2 &\\
\text{黄銅鉱}\quad\text{珪酸}\quad\text{空気} &\quad\text{マット}\quad\text{スラグ}\quad\text{二酸化硫黄}
\end{aligned}
$$

銅硫化物の酸化は発熱反応であり，反応の際に生じる熱と補助燃料の燃焼によって炉内の温度はおよそ 1,300°C の高温に保たれる(マットの銅含有量を 50～60% にするには酸化熱だけでは熱が不足する

第 V 章 製錬および精製

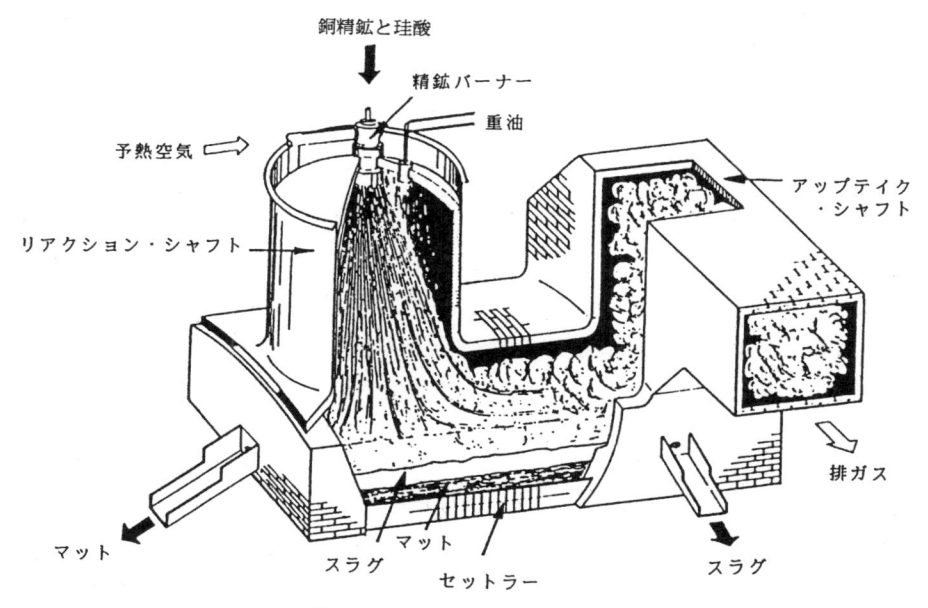

第 V-6 図 Outokumpu 式自溶炉
金属鉱業事業団による。

ため, 重油などの補助燃料が加えられる)。溶融したマットとスラグは炉底のセットラーに溜まり, 比重の差によって上部のスラグと下部のマットに分離する。マットは溶融状態のまま転炉に, スラグは錬かん炉へそれぞれ送られる。二酸化硫黄や粉塵を含む排ガスはアップテイク・シャフトを通って廃熱ボイラーへ導かれる。排ガスは温度が約 1,300°C に達しているので, その熱は自溶炉用熱風の加熱や発電に利用され, また二酸化硫黄は硫酸として回収されている。

Outokumpu 式自溶炉には, 銅硫化物の酸化が発熱反応なので, 外部から投入する燃料が少なくてすむこと, 加熱した酸素富化熱風を酸化剤として吹き込むので, 燃料消費が少ないこと, 発生する排ガスの量や粉塵の量が抑えられること, 二酸化硫黄濃度の高い排ガスが得られるので, 硫酸製造に有利であること, などの優れた特徴がある。日本では, イオウの回収率・固定率はトータルで 99% を上回っている。

3.1.2 製銅工程および精製工程

製銅工程はマットから粗銅をつくる工程である。マットはイオウ, 酸素, 金, 銀, テルル, セレンなどの不純物を多く含むので(不純物の種類や濃度は原料の鉱石の性質によって異なる), 転炉でイオウを取り除き(次式), 純度を 98.5〜99% に高め, ブリスター銅と呼ばれる粗銅とする。

$$2Cu_2S + 3O_2 \rightarrow 2Cu_2O + 2SO_2$$
$$Cu_2S + 2Cu_2O \rightarrow 6Cu + SO_2$$
$$\overline{Cu_2S + O_2 \rightarrow 2Cu + SO_2}$$
マット　空気　　粗銅　二酸化硫黄

しかしこの粗銅は，後の工程の電解精錬に不都合な酸素を含んでおり，これを除去するためさらに精製炉に移される。ここで純度を 99.5% 程度にまで高めた後，電解精錬のための陽極板(銅アノード)に仕上げる。金，銀，テルル，セレンなどの不純物はこれまでの工程で除去することができず，銅アノードに吸収されたままになっている。わずかに残るこれらの金属を除去するため銅アノードは次の電解精錬工程に移される。

3.1.3 電解精錬

銅の電解精錬では，電解質として硫酸銅水溶液を使用し，陽極に銅アノードを，陰極に純銅の薄板を配置させる。陽極と陰極を交互に並べ，これに電気を通じると，陽極の銅アノードは溶解し始め，陰極の純銅薄板の表面には銅が析出する(次式)。析出した銅は 99.99% 以上の純度をもち，電気銅と呼ばれる。

$$[陽極] \quad Cu \rightarrow Cu^{2+} + 2e^- \quad (銅が溶ける)$$
$$[陰極] \quad Cu^{2+} + 2e^- \rightarrow Cu \quad (銅が析出する)$$

ここで，銅アノードに亜鉛，鉄，カドミウムなど起電力系列で銅より上位にある金属(銅よりも溶解しやすい金属)が不純物として含まれる場合，それらの金属は溶液中に溶け出す。一方銀，金，テルル，セレンなど起電力系列で銅より下位にある金属(銅よりも溶解しにくい金属)が不純物として含まれる場合，それらの金属は陽極の底に泥状に溜まる。この泥状のものは陽極スライムあるいは陽極泥と呼ばれている。

元素の起電力系列　　・・・Zn, Fe, Cd・・・Cu・・・Ag, Pt, Au, Te, Se・・・
　　　　　　　　　　　　　銅よりも溶けやすい　　　　銅よりも溶けにくい
　　　　　　　　　　　　　　　　　　　　　　　　　　(陽極スライムになる)

3.1.4 陽極スライムからの金，銀などの回収

銅鉱石にはわずかに金，銀，テルル，セレンなどの金属が含まれる場合が多い。このような金属は銅の製錬・精製工程を経て，最終的には銅電解精錬後の陽極スライム中に濃集する。

陽極スライム中に濃集した金，銀などは電解精錬法によって次々と分離回収される。銀を回収するには，陽極スライムを固めてこれを陽極(銀アノードと言う)にし，陰極に純銀を配置させ，硝酸銀水溶液中で電気を通じる。陽極で銀が溶け出し，陰極には銀が析出する。析出した銀は 99.99% の純度をもち，電気銀と呼ばれる。このとき，起電力系列で銀より下位にある金属(金，テルル，セレンなど銀よりも溶解しにくい金属)は，陽極の底に沈殿し，再び陽極スライムとなる。

この陽極スライムを固めて，これを陽極(金アノードと言う)にし，陰極に純金を配置させ，塩化金酸水溶液中で電気を通じる。陽極で金が溶け出し，陰極には金が析出し，純度 99.99% の電気金として回収される。同様の電気分解を繰り返すことによってテルル，セレンなどの金属も次々と分離回

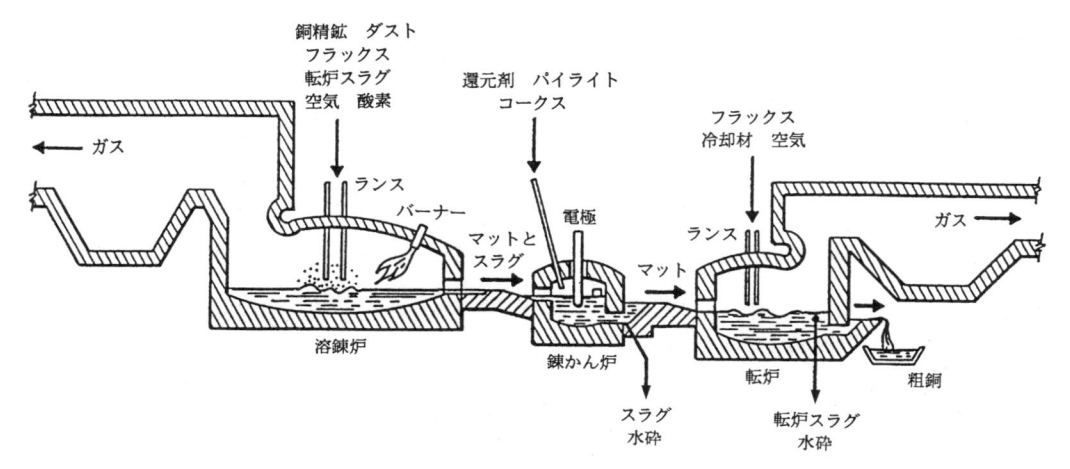

第 V-7 図 三菱式連続製銅法(MI 法)工程図
金属鉱業事業団による。

収することができる。このような電気化学的手法によってつくられる金属は多い。

3.2 三菱式連続製銅法（MI 法）

　銅硫化物の製錬に適した乾式製錬法に三菱式連続製銅法(MI 法)がある。MI 法は，溶錬炉，錬かん炉，転炉の 3 つの炉を連結してひとまとめにした炉を用いて，精鉱の装入から粗銅の製造までを連続的に行う銅の連続製錬方式で(第 V-7 図)，三菱マテリアル社によって開発された(三菱マテリアル社パンフレット『THE MITSUBISHI PROCESS — Technical and Environmental Advantages —』; 日本金属学会，1980 など)。これは世界で唯一の商業規模連続製錬法である。乾燥させた銅精鉱とフラックスを酸素富化空気(酸素濃度 40～50%)とともにランスと呼ばれる管を通して溶錬炉に吹き込み，生成したマットとスラグの混合融体をオーバーフローさせ，樋を通して錬かん炉に導く。ここでマットとスラグを分離させ，スラグは排出する。一方マットは，転炉に送って粗銅とする。以上のとおり，原理は自溶炉法と似ているが，

○ 自溶炉法では各工程が取り鍋によって移送されるのに対し，MI 法では溶錬工程から製銅工程までが樋で連続的に連結されていること，
○ 生産性が高く，排ガス中の二酸化硫黄濃度が高い (14～15%) ため硫酸製造が容易であること，

などの特徴がある。転炉で製造された粗銅は精製炉に移され，さらに電解精錬される。

3.3 溶媒抽出—電解採取法（SX-EW 法）

3.3.1 概　説
　溶媒抽出 (solvent extraction) は，互いに溶け合わない 2 種の溶媒中への溶質の種類による分配の違いを利用する分離方法である。分離しようとする溶質は通常水溶液中に含まれているので，この

場合抽出剤としては水と溶け合わない有機溶媒を用いる。このような水溶液と有機溶媒とを混合したのち静置すると，水溶液相と有機溶媒相とが密度差によって上下に分離し，これら2相の間に目的とする成分が一定割合で分配される。このとき一般には目的成分が水相から有機相中へ移行するような条件を選んで，いわゆる抽出を行う。抽出された成分を含む有機溶媒を適当な水溶液と混合接触させ，その成分を再び水溶液相に戻す。この操作を逆抽出 (stripping) と言う。この抽出および逆抽出の条件を適当に制御することによって目的成分を分離，濃縮することができる(日本金属学会, 1980; 田中, 1997)。溶媒抽出法の工業的利用は1940年代にウラン精製のために利用されたのが始まりと言われている。その後60年代には銅製錬への利用が始まり，70年代にはニッケル・コバルト製錬に利用されるようになった。今日では以上のほか，各種のベースメタルおよびレアメタルの製錬に用いられている(田中, 1997)。

　溶媒抽出—電解採取法 (solvent extraction and electrowinning method) はSX-EW法とも言われ，銅鉱石中の銅酸化物を直接硫酸などで溶解(リーチング)し，溶媒抽出と逆抽出を行った後，電解法によって電気銅(純度99.999%以上)を回収する方法である。この方法は，選鉱処理が困難なため乾式製錬の対象にならなかった低品位酸化銅鉱石(銅品位が0.3〜1%)の処理に用いられ，近年脚光を浴びている。

3.3.2　リーチング

　酸化銅鉱石のリーチングではヒープリーチング (heap leaching, 第V-8図) が主流となっている。整地した土地に高密度のポリエチレンシートを敷き，そこに径10 cm以下に破砕した酸化銅鉱石を高

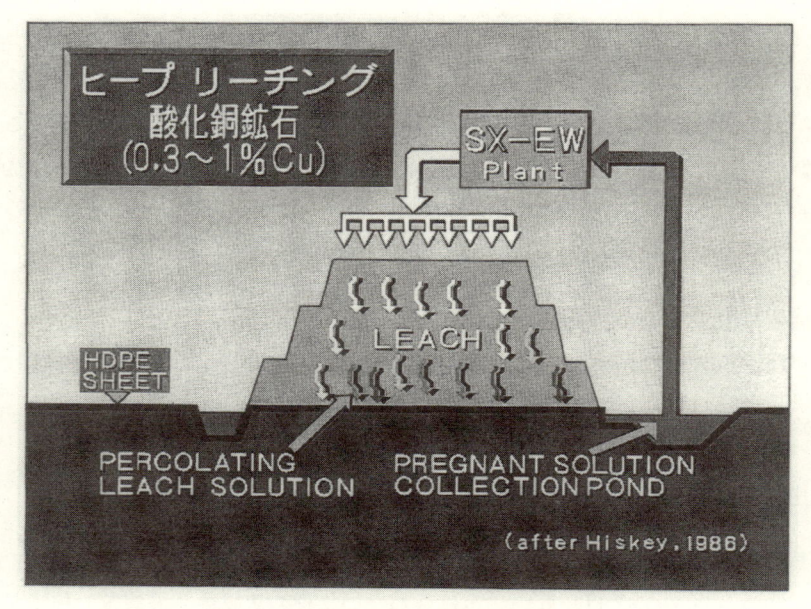

第V-8図　酸化銅鉱石のヒープリーチング
金属鉱業事業団による。

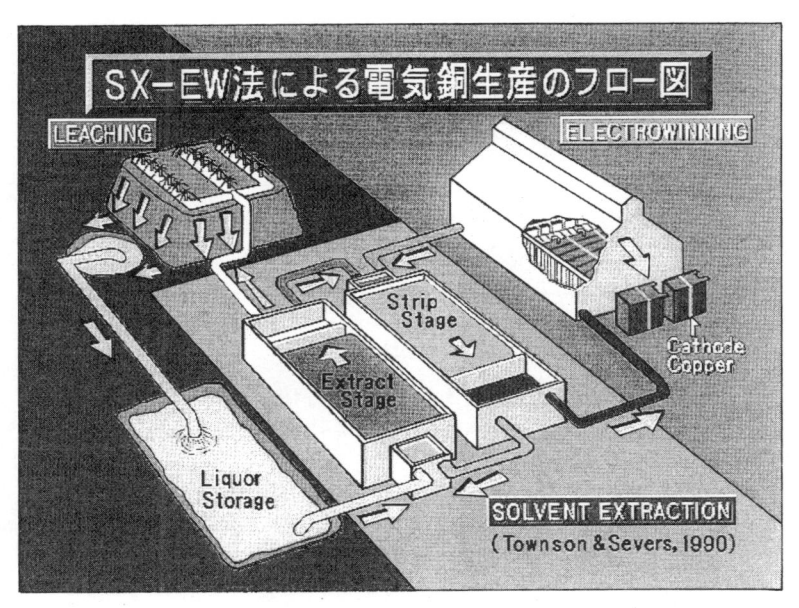

第V-9図　SX-EW法による電気銅生産のフロー図
金属鉱業事業団による。

さ5m程度の野積みにしてヒープをつくる。ヒープ上に強酸を散布して数日間養生した後，スプリンクラーで抽出廃液(後で述べる)を散布する。散布した抽出廃液は鉱石層を浸透して銅の酸化物を浸出し，浸出貴液(pregnant solution)となってヒープの麓から流出する。浸出貴液を貯液池に集め，溶媒抽出工程に送る(第V-9図)。2，3ヵ月間の浸出後に，さらに5mの高さの鉱石層を積み上げて浸出を行い，最終的にヒープの高さが120m程度になるまで鉱石の積み上げと浸出を繰り返す。

孔雀石や珪孔雀石などの酸化物は黄銅鉱などの硫化物に比べて浸出速度が速い。鉱石のサイズを調整することによって浸出率向上を図ることができ，数ヵ月で浸出率50%を超すと言われている。

3.3.3 溶媒抽出

浸出貴液には銅イオンのほかに鉄イオンやその他の不純物イオンが多量に含まれている。このような液から有機溶媒を使って銅イオンだけを選択的に抽出する。抽出剤(有機溶媒)としてはヒドロオキシオキシム試薬を使用する。ヒドロオキシオキシムと浸出液中の銅イオンとの反応は次の式で示される。

$$2RH_{(org)} + Cu^{2+}_{(aq)} \underset{逆抽出}{\overset{抽出}{\rightleftarrows}} R_2Cu_{(org)} + 2H^+_{(aq)}$$

第V-10図を見ると，銅イオンはpHが2以上でよく抽出されるが，第二鉄イオンも抽出され始め，浸出液のpHは選択的抽出の重要なファクターであることがわかる。この図はまた，pHがゼ

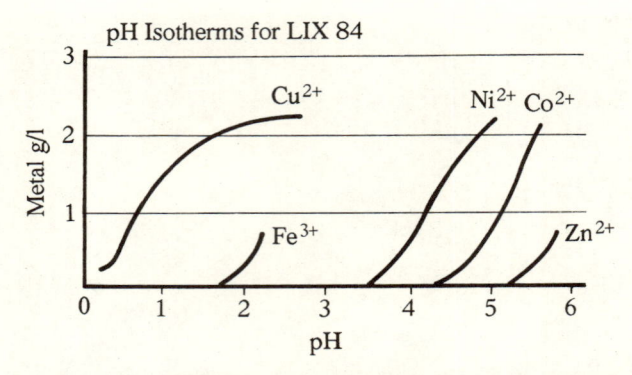

第 V–10 図　pH と金属イオン抽出量の関係（試薬: LIX 84）
金属鉱業事業団による。

ロに近づけば銅イオンを抽出しなくなるので，例えば高濃度の硫酸溶液を使えば，銅の逆抽出が可能になることを示している。

　実際の操業では，銅イオンの溶媒抽出にはミキサー・セトラー装置を使う。ミキサーで浸出液を有機相と攪拌混合し，浸出液中の銅イオンだけを選択的に有機相へ移行させる。セトラーでは銅を取り込んだ有機相と銅が抜けた浸出廃液が比重差によって上下に分離する。銅を取り込んだ有機相を次のミキサー・セトラーへ送り，そこで高濃度の硫酸を含む電解廃液と攪拌混合して銅を逆抽出する。銅と硫酸の溶けた強電解液は次の電解採取工程へ送られる。一方銅が抜けた廃液は，浸出工程へ送られ，ヒープリーチングに再利用される。

3.3.4　電解採取

　電解採取では，電解槽に強電解液を流しつつ電流を流して，強電解液中に溶けた銅をカソード（純銅またはステンレス鋼板を用いる）上に析出させ，電気銅として回収する（梅津，1997）。アノード（Pb-Sb 合金または Pb-Ca-Sn 合金を用いる）では酸素と水素イオンが発生する。実際のプラントでは，1 槽中に数十枚のカソードとアノードを並列に連結させ，1 週間の通電で 1 枚のカソードから約 90 kg の電気銅を回収している。

$$[カソード]\quad Cu^{2+} + 2e^- \to Cu$$
$$[アノード]\quad H_2O \to 1/2O_2 + 2H^+ + 2e^-$$

3.3.5　SX-EW 法の特徴

　SX-EW 法には，

○ これまで選鉱処理が困難なため利用されなかった酸化銅鉱石から銅が回収できるようになったこと，

○ 一度に大量の鉱石が処理できること，

○ 自溶炉，転炉などの大型設備がいらないので，設備投資の負担を大幅に軽減でき，乾式製錬に比べて低コストで製錬ができること，
○ 純度 99.999% 以上の高品質の電気銅を生産することができること，

などの優れた点がある。銅鉱山では，銅品位が 0.2% 以下のような低品位鉱石は浮遊選鉱法で経済的に処理できないため，普通廃棄する。廃棄された低品位鉱石中の銅鉱物は，採掘当時は硫化物であっても，廃棄後は地表での風化が進行し，酸化物や水酸化物に変質していることが多い。SX-EW 法は，このようなすでに閉山した古い銅鉱山の品位の低い廃石から銅を回収するにも利用されている。他方で SX-EW 法には，

○ リーチングが野積みで行われるので，立地が降雨量の少ない乾燥地帯に限られること，
○ 浸出速度の速い酸化物を対象とするので，鉱量に限りがあること，

などの限界もある。

黄銅鉱や斑銅鉱などの硫化物は一般に浸出速度が遅いため，これらの鉱物を主体とする鉱石に SX-EW 法は適用されていないが，輝銅鉱やコベリンを主体とする二次硫化鉱床の鉱石には適用されるようになってきている。バクテリアが存在する条件下では硫化物の浸出速度が速くなることが知られ，リーチング技術が進歩し，SX-EW 法が天然の銅鉱物の大部分を占める黄銅鉱などの硫化物にも適用できるようになれば，資源量は飛躍的に増大するであろう。また SX-EW 法の技術は，廃液中の重金属処理への応用も期待できる。

4　金・銀の製錬と精製

4.1　乾式法

金・銀鉱石中の金や銀は自然金，エレクトラム（金と銀との固溶体），金—銀—テルル系鉱物（ペッツァイト $AuAg_3Te_2$，カラベライト $AuTe_2$ など），銀—アンチモン—イオウ系鉱物（濃紅銀鉱 Ag_3SbS_3，輝安銀鉱 $AgSbS_2$ など）の形で存在することが多い。鉱石の金含有量は，高品位と言われる菱刈鉱山の鉱石でさえ平均 50 g/t（銀はその約 1/2）とごくわずかである。春日鉱山や赤石鉱山（第 I 章の第 I-2 表参照）の金鉱石にいたっては平均金含有量は 5〜10 g/t である。これらの鉱石の大部分は石英（珪酸）からなる。

先に，銅の乾式製錬ではフラックスとして珪酸が用いられること，銅鉱石中に含まれる微量の金，銀などは銅の電解精錬で副産物として回収されることを述べた。そこで，金・銀鉱石は大部分が珪酸からなるので，これを銅製錬のフラックスとして用いると，鉱石中の金や銀は銅マットの中に不純物として吸収される。この銅マットは転炉工程，精製炉工程を経た後電解精製され，金や銀は陽極スライムとなり，最終的にそれぞれ電気金，電気銀として回収される（住友金属鉱山株式会社パンフレット『菱刈鉱山』）。この方法は，鉱石の金・銀品位に関係なく金や銀を回収することができる点で，

また特別な製錬設備を必要としない点で優れている。

4.2 アマルガム法

　金や銀は水銀と合金をつくりやすい性質がある。アマルガム法 (Amalgamation) は，その性質を利用して金や銀を採取する方法である。水とともに粉砕した金・銀鉱石に水銀を加えて混合すると，金や銀は水銀に溶けて水銀との合金(アマルガム)となる。不要な土砂を水で洗い流してアマルガムを含んだ水銀を集め，これを布でこすと固体のアマルガムが残る。それを加熱して水銀を蒸発させ，金・銀粒を得る。この方法は，高度な設備や技術を必要としないため，現在でも世界各地で零細な採取業者によって広く行われている。水銀が川に流れたり，空中に放散したりして，水銀による環境汚染が社会問題となっているところもある。

4.3 青化法

　青化法 (Cyanidation) は，金や銀が薄いシアン溶液に溶けやすいという性質を利用して金・銀を回収する方法である。金・銀鉱石を水とともに粉砕して泥状のパルプにし，これにシアン化ナトリウム(青化ソーダ)液を加え，空気を吹き込むと，次式(金の例)のように金や銀はシアン錯塩となってリーチングされる。

$$4Au + 8NaCN + 2H_2O + O_2 \rightarrow 4Na[Au(CN)_2] + 4NaOH$$

　この後リーチング液をろ過し，金・銀が溶解した液(貴液)を回収する。この液に亜鉛粉末を加えて金・銀と置換させ，金・銀を沈殿させる(次式，金の例)。この金・銀沈殿物をフィルタープレスで脱水し，溶融して金・銀合金のインゴットを得る。

$$2Na[Au(CN)_2] + Zn \rightarrow Na_2Zn(CN)_4 + 2Au\downarrow$$

4.4 CIP 法

　1970年頃，シアン溶液に溶けた金や銀を活性炭(カーボン)に吸着させて回収する技術が開発された。金・銀鉱石を粉砕したパルプにシアン溶液を加え，空気を吹き込みながら金・銀をリーチングするまでは，青化法と同じである。

　金・銀のシアン錯塩が溶解したパルプを活性炭(ヤシ殻活性炭が広く利用されている)の入った吸着槽に投入して，金・銀のシアン錯塩を活性炭に吸着させる(第V-11図)。そして金・銀が吸着した活性炭を取り出し(スクリーンでパルプと分離し)，これに100℃程度に加熱したアルカリ性シアン溶液(普通，シアン化ナトリウム 0.1%，水酸化ナトリウム 1% の溶液)を加えて金・銀を逆抽出 (stripping) し，純度の高い金・銀溶液(貴液)を得る。この液を電解槽に移し，金・銀を電解採取する。金・銀が析出する陰極にはスチールウールなどを用いる。金・銀が析出したスチールウールは溶融炉でフラックスとともに溶融され，金・銀はインゴットになる。この方法は，パルプ中に活性炭を入れ，これに金・

第V章 製錬および精製

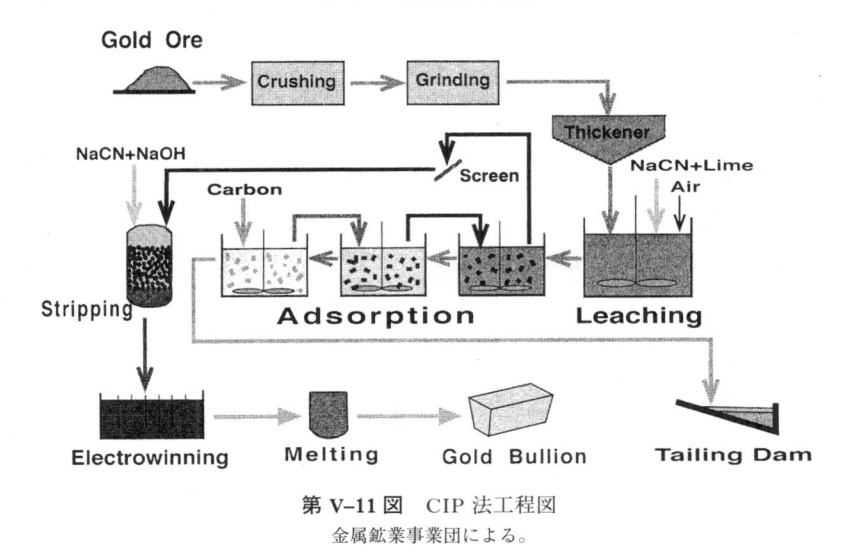

第 V-11 図　CIP 法工程図
金属鉱業事業団による。

銀を吸着させる手法を採ることから，「carbon in pulp」法(略して，CIP 法)と呼ばれている。

4.5　ヒープリーチング―CIP 法

　破砕した金・銀鉱石を野外に積み上げてヒープをつくり，これに薄いシアンと石灰の混合溶液を散布し，金・銀をリーチングする。リーチング液に含まれる金・銀を活性炭に吸着させ，以下 CIP 法と同様の処理を行って金・銀を回収する。この方法はヒープリーチング法と CIP 法を組み合わせたもので，アメリカやオーストラリアにおいて低品位の金・銀鉱石に対して行われている。

5　まとめ

　本章では，鉄，銅および金・銀の製錬法と精製法を取り上げた。
　鉄鋼製品は，原料の事前処理(焼結鉱やコークスの製造)，高炉で銑鉄をつくる製銑，転炉で銑鉄から鋼をつくる製鋼，鋼から鋼材をつくる圧延など多くの工程を経て製造される。近年，鉄に対する社会的要求の高度化，多様化に対応するため，次々と新しい技術や設備の開発が進められている。
　銅についても，製錬法，精製法，電解法の進歩にはめざましいものがある。原料の銅鉱石に不純物として含まれる金，銀，テルル，セレンなどの金属は，純度の高い銅をつくる過程で，電解精錬によって無駄なく回収されている。また品位が低い金銀鉱石も，これを銅製錬のフラックスとして投入することによって資源として生かされている。SX-EW 法は，乾式製錬の対象にならず見捨てられていた低品位酸化銅鉱からの銅の回収を可能にした。この技術は，閉山した古い鉱山の廃石から銅を回収するにも利用でき，資源の有効利用の促進に貢献している。
　金・銀回収の CIP 法は，設備費や操業費を抑えることができる。とくに CIP 法をヒープリーチングと組み合わせることによって，大幅なコストダウンが可能となり，金品位が 1～2 g/t という超

低品位鉱石からも金が回収できるようになっている。また，かつて低品位ゆえに経済的に回収できず廃棄された廃石や尾鉱からも金・銀を回収することができる。このように CIP 技術の開発によって金・銀の埋蔵量は飛躍的に増大した。

　以上のように，製錬や回収の技術を発展させることによって，資源に無駄をなくし，無価値なものに価値を生じさせ，結果として資源量を増大させることができる。

文　献

羽田野道春（1999）：高炉製銑法──高炉のたゆまざる発展の系譜（日本鉄鋼協会監修『鉄鋼技術の流れ──第 1 シリーズ第 1 巻』）．地人書館発行，140p.

梶岡博幸（1997）：取鍋精錬法──多品質・高品質鋼量産化への挑戦（日本鉄鋼協会監修『鉄鋼技術の流れ──第 1 シリーズ第 2 巻』）．地人書館発行，256p.

鎌田正誠（1997）：薄板連続圧延──世界一を目指した技術者達の記録（日本鉄鋼協会監修『鉄鋼技術の流れ──第 1 シリーズ第 5 巻』）．地人書館発行，305p.

三菱マテリアル社パンフレット『THE MITSUBISHI PROCESS ── Technical and Environmental Advantages ──』．

日本金属学会（1980）：非鉄金属精錬．日本金属学会発行，338p.

日本鉄鋼連盟『鉄ができるまで』．

住友金属鉱山株式会社パンフレット『菱刈鉱山』．

田中幹也（1997）：溶媒抽出．資源と素材，113，940〜944.

梅津良昭（1997）：電解プロセス．資源と素材，113，945〜947.

第 VI 章

鉱物資源開発と環境問題

1 地球環境問題に関する国際世論の高まり

1960年代以降，車や工場から排出される排気ガスによる大気汚染，森林伐採・焼畑・放牧による砂漠化，大気中の二酸化炭素・フロンなど温室効果ガス濃度の増加による地球温暖化など，地球規模の環境問題が次々と発生した。人間にはよりよい環境を求める権利があり，未来の世代のために環境を保護し，改善する責任があるとする第1回国連人間環境会議(72年6月，ストックホルム)における「人間環境宣言」の採択以来，環境の問題は国連での会議やサミットなどでしばしば取り上げられ，地球環境の保護・改善に関する国際的取り組みがなされてきた(第 VI-1 表)。

今日では地球環境に関する危機意識は各国政府を通じて地方自治体(地方政府)，産業界，市民へと次第に広くかつ深く浸透し(第 VI-1 図)，例えば日本では，新エネルギー開発などの国家的取り組みのほか，自治体—地域—学校が一体となった缶類・ビン類・紙類の回収などさまざまな地域的取り組みもなされている。97年12月に京都で日本を議長国とする国連気候変動枠組条約第3回締約国会議(温暖化防止京都会議)が開かれて以来，日本では市民の環境問題に関する意識が急速に高まった。

一方，これに呼応するように，世界各地で市民主導の環境団体 (NGO) が結成され，各団体が独自の活動を展開していった。また，活動目的を同じくする団体同士が連携した多国籍の団体なども次々結成された。人類の生存に係わる地球環境に対する危機意識の世界的高まりとともに，これら

第 VI-1 表　地球環境問題に関する主な国際会議や国際条約

年月	機関等	活動概要等
1968.12	国連	第23回総会。無計画，無制限な開発による人間環境の悪化を防ぎ，調和のとれた開発が必要との判断を示す。
1972.6	国連	第1回国連人間環境会議(ストックホルム)。「人間環境宣言」を採択し，地球環境の保護・改善に関する100以上の勧告を行う。この会議の勧告に基づき国連環境計画 (UNEP) が設立される。
1982.5	UNEP	UNEP 理事会特別会議(ナイロビ)。地球環境保護に関する「ナイロビ宣言」採択。
1984	UNEP 等	環境に関する列国議会会議(ナイロビ)。
1987.9		オゾン層に関するモントリオール議定書採択。
1988	WMO, UNEP	「気候変動に関する政府間パネル」(IPCC) を設立。地球温暖化の総合的研究に取り組む。
1990	IPCC	第1回評価報告書発表。

(次のページに続く)

(前のページの続き)

1990		第2回世界気候会議（WMO, UNEP およびその他の国際機関の後援によって開催）。IPCC の報告書をもとに，気候変動に関する枠組条約の制定を求める。
1990.7		ヒューストン・サミット。「経済宣言」採択。宣言に気候変動，オゾン層破壊，森林破壊，海洋汚染，生物学的多様性の喪失など，環境関係の13項目が含まれる。環境問題解決に向けて国連機関や国連専門機関を含む環境団体などの活動に対する積極的支持を表明する。
1992.5	国連	「国連気候変動枠組条約」採択（ニューヨーク）。
1992.6	国連	第2回国連環境開発会議「地球サミット」（リオデジャネイロ）。108ヵ国の首脳を含む172ヵ国の政府のほか，約2,400名の NGO の代表が参加。会議期間中に開催された NGO フォーラムには17,000人が参加。会議では，2,500件を超える全地球的行動計画を勧告した「Agenda 21」，環境と開発に関するリオ宣言，および森林原則の3つの協定を採択し，「国連気候変動枠組条約」と「生物多様性条約」の2つの条約に調印。
1994.3		「国連気候変動枠組条約」発効*。
1995.12	IPCC	第2回評価報告書発表。
1997.12		「国連気候変動枠組条約」第3回締約国会議（温暖化防止京都会議）。「京都議定書」採択。
2000.11		「国連気候変動枠組条約」第6回締約国会議（オランダ・ハーグ）。
2001.10		「国連気候変動枠組条約」第7回締約国会議（モロッコ・マラケシュ）。

* 2001年6月現在の締約国は185ヵ国と欧州連合（EU）。志賀（1999）に加筆した。

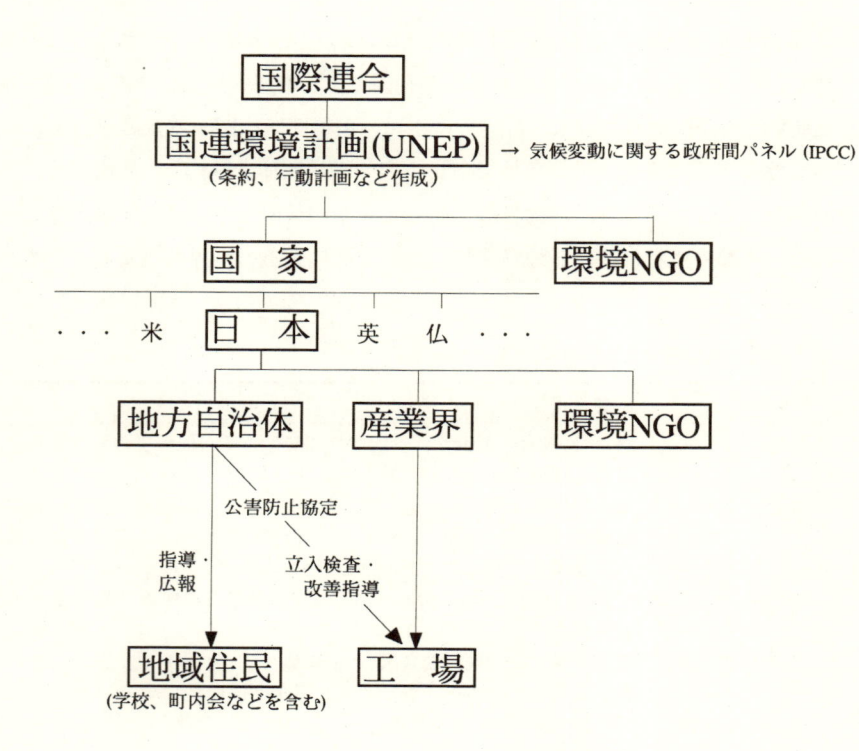

第 VI-1 図　環境問題に対する取り組みのフロー図（予想を含む）

2 「開発」と「環境」

「開発」と「環境」，これらは表裏一体をなし，融合しにくい問題である。

今日のわれわれの豊かで便利な生活を維持し，さらに発展させるには「開発」が不可欠である。第2次世界大戦後世界の鉱物資源の消費量は急激な勢いで増加し，現在，発展途上国と言われる国々を中心に世界各地で活発に資源開発が進められている。鉱物資源の消費量は今後とも伸びていくことが予測され，鉱物資源開発には一層拍車がかかっていくものと思われる(第I章)。一方で，今日の鉱物資源開発には環境問題という途方もなく大きな壁が前面に立ちはだかってきている。鉱物資源開発では，経済性だけを追求するのでなく，併せて環境への配慮もめざしていくことが強く求められている。

3 鉱物資源開発と環境汚染

廃棄物は一般に，固体として廃棄されるもの(固体廃棄物)，液体として廃棄されるもの(廃液)，気体として廃棄されるもの(廃気)の3つに分類され，一括して「三廃」と呼ばれる。第III章～第V章で，鉱物資源の探査から採鉱，選鉱，製錬・精製までの工程を主として技術的側面から解説したが，この工程ではわれわれの生活環境を脅かすさまざまな鉱業「三廃」が発生する。その多くは固体として廃棄されるが，液体や気体として廃棄されるものもある(第VI-2表)。

ここでは，第IV章と第V章で解説した選鉱(浮遊選鉱)，鉄の製錬，銅の製錬，および銅の電解精製の4つを取り上げ，それぞれの工程で発生する汚染源を特定し，現在業界などにおいて採用されている環境汚染防止対策技術や研究中の技術を簡単に紹介する。

第VI-2表 鉱業で発生する主な「三廃」と環境汚染(何の対策も講じない場合)

鉱物資源開発の工程	鉱業「三廃」		
	固体廃棄物	廃液	廃気
鉱山開発・採鉱 選鉱 製錬・精製* 電解精製	廃石(ズリ) 尾鉱 スラグ(鉱滓)	坑内排水 選鉱廃液 電解廃液	硫黄酸化物，二酸化炭素，煤塵，粉塵
主な環境汚染	水質・土壌汚染	水質・土壌汚染	大気汚染

＊製鉄も含む。志賀・納(2000)を一部修正した。

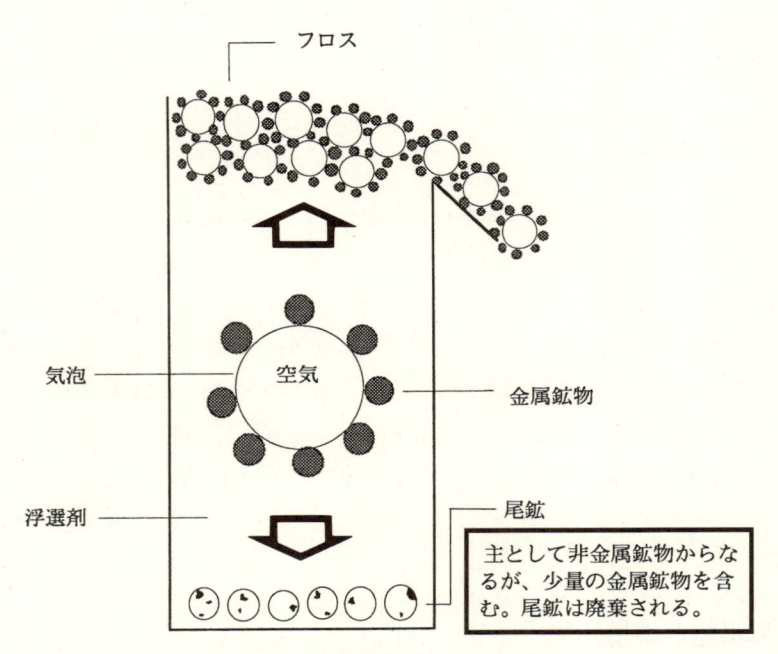

第 VI–2 図　浮遊選鉱における環境汚染源

3.1　浮遊選鉱に伴う環境汚染

浮遊選鉱で発生する汚染源には尾鉱と選鉱廃液がある(第 VI–2 図)。

3.1.1　尾　　鉱

尾鉱は，0.1 mm 以下に砕かれた非有用鉱物(脈石鉱物)からなり，廃棄される。尾鉱の量は普通，精鉱の量より遥かに多い。例えば，有用金属鉱物を 10%(体積百分率)含む鉱石の場合，90% は尾鉱となる。第 IV 章で黒鉱の浮遊選鉱法について述べたが，70 年代頃まで採用されていた High-Lime 法の場合，銅，鉛，亜鉛の実収率はそれぞれ 93%，37%，59% であり(第 IV 章の第 IV–3 表)，実に銅の 3%，鉛の 63%，亜鉛の 41% が回収されず尾鉱中に混じって廃棄されていたことになる。優れた SO_2-Lime 法でさえ銅，鉛，亜鉛の実収率はそれぞれ 93%，66%，93% であり，銅の 7%，鉛の 34%，亜鉛の 7% は廃棄されていた。また黒鉱には，銅，鉛，亜鉛以外の金属鉱物(例えば，ビスマス鉱物，アンチモン鉱物など)も含まれることがあるが，恐らくこれらの鉱物も一部は回収されずに廃棄されていたものと思われる。選鉱で発生する多量の尾鉱は泥状をなし，山間部にダムなどを造って貯えられる。尾鉱中に混じった金属鉱物は風化分解し，重金属や硫酸[*1]は水に溶け出す。この水が河川や土壌を汚染する場合がある。重金属による水質汚染・土壌汚染，硫酸による水・土壌の酸性化などである。

尾鉱による汚染を発生させない根本的な方法は，金属鉱物と脈石鉱物を完全に分離して尾鉱中に

[*1]　鉱石中の金属鉱物は硫化物の形で存在することが多いため，これが風化分解するとイオウ分は硫酸となる。

金属鉱物が混じらないようにすることであるが，いかに磨鉱を繰り返そうとも，これは物理的に不可能である(第IV章で述べた)。選鉱系統の見直し，新たな選鉱技術の開発などによって金属鉱物の回収率を高め，極力汚染源の発生量を減らしていく努力が必要である。もうひとつの対策は，河川に排出する前に汚染水を浄化する技術の開発である。金属は一般に，酸性溶液に溶けやすく，中性～アルカリ性溶液には溶けにくい。日本では金属のこの性質を利用して汚染水を浄化する方法が広く採用されている。汚染水に消石灰や石灰石を加えて中和処理すると，次式のように，汚染水のpHは急激に上昇し，溶けていた重金属は中和殿物中に含まれて除去される。

$$Ca(OH)_2 + SO_4^{2-} + 2H^+ \rightarrow CaSO_4 + 2H_2O$$
　　消石灰　　　　　　　　　　　　　　中和殿物

こうして重金属や硫酸による水質汚染・土壌汚染を未然に防止することができる。近年，中和剤として消石灰や石灰石の代わりにMgOや石炭灰を利用する技術の検討が進められている(金属鉱業事業団，2002)。またバクテリアを使って重金属を除去する坑廃水処理技術「バクテリア浄化法」も開発されている(金属鉱業事業団パンフレット『Prevention Activities of Mining-Related Pollution in Japan』)。

　尾鉱に関連する別の環境問題として尾鉱ダムの氾濫や決壊が考えられるが，そのような事態を避けるため，堆積場安定化，堆積場緑化，水路設置などの対策が採られている。

3.1.2 選鉱廃液

　浮遊選鉱では捕収剤，抑制剤，起泡剤，その他の浮選剤が使用され，廃液にはこれらの試薬のほか，鉱石から溶け出したさまざまな重金属成分が含まれる。この廃液を未処理で廃棄すると，水質汚染，土壌汚染などの原因となる。選鉱における廃液対策の基本は，廃水量そのものを減少させることとされ，用水の循環使用率を高める努力がなされている。

3.2 鉄の製錬に伴う環境汚染

　鉄の製錬で発生する汚染源には煤塵・粉塵，硫黄酸化物，二酸化炭素およびスラグがある(第VI-3図)。

3.2.1 煤塵

　煤塵は，コークス炉，焼結炉，高炉，転炉などから発生するが，ほとんどが集塵機で除去されている。煤塵は半分以上が酸化鉄であり，集塵機で捕集した酸化鉄は焼結鉱やペレットに再資源化されている。

3.2.2 硫黄酸化物

　製鉄所で発生する硫黄酸化物は，その60～80%が焼結炉から発生し，残りは熱源として重油や炭素ガスを使用する加熱炉，ボイラーなどから発生する。硫黄酸化物は雨に容易に溶けて硫酸となり，

煤塵・粉塵
（硫黄酸化物）
二酸化炭素

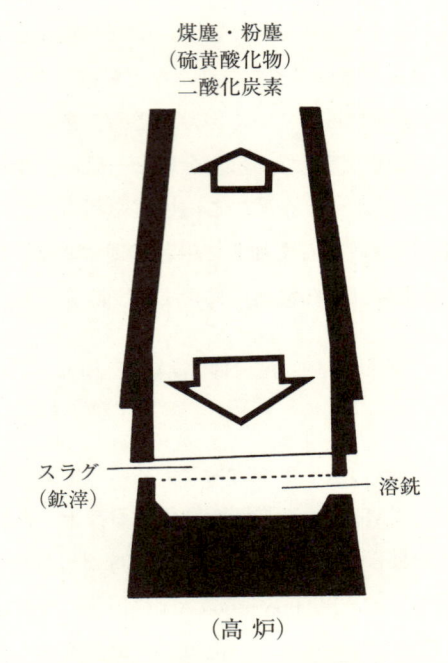

スラグ
（鉱滓）

溶銑

（高炉）

第 VI-3 図　製鉄における環境汚染源

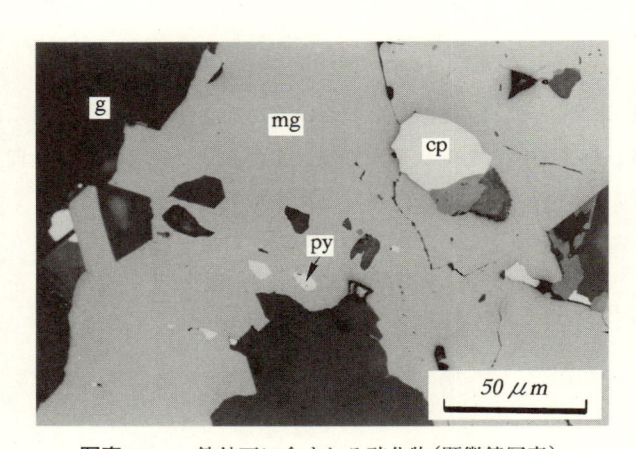

写真 VI-1　鉄鉱石に含まれる硫化物（顕微鏡写真）
mg: 磁鉄鉱（Fe_3O_4），py: 黄鉄鉱（FeS_2），cp: 黄銅鉱（$CuFeS_2$），g: 脈石（非有用鉱物）。磁鉄鉱中に含まれる黄鉄鉱，黄銅鉱などの硫化物は製鉄における硫黄酸化物発生の主要な原因となる。南米チリの El Romeral 鉱山産。

酸性雨の原因となる。

　原料の鉄鉱石には普通黄鉄鉱（FeS_2），黄銅鉱（$CuFeS_2$）などの硫化物が含まれる（写真 VI-1）。焼結炉で発生する硫黄酸化物の発生源は鉄鉱石に含まれるこれらの硫化物である。硫黄酸化物を発生させない根本的な対策は，選鉱の段階で硫化物を完全に分離，除去することであるが，先に述べたようにそれは物理的にもコスト的にもほとんど不可能である。

今日では，発生した硫黄酸化物を大気中に排出する前に除去する(固定化する)排煙脱硫法を採用している。これは，硫黄酸化物を石灰と反応させ，石膏として固定する方法である[*2]。日本では，硫黄酸化物を石灰および水と反応させ，石膏を生成する湿式石灰―石膏法が一般的である(次式)。この方式は，脱硫率が95%以上と高く，副産物として良質な石膏を回収することができる。最近では，湿式脱硫法だけでなく，廃水処理がいらない乾式脱硫法が採用されつつある。

$$SO_2 + Ca(OH)_2 \rightarrow CaSO_3 + H_2O$$
二酸化硫黄　消石灰　　　亜硫酸カルシウム

$$CaSO_3 + 1/2O_2 + 2H_2O \rightarrow CaSO_4 \cdot 2H_2O$$
亜硫酸カルシウム　　　　　　　　　　　　石膏

また一方，硫黄酸化物排出量削減のため，低硫黄重油への切り替え，LPG，LNGの使用，炭素ガスの脱硫などを進め，高い効果をあげている。

3.2.3 二酸化炭素

二酸化炭素は温室効果ガスの代表的な気体で，地球温暖化の主要な原因とみなされている。日本では国内の全二酸化炭素排出量の約10%が製鉄所から排出されている。鉄の製錬において，磁鉄鉱(Fe_3O_4)や赤鉄鉱(Fe_2O_3)から酸素(O)を切り離すために炭素(C)を使う限り，二酸化炭素の発生は避けられない。二酸化炭素は，硫黄酸化物と違って水に溶けにくく，物質とも反応しにくい。海洋を利用して二酸化炭素を固定する方法などが検討されているが(例えば，山中，1998)，実用には至っておらず，大気中に排出する前に効率的に除去する方法はまだ確立していない。現状はやむなく大気中へ排出している。これが，二酸化炭素問題が深刻なゆえんである。ここでは，二酸化炭素を発生させない方法と二酸化炭素の発生を削減する方法について述べる。

(1) 二酸化炭素を発生させない方法

○ 磁鉄鉱(Fe_3O_4)や赤鉄鉱(Fe_2O_3)から酸素(O)を切り離す手段として炭素(C)以外のものを使う。例えば，水素(H)を使えば，二酸化炭素は発生しない。日本の鉄鋼業界が研究を進めている製鉄法のひとつに「直接還元製鉄法」がある。これは，鉄鉱石を還元炉に入れて，天然ガス(水素，一酸化炭素)などを用いて鉱石の酸素を90%以上除去し，海綿鉄と呼ばれる中間素材をつくり(次式)，残りの酸素や不純物を電気炉で精製して鋼にする方法である(日本鉄鋼連盟『鉄ができるまで』)。この製法は，天然ガスなどの還元剤が安価でないと経済的に成り立たないという問題がある。

$$Fe_3O_4 + 4H_2 \rightarrow 3Fe + 4H_2O$$
磁鉄鉱　　水素ガス　　海綿鉄

[*2] 鉄の製錬で発生する硫黄酸化物は濃度が低いので主に石膏の製造に利用され，銅など非鉄金属の製錬で発生する硫黄酸化物は濃度が高いので主に硫酸の製造に利用されている。日本の石膏および硫酸生産量のそれぞれ約45%，60%は製錬所で生産されている。

○ 鉄の原料として Fe_3O_4 のような酸化物でなく，硫化物を使う。例えば，黄鉄鉱（FeS_2）や磁硫鉄鉱（$Fe_{1-x}S$）を原料にして自溶炉で製錬すれば，次式のように二酸化炭素は発生しない。二酸化炭素の代わりに多量の二酸化硫黄が発生するが，これは硫酸を製造させる排煙脱硫装置によって除去することができる。黄鉄鉱や磁硫鉄鉱は天然に多量に存在するが，ほとんどが非有用鉱物として廃棄されているのが現状のようである。鉄の原料のすべてを磁鉄鉱から硫化物に転換するのは難しいが，一部でも転換できれば，二酸化炭素発生の削減に寄与できる。

$$FeS_2 + 2O_2 \rightarrow 2SO_2 + Fe$$
黄鉄鉱　　　　　二酸化硫黄

○ 鉄スクラップの再利用を進める。スクラップはすでに「鉄」になっているので，スクラップからの鉄の再生では二酸化炭素はほとんど発生しない。そればかりか，鉄鉱石や石炭を必要としないので，通常経なければならない鉱山開発から製錬までの工程が省かれ，鉄鉱山・石炭鉱山開発による自然破壊や選鉱・製錬による汚染の発生も避けることができる。

○ 二酸化炭素を発生させないその他の方法としては，鉄代替素材の開発を進めたりモノを大事に使用することによって，鉄の消費を削減することなどが考えられる。

(2) 二酸化炭素の発生を削減する方法

○ 日本の鉄鋼業界は二酸化炭素排出量を削減するため，「廃プラスチックの高炉原料化」の研究に取り組んでいる（日本鋼管京浜製鉄所，1997；大垣ほか，2000）。鉄鋼各社ではコスト低減のためにコークスの代替として，高炉下部の羽口から熱風とともに微粉炭を吹き込んでいる。「廃プラスチックの高炉原料化」は，微粉炭の代わりに使用済みプラスチック（例えば，ポリエチレン）を利用する方法である。プラスチックを所定の粒径に破砕・造粒した後，これを羽口から高炉内に吹き込むと，プラスチックは分解して還元ガスとなり，ガスが炉内を上昇する過程で鉄鉱石を還元・溶解する（次式）。

$$1/2 C_2H_4 + CO_2 \rightarrow \underline{2CO + H_2}$$
ポリエチレン　　　　　　　還元ガス

$$Fe_2O_3 + \underline{2CO + H_2} \rightarrow 2Fe + 2CO_2 + H_2O$$
焼結鉱　　還元ガス

プラスチックを利用すると，COによる還元に加えてH_2による還元が付加されるため，CO_2の発生量を従来と比べて約30%低減させることができる（大垣ほか，2000）。

○ 二酸化炭素排出量を削減する別の製鉄法として「溶融還元製鉄法」が研究されている。従来の高炉製鉄法では原料の事前処理，すなわちコークスや焼結鉱の製造が必要であり，このため巨大な設備とエネルギーがかかる。「溶融還元製鉄法」はコークスを使わず一般炭を使用し，また粉状の鉄鉱石を直接使用して鉄をつくる製法である。製鉄コストを約10%節減できるほか，二酸化炭素排出量を約5%削減できるなど，地球環境の保全にも有効で，次世代製鉄法として期

待されている(山中,1999;日本鉄鋼連盟『鉄ができるまで』)。

3.2.4 スラグ

製鉄所内で発生する産業廃棄物の大部分は高炉と転炉で発生するスラグである。高炉スラグはほぼ100%がセメント原料として再利用され,転炉スラグも土木用,地盤改良用,路盤材用などとして90%以上が資源化されている。

3.3 銅の製錬に伴う環境汚染

銅の乾式製錬で発生する主な汚染源には粉塵,硫黄酸化物およびスラグがある。粉塵は集塵装置で除去できる。硫黄酸化物は,原料が黄銅鉱などの硫化物であることが多いため,発生は避けられない[*3]。銅の製錬で発生する硫黄酸化物は濃度が高いので,そのまま大気中に排出すると深刻な環境問題(主として酸性雨)に発展する。日本ではかつて,銅製錬所などから排出された硫黄酸化物による大気汚染が社会問題となった(次の第4節で述べる)が,現在では,世界で最も厳しいと言われる鉱害規制制度の下で,硫黄酸化物は硫酸や石膏の生産に回収され,無鉱害が実現している(小名浜製錬株式会社パンフレット『人の和と英知で躍進する』)。

スラグは,非有用鉱物とフラックスが溶け合った複雑な組成をもつ天然には存在しない人工ガラスである。炉底に溜まったスラグと銅マットは,理論的には溶け合わず分離するが,実際上スラグには多量の鉄と少量の銅が混じっている。このスラグを野ざらしで放置すると,重金属が溶け出し,水質汚染や土壌汚染に発展する場合がある。

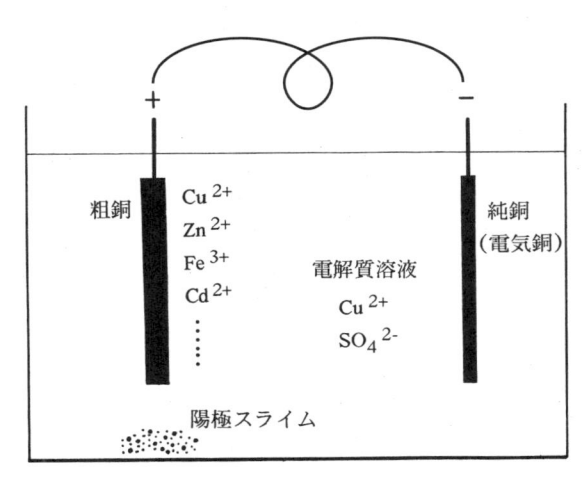

第 VI-4 図 銅の電解精製における環境汚染源

[*3] 鉛,亜鉛,ニッケルなど多くの非鉄金属も,原料は硫化物なので,それらの製錬では必然的に多量の硫黄酸化物が発生する。

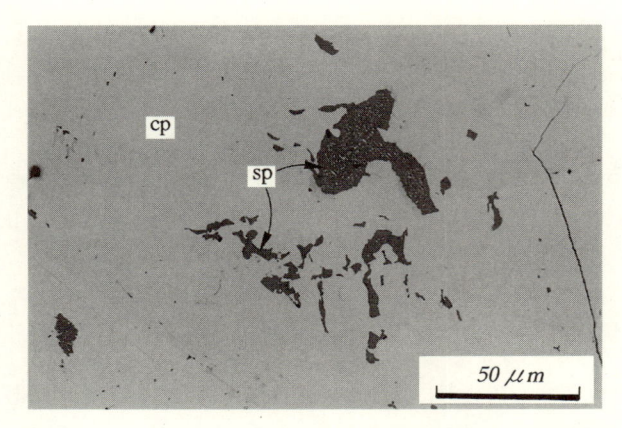

写真 VI–2 銅鉱石に含まれる閃亜鉛鉱の微粒子(顕微鏡写真)
cp: 黄銅鉱 ($CuFeS_2$), sp: 閃亜鉛鉱 (ZnS)。黄銅鉱中に含まれるこのような閃亜鉛鉱の微粒子は,選鉱で除去できない。閃亜鉛鉱は少量のカドミウムを含むことがある。

3.4 銅の電解精製に伴う環境汚染

　銅の電解精製で発生する汚染源は電解廃液である(第 VI–4 図)。電解廃液には多量の銅と硫酸のほか,起電力系列で銅よりも上位にある金属(亜鉛,鉄,カドミウムなど)が溶けているかもしれない(第 V 章参照)。これを未処理で廃棄すると,重金属による水質汚染・土壌汚染,硫酸による水・土壌の酸性化を引き起こす場合がある。

　浮遊選鉱で銅鉱物と亜鉛鉱物の分離がうまく行かないと,銅精鉱に亜鉛鉱物が混じり,亜鉛やカドミウム[*4] は製錬工程で銅マットに溶け込み,最終的には電解精製で電解質溶液中に溶け出す。電解廃液に溶け込む重金属を根本的になくす方法は,選鉱段階で鉱物分離を十分に行うことであるが,原料の銅鉱石を見れば(写真 VI–2)これがきわめて困難であることがわかるであろう。電解廃液に溶け込んだ重金属を除去したり,廃液を中和するには,本章の「3.1.1」で述べた石灰による中和処理法や「バクテリア浄化法」を適用することができる。

4　日本の「鉱害」

4.1　時代背景

　日本の鉱物資源開発は,日清戦争から日露戦争,満州事変,第 2 次世界大戦,朝鮮戦争へと続く戦時下,軍需政策とともに発展した。戦時下においては鉱物資源,とりわけ弾丸や蓄電池に必要な

[*4] 鉱石の化学組成は一般に複雑である。銅・鉛・亜鉛鉱石にはカドミウムやヒ素などが,金・銀鉱石にはヒ素,アンチモン,水銀などが含まれることがある。これらの金属の一部は回収され利用されるが,回収困難な場合は廃棄される。カドミウムについて言えば,この金属は化学的性質が亜鉛と類似し,自然界では亜鉛とともに挙動することが多い。次の第 4 節で述べるが,カドミウム汚染が亜鉛鉱山や亜鉛製錬所に多いのはこのためである。

鉛，亜鉛の確保は国家的使命であり，政府は国内各地に鉛・亜鉛製錬所を設置し，国を挙げて拡張・増産を進めた。第2次世界大戦後の高度成長期に入ると，鉱山や製錬所は日本経済を支える基幹産業としてさらに発展を続け，日本鉱業協会(1965, 1968)によると，1960年代には全国の350以上もの鉱山で資源開発が押し進められた。しかし日本の鉱山はその後，オイルショック，金属価格の低迷，円高など相次ぐ経済変動に見舞われ，次々閉山し，2001年9月現在わずか5つにまで激減している(第I章の第I-2表参照)。日本における鉱物資源開発の全盛期は70年代中頃までではなかったかと思われる。

日本はかつて，鉱物資源開発に係わる深刻な環境汚染を経験した(第VI-5図)。日本の「鉱害」の大部分は戦時下およびそれに続く戦後高度経済成長期における鉱山や製錬所の拡張・増産とともに，1900年頃から1970年代までの70，80年間に発生した。60年代までは，日本だけでなく世界は「開発」を優先し，まだ環境問題への関心は薄かった(第VI-1表)。

4.2 環境汚染の種類と汚染源

環境汚染にはいろいろな種類があり，分類の仕方もいろいろ考えられるが，ここでは，汚染源の違いにより水質汚染・土壌汚染，大気汚染およびその他の3つに大別する。

水質汚染・土壌汚染は重金属や硫酸を汚染源とするものであり，これにはカドミウム汚染，ヒ素汚染，銅汚染，シアン汚染，水質や土壌の酸性化などが含まれる。これらの汚染は採鉱，選鉱，製錬・精製のどの工程においても発生する危険がある。日本の「鉱害」では，多くの場合，野ざらしにされた固体廃棄物(廃石，選鉱尾鉱，スラグ)から溶け出した重金属や未処理の廃液(坑内水，選鉱廃液，製錬廃液)に含まれた重金属が河川に流入し，その水質を汚染することから始まっている。河川の水質汚染は，川床の汚染や河川水を利用した田畑の土壌汚染へ，さらには海洋汚染へと，山間部から下流の平野部・沿岸部へ，付近住民の生活の場をむしばみながら拡散していった。農業への影響だけを見ても，作物の出荷停止，広大な農地の休耕，土壌の入れ替え，住民の集団移転・転業，それらに対する補償問題・裁判などが各地で起こった。カドミウム中毒[*5]やヒ素中毒[*6]では多くの人命が奪われた(NHK社会部，1971, 1973; 環境保全協議会，1992)。

大気汚染は硫黄酸化物や煤塵・粉塵を汚染源とするもので，鉱物資源開発との関係で言えば，ほとんどが製錬工程で発生している。製錬所から排出された濃度の高い硫黄酸化物が酸性雨となって

[*5] 「イタイイタイ病」が代表的な例で，カドミウムに汚染された食物の摂取によって起こる。土壌に蓄積したカドミウムは農作物に吸収され，それを摂取する人間の体内に蓄積される。「イタイイタイ病」は主として女性に発病し，腰痛，背痛，四肢痛，関節痛など全身に痛みが起こり，次第に痛みが強くなって，やがて骨にヒビが入り，ついには骨が折れ始める。ある地区では，米，稲の根，土壌からそれぞれ最高350 ppm，3,000 ppm，68 ppmのカドミウムが検出され，患者の肺から10,000 ppm以上，臓器の大部分から数千ppmのカドミウムが検出されている。なお，カドミウム汚染米とは，国の安全基準1 ppm以上のカドミウムを含む「食べられない米」を言う。

[*6] 発生原因は，硫ヒ鉄鉱から作られる亜ヒ酸(三酸化ヒ素の通称)である。亜ヒ酸は青酸カリに匹敵する猛毒で，致死量は0.2 gと言われる。その毒性を利用して殺虫剤や除草剤が作られる。第1次世界大戦中，これを毒ガスの原料に使用した国もある。

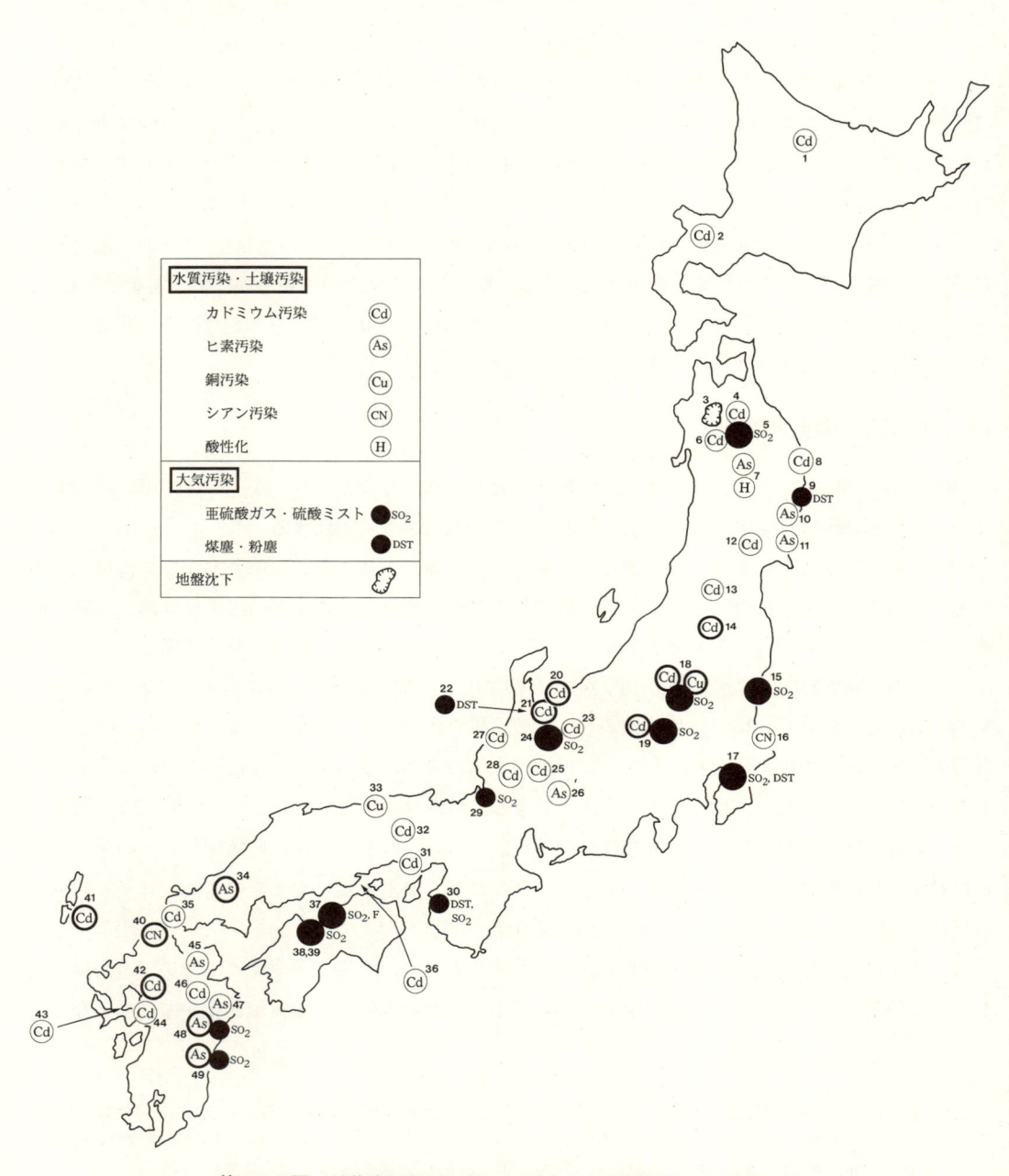

第 VI-5 図　鉱物資源開発に伴って発生した環境汚染——日本の例
白丸: 水質汚染・土壌汚染。太線は被害の大きかった汚染を示す。黒丸: 大気汚染。大きな黒丸は被害の大きかった汚染を示す。志賀（2000）から引用した。

山林や農作物に降り注ぎ，被害をもたらした．また都市部での大気汚染はヒトの呼吸器を襲った．

堆積場の決壊や地盤沈下によっても大きな被害が発生した．地盤沈下では集団移転にまで発展した例がある．

4.3 被害のいくつかの例

4.3.1 銅鉱山の例

この銅鉱山は1610年頃発見された日本有数の大鉱山で，山元においては鉱石の採掘だけでなく製錬も行っていた．明治時代に「鉱毒事件」が発生し，この事件は日本の「公害」の原点のひとつとされている．

発生した「鉱害」：大気汚染(主として硫黄酸化物による)，カドミウム汚染，銅汚染，堆積場の決壊．

汚染の概要：

① 1882年鉱山近くの村落で，製錬所の吐き出す硫黄酸化物によって農作物や桑などに被害が発生した．桑は全滅し，養蚕業が廃業に追い込まれた．また製錬所が一世紀近くにわたって吐き出し続けてきた硫黄酸化物が酸性雨となって降り注ぎ，山林の樹木や草木はおろか土壌までもが枯れ死し，見渡すわたりの死の山が続く大規模な自然破壊は4,300 haに及んだ(NHK社会部，1973)．

② 野積みにされていたスラグや山肌にむき出しにされていた胆ばんなどから溶け出した銅，ヒ素，カドミウムなどの重金属が雨などによって銅山近くを流れる河川に流入し，田畑の土壌を汚染した．

③ 製錬に必要な燃料をコストの安い木材に求めたため，周辺の山林で乱伐が行われた．その結果，山の保水力は失われ，雨が降るたびに土砂が河川に押し流されて河床が浅くなり，たびたび洪水を引き起こした．1890年8月と1896年9月の大洪水は農業や漁業に壊滅的打撃を与えた．

④ さらに，1958年5月にはスラグ・廃石の堆積場が決壊し，約2,000 m^{3}のスラグ・廃石が河川に流出した．鉱毒と化した泥状の河川水は約5,328 haの水田を汚染し，2万戸以上の被害農家を生んだ．

汚染の範囲：農地の汚染は流域の1都4県の20万haに及び，数十万人にのぼる被害農民を生んだ．

4.3.2 亜鉛製錬所の例

1937年6月に亜鉛製錬工場の操業が開始され，48年からは生産増大のため工場の拡張・増設が進められた．

発生した「鉱害」：カドミウム汚染，大気汚染(硫黄酸化物)，堆積場の決壊．

汚染の概要：

① 廃気・廃液による被害は操業開始の直後から発生したが，工場の拡張・増設を進めた51，52年頃急速に拡大した．製錬所から硫黄酸化物や硫酸ミストを含む有毒ガス，有毒廃液の排出が多くなり，樹木は枯れ，周辺の田畑は苔しか生育しない生命を失った土壌と化した．54年には稲作，野菜，果樹，養蚕などの収穫がほとんどゼロの状況になった．

② 38年に2度にわたってスラグ処理場の沈殿槽が決壊した。鉱毒を含む多量の水が河川に流入し，水田を汚染した。この汚染水は遠く下流の都市まで達し，この都市の漁業や稲作にも被害を与えた。

健康被害：住民は悪臭に襲われ，工場従業員にはケイ肺疾患や呼吸器疾患を訴えるものが続出し，退職者が相次いだ。69年11月には従業員のカドミウム中毒患者(腎臓障害)が自殺している。

汚染の範囲：田畑や山林の被害は1市3町5村の約1,588 haに及んだ。

4.3.3 鉛・亜鉛製錬所の例

発生した「鉱害」：カドミウム汚染。

汚染の概要：増産を続ける製錬所の廃液が，未処理のまま河川に放流されていた。この廃液にはカドミウムが含まれ，河川の水を灌漑に利用していた下流の農作物に被害が発生した。稲作の被害は，1929年頃急激に増大し，37年頃激化した。

健康被害：22年に流域で奇病「イタイイタイ病」の発生が始まり，89年には148名が「イタイイタイ病」に認定された(内死亡者130名)。

4.3.4 鉛・亜鉛鉱山の例

1943年8月操業を開始した。選鉱方法は当時最新式と言われた優先浮選法を採用した。

発生した「鉱害」：カドミウム汚染，堆積場の決壊。

汚染の概要：

① 大量の坑内水を未処理のまま河川に放流し，スラグや廃石を野積みのまま放置していた。坑内水やスラグ，廃石に含まれていたカドミウム，亜鉛，鉛などの有害物質が雨が降るたびに河川に流れ，魚の死滅，水稲の減収などの被害をもたらした。55年と56年には米の収穫がゼロになった。流域では71年産米から最高 2.95 ppm のカドミウムが検出され，カドミウムの要観察地域に指定され，汚染地区の米は食べないようにとの通知が出された。ある汚染地区では，農家36戸のうち32戸が汚染された水田を捨てて漁業に転業した。

② 集中豪雨によってダムが決壊した。河川に流出した619 m^{3}の鉱泥が海に流出し，サザエ，海藻類がカドミウムに汚染され，全滅した。

健康被害：64年の現地調査で，「イタイイタイ病」による死亡者2名，「イタイイタイ病」患者1名，「イタイイタイ病」の疑わしい患者数名が確認された。

4.3.5 ヒ素鉱山の例

この鉱山では17世紀中頃，銀，銅，錫を採掘していた。江戸時代後期に一時休山となったが，明治になって銅鉱，鉛鉱の採掘を再開し，1918年8月からは亜ヒ酸の製造を始めた。

発生した「鉱害」：ヒ素汚染，大気汚染(硫黄酸化物)。

汚染の概要：1922年頃被害が出始めた。亜ヒ酸の粉塵や硫黄酸化物を多量に含んだ煙がばい焼炉から排出され，川沿いの3つの集落を覆った。山林樹木の枯れ死，農作物の不作をもたらし，しい

たけ栽培，養蜂，畜産にも壊滅的な被害を与えた。23年11月付近住民が鉱山側と交渉し，煙害交付金を受けた。また，川沿いに野積みにされた大量の廃石やスラグから亜ヒ酸がにじみ出し，これが雨水に混じって川に流出した。水田の土壌からは通常の濃度の100倍以上ものヒ素が検出された。

健康被害：川の水を生活用水や水田の灌漑用水として利用していたため，住民の30%に内臓疾患などの健康異常が見られた。鉱山の坑夫の一家では，30年から51年の間に家族7人全員が次々と苦しみながら死亡していった。

汚染の範囲：被害はこれら山間部の集落にとどまらず，約60 km下流の河口付近にまで及んだ。

5　日本の教訓を生かす

今日鉱物資源開発は主として発展途上国で行われている。これらの国は，単に鉱石を採掘するだけでなく，付加価値を高めるため製錬や初歩的加工をも行うようになってきている。鉱物資源開発に伴う「鉱害」発生の場は発展途上国に移りつつあると言える。問題は，これらの国では輸出所得増大のため生産が優先され，カネがかかるだけで利益に直接結び付かない「鉱害」対策は後手に回されがちだという点である(志賀・納，2000)。先進国は，鉱物資源開発を発展途上国に任せっ放しにするのでなく，彼らの手が届きにくい「鉱害」などの分野に対して財政的，技術的支援を拡充していくことが必要と思われる[7]。それは，鉱物資源の大部分を彼らに依存し，その依存度がますます高まる方向にある先進国の務めではないだろうか。

日本の「鉱害」の例は，鉱物資源開発では防止対策が後手に回ると深刻な被害をもたらすことを物語っている。日本はこれを教訓として，発展途上国が同じ過ちを繰り返さないように，被った環境被害，地域住民への影響，解決のために取り組んだ汚染防止対策(技術，法規など)など自らの経験を具体的に教示し，彼らに対してよりよい発展への道筋を指し示していくことが必要と思われる(志賀，2000; SHIGA, 2002)。

6　まとめ

鉱物資源開発は人間生活に不可欠であるが，他方で生活環境を脅かす危険をはらんでいる。鉱山開発や採鉱における自然破壊，選鉱尾鉱や選鉱廃液による水質汚染・土壌汚染，製錬で発生する二酸化炭素・硫黄酸化物による大気汚染などである。鉱業技術の開発では，経済効果だけを追求するのでなく，併せて環境への配慮も目指していくことが求められている。例えば，重金属による水質

---

[7] 日本は政府開発援助（ODA）の実施に当たって環境分野を重視する方針を決めている。1997年9月，発展途上国における環境問題対策を促進するため，特別環境案件(地球環境問題対策案件および公害対策案件)に対する円借款の金利引き下げを導入した。特別環境案件の金利は，後発開発途上国（LLDC）から中所得国まで一律0.75%に引き下げられ，償還期間および据置期間はそれぞれ40年，10年となって，返済条件は標準条件に比べてかなり緩やかなものとなっている。これは，環境対策への予算配分が十分でない国に対しては積極的に支援していこうとするものであり，環境問題に対する日本の前向きな姿勢を示している。

汚染や土壌汚染の防止のためには，重金属の回収率の増大を図って汚染源の発生量を削減していくとともに，発生した汚染水を浄化する廃水処理技術の開発が欠かせない。またエネルギー多消費の製鉄では地球温暖化の主要な要因となっている二酸化炭素を多量に発生するが，大気中へ排出する前にこれを固定する技術の開発，コークスを使わない製錬技術の開発，原料の磁鉄鉱を黄鉄鉱や磁硫鉄鉱に転換する製錬技術の開発などを目指していく必要がある。

　鉱物資源開発に起因する環境汚染の発生の場はかつては先進国であったが，今日鉱物資源開発の場は，採掘も選鉱も製錬も先進国から発展途上国に移りつつあり，これに伴い，環境汚染の発生の場も発展途上国に移ろうとしている。しかし多くの発展途上国では自国の経済発展が最優先課題であり，直接的利益を産まずカネがかかるだけの環境対策は後手に回りがちである。中には，環境対策どころか逆に，「公害ダンピング」[*8] を行っている国さえあると言われている（井村，1997; 安田，1997）。こうした国に対して，環境に十分に配慮した鉱物資源開発を期待することは難しい。21世紀には，鉱物資源開発に係わる環境汚染は発展途上国で深刻になることが予想される。

　先進国は，環境負荷の大きい鉱物資源開発を発展途上国に任せっ放しにするのではなく，「鉱害」防止に対する財政的・技術的支援を拡充していくことが望ましい。それは，鉱物資源の大部分を発展途上国に依存し，その依存度がますます高まる方向にある先進国の務めと思われるのである。

文　　献

井村秀文（1997）：中国の経済発展と環境問題——その軌跡と将来．井村秀文・勝原健編著『中国の環境問題』，東洋経済新報社発行，15～46.
環境保全協議会（1992）：環境破壊の歴史．環境保全協議会発行，541p.
金属鉱業事業団（2002）：新たな技術の開発をめざして——金属鉱業事業団技術研究所——．金属鉱業事業団 BONANZA, 2, 2～7.
金属鉱業事業団パンフレット『Prevention Activities of Mining-Related Pollution in Japan』.
NHK 社会部（1971）：日本公害地図．日本放送出版協会発行，294p.
NHK 社会部（1973）：日本公害地図（第二版）．日本放送出版協会発行，387p.
日本鉱業協会（1965）：日本の鉱床総覧（上巻）．日本鉱業協会発行，581p.
日本鉱業協会（1968）：日本の鉱床総覧（下巻）．日本鉱業協会発行，941p.
日本鋼管京浜製鉄所（1997）：廃プラスチック高炉原料化リサイクルシステム．資源と素材，113, 1135～1136.
日本鉄鋼連盟『鉄ができるまで』.
大垣陽二・冨岡浩一・渡辺厚・有田耕二・栗山一郎・菅昌徹朗（2000）：容器包装プラスチックの高炉原料化．日本鋼管 NKK 技法，No. 169, 1～5.
小名浜製錬株式会社パンフレット『人の和と英知で躍進する』.
志賀美英（1999）：資源開発か環境保護か——南極の鉱物資源開発問題に見る世界の選択——．資源地質，49, 47～62.
志賀美英（2000）：中国の鉱業に見られるいくつかの問題と日本の対中国技術協力の方向——日本の「鉱害」問

[*8] 発展途上国の環境基準は先進国のそれに比べて一般に緩い。従って同じ製品を作るにも発展途上国のほうが環境負荷が大きい。緩い環境基準を武器に生産コストを下げ，製品の国際競争力を高め，輸出拡大を図る（安く作って，安く売る）ことを「公害ダンピング」と言う。これとは別に，環境基準の厳しい国の企業が基準の緩い発展途上国に進出し，緩い環境基準の下で製品の生産を行うこともあり，これは「公害輸出」と呼ばれる。いずれの場合も，国による環境基準の違いを悪用したものである。

題を教訓として——. 国際協力研究, 16, 57〜65.

SHIGA Y. (2002): Mineral resource development problems in China and the direction of Japanese technical cooperation — Lessons learned from environmental pollution in Japan —. Technology and Development, No. 15, 63〜70.

志賀美英・納篤 (2000): 中国の鉱物資源需給と輸出入形態. 資源地質, 50, 105〜114.

山中唯義編 (1998): CO_2・リサイクル対策総覧——技術編——. マイガイア発行, 1088p.

山中唯義編 (1999): CO_2・リサイクル対策総覧——産業・ライフスタイル編——. マイガイア発行, 1054p.

安田祐司 (1997): 中国の大気環境問題. 井村秀文・勝原健編著『中国の環境問題』, 東洋経済新報社発行, 115〜136.

第VII章

南極の鉱物資源開発問題
―「開発」と「環境」をめぐって―

1 はじめに

　南極と言えば，氷，ペンギン，アザラシ，オーロラなどが思い浮かぶに違いない。この白い氷の世界が最近まで30年もの間，鉱物資源開発問題で揺れ動いた。南極条約協議国のみならず国連や国際世論を巻き込みながら，国家間あるいは国家グループ間の利害が絡み合った対立の場と化し，資源開発か環境保護かの選択をめぐり激しい攻防が繰り返されたのである。結果的には一度は採択された南極鉱物資源活動規制条約(環境保護に対する厳しい条件を課したうえで鉱物資源の探査・開発を認める条約)が，発効直前に民間の環境保護団体や南極条約非同盟諸国などの激しい抵抗にあって覆され，これに代わって，鉱物資源開発の一切禁止を定めた南極条約環境保護議定書が締結された。こうして国際世論は，資源開発と環境保護の両立さえも否定し，環境保護のみを選択したのである。

　本章では3つの条約，南極条約，南極鉱物資源活動規制条約，南極条約環境保護議定書を取り上げ，それぞれ制定された経緯や内容を解説する。そして南極の鉱物資源が開発されようとした社会的背景，および鉱物資源開発を禁じ環境保護を選択した南極条約協議国，国連，環境団体などの取り組みを探ってみる。なお，南極の鉱物資源については第II章で記述したので参照されたい。

2 南極の歴史の区分

　南極における人間の活動の記録は，18世紀後半に始まったイギリスの産業革命の頃にさかのぼることができる。以来ごく最近まで(今からわずか40年ほど前まで)南極には何の国際的取り決めもなく，人間はだれもがそこで自由に活動することができた。第2次世界大戦の頃から問題が表面化し始め，その解決のために1961年に南極条約が締結され，初めて南極での人間の活動が規制されることとなった。

　ここでは南極の歴史を第2次世界大戦前(第I期探検時代)と第2次世界大戦以後(第II期)の2つの期に大別し，第II期をさらに，南極で生起した問題によって，第II-1期：領土・軍事問題に揺れた時期(南極条約締結期)，第II-2期：鉱物資源開発問題に揺れた時期(南極鉱物資源活動規制条約締結期)，および第II-3期：環境問題に揺れた時期(南極条約環境保護議定書締結期)の3つの亜期に細分することにする(第VII-1表)。

第 VII–1 表　南極の歴史の区分

区　分	事　柄	年　代
第 I 期	探検時代	～1930 年代末
第 II–1 期	領土・軍事問題と南極条約締結	1930 年代末～60 年代初頭
第 II–2 期	鉱物資源開発問題と南極鉱物資源活動規制条約締結	1970 年代初頭～80 年代末
第 II–3 期	環境問題と南極条約環境保護議定書締結	1980 年代末～

志賀（1999）から引用した。

3　第 I 期：探検時代

　南極での人間の活動は，イギリスの産業革命の頃イギリス，フランスなどヨーロッパ諸国による探検や南極沿岸でのアザラシ猟，クジラ猟から始まったようである（第 VII–2 表）。そして島や陸地の発見が相次ぎ，発見国による領有宣言がなされていった。沿岸部での狩猟や探査とともに，次第に内陸部での地質調査，重力・地磁気測定，気象・天文観測，動植物調査など科学的な調査も行われるようになった。1874 年にはフランス，アメリカ，ドイツ，イギリスが共同で天文観測を行った。これは南極で行われた最初の国際共同研究であった。1911 年末から 12 年初めにはアムンゼン隊とスコット隊が相次いで南極点に到達した。20 年代以降になると，雪上車，航空機，ヘリコプターなど大型調査機材を用いた広域的調査が実施されるようになり，この時期南極の科学的研究は急速に進展した。

第 VII–2 表　南極における各国の活動と諸問題の歴史

区分等	年　月	国名等	活動概要等
	〈18 世紀後半		イギリスで産業革命始まる。〉
	1738–39	フランス	1739 年 1 月，Bouvet 島（現在ノルウェー領）を発見。
	1771–72	フランス	Prince Edward 諸島と Iles Crozet 発見，Ile de la Possession に上陸，1772 年 1 月フランス領宣言。
	1772–75	イギリス	船長 James Cook ら南極を一周し，南極圏 3 回突破。South Georgia に上陸し，領土宣言。
	1810	オーストラリア	アザラシ猟のため Macquarie 島を発見（1810 年 7 月）。
	1819–21	ソ連	高緯度で南極大陸を一周し，1821 年 1 月に Peter I 島と Alexander Land（現在は島）を発見。
	1820–22	アメリカ	1821 年 2 月アザラシ猟のため南極半島の北部 Hughes Bay に上陸。
第 I 期（探検時代）	1873–74	ドイツ	狩猟と探査のため South Shetland 諸島から Palmer 群島に至り，南極半島との間に Bismarck 海峡を発見。
	1874	国際共同研究	金星の太陽面通過観測（フランス，アメリカ，ドイツ，イギリスによる南極初の国際共同研究）。
	1892–93	ノルウェー	クジラの探査を行い，アザラシ猟や地学探査も兼ねる。Seymour 島で南極で初めて化石を発見。
	1897–99	ベルギー等	南極半島西側地域を探査。ノルウェー，ルーマニア，ポーランド，アメリカの探検家が参加。
	1901–04	スウェーデン	Gerlache 海峡探査後，南極半島北端を回航して Weddell 海に入り，Snow Hill 島で越冬。
	1910–12	日本	日本初の南極探検。白瀬隊長以下 13 名，1910 年（明治 43 年）11 月，204 トンの帆船「開南丸」で東京芝浦を出港。ウェリントンに寄港し，ロス海に入った時期遅く，シドニーに滞在して再起を図った。11 年 11 月ロス海に進入し，ウェールズ湾よりロス棚氷に上陸。Edward VII Land で岩石を採取。12 年 2 月ロス棚氷を離れ，ウェリントンに寄港し，父島を経て，同年 6 月芝浦に帰着。
	1910–12	ノルウェー	アムンゼンら 5 名，Ross 棚氷の Bay of Whales で越冬し，11 年 12 月 14 日南極点に到達。この間に南極横断山脈中の Queen Maud 山脈を発見する。
	1910–13	イギリス	スコットら 5 名，Ross 島の Cape Evans で越冬し，12 年 1 月 17 日南極点に到達。その後遭難した。Victoria Land や Ross 棚氷で調査を行った。
	1920 年代以降		アメリカ，イギリス，ノルウェーなど欧米諸国による航空機，雪上車等を用いた大がかりな調査が盛んに行われ，南極の科学的研究が急激に進展する。

（次のページに続く）

第 VII 章　南極の鉱物資源開発問題

(前のページの続き)

	年月	主体	事項
第Ⅱ—1期（領土・軍事問題）	〈1939.9–45.8		第2次世界大戦。〉
	1940–45		アルゼンチン，チリ，ドイツ，イギリスが南極半島周辺で，軍事行動や領土権主張のため行動。
	1945–46	イギリス	1944年から連続越冬を始めた Port Lockloy, Deception, Hope Bay の3つの基地に加え，Cape Geddes, Stonington の2つの基地を建設。
	1946–47	アメリカ	大西洋艦隊の第68機動部隊を中心とした南極で最大の行動（Operation Highjump と言われている）。第2次世界大戦後，アメリカは恒久的な南極開発計画を策定し，この作戦を展開した。作戦の主な目的は南極大陸の地図作成。海軍が担当し，動員した艦船13隻，航空機21隻，軍人4,700名。南極大陸の海岸線の60%をカバーする計65,000枚の航空写真を撮影。
	1947	アルゼンチン	Gamma 島に気象観測所を設けたほか，Deception 島等を訪れる。空中写真撮影等も行う。
		チリ	Greenwich 島に気象観測所を設けたほか，南極半島西岸を探査。
	1947–48	オーストラリア	Heard 島と Macquarie 島に観測所建設。
		アルゼンチン	Deception 島に新基地建設。
		チリ	南極半島先端付近に新基地を建設。
		イギリス	King George 島に新基地を建設。
		アメリカ	海軍第39機動部隊の行動（Operation Windmill と言われている）。1946–47年の Operation Highjump の続き。航空写真から地形図を作るため，測量の基準点を設置。
	1950	フランス	Port Martin に基地を建設。
	1952.4	日本	サンフランシスコ講和条約発効。南極に関するすべての請求権を放棄（同条約第2条 (e)）。
	1952	国際学術連合会議	国際地球観測年（IGY, International Geophysical Year, 1957–58）のために委員会を設置。南極研究に重点を置く。日本へも IGY 参加の要請。
	1956.3	日本	参議院予算委員会で，「1912年に白瀬南極探検隊が大和雪原（やまとゆきはら）と命名した氷原の領土権確保のため国際司法裁判所へ提訴しては」という南極の領土権主張に関する質疑あり。
	1956–57	日本	IGY 観測参加のため（第1次）南極観測隊（観測船「宗谷」）を派遣。1957年1月，Lutzow Holm 湾の Ongul 島に昭和基地開設。その後，基地を閉鎖した一時期を除き毎年観測隊を派遣。
	1957–58	国際共同研究	国際地球観測年（IGY, 1957–58）。参加国：アルゼンチン，オーストラリア，ベルギー，チリ，フランス，日本，ニュージーランド，ノルウェー，南アフリカ共和国，ソ連，イギリス，アメリカの12ヵ国。
	1959.12	IGY 参加12ヵ国	南極条約署名。
	1961.6		南極条約発効（30年の期限付き）。
	1961.7	南極条約協議国会議	第1回会議（キャンベラ）。南極条約第9条1の規定により開催。南極の動植物の保全を取り上げる（この会議の成果が82年発効の「南極の海洋生物資源の保存に関する条約」の制定につながった）。
第Ⅱ—2期（鉱物資源開発問題）	〈1960年代		欧米先進国で鉱物資源の消費量が急激に増大。アフリカ・中南米で資源ナショナリズムが台頭。〉
	〈1962.12	国連	第17回総会。決議「天然資源に対する永久的主権」採択。〉
	〈1966.11	国連	第21回総会。決議「天然資源に対する永久的主権」採択。〉
	1970.10	南極条約協議国会議	第6回会議（東京）。鉱物資源問題が非公式に検討される。
	1972.10	南極条約協議国会議	第7回会議（ウェリントン）。鉱物資源問題が初めて正式に取り上げられ，「南極鉱物資源—鉱物探査の影響」採択。
	1973.1–2		DSDP 計画の一環としてロス海の大陸棚でボーリングを実施。3本で天然ガスの兆候を検出。
	〈1973		第1次オイルショック。〉
	〈1973.12	国連	第28回総会。決議「天然資源に対する永久的主権」採択。〉
	1975.6	南極条約協議国会議	第8回会議（オスロ）。鉱物資源探査・開発問題検討のための特別準備会議開催など決定。
	1976.6	特別準備会議	パリで開催。「パリ4原則」*を提唱。
	1977.9	南極条約協議国会議	第9回会議（ロンドン）。レジームの制定まで鉱物資源活動を自制するという紳士協定を決議。
	〈1979		第2次オイルショック。〉
	1980.5		「南極の海洋生物資源の保存に関する条約」採択。
	1981.7	南極条約協議国会議	第11回会議（ブエノスアイレス）。南極の鉱物資源探査・開発に関するレジーム制定のための南極鉱物資源特別協議国会議の開催と，同会議での審議事項の決定。
	1982.4		「南極の海洋生物資源の保存に関する条約」発効。
	〈1982.4		国連海洋法条約採択。〉
	1982.6	特別協議国会議	第1回会議（ウェリントン）。南極の鉱物資源探査・開発に関するレジーム作成上の問題点，レジームで触れるべき項目等を討議。
	1982.9	国連	第37回総会。マレーシアのマハティール首相，南極は全世界のもの，南極問題は国連の場で討議すべしとし，特定国間の協定である南極条約に代わって新たな国際的取り決めが必要と演説。
	1983.1	特別協議国会議	第2回会議（ウェリントン）。議長が南極の鉱物資源活動に関するレジームの草案を提出。草案条項は，領土主張国に対する拒否権の付与，南極大陸全領土を統括する中央委員会の設置等をうたっている。
	1983.7	特別協議国会議	第3回会議（ボン）。第2回会議で提出された草案条項の審議。中央委員会の構成と機能，管理制度の目的と原理，南極環境の保護・保存等を討議。
	1984.1–88.1	特別協議国会議	第4回会議（ワシントン）～第11回会議（ウェリントン）。南極の鉱物資源活動に関するレジームの討議，修正が繰り返される。
	1988.6	特別協議国会議	第12回会議最終会期（ウェリントン）。南極鉱物資源活動規制条約採択。
	1988.12	国連	第43回総会。南極は人類共有の財産，南極問題は国連の場で議論すべきだとして，採択されたばかりの南極鉱物資源活動規制条約反対決議を（強行）採択。

(次のページに続く)

（前のページの続き）

第Ⅱ-3期（環境問題）	1989.1	アルゼンチン	海軍補給船が観光客を乗せて南極半島沖で座礁・転覆し，燃料流出。海洋汚染に関する関心が高まる。
	1989.5	オーストラリア	閣議で，南極鉱物資源活動規制条約に署名しないことを決め，環境保全に重点を置いた新たな条約を作り直そうとの意向を表明（ホーク首相）。
	1989.6	フランス	南極を次世代のための国際自然保護地にすべきだとして環境重視の立場を表明（ミッテラン大統領）。
	1989.9	アメリカ	環境保護派議員ら，上院に南極鉱物資源活動規制条約批准反対決議案を提出。
	1989.10	南極条約協議国会議	第15回会議（パリ）。フランスとオーストラリアが南極鉱物資源活動規制条約の見直し意見を述べる。南極の環境問題が広く討議され，南極環境と生態系の保護に関するレジーム制定のための特別協議国会議の開催を決定。
	1989.11		南極鉱物資源活動規制条約署名期限。フランスとオーストラリアの署名が得られず，棚上げとなる。
	1990.11	アメリカ	アメリカ企業による南極での鉱物資源開発を禁止する法案成立（ブッシュ大統領）。
	1990.11–12	特別協議国会議	ビーニャ・デル・マール会期。フランス，オーストラリア，イタリア，ベルギーが環境保護に重点を置いた新しい案を共同提案。ニュージーランドも鉱物資源活動全面禁止の案を提出。環境保護レジームのたたき台を作成。
	1991.4	特別協議国会議	マドリード第1会期。前回作成した環境保護レジームのたたき台をめぐって討議。鉱物資源活動を永久全面禁止にするか，長期の禁止にとどめて開発への道を残しておくかで対立し，交渉が難航。
	1991.6	特別協議国会議	マドリード第2会期。環境保護レジームの改訂。鉱物資源活動については50年間の禁止で妥結。
	1991.10	特別協議国会議	マドリード最終会期。南極条約環境保護議定書採択。
	1998.1		南極条約環境保護議定書発効。南極での鉱物資源活動が最低50年間禁止される（この間，南極鉱物資源活動規制条約は凍結）。

志賀（1999）から引用した。*吉田（1988c）参照。〈 〉は南極と直接関係のない事項。

　日本は，1910年（明治43年）11月白瀬隊を南極に派遣し，南極探検の第一歩を踏み出した（国立極地研究所，1985）。幾多の困難を乗り越えたこの探検は，後に日本が国際地球観測年（International Geophysical Year: IGY）に参加する契機となり，さらには南極条約をはじめとする南極に関する一連の条約の協議国としての特権を獲得することにつながった。

4　第Ⅱ-1期：領土・軍事問題と南極条約締結

4.1　南極条約締結までの経緯

4.1.1　領土・軍事問題

　第2次世界大戦（1939～45年）の頃から7ヵ国（アルゼンチン，チリ，イギリス，ニュージーランド，オーストラリア，フランス，ノルウェー）による領土権の主張が相次いだ（第Ⅶ-1図）。7ヵ国（これらの国はクレイマントと称される）[*1]の領土権主張は，過去の探検や発見の実績，本土との地理的・地質学的連

[*1]　日本，ベルギー，ドイツなどは，自ら領土権を主張しないばかりか，他国の主張も否認する立場をとり，ノンクレイマントと称される。アメリカと旧ソ連（ロシア）は，一応ノンクレイマントの立場をとっているが，過去に探検や発見の実績を持っており（第Ⅶ-2表），場合によっては領土権主張国に変わる可能性もあるということで，領土権留保国と称されることもある。
　なお日本は，白瀬隊の探検に基づき領土権主張を行い得る権原を有し，第2次世界大戦前，領土権を主張すべしとする白瀬中尉の進言が政府部内で検討されたが，主張しないほうが国益に合致するとの選択がなされたらしい（吉田，1985）。また，日本は敗戦後サンフランシスコ講和条約（1952年4月発効）で南極に関するすべての請求権を放棄したが，それでも1956年3月の参議院予算委員会では「白瀬南極探検隊が大和雪原と命名した氷原の領土権確保のため国際司法裁判所へ提訴してはどうか」という領土権主張の質疑があった（朝日新聞，1983年7月10日付け）ということである。

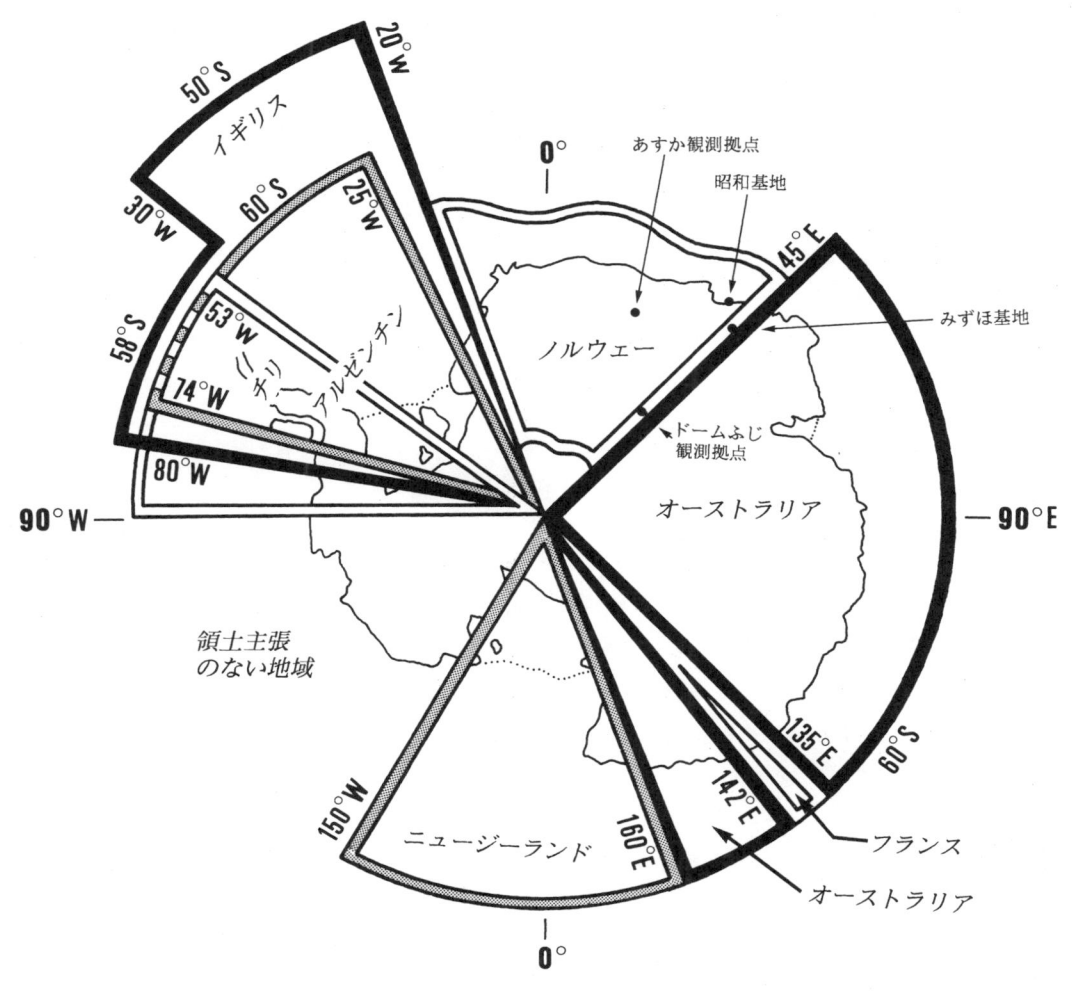

第 VII 章　南極の鉱物資源開発問題　　　111

第 VII-1 図　南極の領土権主張
7ヵ国による領土権主張は，南極条約によって現在も凍結されたままになっている．志賀（1999）から引用した．

　続性などが根拠とされている．アルゼンチン，チリ，イギリスが主張する領土は重複し，南極半島周辺ではこれらの国の軍事行動があった．領土主張国は主張する領域内に新しい基地を次々と建設していった．第 2 次世界大戦直後の 1946～47 年と 1947～48 年には南極開発を視野に入れたアメリカによるこれまでにない大規模な作戦，Operation Highjump と Operation Windmill が展開された（第 VII-2 表）．これらの作戦は南極大陸の地図の作成が主な目的とされ，海軍が担当した．Operation Highjump では艦船 13 隻，航空機 21 機，軍人 4,700 名が動員され，南極大陸の海岸線の 60%をカバーする計 65,000 枚の航空写真が撮影された．
　領土権の主張，軍事行動，基地の設置，アメリカによる大規模作戦の展開など各国の南極における一連の行動は，第 2 次世界大戦による国際情勢悪化のもと，南極が戦略的に注目され，政治的に不安定な状況に追い込まれていったことを示している．

4.1.2 国際地球観測年 (IGY)

一方，国際学術連合会議は，その時点(1950年代初期)までに南極での活動の実績のあった国々に対し，南極地域でのIGYへの参加を呼びかけた。日本もその要請を受け，参加することとなり，1910年の白瀬隊以来50年近い空白を克服して1956年11月南極観測隊を派遣した。IGYでは日本を含む12ヵ国(アルゼンチン，オーストラリア，ベルギー，チリ，フランス，ニュージーランド，ノルウェー，南アフリカ共和国，ソ連，イギリス，アメリカ)が南極に基地を設けて超高層物理，気象，氷雪，地球科学などの観測活動を行った。この観測は，南極に関する最大規模の国際共同研究であり，それまで科学的データが空白に近かった南極大陸やその周辺の姿を明らかにした。国際学術連合会議は，1957年9月，南極観測を行っている国々の研究者の代表によって組織された南極研究科学委員会(Scientific Committee on Antarctic Research: SCAR)を設置した。

4.1.3 南極条約の締結

IGY観測が終った後も，各国は南極における継続的な観測体制をとり始めた。そこで科学的調査の障壁となる領土権主張や軍事行動などの国際的な政治問題を南極から排除するため，アメリカは，IGY観測に参加した他の11ヵ国に対し，南極の平和利用などを目的とした条約の締結を提唱した。この条約(南極条約)は，1959年12月ワシントンで12ヵ国の代表によって署名され，すべての政府の批准を受けたのち，1961年6月発効した(第VII-2表)。南極は，この条約によってはじめて国際的に管理された地域になった。

4.2 南極条約の内容

南極条約は前文と本文(全14条)から構成され，次のような内容になっている。同条約は南緯60度以南の地域に適用される。

 南極地域の平和利用：軍事基地の設置，軍事演習の実施，軍事兵器の実験等の禁止(第1条)
 科学的調査の自由と国際協力の推進(第2条，第3条)
 領土権主張の凍結と，新たな領土権主張の禁止(第4条)
 核実験及び核廃棄物処分の禁止(第5条)
 条約発効後の協議国会議[*2]の継続：第1回目は条約発効後2ヵ月以内にキャンベラで開催(第9条)

 [*2] 南極条約の締約国は2001年7月現在45ヵ国である(第VII-3表)。そのうち南極に基地を設けるなどして実質的な科学的研究活動を実施している国は，原署名国12ヵ国を含む26ヵ国である。これらの国は南極条約協議国と称され，同条約第9条1の規定に基づき定期的に会合(南極条約協議国会議と言われている)を持ち，南極地域に関する共通の利害関係のある事項について協議し，南極条約の原則および目的を達成するために必要な措置を立案し，各国政府に勧告している。これまで数多くの(約200の)勧告を締約国に対し行ってきた。勧告の多くは，南極の環境保護に関するもの，南極地域の一部を特別保護区として保護するもの，南極観測に関する技術的な事柄を定めたものなどである。また南極条約協議国会議は，特定問題に関する特別会合(特別協議国会議と言われている)を開催し，これまで「南極の動植物相の保存に関する合意措置」，「南極あざらし保存条約」，「南極の海洋生
(次のページの脚注に続く)

第 VII–3 表 南極条約の締約国

協議国たる締約国（26ヵ国）:
　（南極条約協議国会議の構成国で，南極地域において実質的な科学研究活動を行っている国）
　アルゼンチン*，オーストラリア*，ベルギー*，ブラジル，チリ*，中国，エクアドル，フィンランド，フランス*，ドイツ，インド，イタリア，日本*，韓国，オランダ，ニュージーランド*，ノルウェー*，ペルー，ポーランド，ロシア*，南アフリカ*，スペイン，スウェーデン，イギリス*，アメリカ*，ウルグアイ

非協議国たる締約国（19ヵ国）:
　オーストリア，ブルガリア，カナダ，コロンビア，キューバ，チェコ，デンマーク，エストニア，ギリシャ，グァテマラ，ハンガリー，北朝鮮，パプアニューギニア，ルーマニア，スロヴァキア，スイス，トルコ，ウクライナ，ベネズエラ

＊原署名国（12ヵ国），＿＿領土権主張国（7ヵ国）。（2001年7月現在）

　条約の有効期限は無期限。ただし，30年後に条約の運用についての検討会議を招請することができる（第12条）。

　条約は，南極が国際的不和の舞台または対象とならないように，ここを非軍事地域，科学的調査の自由な地域として維持していくことを取り決めている。またクレイマントとノンクレイマントの双方の立場を害することがないように領土権の凍結という最大限の配慮がなされている。

　1991年6月に同条約発効後30年が経過したが，どの国からも条約改正のための会合を招請する提案はなされなかった。その結果，この条約はそのまま継続されることとなった。これは，同条約が有効に機能してきたことばかりでなく，条約自体が領土権などデリケートな問題を含み，各国がこれに触れたくなかったことなどが背景にあったものと思われる。なお，条約発効後30年が経過しているので，いつでも改正のための会合の開催を提案できる。

5 　第II–2期：鉱物資源開発問題と南極鉱物資源活動規制条約締結

5.1　南極鉱物資源活動規制条約締結までの経緯

　南極条約は南極の鉱物資源には全く触れていない。同条約制定当時鉱物資源はそれほど深刻な社会問題でなかったし，厚い氷に覆われた南極における鉱物資源の開発などだれも想定しなかったに違いない。しかし1960年代以降世界の鉱物資源の消費量が急激な勢いで増大し，南極地域においても科学的調査の自由の旗のもとに鉱物資源探査とみられてもおかしくない活動がなされるようになっ

（前のページの脚注の続き）
物資源の保存に関する条約」などを採択してきた（主として外務省資料による）。このように南極条約協議国会議は南極の国際管理を行っている。なお，協議国会議および特別協議国会議には，非協議国（19ヵ国，第VII–3表）と，会議に招請された各種団体の代表者がオブザーバーとして参加している。オブザーバーは会議で自由に発言できる権利が与えられているが，票決には参加できない。

ていった(南極条約では科学的調査の定義が明確でない。実際，科学的調査と鉱物資源探査の境界は明瞭でないし，鉱物資源探査を科学的調査の一部とみることもできる)。

南極の鉱物資源問題は第6回南極条約協議国会議(1970年10月，東京)で非公式に検討され，続く第7回会議(72年10月，ウェリントン)で初めて正式に取り上げられた。第7回会議では勧告「南極鉱物資源—鉱物探査の影響」が採択された。そして鉱物資源レジーム作成に向けた第1回特別協議国会議が82年6月ウェリントンで開催され，88年6月の第12回特別協議国会議(ウェリントン)において，南極の環境を守りながら資源開発を進めようという南極鉱物資源活動規制条約が採択された(第VII-2表)。交渉は，72年に鉱物資源問題が取り上げられてから実に15年以上の長期に及んだ。この条約が採択されるまでの経緯は吉田(1988a)が詳しく記述しているので，それを参照されたい。

鉱物資源問題をめぐっては条約採択まで12回の特別協議国会議が開催されたことになるが，吉田(1986, 1987, 1988b, c)によれば，会議では，核心に触れるとクレイマントとノンクレイマント，先進国と発展途上国，西と東など複雑な対立の中で意見の食い違いが浮き彫りになり，各国の立場の違いが色濃く現れたということである。クレイマントの立場からすれば，資源開発の安易な容認は領土権放棄への危険を招くであろうし，発展途上国にすれば，資金や技術の面で資源の探査や開発に参加することは難しく，先進国に対する不満があったに違いない。会議では意見の対立を埋めるべく，妥協の道を探って，レジームの改訂が幾度となく繰り返された(第VII-2表)。

5.2 南極鉱物資源活動規制条約の内容

この条約は「南極の鉱物資源活動の規制に関する条約」と訳され，次のように前文，本文(全7章，67条)，および条約と不可分な附属書(全12条)から構成されている。

前文
第1章　総則(第1条～第17条)
第2章　機構(第18条～第36条)
第3章　概査(第37条～第38条)
第4章　探査(第39条～第52条)
第5章　開発(第53条～第54条)
第6章　紛争解決(第55条～第59条)
第7章　最終条項(第60条～第67条)
仲裁裁判所に関する附属書

本文第1条では，鉱物資源を「化石性燃料，金属および非金属鉱物を含むすべての非生物の資源で天然の再生不能のもの」と定義している。第13条では，特別保護地域または特別科学関心地区における鉱物資源活動を禁じている。第18条では，南極鉱物資源委員会の設置とその構成国を規定し，第21条でその委員会の任務を定めている。概査とは，鉱物資源の存在または鉱床を確認評価することを目的とする活動を言い(第1条)，概査を行おうとする操業者はこの条約の機関による許可を必要

としないが，その保証国にはさまざまな義務が課せられている(第37条)。探査および開発を行おうとする場合は，南極鉱物資源委員会に対して地域指定の要請をし，その許可を得なければならない(第39条～第54条)。

この条約は，領土権問題の凍結を維持したうえで南極での鉱物資源探査・開発を認めようというものであるが，全体を通してみれば，南極の環境を保護すること，科学的調査に影響を及ぼさないことなどの色彩が極めて強く，環境保護条約と呼べる性格のものである(吉田，1988c)。

5.3 協議国以外の組織等の取り組み

5.3.1 国連等

国連では南極条約の非締約国を中心に，南極を人類共通の財産とし，その取り決めを一部の南極条約締約国だけで定める仕組みに対して排他的であるとの不満があった。1982年の第37回国連総会でマレーシアのマハティール首相は，同総会直前の同年4月に世界の圧倒的多数の国の支持を得て採択された国連海洋法条約を引き合いに出して，① 南極は海洋や海底と同様，国際社会に属する(南極は全人類のものである)，② 海洋法について合意した今日，国連は南極問題を検討するための会議を招集すべきである(南極の問題は国連の場で討議すべきである)，③ 特定国間の協定である南極条約に代わって新たな国際的取り決めが必要である，との演説を行った(第VII-2表)。南極問題はその後，第38回～第40回国連総会や，83年・86年の非同盟諸国首脳会議(それぞれインドのニューデリー，ジンバブエのハラレで開催)，85～87年に開催されたアフリカ諸国，イスラム諸国などいくつかの地域レベルの会議でも取り上げられ，ますます国際的な関心を呼ぶに至った。そして88年の第43回国連総会では，マレーシア，インドネシアなど17ヵ国が南極問題について演説し，南極条約体制の開放化などを主張するとともに，同年6月の「南極鉱物資源活動規制条約」採択を強く非難した。これに対しオーストラリアが南極条約協議国を代表して，南極条約が果たしてきた役割を強調し，各国の非難に反論した。同総会では，マレーシアなどが提出した南極鉱物資源活動規制条約反対決議案が票決に付され，賛成100，反対0，棄権6，投票不参加46(すべての南極条約協議国は投票不参加にまわった)で採択された。この決議には，同条約反対のほか，国連事務総長をすべての南極条約締約国会議に招待すべきことなど5項目の要求が含まれていた。

南極条約協議国にしてみれば，多大な物理的・経済的犠牲を払って南極の平和利用・科学的発展に貢献してきたという自負とともに，南極に対する特権的地位は手放したくないとの思惑もあったであろう。いずれにせよ，勝ち目のない国連の場では議論したくなかったに違いない。

5.3.2 シンポジウム，ワークショップ等

1982年に特別協議国会議が鉱物資源活動に関するレジームの作成に着手した頃から，世界各地で南極の環境や鉱物資源に関する国際シンポジウムやワークショップが相次いで開催され，またグリーンピースインターナショナルや南極・南大洋連合(Antarctic and Southern Ocean Coalition: ASOC)などのいわゆる環境団体のロビー活動も盛んに行われた(吉田，1988a)。これらの活動に関する吉田

(1988a）によるまとめを引用すると，次のとおりである。

　チリ大学の国際問題研究所は，1982年10月6日から同9日の間，チリ外務省などの援助を得て，チリの南極基地テニエンテ・ロドルフォ・マルシにおいて「南極資源政策」と題する国際シンポジウムを開催した。10ヵ国から著名な南極研究者と南極問題に係わってきた外交官が参加し，南極の鉱物資源問題を中心に意見の交換をした。南極の科学，生物資源保存，海洋法，国際協力なども扱った（Vicuña, 1983）。

　西ドイツのキール大学国際法研究所は，1983年6月22日から同24日の間，「南極への挑戦——矛盾する利害，国際協力，環境保護，経済開発——」と題する国際シンポジウムを開催した。シンポジウムには14ヵ国から学生，科学者，探査技術者，政府関係者，環境保護団体関係者など60名が参加した。シンポジウムでは先のチリ大学主催のシンポジウムと同じような内容が扱われた（Heimsoeth, 1983; Wolfrum, 1984）。

　アメリカの極地研究評議会（Polar Research Board）は，1985年1月7日から同13日の間，国立科学財団，フォードなどの民間財団，アメリカ地理学協会などの援助のもと，海抜1,700 mの南極横断山脈の野外キャンプでワークショップを開いた。25ヵ国から科学者，外交官，民間環境団体関係者，国連職員，企業代表，ジャーナリストなど57名が参加し，南極条約システムをレビューし，南極の環境と資源の管理・保全に関する問題を広範な視点から論じた（Polar Research Board, 1986）。

　このほか，1986年の国際自然保護連合（International Union for the Conservation of Nature and Natural Resources: IUCN）とSCARの合同ワーキング・グループによる「南極における自然保護」に関する検討会では，鉱物資源開発問題や観光資源問題などを含む広範な課題が取り上げられた（Joint IUCN/SCAR Working Group, 1986）。

5.3.3　民間の環境団体

　民間の環境団体は，南極での鉱物資源活動の一切の禁止と南極環境保護措置を訴え，特別協議国会議参加の各国代表団に対する働きかけを活発に展開した。同時に，ロス島に独自の越冬基地を設けたり，南極半島の各国基地を査察するなどの行動をも行った。ニュージーランドなど協議国の中には，政府代表団のメンバーとして民間の環境問題研究機関に所属する者を加えた国もあった（吉田，1988a）。

6　第II-3期：環境問題と南極条約環境保護議定書締結

6.1　地球環境と南極環境

　1960年代以降，酸性雨，砂漠化，地球温暖化など，地球規模の環境問題が次々と発生した。同時に地球環境に対する南極環境の果たす役割も次第に認識されるようになっていった。例えば，南極上空に発生するオゾンホール（大気中のオゾン層が急激に減少する現象）は，82年に初めて発見されて以

来毎年のように発生し，その規模は地球上の大気の汚染状況を判断する目安となっている。また，南極の氷の量は地球上にある氷の約 90% を占め，仮に地球温暖化が進んでこれが全部融けると，単純計算で世界の海水面は 50〜70 m 上昇し，島嶼国はもとより，東京，ニューヨークなど世界の大都市も高層ビルだけを残して海面下に没してしまうと言われている。

6.2 資源開発から環境保護へ——南極鉱物資源活動規制条約棚上げ——

　地球再生へ向けた世界的な取り組みの中で，国際世論の南極環境に関する関心は急速に高まり，協議国の中にも採択したばかりの南極鉱物資源活動規制条約を見直そうとの意見が出てきた(第 VII–2 表)。すなわち，同条約の署名期限の直前に開かれた第 15 回南極条約協議国会議（1989 年 10 月，パリ）において，フランスは「南極を次世代のための国際自然保護地にすべきである」とし，オーストラリアも「環境保全に重点を置いた新たな条約を作り直そう」として，同条約の見直し意見を述べた（両国は，条約の採択を支持したにもかかわらず態度を一変させたが，これには国内における環境保護派の圧力があったと言われている）。同会議では，南極での廃棄物処理，海洋汚染，保護地区など南極の環境問題が広く討議され，南極の環境と生態系の保護に関する包括的レジームの制定へ向けた特別協議国会議の開催が決定された。

　南極鉱物資源活動規制条約は，1989 年 11 月 25 日が第 12 回特別協議国会議参加国(20 ヵ国)とその他の加盟国(13 ヵ国)による署名期限であったが，環境重視の立場をとるフランスとオーストラリアの 2 ヵ国の署名が得られず，発効の条件[*3]を満たさなかった。結局，72 年から 17 年間にわたり審議されてきた同条約は棚上げとなった。

6.3 南極条約環境保護議定書締結までの経緯

　第 15 回協議国会議での決定を受けて開かれた特別協議国会議ビーニャ・デル・マール会期（1990 年 11〜12 月，チリ）では，フランス，オーストラリア，イタリア，ベルギーが，① 南極での活動を科学研究重視型にし，ほかの活動は減らす，② 鉱物資源活動は永久に禁止する，とした新しい案を共同提案した。ニュージーランドも南極における鉱物資源開発全面禁止をうたった提案を行った。アメリカもこの会議の直前 1990 年 11 月，議会環境保護派が作成した「新たな環境保護レジームができるまで他国の動向にかかわらずアメリカ企業による南極での鉱物資源開発を禁止する」とした法案を成立させている(朝日新聞，1990 年 11 月 18 日付け)。このように協議国中での環境重視派の勢いが増す中，将来に備えて鉱物資源開発への道を残しておくことも必要との立場をとる国もあり，かくしてこの会議も鉱物資源問題(鉱物資源活動を永久に禁止するか，長期の禁止期間を設定するか)をひきずることになった。日本は鉱物資源活動の永久禁止を含まない環境保護策の実現を望み，アメリカ，イ

[*3] 南極鉱物資源活動規制条約第 62 条によると，発効には第 12 回特別協議国会議参加国 20 ヵ国のうち，16 ヵ国以上の署名が必要。16 ヵ国の中には，すべてのクレイマント(7 ヵ国)とアメリカ，ソ連(領土権留保国)が含まれなければならない。結果として 14 ヵ国の署名しか得られなかった(クレイマントであるフランスとオーストラリアの署名が得られなかった)。

ギリスなど多くの国も永久禁止には難色を示した(朝日新聞，1990年12月20日付け)。この会議では鉱物資源問題が焦点になったが，海洋汚染防止，特別保護区の設置，観光による環境破壊の防止など南極地域の環境および生態系を包括的に保護するための措置も広く検討され，新しい環境保護レジームのたたき台が作成された。

　さらに特別協議国会議マドリード第1会期では日本などの意見が取り入れられて鉱物資源活動を50年間禁止するということで妥協が図られ，続く第2会期での審議を経て，1991年10月の特別協議国会議マドリード最終会期で南極条約環境保護議定書が採択された。この議定書は，すべての協議国(26ヵ国，第VII–3表)の批准を得た後，1998年1月発効した。なお日本は，国内法「南極地域の環境の保護に関する法律」(法律第61号)(平成9年5月28日公布)の制定の後，平成9年(1997年)12月15日同議定書を批准した。南極条約環境保護議定書採択までの詳細な経緯に関しては，吉田(1992)を参照されたい。

6.4　南極条約環境保護議定書の内容

　この議定書は「環境保護に関する南極条約議定書」と訳され，次のような構成になっている。

　　前文
　　本文(全27条)
　　付表　仲裁(全13条)
　　附属書 I 　　環境への影響の評価(全8条)：
　　　　　　　　南極で活動する計画がある場合，事前に環境に与える影響の評価を行なわなければならないが，ここでは評価の手続きを定めている。
　　附属書 II 　　南極地域の動物相および植物相の保存(全9条)：
　　　　　　　　動植物の採取の禁止，原生でない動植物の持ち込みの禁止などを規定している。
　　附属書 III 　　廃棄物の処分および廃棄物の管理(全13条)：
　　　　　　　　廃棄物は可能な限り自国へ持ち帰ることなどを規定している。
　　附属書 IV 　　海洋汚染の防止(全15条)：
　　　　　　　　油およびその混合物，有毒液体，ごみ，未処理汚水などの海洋投棄の禁止など，海洋汚染を規制する措置を定めている。

　南極においてはこれまで，条約や勧告という形で数多くの個別的な環境保護措置が取られてきたが，他の地域に比べて脆弱な南極の環境を保護するためには，そのような個別的な保護措置では不十分であった。この議定書は，南極の環境を包括的に保護するための措置を定めたものである。本文で一般的な原則を定め，附属書で個々の具体的保護措置を規定する形をとっている。南極の環境保護をさらに強化するため，今後他の分野，例えば増大する観光や非政府活動の影響なども検討され，順次附属書として追加されていくとみられている(外務省より)。

　問題の鉱物資源活動に関して言えば，この議定書は南極におけるいかなる鉱物資源活動をも禁止

するとしている(本文第 7 条)。しかし，この議定書は発効の日から 50 年後に見直すことができることになっており(本文第 25 条)，南極での鉱物資源活動が永久に閉ざされたわけではない。その意味では，先の「南極鉱物資源活動規制条約」は最低 50 年間棚上げされたとみることができる。

7 なぜ南極の鉱物資源が開発されようとしたのか

7.1 その背景

南極の鉱物資源開発問題の起こりは，南北対立に端を発する先進国の資源供給不安であったと考えられる。1960 年代から 70 年代は世界的に南北問題(資源問題と言ってもよい)で揺れた時代であった(第 VII-2 表)。第 2 次世界大戦後，とりわけ 60 年代以降，欧米先進国では鉱物資源の需要が急激な勢いで増大した。一方，国連総会におけるたび重なる決議「天然資源に対する永久的主権」(第 17 回，第 21 回，第 28 回総会)の採択にみられるように，鉱物資源の供給基地であったアフリカや中南米の各地で資源ナショナリズムの風が吹き荒れ[*4]，欧米先進諸国は発展途上国からの鉱物資源確保が難しくなっていった。需要増大と供給不安の両面から窮地に追い込まれた欧米先進国は，新たな資源確保の道を模索し始め，この頃から，主権者が明確でない南極や深海底の鉱物資源に関心を持つようになった。70 年代に入ると，さらに追い討ちをかけるように，2 度にわたるオイルショックに見舞われ，資源生産国(発展途上国)に対する不信と供給不安が一段と高まって，南極や深海底の鉱物資源の探査に拍車がかかった。70 年代には地球上の鉱物資源の枯渇問題も広く議論され始めた。60 年代から 70 年代を通じてのこのような背景，端的に言えば先進国における鉱物資源の供給不安が南極や深海底の鉱物資源の探査・開発問題につながったものと思われる。

7.2 先進国における南極鉱物資源開発の意義

先進国の鉱物資源確保へ向けての歩みは，歴史的に，自国内から発展途上国へ，さらには南極や深海底など所有者が明確でなかった未開の地へと向けられてきた。現在日米欧の先進国は鉱物資源の大部分を主として発展途上国に依存しているが，発展途上国は国内政治・経済基盤が不安定であることが多く，必ずしも先進国に対して安定的な資源供給を保障するものでない。南極や深海底の鉱物資源は，開発の排他的権利が付与されるならば，鉱物資源の対外依存度の高い先進国にとっては「準国内鉱山」として鉱物資源の安定確保に資することになる。南極の鉱物資源開発は，他国に頼らない形で，極力自力で資源を確保しようという先進国の強い思いの表れとみることができる。

[*4] 植民地時代に欧米資本によって開発された発展途上国の天然資源は，独立後も先進国に搾取され続けた。国連総会における一連の決議は，天然資源の主権はそれを所有する国にあり，資源はその国の利益や発展のために利用されるべきであると宣言している。発展途上国は，先進国資本の排除と自らの経済的自立をめざして，鉱山の国有化，資源カルテルの結成などさまざまな策を講じた。発展途上国のこうした一連の施策により南北対立は急速に激化していった(第 IX 章と第 X 章で詳しく述べる)。

8 ま と め

8.1 南極は，自然環境だけでなく，政治的にも経済的にもデリケート

　南極は平均 2,000 m に近い厚さの氷で覆われ，また他の大陸からの遠隔地であることなどから，鉱物資源の開発はほとんど不可能と言われてきた(例えば，HEIMSOETH, 1983)。しかし，夏場に岩盤が露出する沿岸部や山脈の一部には比較的規模の大きい鉱床が発見されており(第 II 章参照)，そのようなものは比較的開発しやすい。近年の科学技術の進歩は目覚ましく，例えば深さ 5,000 m にも及ぶ深海底の資源すら開発されようとしていることを考えれば，南極での資源開発は想像するほど困難でないのかも知れない。

　しかし南極で資源開発が行われることになれば，免疫のない地域に生活物資や大小の機材が導入され，そこで最低数年間は人々の生活が営まれ，生産活動が行われる。道路・港などインフラの建設，採掘のための氷や岩盤の掘削，廃石や廃液の発生など，開発のありさまを具体的に思い浮かべると，たとえ特段の配慮がなされるにしても，自然環境への影響は避けられそうもない。ひとたび開発が始まれば，取り返しのつかない事態に発展する危険がある。

　南極はその歴史を振り返ってみると，自然環境だけでなく政治的にも経済的にも，外界の影響を受けやすいきわめてデリケートな地域と言える。南極を襲った最初の政治的・経済的荒波は第 2 次世界大戦ではなかったかと思う。南極は直接的に戦場にこそならなかったものの，国際政治情勢の悪化のもと平和で開放された大陸のままでいることはできなかった。不安定な情勢が，内在していた領土問題を刺激して軍事衝突などを引き起こし，南極の平和利用などを掲げた南極条約の締結へと追い込んだ。南極はこの条約により政治的保護地とされ，平穏は取り戻したものの，開放された大陸という掛け替えのない地位を失うことになったのである。

　南極条約によって守られた南極の平和も永くは続かなかった。南極を襲った第 2 の波は，先進国における鉱物資源の供給不安に端を発した鉱物資源開発問題であった。南極はこの問題で 30 年近くもの長きにわたり不和の舞台と化したが，南極条約環境保護議定書の発効によってようやく静けさを取り戻そうとしている。この取り決めにより南極はさらに強固に守られることになった。第 2 次世界大戦にしても鉱物資源の供給不安にしても，南極とは何ら関係のない問題であって，南極は巻添えを食らった被害者といったところである。

　協議国は，南極の環境保護をさらに強化するため，今後観光や非政府活動の規制に関する附属書を順次作成していくようである。南極は幾重もの濠によって防御され，近づき難い存在になっていくように思われる。

8.2 なぜ南極で鉱物資源開発ができなくなったのか

　南極条約協議国が南極の鉱物資源開発問題を協議していた 70 年代から 90 年代初頭にかけて世界では，国連を中心に地球環境問題がさまざまな角度から論じられ(第VI章の第 VI-1 表参照)，保護対

策が講じられていた。こうした中で，環境保護の立場から南極での鉱物資源開発を阻止しようという国際世論が高まり，開発を指向した協議国の取り組みに対し厳しい抵抗が繰り広げられることとなった。

世界各地で科学者，外交官，環境保護団体関係者などが集まり，南極の資源や環境に関するシンポジウムやワークショップを開催した。民間の環境団体の中には，協議国会議参加の各国政府代表団に対し資源開発反対や環境保護を訴えたり，各国の南極基地の査察を行うなど，より直接的な行動を展開するものもあった。このような運動にもかかわらず，88年に鉱物資源開発を認める南極鉱物資源活動規制条約が採択された。

瀬戸際の環境保護団体が次にとった行動は，条約の批准阻止へ向けて直接政府へ圧力をかけるという強硬なものであった。フランス政府とオーストラリア政府は，国内の環境保護団体の圧力に屈した。クレイマントである両国の批准が得られず，89年同条約は覆され，棚上げとなった。アメリカをはじめイタリア，ベルギー，ニュージーランドもフランス，オーストラリアに同調し，協議国内での環境保護派の勢いが急激に増し，包括的な環境保護レジームの作成が進められることとなった。結果的に，南極での鉱物資源開発は禁止され，国際世論が勝利した。

8.3 外部パートナーとの連携

環境保護レジーム作成の段階に入ると，協議国会議は国際的な環境団体に協力を求めるようになった。すなわち，レジームのたたき台が作られた1990年11月の特別協議国会議ビーニャ・デル・マール会期以降，従来から協議国会議に協力していたSCARをはじめ，国連環境計画（United Nations Environmental Programme: UNEP），世界気象機関（World Meteorological Organization: WMO），国際海事機関（International Maritime Organization: IMO）などの国連機関・国連専門機関やIUCN，ASOCなどの環境団体に対し会議へのオブザーバー参加を招請し，自由な発言を認めるようになった。これまでにオブザーバー参加が認められた団体は，鉱物資源開発反対の運動を繰り広げた団体ではなく，より高度に組織された国際的に信任の厚い団体である。協議国会議がこれらの団体に参加を招請し自由な発言を認めたということは，彼らから情報を取り入れてレジームを作成したということにほかならない。実際包括的でかつ実効ある環境保護レジームを作るには，限られた数の協議国だけでは不十分であって，専門分野を異にし，経験と実績に裏打ちされたいくつもの外部組織の協力を得なければならなかったであろう。議定書はたたき台の作成から採択までわずか1年間という短期間であったことから，議定書の作成，とりわけ個々の具体的措置を定めた附属書の作成では，オブザーバー参加の各団体の積極的支援があったものと思われる。

現在協議国は南極地域における観光および非政府活動の規制に関する附属書の作成へ向けて審議中であるが，IMO，SCAR，IUCN，ASOCのほか，世界観光機関（World Tourism Organization: WTO），国際南極旅行業者協会（International Association of Antarctica Tour Operators: IAATO），太平洋アジア旅行協会（Pacific Asia Travel Association: PATA）などの国際的な観光組織に対しオブザーバー参加を求めている（外務省資料による）。これらの観光組織から，附属書制定に必要な，南極観光に関

するさまざまな情報が寄せられているに違いない。このように会議は審議内容に応じて適切なパートナーを選び出し，協議国とパートナーが一体となってレジーム作成に取り組んでいる模様である。

　協議国は，結果的に当初めざした資源開発と環境保護の両立という目標に到達することはできなかったが，最終的には国際世論に耳を傾け，広く支持された取り決めを作りあげることができた。南極に関してはこれまで協議国が定めてきた数多くの条約や勧告があるが，南極条約環境保護議定書は，扱う内容において南極条約に次いで重みのある取り決めと言える。この快挙へ導いたのは国際世論であった。南極の資源開発と環境保護の問題にみられたような，国際的枠組みづくりに市民各層が非政府の立場から積極的に意見を述べ参加するという流れは，他の国際問題にもみられるように，今後一層強まっていくものと思われる。

文　献

朝日新聞 1983 年 7 月 10 日付け．
朝日新聞 1990 年 11 月 18 日付け．
朝日新聞 1990 年 12 月 20 日付け．
HEIMSOETH, H. (1983): Antarctic mineral resources. Environmental Policy and Law, 11, 59〜61.
JOINT IUCN/SCAR WORKING GROUP ON LONG-TERM CONSERVATION IN THE ANTARCTIC (1986): Conservation in the Antarctic. IUCN/SCAR, 48p.
国立極地研究所 (1985)：南極の科学 9 資料編．古今書院発行，288p.
POLAR RESEARCH BOARD (1986): Antarctic Treaty system — an assessment. Washington, D.C., National Academy Press, 435p.
志賀美英 (1999)：資源開発か環境保護か──南極の鉱物資源開発問題に見る世界の選択──．資源地質，49, 47〜62.
VICUÑA, F. O. (ed.) (1983): Antarctic resources policy. Cambridge, Cambridge Univ. Press, 335p.
WOLFRUM, R. (ed.) (1984): Antarctic challenge — conflicting interest, cooperation, environmental protection, economic development. Berlin, Duncker und Humblot, 253p.
吉田栄夫 (1985)　：南極条約と南極地域の資源探査・開発問題．月刊地球，7, 286〜292.
吉田栄夫 (1986)　：第 9 回南極鉱物資源特別協議会議．極地研ニュース，76, 1〜2.
吉田栄夫 (1987)　：第 14 回南極条約協議会議のための準備会議及び第 10 回南極鉱物資源特別協議会議．極地研ニュース，80, 4〜5.
吉田栄夫 (1988a)：南極鉱物資源活動規制条約の採択──その背景，経過及びいくつかの論点──．南極資料，32, 375〜393.
吉田栄夫 (1988b)：「南極鉱物資源活動規制条約」の採択 (1)．極地研ニュース，85, 1〜2.
吉田栄夫 (1988c)：「南極鉱物資源活動規制条約」の採択 (2)．極地研ニュース，86, 1〜2.
吉田栄夫 (1992)　：南極条約環境保護議定書の採択──南極環境保護のための包括的措置──．極地，54, 51〜56.

第VIII章

鉱物資源の需給構造

1　はじめに

　銅，鉛，亜鉛，アルミニウムおよびニッケルの5つの金属について，鉱石生産量，地金生産量，地金消費量の推移（1963～99年）を巻末に示した（付表1～15）。それぞれ1999年における世界でのシェアが大きい国から順に上位数ヵ国を並べた。日本，アメリカ，イギリス，フランス，旧西ドイツ，旧ソ連，およびいくつかの興味ある発展途上国については，99年におけるシェアが小さい場合でも，生産実績があった国に限り掲載することにした。

　付表中の鉱石生産量は地金に換算した値である。銅，鉛，亜鉛，ニッケルの地金生産量には鉱石から生産された地金のほかスクラップから生産された地金も含まれ，アルミニウム地金の生産量にはスクラップから生産された地金は含まれない。中国の銅鉱石生産量，銅地金生産量，銅地金消費量のうち1963年から84年までの数値は「China and other Asia」として一括された数値であり（World Bureau of Metal Statistics『World Metal Statistics』），従って中国だけの数値は表に示された値より若干小さいと思われる。

　なお，地金とは，精製された高純度の金属を言い，この地金が加工されて各種の工業製品が製造される。第IV章の「選鉱」および第V章の「製錬および精製」で解説したように，鉱石から地金を抽出するには高度な技術と大規模な設備を要する。

2　金属別需給構造

2.1　銅

2.1.1　鉱石生産量
(1)　生産順位

　99年における銅鉱石生産量の第1位はチリであり（付表1），世界の全生産量の34.6%を占める。以下アメリカ，インドネシア，オーストラリア，カナダと続く。これらの上位5ヵ国で世界の全生産量の63.9%を占める。

(2)　先進国

　先進国の中ではアメリカ，オーストラリア，カナダ，旧ソ連の生産量が多く，日本，フランス，イ

ギリス，旧西ドイツはいずれも生産量が極めて少ない。両者は対照的である。

旧ソ連は 80 年代まで長年にわたりチリ，アメリカとともに世界第 3 位以内の生産量を維持していたが，91 年 12 月のソビエト連邦崩壊後は，主力産地であったカザフスタンなどの分離独立により，生産量が最盛期の 1/2 に激減している。フランス，イギリス，旧西ドイツなどのヨーロッパ諸国を見ると，60 年代初期にはすでに銅鉱石の生産は衰退しており，90 年代初期以降はゼロが続いて，回復の見込みはほとんどない。日本の生産量は，63 年以降次第に増加し，71 年には 12 万 t に達したが，これをピークにその後次第に減少し，99 年には 1,000 t にまで落ち込んでいる。2001 年現在日本には銅を主力とする鉱山はない(第 I 章の第 I–2 表参照)。日本は今後も回復の見込みはほとんどなく，限りなくヨーロッパ型に移行していると言える。

(3) 発展途上国

銅鉱石の大部分(70% 以上)は発展途上国で生産されている。銅の産出国として知られるチリは年々着実に生産量を伸ばし，82 年にアメリカを抜いて以来，世界第 1 位を維持している。そのほか，インドネシア，ペルー，中国，メキシコなども生産量を伸ばしている。とりわけインドネシアと中国の生産増加はめざましい。一方銅資源に恵まれた国として知られているザンビア，ザイール(現コンゴ民主共和国)は生産量が減少している。ザイールは，81～87 年には毎年 50 万 t 以上の銅鉱石を生産し，世界第 6 位の生産量を誇っていたものが，87 年以降激減し，99 年には最盛期の 1/15 以下の約 3 万 t に減じている[*1]。

2.1.2　地金生産量

(1) 生産順位

99 年における銅地金生産量の第 1 位はチリであり(付表 2)，世界の全地金生産量の 18.4% を占めている。以下アメリカ，日本，中国，旧ソ連，旧西ドイツ，カナダと続く。上位 5 ヵ国で世界の全生産量の 55.6% を占めている。

(2) 先進国

地金生産国は鉱石生産国とかなり異なる。鉱石の生産に比べると，先進国のシェア(約 45%)が著しく高くなっている。日本，旧西ドイツなど鉱石生産量の少ない先進国での生産が多くなっている。これは，これらの国が発展途上国から鉱石を輸入し，自国で製錬していることを示す。一方旧ソ連は崩壊後約 1/2 に激減したが，その後回復の兆しを見せている。

(3) 発展途上国

地金生産量に対する発展途上国の占めるシェアは鉱石生産量の場合に比べると低い。これは，鉱石生産国が鉱石をそのままの形で(製錬しないで)先進国に輸出していることを示す。しかしチリや中

[*1] モブツ政権の 65 年から 96 年までの 32 年間に及ぶ長期独裁は，国家資産である鉱物資源の私物化，国際支援の着服，一族の金権腐敗を生み出し，暴力による反対派弾圧へと発展した。96 年内戦が勃発し，モブツ大統領は国外へ逃亡した。長期独裁を許した背景には，米ソ両超大国による東西冷戦時代の勢力争いがあったと言われている(朝日新聞，1997 年 5 月 19 日付け)。

国のように地金生産量を急激に伸ばしている国もある。チリは，88年に日本を，91年にソ連を，そして99年にはアメリカを抜いて，世界第1位の生産国になった。また中国は，最近10年間で生産量が2倍に増加し，近く日本を追い越す勢いである。ザンビア，ザイールはかつて地金生産量が多かったが，減少傾向にある。とりわけザイールの減少は深刻である。

2.1.3 地金消費量
（1） 消費順位
　99年における銅地金消費量の第1位はアメリカであり(付表3)，世界の地金の21.6%を消費している。以下中国，日本，旧西ドイツ，韓国，台湾，イタリア，フランス，イギリスと続く。上位5ヵ国で世界の銅地金の半分以上(約55%)を消費している。

（2） 先進国
　銅地金消費国は銅鉱石生産国と著しく異なる。日本，旧西ドイツ，イタリア，フランス，イギリスなど鉱石生産の少ない先進国が消費の上位にある。日本は，73年と79年のオイルショックおよび85年のプラザ合意の後一時的に消費が落ち込んだものの，着実に消費を伸ばしてきた。しかし92年のバブル崩壊後は消費が伸び悩んでいる。旧ソ連は崩壊後消費量が急激に落ち込み，しかも年々減少する傾向にある。99年における旧ソ連の世界での消費シェアは1%に満たず(世界第10位以下，アメリカの1/20)，この数値を見る限り，かつての大国のイメージは完全に消え失せている。

（3） 発展途上国
　発展途上国の銅地金消費量は概して少ない。チリ，インドネシア，ペルー，メキシコ，ザンビアなどの鉱産国を見ても，これらの国は自国で生産した鉱石を先進国へ輸出するだけで，国内ではあまり消費していない。しかし中国の消費伸び率は著しく，最近10年で2.5倍に膨れ上がった。中国は，95年に旧西ドイツを，98年には日本を追い抜き，世界第2位の銅消費国となった。また韓国と台湾も急速に消費を伸ばしている。

2.2 鉛

2.2.1 鉱石生産量
（1） 生産順位
　99年における鉛鉱石生産量の第1位はオーストラリアであり(付表4)，世界の全生産量の22.8%を占める。以下中国，アメリカ，ペルー，カナダと続く。これらの5ヵ国で世界全生産量の72.8%を占める。

（2） 先進国
　先進国の中ではオーストラリア，アメリカ，カナダの生産量が多く，日本，イギリス，旧西ドイツ，フランスの生産量は極めて少ない。日本の生産量は，71年まで増加傾向にあったものが，その後85年頃まで上下変動を繰り返し，86年以降は年々減少している。99年にはわずか6,000tにまで落ち込んだ。2001年6月に神岡鉱山が閉山した(現在操業している鉛鉱山は北海道の豊羽鉱山のみ。第

I–2 表参照)ので，2001 年以降の鉛鉱石の生産量はさらに減少することが見込まれる。イギリスはわずかに鉱石を生産しているが，旧西ドイツ，フランスは 90 年代初頭から鉱石を生産していない。ソ連は 63 年から 77 年まで生産量を着実に伸ばし，75 年から 88 年までは毎年 50～60 万 t を生産し，世界第 1 位の生産量を誇っていた。しかし 89 年から減少が始まり，ソビエト連邦崩壊後ロシアとなってからは約 5 万 t にまで激減し，その後回復していない。

(3) 発展途上国

中国が着実に生産量を伸ばしている。最近の 10 年を見ると生産量は 2 倍近くに増加し，一時期(95～97 年)にはオーストラリアを抜き，世界第 1 位になった。そのほかペルーも生産量を伸ばしている。

2.2.2 地金生産量

(1) 生産順位

99 年における鉛地金生産量の第 1 位はアメリカであり(付表 5)，世界全生産量の 22.3% を占める。以下中国，旧西ドイツ，イギリス，日本，フランス，カナダと続く。上位 5 ヵ国で世界の 51.9% を生産している。

(2) 先進国

地金生産国は，鉱石生産国と大きく異なる。地金生産量の上位の国は，中国を除いて先進国が占めている。旧西ドイツ，イギリス，日本，フランスは，鉱石生産量がきわめて少ないかまたは生産していないにもかかわらず，地金生産量では世界の上位を占めている。これは，これらの国が鉱石を輸入し，自国で製錬していることを示している。

アメリカは，多少上下変動があるものの全体として生産量が伸びており，99 年実績では他の国を大きく引き離している。日本は 63 年から 85 年までは，一時期小さな落ち込みがあったものの，全体として増加傾向にあったが，86 年以降は微減の傾向を示している。鉛鉱石生産量第 1 位のオーストラリアはあまり地金を生産していない。旧ソ連は 85 年頃まで生産量を着実に伸ばし，90 年頃まではアメリカに次ぐ世界第 2 位の生産量を誇っていたが，ソビエト連邦崩壊後は激減した。99 年の生産実績はわずか 5 万 5,000 t (最盛期の生産量 81 万 t の約 1/15)に落ち込んだ。

(3) 発展途上国

地金生産量に占める発展途上国のシェアは，鉱石生産量に比べてかなり低い。これは，これらの国が鉱石をそのまま先進国に輸出し，自国で製錬していないことを示している。その反面，中国のように生産量を急速に伸ばしている国もある。中国のここ 10 年の伸びは著しく，日欧の先進国を一気に抜き去った。

2.2.3 地金消費量

(1) 消費順位

99 年における鉛地金消費量の第 1 位はアメリカであり(付表 6)，世界の地金の 28.5% を消費している。以下中国，旧西ドイツ，日本，イギリス，イタリア，フランスと続く。上位 5 ヵ国で世界の

鉛地金の 53.0% を消費している。
(2) 先進国

鉛地金の大部分は先進国が消費している。アメリカはこの数年消費量が急激な勢いで増加し，99年実績では世界の全鉛地金の 1/4 以上を消費している。日本は，91 年の 42 万 t をピークに，その後 (バブル崩壊後) 減少傾向を辿り，99 年には 32 万 t に減じている。旧西ドイツ，イギリス，イタリア，フランスは消費量がほぼ安定している。旧ソ連は，82 年までほぼ着実に消費量を伸ばし，88 年まではアメリカに次ぐ世界第 2 位の消費を誇っていたが，その後激減しソビエト連邦崩壊後ロシアになってからはさらに落ち込んだ。

(3) 発展途上国

発展途上国は概して鉱石を生産するだけで，自国ではほとんど消費していない。その中にあって中国は著しく消費量を伸ばしている。中国は 92 年にイギリス，イタリア，フランスを抜き，95 年には日本，旧西ドイツを抜いて世界第 2 位の消費国となった。

2.3 亜 鉛

2.3.1 鉱石生産量

(1) 生産順位

99 年における亜鉛鉱石生産量の第 1 位は中国であり (付表 7)，世界の全生産量の 18.4% を占める。以下オーストラリア，カナダ，ペルー，アメリカと続く。これらの 5 ヵ国で世界の 77.2% を生産している。

(2) 先進国

旧ソ連を含めた先進国の鉱石生産シェアは約 40% と低い。先進国の中ではオーストラリア，カナダ，アメリカの生産量が多く，その他の国は極端に少ない。日本は比較的亜鉛鉱石の生産量が多く，86 年までは毎年 20 万 t 以上の生産量を維持していたが，87 年以降は年々減少し，99 年には約 6 万 t にまで落ち込んだ。2001 年の神岡鉱山の閉山により，2001 年以降はさらに減少するであろう。フランス，旧西ドイツ，イギリスは 94 年以降鉱石を生産していない。ソ連は，長年にわたりカナダに次ぐ世界第 2 位の生産量を維持していたが，86 年に減少が始まり，連邦崩壊後は急激に落ち込んだ。

(3) 発展途上国

中国，ペルーなどが着実に生産量を伸ばしている。とりわけ中国の増加は著しく，80 年代末にアメリカ，ペルーを抜き，94 年にはオーストラリアを，97 年にはカナダを抜いて，以来世界第 1 位を維持している。

2.3.2 地金生産量

(1) 生産順位

99 年における亜鉛地金生産量の第 1 位は中国であり (付表 8)，世界の 20.1% を生産している。以下カナダ，日本，スペイン，アメリカ，オーストラリア，旧西ドイツ，フランスと続く。上位 5 ヵ

国で世界の45.9%を生産している。
(2) 先進国
　鉱石をほとんど生産していない日本，旧西ドイツ，フランスなどが地金生産国の上位に位置し，概して先進国の生産シェアが高い。日本はほぼ安定した生産量を維持している。イギリスの地金生産量は少ない。旧ソ連は，75年から88年まで年産100万tという圧倒的な生産量を誇り，世界第1位を維持していたが，86年をピークに減少し，ソビエト連邦崩壊後急激に落ち込んだ。しかしその後年々増大し，回復の兆しが見えている。
(3) 発展途上国
　ほとんどの先進国が変化のない推移を辿っている中で，中国が急激な勢いで生産量を伸ばしている。とりわけ85年以降は幾何級数的な増加を示している。93年に世界第1位に躍進してからは，他を大きく引き離している。ペルーは鉱石生産量が大きく伸び，99年実績では世界第4位に位置するにもかかわらず，地金生産量はあまり多くない。これは，自国内で製錬しないで鉱石の形で輸出していることを示している。

2.3.3　地金消費量
(1) 消費順位
　99年における亜鉛地金消費量の第1位はアメリカであり(付表9)，世界の地金の16.0%を消費している。以下中国，日本，旧西ドイツ，韓国と続く。これらの5ヵ国で世界の全亜鉛地金の50.2%を消費している。
(2) 先進国
　地金の大部分は先進国で消費されている。アメリカは着実に消費が伸びている。鉱石をほとんど生産していない日本，旧西ドイツ，フランス，イギリスも消費量が多い。日本はバブル崩壊以降消費が伸び悩んでいる。旧ソ連は，80年代初期まで着実に消費を伸ばし，85年まで世界第1位を維持していたが，連邦崩壊後は急激に落ち込んだ。
(3) 発展途上国
　発展途上国の中では中国の消費が伸びている。83年にイギリス，フランスを抜き，94年には旧西ドイツ，日本をも追い抜いて，アメリカに次ぐ世界第2位の消費国となった。日欧の先進国の消費が伸び悩む中で，中国の消費量は増加の一途を辿り，数年後にはアメリカをも抜いて世界第1位に躍進する勢いである。

2.4　アルミニウム

2.4.1　鉱石(ボーキサイト)生産量
(1) 生産順位
　99年におけるボーキサイト生産量の第1位はオーストラリアであり(付表10)，世界の全生産量の42.6%を占める。以下ギニア，ブラジル，ジャマイカ，中国，インド，旧ソ連，ベネズエラと続く。

上位5ヵ国で世界の全生産量の88.6%を占める。
(2) 先進国
　先進国の中ではオーストラリアと旧ソ連の生産量が多い。なかでもオーストラリアは着実に生産量を伸ばし，99年実績では世界の全生産量の半分近くを占めている。旧ソ連は90年をピークにその後減少し，連邦崩壊後はほぼ半減したが，95年以降回復しつつある。日米欧先進国の生産量は極めて少ない。かつてフランスとアメリカが比較的多くのボーキサイトを生産していたが，生産量は激減している。旧西ドイツは，かつてわずかに生産した実績を持つが，77年以降生産していない。日本とイギリスは過去に生産の実績がない。
(3) 発展途上国
　ギニア，ブラジル，ジャマイカ，中国，インド，ベネズエラなどの国々が生産量を伸ばしている。

2.4.2　地金生産量
(1) 生産順位
　99年におけるアルミニウム地金生産量の第1位はアメリカであり(付表11)，世界の全生産量の15.9%を占める。以下旧ソ連，中国，カナダ，オーストラリア，ブラジルと続く。上位5ヵ国で世界の57.6%を生産している。
(2) 先進国
　ボーキサイト生産量の少ないアメリカやボーキサイト生産実績のないカナダが多量の地金を生産している。カナダ，オーストラリアは着実に生産量を伸ばし，旧ソ連も高い生産レベルを維持している。旧西ドイツ，フランス，イギリスの地金生産量は比較的安定している。日本の生産量は，74年まで着実に伸び，75〜76年には第1次オイルショックの影響で減少したものの，77年には回復し118万t(当時世界第3位)に達した。しかしこれをピークに，第2次オイルショックとプラザ合意後激減し，99年には1万1,000tにまで落ち込んでいる。日本は，銅，鉛，亜鉛の場合，鉱石生産量は少なくても，地金生産量は多かったが，アルミニウムの場合，鉱石(ボーキサイト)生産量だけでなく地金生産量も少ない。これは，アルミニウムの製錬が多量の電力を要することと関係している。
(3) 発展途上国
　中国，ブラジルが生産量を伸ばしているが，とくに中国の伸び率が著しい。

2.4.3　地金消費量
(1) 消費順位
　99年におけるアルミニウム地金消費量の第1位はアメリカであり(付表12)，世界の全地金の26.3%を消費している。以下中国，日本，旧西ドイツ，韓国，フランス，カナダ，イタリア，イギリスと続く。上位5ヵ国で世界の57.4%を消費している。
(2) 先進国
　アルミニウムは航空・宇宙産業，高級建材などとして使用されることから，大部分が先進国で消

費されている。なかでもアメリカは世界の全アルミニウム地金の 1/4 以上を消費している。地金生産量の少ない日本やヨーロッパ諸国も多量のアルミニウムを消費している。旧ソ連は，長年アメリカに次ぐ世界第 2 位の消費国であったが，連邦崩壊後消費が急激に落ち込んだ。

(3) 発展途上国

発展途上国での消費量は少ないが，中国，韓国，インド，ブラジルが高い消費伸び率を示している。なかでも中国は，92 年以降消費量が急速に増加し，93 年に旧西ドイツを，98 年には日本を抜き去った。

2.5 ニッケル

2.5.1 鉱石生産量

(1) 生産順位

99 年におけるニッケル鉱石生産量の第 1 位は旧ソ連であり(付表 13)，世界の全生産量の 23.8% を占める。以下カナダ，オーストラリア，ニューカレドニア，インドネシア，キューバ，中国と続く。上位 5 ヵ国で世界の 71.2% を生産している。

(2) 先進国

先進国の中では旧ソ連，カナダ，オーストラリアの生産量が多い。旧ソ連は，連邦崩壊前後を通じて高い生産レベルを維持している。カナダも，最近 10 年以上ほぼ横ばい状態が続いている。そうした中で，オーストラリアが生産量を伸ばしている。アメリカは，かつてわずかに生産していたが，近年は生産していない。日本，イギリス，フランス，旧西ドイツはこれまで生産の実績がない。

(3) 発展途上国

ニューカレドニア，キューバ，中国のほか，ドミニカ，ボツワナなどの国々が着実に生産量を伸ばしている。

2.5.2 地金生産量

(1) 生産順位

99 年におけるニッケル地金生産量の第 1 位は旧ソ連であり(付表 14)，世界の全地金の 23.5% を生産している。以下日本，カナダ，オーストラリア，ノルウェー，中国と続く。上位 5 ヵ国で世界のニッケル地金の 63.3% を生産している。

(2) 先進国

鉱石生産量の多い旧ソ連，カナダ，オーストラリアはいずれも地金生産量も多い。旧ソ連は，連邦崩壊後若干落ち込んだが，すでに回復している。カナダは最近 10 年ほぼ横ばい状態が続き，オーストラリアが生産を伸ばしている。鉱石を生産しない日本，イギリス，フランスも地金を生産している。日本は，オイルショック，円高，バブル崩壊の影響によるとみられる小さな落ち込みがいくつか見られるものの，全体として高いレベルを維持している。イギリス，フランスの生産量はほぼ一定している。アメリカはかつて少量生産していたが，近年はあまり生産していない。旧西ドイツ

は 70 年代初期以降生産の実績がない。
(3) 発展途上国
　中国が生産を伸ばしている。中国は自国で生産した鉱石を自国で製錬している。鉱石生産量の多いニューカレドニアやインドネシアは，地金生産量が少なく，鉱石を製錬しないで輸出しているものと思われる。

2.5.3 地金消費量
(1) 消費順位
　99 年におけるニッケル地金消費量の第 1 位は日本であり(付表 15)，世界の全地金の 15.3% を消費している。以下アメリカ，台湾，旧西ドイツ，韓国，イタリア，フランス，中国，旧ソ連，イギリスと続く。上位 5 ヵ国で世界の 57.0% を消費している。
(2) 先進国
　スウェーデン，フィンランド，ベルギー，スペインなどの消費量も多く，世界のニッケル地金の 90% 以上が先進国で消費されている。ニッケルなどのレアメタルは先端産業の分野で使われる金属なので，大部分が一握りの先進国で消費されている。日本は 87 年にアメリカ，旧ソ連を抜いて世界第 1 位のニッケル消費国となった。日本の技術立国としての特徴がよく現われている。しかし，ここ数年消費が低迷している。旧ソ連はかつて日本，アメリカとともに世界第 3 位以内に位置していたが，連邦崩壊により消費が激減し，今だに回復の兆しが見えていない。
(3) 発展途上国
　台湾，韓国のほか，インド，ブラジルなども急速に消費を伸ばしている。

3　国別需給構造

　銅，鉛，亜鉛，ニッケルの 4 つの金属について，日本，アメリカ，イギリス，フランス，(旧西)ドイツ，中国，旧ソ連の自給率の推移(1963～99 年)を金属種ごとに第 VIII-1 表，第 VIII-2 表，第 VIII-3 表，第 VIII-4 表に示した。自給率は，(鉱石生産量 / 地金消費量)×100 (%) として求めた。ここで，鉱石生産量と地金消費量は巻末の付表の値を用いた。ある年に生産された鉱石がその年に消費されるとは限らないし，また消費された地金にはスクラップから生産されたものも含まれるが，これらのことは考慮していない。また西側主要先進 5 ヵ国の 1999 年における金属の輸入形態と依存先を金属種ごとに第 VIII-5 表，第 VIII-6 表，第 VIII-7 表，第 VIII-8 表に示した。次に西側主要先進 5 ヵ国の非鉄金属の需給構造を分析してみる。

3.1　アメリカ

3.1.1　自給率
　アメリカは西側先進国の中では群を抜いて非鉄金属の自給率の高い国である。銅の自給率を見る

第 VIII-1 表　主な国の銅の自給率の推移 (%)*

国名	1963	1964	1965	1966	1967	1968	1969	1970	1971	1972	1973	1974	1975	1976	1977	1978	1979	1980	1981
日本	30.5	23.2	25.1	26.1	19.1	17.2	14.9	14.6	15.0	11.8	7.6	9.3	10.3	7.8	7.2	5.8	4.4	4.5	4.1
アメリカ	69.6	68.3	67.4	60.1	48.2	64.2	72.1	84.1	75.4	74.5	70.2	72.6	91.8	80.6	68.7	61.9	66.7	63.2	75.8
イギリス	n.d.	n.d.	n.d.	n.d.	n.d.	n.d.	n.d.	n.d.	n.d.	n.d.	0.1	0.1	0.1	0.1	0.1	0.0	0.0	0.0	0.2
フランス	0.2	0.1	0.1	0.2	0.2	0.2	0.1	0.1	0.1	0.1	0.1	0.1	0.1	0.1	0.0	0.0	0.0	0.0	0.0
旧西ドイツ	0.4	0.3	0.2	0.3	0.2	0.2	0.2	0.2	0.2	0.1	0.2	0.2	0.3	0.2	0.2	0.1	0.1	0.2	0.2
中国	70.8	75.0	79.2	74.6	72.9	70.0	61.1	60.0	52.0	50.0	47.3	49.0	49.2	49.3	49.1	49.0	49.2	51.2	47.2
旧ソ連**	81.1	93.3	95.5	97.9	95.1	95.5	94.1	96.4	96.1	97.2	96.4	92.2	90.2	90.4	85.3	85.7	83.1	86.9	75.8

国名	1982	1983	1984	1985	1986	1987	1988	1989	1990	1991	1992	1993	1994	1995	1996	1997	1998	1999
日本	4.1	3.8	3.2	3.5	2.9	1.9	1.3	1.0	0.8	0.8	0.9	0.7	0.4	0.2	0.1	0.1	0.1	0.1
アメリカ	68.9	58.5	51.9	56.5	54.6	59.1	64.4	68.0	73.8	79.4	81.8	76.3	67.1	73.0	73.2	69.5	64.5	53.6
イギリス	0.2	0.2	0.2	0.2	0.2	0.2	0.2	0.2	0.3	0.1	0.0	0.0	0.0	0.0	0.0	0.0	0.0	0.0
フランス	0.0	0.1	0.1	0.1	0.1	0.1	0.1	0.0	0.1	0.1	0.0	0.0	0.0	0.0	0.0	0.0	0.0	0.0
旧西ドイツ	0.2	0.2	0.1	0.1	0.1	0.1	0.1	0.0	0.0	0.0	0.0	0.0	0.0	0.0	0.0	0.0	0.0	0.0
中国	47.0	46.5	46.5	47.6	48.9	74.5	79.6	56.6	57.8	51.5	37.9	35.1	49.6	38.8	36.8	39.0	34.7	35.0
旧ソ連**	76.5	77.3	79.7	78.9	79.2	79.5	80.8	83.3	90.0	95.5	137.1	209.8	233.6	256.7	315.2	309.1	313.9	392.3

* 国内数による自給率＝(鉱石生産量／地金消費量)×100。銅鉱石生産量および銅地金消費量は巻末の付表1, 3を用いた。** 1992年以降はロシア。

第 VIII 章　鉱物資源の需給構造

第 VIII-2 表　主な国の鉛の自給率の推移 (%)*

国 名	1963	1964	1965	1966	1967	1968	1969	1970	1971	1972	1973	1974	1975	1976	1977	1978	1979	1980	1981
日本	40.4	32.9	37.3	42.7	38.9	35.4	33.8	30.6	33.7	27.4	19.8	19.7	26.7	22.5	16.5	16.2	12.8	11.4	12.3
アメリカ	33.3	37.1	37.8	37.7	38.9	41.5	50.3	60.4	58.2	57.6	52.1	58.4	70.3	59.7	38.8	38.5	40.0	51.3	40.3
イギリス	0.1	0.1	n.d.	0.3	0.4	0.4	0.5	0.6	0.5	0.1	1.2	1.0	1.5	1.0	0.8	0.5	0.7	0.8	2.6
フランス	4.7	6.9	12.4	15.8	16.7	14.7	15.3	15.0	15.8	13.2	11.7	11.8	12.5	13.6	15.0	15.4	14.0	13.5	9.1
旧西ドイツ	22.9	20.1	19.2	23.7	23.2	18.5	16.4	16.2	17.5	16.9	15.5	16.1	19.2	17.5	11.7	9.6	9.1	9.4	8.7
中国	100.0	100.0	100.0	100.0	100.0	87.5	80.0	68.8	70.6	69.4	76.5	80.0	75.7	73.7	75.0	71.4	73.8	76.2	74.4
旧ソ連**	109.0	102.9	103.9	101.7	101.2	98.1	97.8	96.7	94.2	93.4	95.0	93.7	96.8	98.4	86.8	78.9	75.6	72.5	71.3

国 名	1982	1983	1984	1985	1986	1987	1988	1989	1990	1991	1992	1993	1994	1995	1996	1997	1998	1999
日本	13.0	13.0	12.5	12.7	10.4	7.4	5.6	4.6	4.5	4.3	4.7	4.5	2.9	2.9	2.4	1.6	1.9	1.9
アメリカ	47.3	41.0	28.2	37.2	31.1	26.2	32.9	31.2	38.7	38.3	32.9	26.7	24.9	27.7	26.4	27.7	28.5	29.4
イギリス	1.5	1.3	0.8	1.3	0.2	0.2	0.2	0.7	0.5	0.4	0.4	0.4	0.4	0.6	0.7	0.6	0.6	0.4
フランス	3.5	1.0	1.1	1.2	1.2	1.1	0.9	0.5	0.5	0.7	0.0	0.0	0.0	0.0	0.0	0.0	0.0	0.0
旧西ドイツ	8.9	9.3	7.6	7.7	6.2	7.1	4.8	2.5	2.2	1.8	0.5	0.0	0.0	0.0	0.0	0.0	0.0	0.0
中国	74.4	74.4	76.7	94.9	91.8	104.4	124.6	136.6	126.1	127.9	119.2	107.7	155.2	116.1	138.5	134.3	109.5	104.6
旧ソ連**	71.0	69.6	72.2	72.5	68.4	65.8	65.8	65.0	64.5	74.2	24.1	19.7	24.0	23.0	24.2	15.5	14.1	13.7

* 国内鉱による自給率 =（鉱石生産量／地金消費量）× 100。鉛鉱石生産量および鉛地金消費量は巻末の付表 4, 6 を用いた。** 1992 年以降はロシア。

第 VIII-3 表　主な国の亜鉛の自給率の推移 (%)*

国 名	1963	1964	1965	1966	1967	1968	1969	1970	1971	1972	1973	1974	1975	1976	1977	1978	1979	1980	1981
日本	67.0	60.8	68.7	56.2	57.4	50.9	44.9	44.9	47.2	39.2	32.4	34.6	46.4	37.2	38.5	37.5	31.3	31.6	34.6
アメリカ	53.0	57.2	49.9	44.6	48.8	43.6	44.1	49.6	44.1	37.1	35.0	42.7	55.8	47.0	44.9	33.0	29.4	43.0	41.2
イギリス	n.d.	n.d.	n.d.	n.d.	n.d.	n.d.	n.d.	n.d.	n.d.	n.d.	0.9	1.0	1.4	1.4	1.2	0.6	0.0	2.4	5.9
フランス	9.8	8.4	11.3	11.9	12.3	10.8	8.4	8.4	6.7	5.0	4.6	4.7	6.2	13.8	16.2	14.2	12.8	11.2	13.7
旧西ドイツ	37.9	36.8	34.8	38.8	42.7	37.1	39.5	40.6	42.6	36.7	34.7	37.1	48.6	43.2	43.8	30.9	28.1	29.8	29.7
中国	100.0	90.0	90.0	75.0	75.0	75.0	74.1	66.7	64.7	64.7	57.9	65.0	61.4	61.4	81.1	81.1	81.6	76.9	72.7
旧ソ連**	101.8	115.2	112.2	111.6	104.2	107.7	106.0	107.8	108.9	109.3	107.1	105.6	114.4	109.1	110.1	104.0	102.0	97.1	97.1

国 名	1982	1983	1984	1985	1986	1987	1988	1989	1990	1991	1992	1993	1994	1995	1996	1997	1998	1999
日本	35.8	33.2	32.6	32.4	29.5	22.8	19.0	17.2	15.6	15.7	17.2	16.5	14.0	12.7	10.8	9.6	10.3	10.1
アメリカ	41.2	31.4	28.9	26.2	21.6	22.1	23.5	27.4	57.6	61.5	53.3	44.7	53.4	52.6	52.0	50.2	58.5	62.8
イギリス	5.7	5.0	4.0	2.6	3.1	3.5	2.9	3.0	3.5	0.5	0.0	0.0	0.0	0.0	0.0	0.0	0.0	0.0
フランス	14.0	12.6	12.9	16.4	15.2	12.4	10.7	9.6	8.4	9.4	6.4	6.1	0.0	0.0	0.0	0.0	0.0	0.0
旧西ドイツ	28.7	28.0	26.6	28.8	23.9	21.8	16.8	14.1	12.0	10.0	2.7	0.0	0.0	0.0	0.0	0.0	0.0	0.0
中国	61.5	55.2	57.6	113.2	103.6	112.0	137.0	158.9	123.6	134.0	117.6	116.3	131.2	111.1	114.8	151.8	112.9	123.5
旧ソ連**	97.1	97.6	93.3	100.0	98.0	92.2	88.9	91.5	95.3	117.3	76.2	87.1	92.7	95.3	96.9	82.9	103.6	115.5

* 国内鉱による自給率 = (鉱石生産量/地金消費量) × 100。亜鉛鉱石生産量および亜鉛地金消費量は巻末の付表 7, 9 を用いた。** 1992 年以降はロシア。

第 VIII 章　鉱物資源の需給構造

第 VIII-4 表　主な国のニッケルの自給率の推移 (%)*

国 名	1963	1964	1965	1966	1967	1968	1969	1970	1971	1972	1973	1974	1975	1976	1977	1978	1979	1980	1981
日本			0.0	0.0	0.0	0.0	0.0	0.0	0.0	0.0	0.0	0.0	0.0	0.0	0.0	0.0	0.0	0.0	0.0
アメリカ			7.9	7.0	8.4	9.5	12.1	10.3	13.3	10.6	9.3	8.0	11.6	10.1	9.2	8.0	7.7	9.4	7.9
イギリス			0.0	0.0	0.0	0.0	0.0	0.0	0.0	0.0	0.0	0.0	0.0	0.0	0.0	0.0	0.0	0.0	0.0
フランス			0.0	0.0	0.0	0.0	0.0	0.0	0.0	0.0	0.0	0.0	0.0	0.0	0.0	0.0	0.0	0.0	0.0
旧西ドイツ			0.0	0.0	0.0	0.0	0.0	0.0	0.0	0.0	0.0	0.0	0.0	0.0	0.0	0.0	0.0	0.0	0.0
中国			n.d.	n.d.	n.d.	n.d.	n.d.	n.d.	n.d.	n.d.	n.d.	n.d.	n.d.	n.d.	55.6	52.6	57.9	61.1	57.9
旧ソ連**			n.d.	n.d.	n.d.	n.d.	n.d.	n.d.	n.d.	n.d.	115.0	114.3	108.7	107.4	108.0	110.2	111.5	108.3	115.4

国 名	1982	1983	1984	1985	1986	1987	1988	1989	1990	1991	1992	1993	1994	1995	1996	1997	1998	1999
日本	0.0	0.0	0.0	0.0	0.0	0.0	0.0	0.0	0.0	0.0	0.0	0.0	0.0	0.0	0.0	0.0	0.0	0.0
アメリカ	2.3	0.4	6.2	3.8	0.9	0.0	0.0	0.0	0.2	4.3	5.6	2.0	0.0	1.1	1.1	0.0	0.0	0.0
イギリス	0.0	0.0	0.0	0.0	0.0	0.0	0.0	0.0	0.0	0.0	0.0	0.0	0.0	0.0	0.0	0.0	0.0	0.0
フランス	0.0	0.0	0.0	0.0	0.0	0.0	0.0	0.0	0.0	0.0	0.0	0.0	0.0	0.0	0.0	0.0	0.0	0.0
旧西ドイツ	0.0	0.0	0.0	0.0	0.0	0.0	0.0	0.0	0.0	0.0	0.0	0.0	0.0	0.0	0.0	0.0	0.0	0.0
中国	71.1	78.9	87.5	122.9	104.3	108.3	94.5	93.2	94.5	93.3	93.7	78.7	87.9	110.0	94.6	126.3	116.0	128.6
旧ソ連**	123.2	118.6	116.7	137.7	135.0	144.4	157.7	161.5	184.3	235.3	213.7	219.8	317.2	327.0	716.5	747.1	851.7	802.9

* 国内鉱による自給率＝(鉱石生産量／地金消費量)×100。ニッケル鉱石生産量およびニッケル地金消費量は巻末の付表 13, 15 を用いた。** 1992 年以降はロシア。

第VIII-5表　主要先進国における銅の輸入形態およびその依存先（1999年、単位：t）

	アメリカ	イギリス	フランス	ドイツ	日本
鉱石・精鉱*	計　143,132 (内訳) チリ　110,454 　　　メキシコ　587 　　　ペルー　135 　　　その他			計　839,574 (内訳) チリ　317,453 　　　ポルトガル　176,911 　　　パプアニューギニア　142,111 　　　インドネシア　44,930 　　　オーストラリア　8,641 　　　モロッコ　6,651 　　　キューバ　4,861 　　　その他	計　4,246,737 (内訳) チリ　1,788,006 　　　インドネシア　833,574 　　　カナダ　529,386 　　　オーストラリア　351,404 　　　パプアニューギニア　283,173 　　　アルゼンチン　162,209 　　　ペルー　61,294 　　　フィリピン　49,504 　　　その他
銅マット*				計　2,644	計　39,931 (内訳) インドネシア　22,414 　　　フィリピン　7,299 　　　南アフリカ　3,936 　　　その他
ブリスター・アノード	計　174,753 (内訳) カナダ　79,768 　　　チリ　65,005 　　　メキシコ　24,516 　　　ペルー　3,863 　　　その他		計　1,135	計　36,613 (内訳) ロシア　8,659 　　　ブルガリア　5,961 　　　フィンランド　3,361 　　　イタリア　1,492 　　　その他	
地金	計　915,492 (内訳) カナダ　258,340 　　　チリ　219,749 　　　メキシコ　210,122 　　　ロシア　106,896 　　　日本　49,304 　　　オランダ　5,600 　　　その他　3,656	計　303,425 (内訳) チリ　81,179 　　　ペルー　53,178 　　　カナダ　45,849 　　　ロシア　30,790 　　　オーストラリア　25,349 　　　ポーランド　16,552 　　　ドイツ　11,699 　　　ノルウェー　10,114 　　　その他	計　550,007 (内訳) チリ　254,087 　　　ロシア　63,041 　　　ポーランド　62,335 　　　ドイツ　59,481 　　　スペイン　37,017 　　　ベルギー　30,927 　　　ザンビア　13,782 　　　カザフスタン　11,277 　　　その他	計　565,299 (内訳) ロシア　268,323 　　　ベルギー　98,090 　　　ポーランド　46,957 　　　オランダ　40,212 　　　イギリス　22,395 　　　カザフスタン　17,614 　　　オーストリア　14,884 　　　ザンビア　13,772 　　　フランス　10,858 　　　その他　5,326	計　230,116 (内訳) チリ　111,772 　　　インドネシア　29,171 　　　ペルー　23,004 　　　フィリピン　20,281 　　　ミャンマー　19,011 　　　オーストラリア　13,387 　　　カザフスタン　5,408 　　　その他　2,862
銅合金インゴット			計　3,814	計　27,957	計　1,529
銅・銅合金スクラップ	計　135,970		計　36,020	計　515,564	計　174,463
半製品	計　508,286	計　215,354	計　267,071	計　383,576	計　29,544
銅硫酸塩	計　26,720			計　9,778	計　419

* Gross Wt.　World Bureau of Metal Statistics『World Metal Statistics』から抜粋し、編集した。

第 VIII 章　鉱物資源の需給構造

第 VIII-6 表　主要先進国における鉛の輸入形態およびその依存先 (1999 年, 単位: t)

	アメリカ		イギリス		フランス		ドイツ		日本	
鉱石・精鉱	計 42,113 (金属量)		計 34,080 (金属量)		計 192,078*		計 191,178*		計 167,980*	
	(内訳) ペルー	8,762	(内訳) アメリカ	14,142	(内訳) オーストラリア	44,677	(内訳) オーストラリア	40,093	(内訳) オーストラリア	64,030
	カナダ	1,218	オーストラリア	10,567	南アフリカ	37,445	スウェーデン	33,905	アメリカ	57,737
	その他		アイルランド	3,953	スウェーデン	29,549	カナダ	30,800	ペルー	23,931
			ホンジュラス	2,857	アイルランド	26,537	ポーランド	30,488	ロシア	11,093
			その他		ドイツ	18,708	南アフリカ	22,868	カナダ	4,753
					アメリカ	15,170	アルゼンチン	14,287	その他	
					ペルー	7,444	モロッコ	13,283		
					モロッコ	4,043	その他			
					その他					
地金	計 294,280		計 213,580		計 67,846		計 101,470		計 13,233	
	(内訳) カナダ	182,678	(内訳) オーストラリア	140,510	(内訳) イギリス	24,264	(内訳) イギリス	23,562	(内訳) 中国	9,240
	中国	47,522	スウェーデン	7,017	ドイツ	20,294	フランス	13,234	ペルー	1,208
	メキシコ	26,971	アイルランド	3,953	ベルギー	10,546	スウェーデン	11,822	オーストラリア	1,064
	ペルー	6,928	カザフスタン	1,845	その他		ポーランド	11,457	その他	
	その他		その他				ベルギー	10,562		
							アメリカ	8,893		
							その他			
合金	計 16,171		計 8,402				計 12,031			
スクラップ					計 51,764		計 16,739			
半製品	計 7,448				計 15,352		計 5,165			

* Gross Wt.　World Bureau of Metal Statistics『World Metal Statistics』から抜粋し、編集した。

第VIII-7表　主要先進国における亜鉛の輸入形態およびその依存先 (1999年, 単位: t)

	アメリカ	イギリス	フランス	ドイツ	日本
鉱石・精鉱	計 78,092 (金属量) (内訳) ペルー 43,675 メキシコ 13,985 その他	計 82,234 (金属量) (内訳) オーストラリア 38,535 アメリカ 23,563 ホンジュラス 10,491 ボリビア 4,709 その他	計 601,964* (内訳) ベルギー 316,219 ペルー 95,102 ボリビア 75,546 モロッコ 59,568 カナダ 25,722 その他	計 208,729* (内訳) カナダ 132,469 オーストラリア 28,566 ペルー 6,480 その他	計 1,120,734* (内訳) オーストラリア 486,944 ペルー 175,972 アメリカ 136,574 チリ 88,384 カナダ 52,841 メキシコ 44,302 ロシア 43,964 ボリビア 23,852 中国 20,983 その他
スラブ	計 1,065,519 (内訳) カナダ 543,066 カザフスタン 134,838 メキシコ 95,054 ペルー 69,843 中国 62,499 スペイン 51,661 ブラジル 19,705 ロシア 16,053 その他	計 112,223 (内訳) フィンランド 45,835 ノルウェー 38,984 オランダ 10,165 ロシア 7,723 その他	計 128,501 (内訳) オランダ 40,669 ドイツ 24,995 フィンランド 19,632 ベルギー 11,591 スペイン 9,193 イギリス 7,595 その他	計 252,203 (内訳) ベルギー 42,806 スペイン 42,047 オランダ 36,753 フランス 32,712 ノルウェー 29,374 フィンランド 20,527 ポーランド 15,511 カザフスタン 14,700 その他	計 60,328 (内訳) 中国 34,538 ペルー 10,283 韓国 5,683 その他
亜鉛酸化物	計 63,974	計 16,190	計 15,706	計 15,262	
スクラップ		計 3,642			
半製品	計 78,930	計 2,345	計 30,010	計 57,781	計 726

* Gross Wt.　World Bureau of Metal Statistics『World Metal Statistics』から抜粋し、編集した。

第VIII章　鉱物資源の需給構造

第VIII-8表 主要先進国におけるニッケルの輸入形態およびその依存先 (1999年, 単位: t)

	アメリカ	イギリス	フランス	ドイツ	日本
鉱石・精鉱					計 3,878,734* (内訳) ニューカレドニア 1,772,799 インドネシア 1,088,069 フィリピン 1,017,866
マット	計 20 (金属量)	計 55,505* (内訳) カナダ 55,466 その他	計 15,954*		計 86,371*
酸化物シンター	計 4,240 (金属量) (内訳) カナダ 4,189 その他	計 1,937*	計 31*	計 8,403*	
フェロニッケル	計 37,079 (金属量) (内訳) ニューカレドニア 6,850 その他	計 4,459* (内訳) インドネシア 2,846 オランダ 1,098 その他	計 19,051*	計 29,629*	計 34,284*
地金	計 109,372 (内訳) カナダ 45,482 ノルウェー 22,624 その他	計 15,675 (内訳) オーストラリア 4,828 ノルウェー 1,290 カナダ 1,195 その他	計 36,956 (内訳) ロシア 15,327 ノルウェー 5,625 イギリス 1,489 カナダ 1,451 その他	計 79,030 (内訳) ロシア 45,787 ノルウェー 6,677 イギリス 5,556 オーストラリア 5,112 その他	計 48,315 (内訳) ロシア 6,038 オーストラリア 5,989 ノルウェー 5,550 カナダ 3,350 その他
粉末・フレーク	計 9,376	計 794	計 1,429		
合金	計 9,039	計 7,334	計 6,652	計 1,705	計 624
スクラップ		計 15,740	計 2,040	計 9,104	計 11,736
半製品	計 11,149	計 8,316	計 9,673	計 17,113	計 3,368

* Gross Wt.　World Bureau of Metal Statistics『World Metal Statistics』から抜粋し, 編集した。

と（第 VIII–1 表），90 年代初期は 70～80% と高いレベルを維持していたが，90 年代中頃から低下し始め，99 年には 50% 台にまで落ちている。鉛の自給率（第 VIII–2 表）も，他の先進国に比べると高いが，最近は 30% を割っている。亜鉛の自給率（第 VIII–3 表）は 50～60% を維持している。最近 3 年のニッケルの自給率（第 VIII–4 表）はゼロで，全量を輸入に依存している。

3.1.2 輸入の形態と依存先

アメリカの銅の輸入形態を見ると（第 VIII–5 表），地金の形での輸入が最も多く，次いで半製品[*2]，ブリスター・アノード[*3]，スクラップ類の順であり，鉱石・精鉱の形での輸入は少ない（銅精鉱の銅含有量は普通 25% 程度である）。鉛や亜鉛も地金やスラブでの輸入が多く，鉱石・精鉱での輸入は少ない（第 VIII–6 表，第 VIII–7 表）。ニッケルは地金やフェロニッケルでの輸入が大部分を占めている（第 VIII–8 表）。

銅の依存先を見ると，地金，ブリスター・アノード，鉱石・精鉱はカナダ，チリ，ペルー，メキシコなどから輸入している。鉛，亜鉛，ニッケルなどを見ても，非鉄金属のかなりの部分を近隣の国々に依存しており，南北アメリカ依存型となっている。

後の章で述べるが，世界の多くの非鉄金属鉱山が非鉄金属メジャーと呼ばれる先進国大資本に所有されている[*4]（第 IX–3 表と第 XI–1 表を参照）。非鉄金属メジャーの中にはアメリカ系資本も多く，アメリカは自国資本の国外での活動を通して地金や鉱石・精鉱などを輸入しているものと思われる。

3.2 イギリス

イギリスは非鉄金属の対外依存度の高い国で，最近の自給率はほとんどの金属でゼロである（第 VIII–1 表～第 VIII–4 表）。銅の輸入形態を見ると（第 VIII–5 表），地金の形での輸入が最も多く，次いで半製品，スクラップ類の順であり，鉱石・精鉱の形では輸入していない。鉛，亜鉛，ニッケルなどを見ても（第 VIII–6 表～第 VIII–8 表），鉱石・精鉱の形での輸入の割合は低い。

銅の依存先を見ると，地金はチリ，ペルー，カナダ，オーストラリアのほかロシア，ポーランド，ドイツ，ノルウェーなどヨーロッパ諸国からも輸入している。他の金属を見ても，地金などをオーストラリア，アメリカ，カナダのほかアイルランド，スウェーデン，フィンランド，ノルウェー，オランダ，ロシアなど近隣の国に依存している。

イギリスもアメリカと同様，自国の非鉄金属メジャーが国外で活発に鉱物資源開発を展開している（第 IX–3 表・第 XI–1 表）。イギリスはこうした自国資本の国外展開を通して地金などを輸入しているものと思われ，従って自給率の低さから想像される以上に供給体制は安定しているものと思われる。

[*2] 地金を線状，棒状，板状，管状などに加工したものを言う。
[*3] ブリスターとは転炉工程後の不純物のやや多い粗銅（純度 98.5～99% 程度）を言い，アノードとは精製炉工程後（電解精錬前）の銅（純度 99.5% 程度）を言う（第 V 章参照）。
[*4] 非鉄金属メジャーの支配割合は近年企業買収を通じて上昇する傾向にあり，非鉄金属の供給に対する非鉄金属メジャーの影響力は増大している。

第VIII章　鉱物資源の需給構造

3.3　フランス

フランスは比較的多種類の鉱物資源を産するものの，鉄鉱石など一部を除いて量的に少なく，イギリス同様，対外依存度がきわめて高い国である。最近の非鉄金属の自給率はほとんどの金属でゼロである(第VIII-1表～第VIII-4表)。

銅の輸入形態を見ると(第VIII-5表)，地金の形での輸入が圧倒的に多く，次いで半製品であり，鉱石・精鉱の形では輸入していない。ニッケルも鉱石・精鉱の形では輸入していない(第VIII-8表)。これらとは対照的に，鉛，亜鉛は地金より鉱石・精鉱の形での輸入が多い(第VIII-6表，第VIII-7表)。

銅地金の主な依存先はチリ，ロシア，ポーランド，ドイツ，スペイン，ベルギーなどであるが，ザンビア，ザイール(現コンゴ民主共和国)などアフリカ諸国からも輸入している。他の非鉄金属の依存先を見ると，鉛はオーストラリア，南アフリカ，スウェーデン，アイルランド，ドイツ，イギリスなどから，亜鉛はベルギー，ペルー，ボリビア，モロッコ，オランダ，ドイツなどから，そしてニッケルはロシア，ノルウェーなどから輸入している。概してヨーロッパ依存型と言えるが，かつて影響力の強かったアフリカ諸国からの輸入が多いのが特徴である。

3.4　ドイツ

ドイツの非鉄金属の自給率は90年代に入ってほとんどの金属でゼロになった(第VIII-1表～第VIII-4表)。銅の輸入形態を見ると(第VIII-5表)，地金の形での輸入が最も多く，次いでスクラップ類，半製品，鉱石・精鉱(金属量に換算して)の順であって，鉱石・精鉱の形での輸入が多いのが特徴である。鉛，亜鉛を見ても，鉱石・精鉱の形での輸入が少なくない(第VIII-6表，第VIII-7表)。一方ニッケルは地金，フェロニッケル，半製品，スクラップの順であり，鉱石・精鉱は輸入していない(第VIII-8表)。

銅地金はロシア，チリ，ベルギー，ポーランド，イギリスなどから，銅の鉱石・精鉱はチリ，ポルトガル，パプアニューギニア，インドネシアなどから輸入している。鉛，亜鉛，ニッケルの依存先を見ると，かなりの部分を近隣の国々に依存しており，ヨーロッパ依存型となっている。ドイツはかつてパプアニューギニアの一部(北半分)を植民地支配した時代があり，歴史的にこの国と関係が強い。

3.5　日　本

3.5.1　自　給　率

日本の非鉄金属の自給率は，1963年(昭和38年)に銅30.5%，鉛40.4%，亜鉛67.0%であったものが，1999年(平成11年)にはそれぞれ0.1%，1.9%，10.1%にまで低下している(第VIII-1表～第VIII-3表)。ニッケルはその全量を海外に依存してきた(第VIII-4表)。日本は，イギリス，フランス，ドイツなどのヨーロッパの先進国に比べると非鉄金属の自給率は若干高いものの，国内鉱業の推移と

現状を見ると，自給率は今後も低下し続けるものと思われる。日本は今日，国内鉱生産量の減少と消費量の著しい増大とによって，世界第1位の鉱物資源輸入国となっている。

3.5.2　輸入の形態と依存先

　日本の銅の輸入形態を見ると(第VIII-5表)，鉱石・精鉱の形での輸入が圧倒的に多く，次いで地金，スクラップ類の順であり，半製品やブリスター・アノードの形での輸入は少ない。鉛，亜鉛，ニッケルを見ても(第VIII-6表〜第VIII-8表)，欧米先進国に比べ鉱石・精鉱の形での輸入が多く，地金や半製品の形での輸入が少ない。ここには，鉱物資源をナマに近い形で輸入し，自国で精錬し，加工するという日本の産業構造の特徴が顕著に現われている(志賀・納，1992)。

　依存先を見ると，銅の鉱石・精鉱はチリ，インドネシア，カナダ，オーストラリア，パプアニューギニア，アルゼンチン，ペルー，フィリピンなどから，鉛・亜鉛の鉱石・精鉱はオーストラリア，アメリカ，ペルー，ロシア，チリ，カナダ，メキシコ，中国などから，ニッケルの鉱石・精鉱はニューカレドニア，インドネシア，フィリピンから輸入している。依存先は広く世界に分散しているが，アジアやオセアニアからの輸入が多いのが特徴と言える。

　日本は多量の非鉄金属を鉱石・精鉱，地金などの形で輸入しているが，調達の仕方には開発輸入，融資輸入，単純輸入の3つの方式がある。開発輸入には自主開発方式と資本参加方式がある。自主開発方式は，日本(企業)が資金や技術を提供し，探査から開発まで相手国(企業)と共同で実施する方式である。リスクを共有し，開発に至った場合，その見返りとして優先的に鉱石や地金を日本に輸出してもらう。資本参加方式は，海外で進められている鉱山開発に，外国企業と合弁会社を作って資本参加し，これによって鉱石や地金を確実に入手する方式である。融資輸入(融資買鉱とも言われる)は，海外の企業に鉱山開発のための資金を融資し，その見返りとして鉱石や地金を日本に輸出してもらう調達方式である。単純輸入(単純買鉱とも言われる)は通常の商業ベースで鉱石や地金を購入する方式であるが，これには長期的な引き取り数量を契約する長期契約方式と，必要な都度購入するスポット方式とがある。

　どの方式にも長所と短所があるが，鉱物資源の長期的，安定的確保の観点から最も望ましいのは，鉱山を自ら保有し開発・生産する自主開発方式であり，次いで資本参加や融資輸入である。しかし97年における日本の輸入実績を見ると(資源エネルギー庁，1999)，自主開発の割合は低く(銅24.6%，鉛13.4%，亜鉛15.0%)，安定確保の観点からは最も問題の多い単純輸入が大半を占めている(銅36.5%，鉛86.6%，亜鉛85.0%)。日本は，相手国の紛争，鉱山ストライキ，自然災害などの影響を受けやすい不安定な形で鉱物資源を確保していると言える。自国の非鉄金属メジャーの自主開発を通して資源を安定的に確保しているアメリカやイギリスに比べ，日本の資源供給体制は脆弱と言わざるを得ない。

　日本の自主開発の例として，ザイール(現コンゴ民主共和国)のムソシ鉱山(銅)(住友金属鉱山株式会社)，マレーシアのマムート鉱山(銅)(三菱金属鉱業株式会社，現三菱マテリアル株式会社)，ペルーのワンサラ鉱山(鉛・亜鉛)(三井金属鉱業株式会社)，メキシコのティサパ鉱山(鉛・亜鉛)(同和鉱業株式会社)などがある(資源エネルギー庁，1999)。また日本の融資輸入の例は，パプアニューギニアのブーゲンビル鉱

第VIII章 鉱物資源の需給構造

山(銅)やフィリピンのトレド鉱山(銅)をはじめ，チリ，アメリカなどに多数ある(金属鉱業事業団，1995)．そのほとんどは銅鉱山である．

4 まとめ

4.1 金属別需給構造

(1) 鉱石生産量

　非鉄金属鉱石の大部分は発展途上国で生産されている．先進国に注目すると，アメリカ，カナダ，オーストラリアは鉱石の生産量が多く，日本，イギリス，フランス，ドイツはきわめて少なく，両者は対照的である．イギリス，フランス，ドイツにおける非鉄金属鉱石の生産量は90年代に入ってほとんどゼロに近い状態が続き，概して日本より厳しい状況にある．もっとも日本の生産量も年々減少する傾向にあり，回復はほとんど期待できない．

　旧ソ連やザイールは鉱物資源に恵まれた国であるが，旧ソ連はソビエト連邦崩壊が，ザイールは国内政情の混乱が発端となって鉱業の不振が続いている．これに対し中国が改革・開放後の，とりわけ90年代に入ってからの経済成長を反映して驚異的な生産増大を見せている(志賀・納，2000; 志賀，2000; SHIGA, 2002)．

(2) 地金生産量

　地金のかなりの部分は先進国で生産されている．鉱石生産量の多いアメリカ，カナダ，オーストラリアは一般に地金の生産量も多い．鉱石生産量の少ない日本や鉱石をほとんど生産していないイギリス，フランス，ドイツもまた多量の地金を生産している．例えば，日本の場合，99年における銅鉱石の生産量はわずか1,000 t (地金換算)であるのに対し，同年の銅地金生産量は134万tに及ぶ．これは，発展途上国で生産された鉱石が先進国へ輸出され，先進国で製錬・精製されていることを示す．

　また，発展途上国，とりわけ鉱物資源に恵まれた国での地金生産も増加する傾向にある．例えば，銅資源に恵まれたチリ，中国，ペルー，ボーキサイト資源に恵まれたブラジル，中国，インド，ベネズエラなどは国内で採掘した鉱石を国内で精錬・精製してそれぞれ銅地金，アルミニウム地金の生産を伸ばしている．そこには付加価値を付けようとする発展途上国の努力が見られる．

(3) 地金消費量

　ほとんどの種類の非鉄金属についてアメリカ，日本，中国，ドイツ，フランス，イタリア，イギリス，旧ソ連などが消費の上位にあり，地金の大部分 (60～80%) は先進国で消費されている．日本は，多くの地金について，99年実績でアメリカ，中国，ドイツとともに世界で4位以内に入っている．国別地金消費シェアは国別地金生産シェアと似ており，消費地製錬方式が明確に表われている．

　また発展途上国の金属消費量も増加しており，世界は少しずつではあるが，着実に成長していることを読み取ることができる．とくに中国，韓国，台湾，ブラジル，インドなどが消費を伸ばして

おり，これらの国の著しい経済成長を裏付けている。

(4) 総　括

　現在鉱物資源開発は主として発展途上国で行われている。資源は，発展途上国(南)から先進国(北)へ流れ，先進国で加工・製品化(消費)されている。言い換えれば，発展途上国は先進国への資源供給基地としての役割を担っており，アジア，アフリカ諸国の多くが独立した第2次世界大戦後の「南北分業」体制が今日でも依然として維持されていると言うことである。

4.2　国別需給構造

(1) 自給率

　アメリカは，先進国の中では非鉄金属の自給率が群を抜いて高いが，それでもかなりの部分(銅の40〜50%，鉛の約70%，亜鉛の約40%，アルミニウム100%，ニッケル100%)を輸入に依存している。イギリス，フランス，ドイツは，非鉄金属の自給率はほとんどゼロで，ほぼ100%輸入に依存している。日本は，60, 70年代までは自給率が高くアメリカ型を維持していたが，その後鉱石生産量の減少(鉱山の閉山)と消費量の増大によって自給率は次第に下がり，今日では限りなくヨーロッパ型に近づいている。

(2) 輸入形態

　先進国に見られる非鉄金属資源の輸入の形態は，おおむね次のようにまとめることができる。

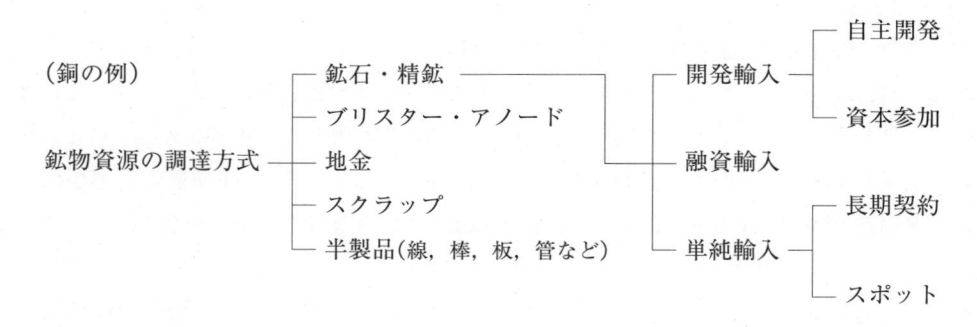

```
(銅の例)          ┌─ 鉱石・精鉱 ──┐         ┌─ 自主開発
                 ├─ ブリスター・アノード ┤ ── 開発輸入 ┤
鉱物資源の調達方式 ┼─ 地金 ────┤                └─ 資本参加
                 ├─ スクラップ          ── 融資輸入
                 └─ 半製品(線，棒，板，管など) ── 単純輸入 ┬─ 長期契約
                                                    └─ スポット
```

　調達の仕方は国によって，また同じ国でも金属種によって異なる。欧米諸国は一般に，鉱石・精鉱より地金，半製品など加工度の高いものを多量に輸入している。一方日本は鉱石・精鉱の輸入が多く，地金，半製品などの輸入が少ない。鉱物資源を極力ナマに近い形で輸入し，自国で精錬，加工するという日本の産業構造の特徴が顕著に現われている。

(3) 依存先

　先進5ヵ国はどの国も鉱物資源を近隣諸国や歴史的に関係の深い国から輸入している。アメリカは南北アメリカ諸国に，イギリス，フランス，ドイツはヨーロッパ諸国やアフリカ諸国に，日本はアジア・オセアニア諸国にそれぞれ大きく依存している。

(4) 総　括

　欧米先進国は非鉄金属のかなりの部分を輸入に依存しているが，自国の非鉄金属メジャーが広く

国外で鉱物資源開発を展開しており，こうした自国資本の活動を通して鉱物資源を輸入している。従って供給構造は自給率から想像される以上に安定している。とくにアメリカの場合，自給率が高いばかりでなく，不足分を自主開発で賄っており，供給構造はきわめて安定していると言える。日本は単純輸入が多く，欧米諸国に比べて供給構造が脆弱である。

文　献

朝日新聞1997年5月19日付け．
金属鉱業事業団（1995）：非鉄金属の安定供給を守る．金属鉱業事業団発行，48p．
志賀美英（2000）：中国の鉱業に見られるいくつかの問題と日本の対中国技術協力の方向——日本の「鉱害」問題を教訓として——．国際協力研究，16, 57〜65．
SHIGA, Y. (2002): Mineral resource development problems in China and the direction of Japanese technical cooperation — Lessons learned from environmental pollution in Japan —. Technology and Development, No. 15, 63〜70.
志賀美英・納 篤（1992）：鉱物資源——その事情と対策——．資源地質，42, 263〜283．
志賀美英・納 篤（2000）：中国の鉱物資源需給と輸出入形態．資源地質，50, 105〜114．
資源エネルギー庁（1999）：1999/2000資源エネルギー年鑑．通産資料調査会発行，966p．
World Bureau of Metal Statistics『World Metal Statistics』．

第 IX 章

資源ナショナリズム

1 発展途上国における一次産品の経済的位置付け

　発展途上国の経済は一般に一次産品輸出に大きく依存している。一例としてパプアニューギニアを見てみると，この国では経済社会開発のために必要な外貨の獲得源として一次産品が重要な役割を担っている(第 IX–1 表)。この国の産業は，従来農業(コーヒー，ココア，パームヤシなど熱帯作物のプランテーション)が中心であったが，1972 年にブーゲンビル鉱山における銅鉱石の生産が開始されてからは，鉱業部門の総生産に占める比率がそれまでの 5% から一気に 50% に跳ね上がり，今日では鉱業が国の経済の振興を図るための最重要部門のひとつとして位置付けられている。しかしインフラストラクチャー，技術者など工業発展のための基盤が未整備で加工産業が育っていないため，一次産品に極度に依存した状態から脱出できずにいる[1]。日用品，機械類などはほとんど輸入に頼って

第 IX–1 表　パプアニューギニアの主要輸出産品(単位：百万キナ，FOB 価格)

項　目	1994 年	1995 年	1996 年	1997 年
銅	367.4	754.5	387.0	259.8
金	702.3	840.1	773.6	718.7
銀	10.3	13.1	10.1	8.2
石油	702.7	827.7	1,073.9	852.2
コーヒー	204.8	214.5	190.3	324.0
ココア	29.0	47.7	66.2	69.0
パーム油	77.5	142.2	182.4	207.1
コプラ油	20.1	29.7	51.4	51.1
コプラ	14.7	27.4	49.0	47.2
紅茶	4.2	5.4	12.7	10.4
ゴム	2.9	4.0	4.1	6.5
木材	483.1	436.7	464.8	409.3
他の林製品	11.3	13.0	15.5	23.6
水産物(エビ，魚など)	10.3	16.7	10.4	9.5
その他	41.4	47.3	42.6	75.4
輸出合計	2,682.0	3,420.0	3,334.0	3,072.0

　[1]　パプアニューギニアでは，一次産品部門を含む各種企業の経営権はほどんどが外国人が所有している。民間投資の面ではオーストラリアが圧倒的なシェアを占め，オーストラリアはパプアニューギニアに対し経済的に大きな影響力を持っている。

いる(第 IX-2 表)。

　輸出で鉱物資源の占める割合が 50% 以上に達する鉱産国は世界に数多く存在する。例えば，コンゴ民主共和国(銅，コバルトなど)，ザンビア(銅など)，ボリビア(錫，銀など)，チリ(銅，モリブデン，金など)，ニューカレドニア(ニッケル)などである。これらの国では鉱物資源が主要な財源として国家経済の基本的な支えとなっている。

第 IX-2 表　パプアニューギニアの対日貿易(単位：千円，FOB 価格)

日本への輸出

項　目	1997 年	1998 年
魚	195,777	345,515
エビ	554,432	1,140,869
貝類	88,719	99,835
コーヒー	449,908	325,250
コプラ	1,845,551	1,218,739
保存肉	72,477	68,174
銅・銅鉱石	13,469,071	17,435,418
金	652,014	6,675,612
ワニ皮	553,067	284,428
木材チップ	985,922	1,124,776
丸太	41,474,241	12,627,646
加工品	3,022	29,924
再輸出品		82,298
その他	75,675	20,199
輸出合計	60,519,876	41,478,692

日本からの輸入

項　目	1997 年	1998 年
調理食品	19,089	
冷凍魚	758,314	852,536
米		157,394
化学製品	323,906	102,000
プラスチック・ゴム製品	1,335,299	1,402,623
紙・パルプ	21,887	22,718
繊維	56,109	37,718
金属(鉄など)	384,016	145,648
機械・器具	3,437,672	2,014,338
車	12,299,819	7,624,231
光学製品	76,874	40,277
再輸出品		194,662
その他	163,660	113,722
輸入合計	18,876,645	12,707,867

2 発展途上国における鉱物資源開発の歴史的経緯

　歴史的に見て，発展途上国の鉱物資源は欧米諸国の巨大資本の手によって切り開かれた。その開発の歴史は欧米諸国による未開発地域に対する植民地化の歴史でもあった。欧米大資本の多くはおおむね1880年代後半に設立され，初め自国において事業を始めたが，1900年前後に資源を求めて未開発地域(当時あまり開発されていなかったアフリカ，アジア，中南米)へ進出し，国際大資本，いわゆる非鉄金属メジャーへの道を歩み出した。イギリス，フランス，オランダ，ベルギーなどのヨーロッパ系資本は主としてアフリカ，アジアへ，アメリカ系，カナダ系資本はメキシコ，ペルー，チリなど主として中南米へそれぞれ進出し，それらの活動範囲は次第に拡大していった。発展途上国の多くは，第2次世界大戦後独立は勝ち得たものの，経済的には依然として欧米大資本(旧宗主国資本)に従属せざるを得ず，独立後もそれらによる経済的支配は続いた。

　その後も1960年代を通じて南北間の経済格差は拡大し，発展途上国の経済開発は遅々として進まなかった。発展途上国の資源は欧米大資本によって搾取され，発展途上国は自国の資源を利用して高成長を遂げている先進国とその資本に対する不満と反発を高めていった。このような状況の下，アフリカ，アジア，中南米諸国は，自国の資源を先進国から取り戻し，これを国家の発展や地域住民の利益のために利用しようとする動きを強めていくこととなった。

3 資源ナショナリズムの展開

　資源ナショナリズムは，1911年のメキシコ革命に端を発すると言われている。メキシコでは17年に「地下資源は国家の所有物である」という思想が憲法に導入され，38年国営石油公社が設立された。この国営公社設立の成功は鉱山の国有化など発展途上国の資源政策に刺激を与えることとなった(資源エネルギー庁，1999)。

　1950年代後半から70年代前半を通ずる発展途上国の資源ナショナリズムは次第に激化し，多様化していった。発展途上国における資源ナショナリズムの多様化は，次の一連の国連総会決議に見ることができる。

　　第17回国連総会決議「天然資源に対する永久的主権」（1962年12月採択）
　　第21回国連総会決議「　　　　　同　　　　　」（1966年11月採択）
　　第28回国連総会決議「　　　　　同　　　　　」（1973年12月採択）
　　第29回国連総会決議「国家の経済的権利義務憲章」　（1974年12月採択）

　ここで言う「天然資源に対する永久的主権」とは，「いかなる国家も，すべての天然資源に対し，所有，使用および処分を含む完全な永久的主権を有すること」(第29回国連総会決議)であり，平たく言えば，「天然資源はその国の所有物であり，国家の発展や住民の利益のために使われるべきであって，先進国がそれを勝手にすることは許されないこと」である。永久主権の範囲も，「国家間の境界

線の内側の陸上並びに自国の管轄権内の海底，地下およびその上部水域に存在するすべての天然資源」(第28回国連総会決議)にまで拡大されている。

発展途上国は，自国の資源を自国の経済発展のために最大限に利用するため，決議に盛り込まれた政策を次々実行に移した。発展途上国側が先進国側に対してとった政策には，「天然資源に対する永久的主権」に関する3つの決議の内容から抜粋すると，次の (1) から (4) のようなものがある。

(1) 先進国資本の活動の規律(第17回国連総会決議)

外国資本による開発は条件付きで認めるが，得られた利潤は投資家と受入国の間の合意に基づき配分しなければならないとしている。これは，資源保有国が，天然資源に対する主権は受入国にあるという正当性をバックに，より多くの収入，利潤の獲得をめざしたものである。

(2) 鉱山の国有化(第17回国連総会決議)

発展途上国の鉱山の大部分は欧米大資本(旧宗主国資本)によって開発され所有されていたが，発展途上国はそれらの鉱山の国有化を進めるとした。これは，欧米大資本の手から資源の支配権を取り戻し，永久的主権を確保しようとする発展途上国の動きである。

発展途上国は鉱山の株の51%以上を取得することによって，鉱山の国有化を進めた。その結果，かつて欧米大資本が所有していたコンゴ民主共和国，ザンビア，チリ，ペルーなどの主要銅鉱山は70，80年代にはほとんどが国有化され，欧米大資本の支配力は急速に低下した(第IX–3表)。この国有化問題では先進国と発展途上国が激しく対立したばかりでなく，発展途上国国内の政治経済にも混乱をもたらした(鉱山の国有化については次の第4節でもう少し詳しく述べる)。

(3) 鉱物資源の自力開発と人員の訓練(第21回国連総会決議)

外資が発展途上国において資源開発を行う場合，外資は発展途上国の人員に対して資源の探査・開発から販売に至るまでのあらゆる段階，あらゆる分野についてノウハウを移転すべきであるとしている。これは，探査・開発から販売までをすべて自力で行い，資源をテコに自国の発展を図ろうとする発展途上国の経済的自立への動きである。

(4) 生産国連合「資源カルテル」の結成(第28回国連総会決議)

発展途上国は自国内の資源のナショナリゼーションを進める一方で，目的を同じくする諸国の横の連携を強め，共通の利益を追求するため，生産国連合[*2]を設立し，強化するとしている。これは，資源を自らの手に取り戻すだけでなく，生産量・供給量を調整・統制して輸出収入の増大をめざし，さらには資源を武器として政治的影響力をも強めようとする動きである。この決議(第28回国連総会決議)と前後して，銅，ボーキサイト，錫などの資源カルテルが次々に結成された(本章の第5節でもう少し詳しく述べる)。

[*2] その最初のものは石油輸出国機構(OPEC，1960年結成)であった。OPECの石油消費国に対する強烈な政治的・経済的影響はその他の資源生産国に刺激を与えることとなった。

4 鉱山の国有化

4.1 コンゴ民主共和国

　最初に大規模な国有化を行った国は，コンゴ民主共和国であった。この国は1960年にベルギーによる植民地支配から独立し，国名をコンゴ共和国としたが，その後ザイール共和国，コンゴ民主共和国と改称してきた。南部シャバ州は世界有数の銅，コバルト，錫，亜鉛など鉱物資源の宝庫として知られ，鉱物資源がこの国の経済を支えてきた(巻末の付表1参照)。

　独立後この国の鉱物資源はベルギー資本ユニオンミニエール (Union Miniere) 社に支配されてきたが，政府は67年同社の資産を接収し，同社所有の銅鉱山の国有化を行って，これをゼネラルコンゴ鉱業 (GECAMINES) 社に運営させた。当時ユニオンミニエール社は銅生産量が世界上位の非鉄金属メジャーであったが，国有化後は姿を消し，代わってこれを引き継いだゼネラルコンゴ鉱業社が世界の上位に姿を現すこととなった(第 IX–3 表)。以来80年代中～後期まで同社は高い銅生産レベルを維持した。73年からは，鉱山だけでなく外国人所有の企業，農場などをザイール人経営に切り替える「ザイール化」政策をさらに押し進めている。

4.2 ザンビア

　ザンビア(旧イギリス領北ローデシア)は1964年にイギリスから独立した。輸出収入の約90%を銅に依存する典型的なモノカルチュア経済である(巻末の付表1参照)。68年，外国企業の本国送金を制限し，また外国人への商業許可証の発給を制限して，商業面での「ザンビア化」を進めた。69年には国有化法を制定し，イギリス系，南アフリカ系，アメリカ系銅会社に対して株の51%を売却するよう勧告した。70年にこれらの銅会社の経営権および販売権を引き継いだザンビア企業NCCMが銅鉱石生産量で一躍世界の上位に姿を現わすこととなった(第 IX–3 表)。

　73年にはローデシアとの国境の閉鎖に伴いローデシア鉄道が使用停止となり，銅の輸送路が閉ざされ，さらに75年には銅の国際価格が暴落(第 IX–1 図)して銅生産が下落し，ザンビア経済は危機に直面した。これらの経済危機を打開するため，政府は銅依存経済からの脱却をめざして農業開発に本格的に取り組んだ。

4.3 チ リ

　チリは銅，金，モリブデン，鉄などの鉱物資源に恵まれ，世界有数の鉱産国として知られている(巻末の付表1参照)。アジェンデ社会主義政権が誕生した1970年当時，チリの銅鉱山はアメリカ資本のアナコンダ (Anaconda) 社やケネコット (Kennecott) 社などに占められていた。アジェンデ政権は，銅鉱山をはじめアメリカ系資産を国有化し，全面的な「チリ化」を押し進めた。すなわち，71年，アナコンダ社に属する大鉱山チュキカマタおよびエル・サルバドールを国有化するための法案(銅山国有化法)を通過させ，政府は直ちに51%の株を取得し，数年間かけて残余の株を買い入れた。

第 IX-3 表　主な非鉄金属メジャーの市場シェアの推移（銅鉱石生産量の例）

(生産量の単位：千 t)

年		1962				1970				1981		
	企業名	（国　籍）	生産量	世界でのシェア(%)	企業名	（国　籍）	生産量	世界でのシェア(%)	企業名	（国　籍）	生産量	世界でのシェア(%)
第 1 位	Anaconda	（アメリカ）	626	12.9	Kennecott	（アメリカ）	616	8.9	Codelco	（チリ）	985	10.9
第 2 位	Kennecott	（アメリカ）	575	11.9	Anaconda	（アメリカ）	478	6.9	GECAMINES	（ザイール*）	516	5.7
第 3 位	A.A.C	（イギリス）	369	7.6	GECAMINES	（ザイール*）	425	6.1	NCCM	（ザンビア）	393	4.4
第 4 位	AMAX	（アメリカ）	340	7.0	Phelps Dodge	（アメリカ）	338	4.9	Asarco	（アメリカ）	386	4.3
第 5 位	Union Miniere	（ベルギー）	323	6.7	Codelco	（チリ）	297	4.3	Kennecott	（アメリカ）	372	4.1
第 6 位	Phelps Dodge	（アメリカ）	286	5.9	AMAX	（アメリカ）	240	3.5	Phelps Dodge	（アメリカ）	357	4.0
第 7 位	Asarco	（アメリカ）	169	3.5	NCCM	（ザンビア）	223	3.2	Anaconda	（アメリカ）	233	2.6
第 8 位	Newmont	（アメリカ）	147	3.0	Asarco	（アメリカ）	213	3.1	RCM	（ザンビア）	220	2.4
第 9 位	Inco	（カナダ）	126	2.6	Newmont	（アメリカ）	198	2.9	Newmont	（アメリカ）	193	2.1
第10位	Noranda	（カナダ）	100	2.1	Inco	（カナダ）	178	2.6	Atlas	（フィリピン）	153	1.7

年		1987				1993				1999		
	企業名	（国　籍）	生産量	世界でのシェア(%)	企業名	（国　籍）	生産量	世界でのシェア(%)	企業名	（国　籍）	生産量	世界でのシェア(%)
第 1 位	Codelco	（チリ）	1,202	12.8	Codelco	（チリ）	1,258	12.3	Codelco	（チリ）	1,615	12.8
第 2 位	ZCCM	（ザンビア）	539	5.7	Rio Tinto Zinc	（イギリス）	665	6.5	Phelps Dodge	（アメリカ）	1,210	9.6
第 3 位	GECAMINES	（ザイール*）	521	5.5	Phelps Dodge	（アメリカ）	654	6.4	Broken Hill Pty	（オーストラリア）	838	6.6
第 4 位	Phelps Dodge	（アメリカ）	512	5.4	Asarco	（アメリカ）	524	5.1	Grupo Mexico	（メキシコ）	830	6.6
第 5 位	Asarco	（アメリカ）	383	4.1	Broken Hill Pty	（オーストラリア）	434	4.3	Rio Tinto plc	（イギリス）	669	5.3
第 6 位	Cyprus	（アメリカ）	223	2.4	Anglo American	（南アフリカ）	336	3.3	Freeport McMoran	（アメリカ）	623	4.9
第 7 位	Rio Tinto Zinc	（イギリス）	180	1.9	Freeport McMoran	（アメリカ）	329	3.2	Anglo A. plc	（イギリス）	478	3.8
第 8 位	BP Minerals	（イギリス）	174	1.8	ZCCM	（ザンビア）	317	3.1	KGHM Polska	（ポーランド）	460	3.6
第 9 位	MIM Holdings	（オーストラリア）	150	1.6	Cyprus	（アメリカ）	313	3.1	MIM Holdings	（オーストラリア）	318	2.5
第10位	Mexicana de Cobre	（メキシコ）	148	1.6	Magma	（アメリカ）	285	2.8	Norilsk Nickel	（ロシア）	287	2.3

* 現コンゴ民主共和国。資源エネルギー庁 (1990)，金属鉱業事業団 (1995)，金属鉱業事業団資源情報センター (2000) を基に作成した。

その間，ケネコット社が所有するエル・テニエンテ鉱山やセロ社が所有するリオ・ブランコ鉱山の国有化計画をも進めた。これに対してアメリカがチリへの経済援助停止や銅価格操作などの対抗策をとったため，銅の輸出で支えられてきたチリ経済は大きな痛手を受けることとなった。73年のクーデターで発足したピノチェット反共軍事政権(この政権は90年まで続いた)は，それまでの「チリ化」を改め，完全国有化以外のプロジェクトでは，外国民間資本の活動規制を極力排除して外資企業の資本と技術の活用を積極的に求める方向に政策転換した。

アナコンダ社やケネコット社は60～70年代を通じて世界最大の銅の非鉄金属メジャーであったが，チリの大銅鉱山を失い，次第に地位が低下していった(第IX-3表)。一方，これらの鉱山を受け継いだチリのコデルコ (Codelco) 社は銅生産量世界第1位の企業に成長している。チリは82年以降世界第1位の銅鉱石生産量を誇っている。

4.4 ペルー

ペルーは銅，鉛，亜鉛などの鉱物資源に恵まれた国である(巻末の付表1,4,7参照)。石油も豊富で，海岸のエクアドル国境から奥地アマゾン上流にかけて油田が開発されている。

1968年軍事クーデターにより大統領になったベラスコ将軍は，軍内部の民族主義的勢力を背景にして，アメリカ系の国際石油会社IPC(アメリカによる経済支配の象徴)の接収，基幹鉱工業および漁業の国有化，農地改革など一連の政策を進めた。鉱山の国有化では，74年にアメリカ系国際大資本セロ・コーポレーションが所有する鉱山，製錬所，工場，その他一切の資産を没収した。これらの資産には銅，鉛，亜鉛，銀の有力な製錬所も含んでいる。操業に必要な水力発電所などの付属設備も，国家の鉱業機関であるミネロ・ペルーが管理した。

5 資源カルテル

5.1 カルテル化の背景

資源価格の変動：資源ナショナリズムの高揚の中で，資源輸出国は，資源をテコにした自国の経済開発の促進を必死に求めるようになった。しかし，原材料価格は先進国の景気変動とともに激しく変動し(第IX-1図の銅地金価格の例参照)，これが資源輸出国経済を不安定にした。景気低迷時には需要の減少と同時に価格の低下という二重の衝撃を輸出国に与えることになった。このような事態がカルテル化のひとつの動機となった(外務省経済局, 1975)。

資源の偏在性：世界の資源賦存状況は特定の地域に偏っている。例えば，銅，ボーキサイト，タングステン，鉄，錫，ニッケル，クロム，リンなどは世界の特定国に著しく偏在している。そのため，世界への供給源は少数の国に偏ってしまう。このことは，資源保有国が結束すると，資源の供給制限や価格引き上げが可能になるということである。カルテル結成に動きやすい資源の特性は，発展途上国に偏在し，先進国に産しない資源である。

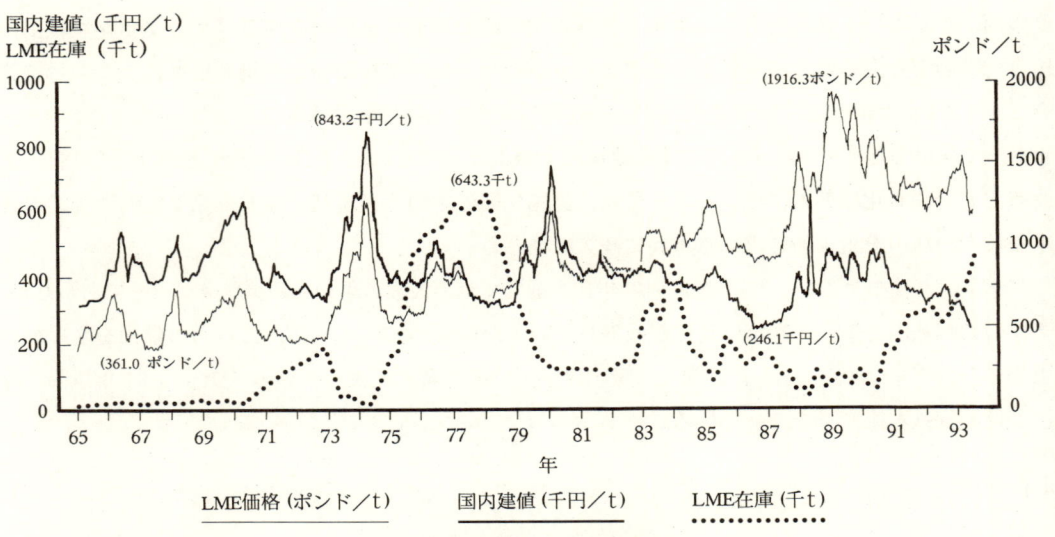

国内建値（千円／t）
LME在庫（千t）
ポンド／t

第 IX-1 図　銅地金価格の変動

非鉄金属の取引価格は，ロンドンにある非鉄金属専門のロンドン金属取引所（LME）における取引価格を基本として設定されている。この LME 価格は，国際的な価格指標となっているが，鉱山・製錬所における事故・ストライキなどによる生産障害，短期的な需給の不均衡などにより乱高下することがある。企業間の取引価格は，LME 価格を基本として，輸送コスト，支払条件などを考慮して当事者間で設定される。LME が取引を行っている金属は現在，銅，鉛，亜鉛，アルミニウム，アルミニウム二次合金，ニッケル，錫の 7 品目である。図は金属鉱業事業団（1995）から引用した。

5.2　銅輸出国政府間協議会（CIPEC）

設立経緯：国際銅市況は 1960 年から 63 年にかけて安定していたが，64 年に大暴落し，銅輸出国に経済的打撃を与えた。銅輸出に経済を依存するザンビア，コンゴ民主共和国，チリ，ペルーの産銅 4 ヵ国は，67 年に自由世界における銅が過剰になることを予測し，市況対策を中心とする銅政策確立のため銅輸出国政府間協議会（Counseil International des Pays Exportateurs du Cuivre: CIPEC）の設立を決定し，68 年 5 月発足させた。これらの国は当時，銅鉱石生産量で世界の上位を占めていた（巻末の付表 1 参照）。

目的：この組織の目的は次のような点にあるとされている（外務省経済局，1975）。

○ 銅輸出による実質的収益の大幅かつ継続的な増加を図る。
○ 銅の生産，販売に関する諸問題に関して，加盟国間の政策の調整を図る。
○ 銅の生産，販売に関する情報を収集し，加盟各国に必要な助言を与える。
○ 加盟国が直面する諸問題につき，相互の団結を強化する。
○ 銅輸出国政府間協議会と同様の他の機関との連携を強化する。

ザンビアは外貨収入の 95%（73 年）を，コンゴ民主共和国は 59%（72 年）を銅から得ていた。チリは経済が多角化しているが，それでも全輸出の 77%（73 年）を銅が占めていた。ペルーは銅以外の金属，海産物，農産物に恵まれているので，この比率は 30%（73 年）にとどまっていた。いずれにせよ

CIPEC 加盟 4 ヵ国は，外貨収入の道を銅輸出に大きく依存しているという点で共通している。しかし銅の国際価格の決定はロンドン金属取引所 (London Metal Exchange: LME, 1876 年設立) において行われ，CIPEC の生産者価格は主導的役割を果たし得ないでいた。LME における銅価格は，73 年の石油価格の急騰と，世界景気の同時的上昇を反映して急上昇した (第 IX-1 図) が，74〜75 年には世界景気後退により供給過剰状態となり価格が低迷したため，74 年末，CIPEC 加盟 4 ヵ国は共同して 10% の輸出削減措置に踏み切った。

加盟国：ザンビア，コンゴ民主共和国，チリ，ペルー (4 ヵ国)。

準加盟国：パプアニューギニア，オーストラリア，ユーゴスラビア，インドネシア (4 ヵ国)。

現状：92 年に国際銅研究会 (第 X 章の第 4 節第 3 項で述べる) が設立されたことから，CIPEC は 92 年以降機能停止状態になっている。加盟国は，CIPEC のような生産国だけの連携では消費国との対立が増すばかりで問題解決にはならず，国際銅研究会に土俵を替えて消費国と協力し合ったほうが得策だという判断をしたのであろう。

5.3 国際ボーキサイト連合 (IBA)

設立経緯：1973 年 10 月のオイルショックは，石油以外の鉱物資源にも大きな影響を与えた。このオイルショックをきっかけに国際的なボーキサイト組織を作ろうとする気運が高まった。73 年 11 月ジャマイカが中心となってユーゴスラビアのベオグラードにおいて準備委員会を開催し，74 年 3 月ギニアの首都コナクリにおいて 7 ヵ国 (オーストラリア，ギニア，ガイアナ，ジャマイカ，シェラレオーネ，スリナム，ユーゴスラビア) 間で国際ボーキサイト連合 (International Bauxite Association: IBA) の結成を決議し，同年 11 月，正式に発足させた。これらの国は当時，ボーキサイト生産量で世界の上位を占めていた (巻末の付表 10 参照)。

目的：この組織の目的は次のとおりである。

○ ボーキサイト産業の秩序ある合理的発展を促進する。
○ 加盟国のボーキサイト収入の合理的拡大を図る。
○ ボーキサイト産業に関し，加盟国の利益を保証する。

加盟国：オーストラリア，ギニア，ガイアナ，ジャマイカ，シェラレオーネ，スリナム，ユーゴスラビア，ガーナ，インドネシア，インド (10 ヵ国)。

加盟 10 ヵ国の総ボーキサイト生産量は 99 年実績で世界の約 70% を占め，IBA の動向は世界のアルミニウム産業の行方を左右するまでの存在となっている。IBA は，先進国のオーストラリアが参加している点で，他の生産国連合と異なる。

5.4 タングステン生産国連合 (PTA)

設立経緯：UNCTAD タングステン委員会 (1965 年 6 月発足。第 X 章の第 3 節第 3 項で述べる) に不満をもつボリビアを中心とするタングステン生産国が 75 年 4 月に設立した。

加盟国：オーストラリア，ボリビア，ペルー，ポルトガル，ルワンダ，タイ，コンゴ民主共和国（75年の加盟国）（外務省経済協力局，1982）。

5.5 鉄鉱石輸出国連合（AIEC）

設立経緯：鉄鉱石輸出国もOPECの動きに刺激されて，団結しようとする動きが強まった。1971年4月の国連貿易開発会議（UNCTAD）報告書は，当時の新規鉄鉱山開発投資がオーストラリア，ブラジル，カナダの3ヵ国において特に大型化していたことに関連して，次のような指摘を行った（外務省経済局，1975）。

○ 発展途上国（上記3ヵ国以外の鉄鉱石生産国）の鉄鉱石生産シェアが減少しつつあること，
○ 発展途上国の鉄鉱山が低品位かつ小規模生産のため，現在の価格水準では危機に直面すること，
○ 3ヵ国において進行中の新規大型鉱山開発が成功すれば，数年後には鉄鉱石が供給過剰になること，
○ 発展途上国は外貨獲得源として鉄鉱石に依存する割合が高く，上記の諸事項は発展途上国経済に打撃を与えること，
○ 鉄鉱石の価格は，その輸出による外貨収入で継続的に経済開発を行い，先進国との経済格差を縮めようとする発展途上国にとって重要問題であること，
○ 以上のように，現状は満足すべきものでなく，関心を抱く国の政府は，鉄鉱石問題を引き続き国際的に検討していくこと。

その後のUNCTADにおける検討を経て，74年11月世界の主要鉄鉱石輸出国13ヵ国の閣僚がジュネーブに結集し，鉄鉱石輸出国連合（Association of Iron Ore Exporting Countries: AIEC）の設立をめざす準備委員会を結成し，75年4月同連合を発足させた。

目的：輸出国相互の利益擁護と価格の引き上げのほか，価格，生産，輸出などに関する情報の交換を図ることである。

加盟国：アルジェリア，ボリビア，ベネズエラ，ペルー，インド，チュニジア（以上急進派6ヵ国），オーストラリア，ブラジル，カナダ，スウェーデン，チリ，フィリピン，モーリタニア（以上穏健派7ヵ国）。

オーストラリア，ブラジル，カナダ，スウェーデンの4ヵ国では最新鋭の大型鉄鉱山が開発され，加盟国内部でも地盤の違いにより利害が一致し難い面があった。加盟国は，急進派6ヵ国と穏健派7ヵ国に明瞭に色分けされ，足並みは整っていなかった。急進派のアルジェリア，ベネズエラ，ペルー，インドは価格のコントロールや引き上げを強く打ち出し，AIECのカルテル化（輸出国のみからなるOPEC型統一機構）を指向した。一方穏健派は，AIECを価格決定や生産量・輸出量調整を行うカルテル型機構にすることは先進国との摩擦を引き起こす（ブラジル）とし，AIECを消費国をも含めた協議，協力，情報交換の場にすべきだ（オーストラリア，カナダ）などと主張した。

現状：89年以降活動を停止している。

5.6 水銀生産者グループ（IGMPC）

設立経緯：1975年設立。

加盟国：アルジェリア，イタリア，メキシコ，スペイン，トルコ，ユーゴスラビア(75年の加盟国)（外務省経済協力局，1982）。

5.7 錫生産国同盟（ATPC）

設立経緯：国際錫協定(1956年7月採択，58年7月発効。第X章の第3節第2項で述べる)に不満をもつマレーシアを中心とする錫生産国7ヵ国(加盟国参照)は，82年12月生産国同盟設立のための検討を開始し，83年8月錫生産国同盟（Association of Tin Production Countries: ATPC）を発足させた。

目的：この同盟の目的は，錫の新規用途の研究開発，錫生産者への公正な収益の確保，消費者への適正な供給の保証であるが，市況低迷時に輸出制限を課すなど，需給調整を主導していた。96年6月以降輸出割当を停止していたが，97年に再開した。

加盟国：マレーシア(97年9月脱会)，インドネシア，タイ，ボリビア，オーストラリア(96年末脱会)，ナイジェリア，コンゴ民主共和国(7ヵ国)。96年からブラジルがオブザーバーで参加。タイは輸入国に転じており，ナイジェリアも実質協議には参加していない。

6 まとめ

　発展途上国の経済は一般に一次資源輸出に大きく依存しており，中には鉱物資源が国家経済の支えとなり，経済発展の原動力の役割を担っている国も多い。発展途上国の鉱物資源は植民地時代に宗主国資本によって切り開かれたものが多い。

　発展途上国は第2次世界大戦後独立は勝ち得たものの，唯一の財産とも言える資源は依然として旧宗主国資本に支配され続け，経済開発は遅々として進まなかった。発展途上国は，自国の資源を利用して高成長を遂げている先進国とその資本に対し，不満と反発を強めていった。このような状況の下，アフリカ，アジア，中南米諸国を中心に，自国の資源を先進国から取り戻し，これを国家の発展や地域住民の利益のために利用しようとする資源ナショナリズムが高揚していくこととなった。

　発展途上国は国連を舞台に結束を強化し，資源の永久的主権を確立し，自国の資源をテコに経済的自立を図ろうと，先進国資本の活動の規制，先進国資本が所有する鉱山の国有化，資源カルテルの結成など，強行的な政策を次々と打ち出し，実行に移した。その結果，長年にわたる植民地支配の遺産，強大な経済力，先進的な技術を背景に，発展途上国の資源を欲しいままに入手し，経済成長と繁栄を誇ってきた先進国の経済基盤は大きく動揺することとなった。発展途上国で吹き荒れた資源ナショナリズムは，世界の資源供給体制に不安定性をもたらし，先進各国の資源政策に大きな影響を与えた。

文　献

外務省経済局（1975）：昭和49年度外務省委託調査研究「資源保有国によるカルテル化の動向と今後の見通し」報告書．162p.
外務省経済協力局（1982）：一次産品問題とわが国経済協力の現状．144p.
金属鉱業事業団（1995）：非鉄金属の安定供給を守る．金属鉱業事業団発行，48p.
金属鉱業事業団資源情報センター（2000）：非鉄メジャーの動向．金属鉱業事業団発行，167p.
資源エネルギー庁（1990）：2000年の資源ビジョン──2000年の資源産業と資源政策──．通商産業調査会発行，195p.
資源エネルギー庁（1999）：1999/2000資源エネルギー年鑑．通産資料調査会発行，966p.

第 X 章

南北問題
―― 対立から相互依存へ ――

1 南北問題と国連貿易開発会議（UNCTAD）

1.1 南北問題の起こり ―― 南北経済格差の拡大 ――

　17, 8世紀以来欧米列強の植民地支配下にあった熱帯・亜熱帯の国々は，第2次世界大戦以降次々と独立を達成したが，経済はその地域特有の一次産品に依存するという植民地経済特有のモノカルチュア的経済構造から脱皮できないでいた。一次産品の価格は，先進国が輸出する工業製品に比べ，激しくかつ不規則に変動する傾向があり（第IX章の第IX–1図参照），一次産品輸出への依存度が高い発展途上国にとって，輸出収入の不安定は安定した経済発展を妨げる大きな原因となっていた。一方先進国では，技術革新が進んで一次産品の代替工業品（例えば，化学繊維，合成ゴムなど）が出現するようになり，また自国農業の保護政策が進められて，発展途上国の一次産品への依存度は低下し，需要が伸び悩んだ。さらには，発展途上国が輸出する安価な一次産品と先進国が輸出する高価な工業製品との価格の不均衡，発展途上国の工業化のための資本財輸入の増大などにより，貿易による利益が先進国に集中し，発展途上国の国際収支は慢性的な赤字となっていた。また，1950年代の東西冷戦体制下における発展途上国への援助競争は，発展途上国の債務増大をもたらした。以上のような輸出収入の不安定，需要の伸び悩み，交易条件の悪化，債務の増大などにより，発展途上国の経済は行き詰まり，南北の経済格差が拡大していった。

　発展途上国は，国連などを舞台として結束し，先進国に対して共通の要求を突き付けるようになった。そして，南北の著しい経済格差をそのままにしておいたのでは，いつまでも南の国々の経済的自立が不可能なうえに，密接な相互依存の関係にある国際社会全体の安定と平和を損なうことになるという認識が形成されるに至り，60年代には，発展途上国と先進国との経済格差を是正し，途上国の発展をいかに図るかという，いわゆる南北問題が世界の重要な課題となった。

1.2 南北問題解消へ向けて ―― UNCTADの開催とプレビッシュ報告 ――

　第2次世界大戦後の国際貿易制度は，自由貿易主義を基礎としてガットが規律してきたが，途上国は経済開発問題を専門的に扱う機関の必要性を主張した。これに応えて64年3月，第1回国連貿易開発会議（United Nations Conference on Trade and Development: UNCTAD）がジュネーブにおいて開催された。UNCTADは，貿易および開発に係わる国際経済問題に関する発展途上国主導型のフォー

ラムである*1。こうして発展途上国は，イニシャチブをもちながら南北問題に関し先進国と交渉を進めていく場を獲得することとなった。

初代事務局長となったプレビッシュは，この第1回会議に「Towards a New Trade Policy for Development（開発のための新しい貿易政策を求めて）」と題する報告書を提出した。この報告書は，南北の経済格差は貿易上の不均衡が原因であり，先進国による一次産品に対する貿易制度や高率関税を是正しなければ南北経済格差や発展途上国の赤字は解消しないと述べ，「援助よりも貿易を」をスローガンにその後の UNCTAD の方向付けをする次のような重要提言を行った（世界経済研究協会発行『国連貿易開発会議の研究』から一部抜粋）。

○ 先進国の輸入拡大を図るために，一次産品の関税引き下げを行い，また発展途上国が工業化の成果として製造した工業製品・半製品についても無差別の一般特恵を供与する。
○ 一次産品価格の安定を図るために，国際商品協定を締結する。
○ 交易条件の悪化を改善するために，発展途上国に対する補償融資制度を導入する。
○ 発展途上国への資金援助について，絶対額を増大させ，援助条件を緩和する。

1.3 UNCTAD の新しい国際貿易原則

UNCTAD は，1964年6月，開発に資する国際貿易関係および貿易政策が次のような一般原則および特別原則により規律されることを勧告した（一部抜粋）。

○ 貿易関係を含む国家間の経済関係は，諸国家の主権平等，人民の自決および他国の国内事項に対する不干渉の原則を基礎とする（一般原則1）。
○ いずれの国も，貿易および天然資源に関する主権的権利を有する（同3）。
○ 先進国と発展途上国との間の生活水準の格差を縮小するため，発展途上国の所得水準を増加させる経済政策を遂行する（同4）。
○ 先進国は，発展途上国の経済的，社会的進歩を促進する努力を支援し，発展途上国の経済の多様化に協力する。この目的のために，先進国は自国経済の調整を奨励すべきである（同5）。
○ 発展途上国の輸出収益の増大，国際貿易の拡大および多様化に役立つような国際貿易の条件を創造する（同6）。
○ 先進国は，発展途上国の特別関心品目の貿易および消費を阻害するような障壁を削減，撤廃するとともに，発展途上国の輸出のための市場を増大させる。とくに，発展途上国の一次産品輸出収益を増加させ，かつ安定化させるために協力する（同7）。
○ 国際機構や先進国は，経済の多様化，工業化をめざす発展途上国を支援するために財政的，技術的援助の増大を図る（同11）。
○ あらゆる形態の植民地主義は一掃する（同14）。

---

*1 UNCTAD 総会はほぼ4年ごとに開催されている。発展途上国，先進国を問わず，世界のほとんどの国が加盟している。2000年7月現在の加盟国数は，191ヵ国と EU である。

1.4 UNCTAD の目的および組織

1964 年秋の第 19 回国連総会における「決議 1995」に定める UNCTAD の目的は，

○ 経済開発を増進するため，国際貿易を促進すること，
○ 国際貿易およびこれに関連する経済開発問題に関し，原則と政策を策定すること，
○ 上記の原則と政策の実施のため提案を行い，関連するその他の措置をとること，

などである(世界経済研究協会発行『国連貿易開発会議の研究 II』から一部抜粋)。すなわち，発展途上国の経済発展を図るには国際貿易を促進する必要があるが，具体的にどうすべきかアイデアを出し合い，それを実行していくということである。

UNCTAD の組織は第 X–1 図に示すとおりで，総会の下に常設機関として貿易開発理事会が設立され，その下に貧困軽減委員会，一次産品委員会など 4 つの委員会が常設されている。一次産品委員会に対する主な付託条項は次のとおりである。

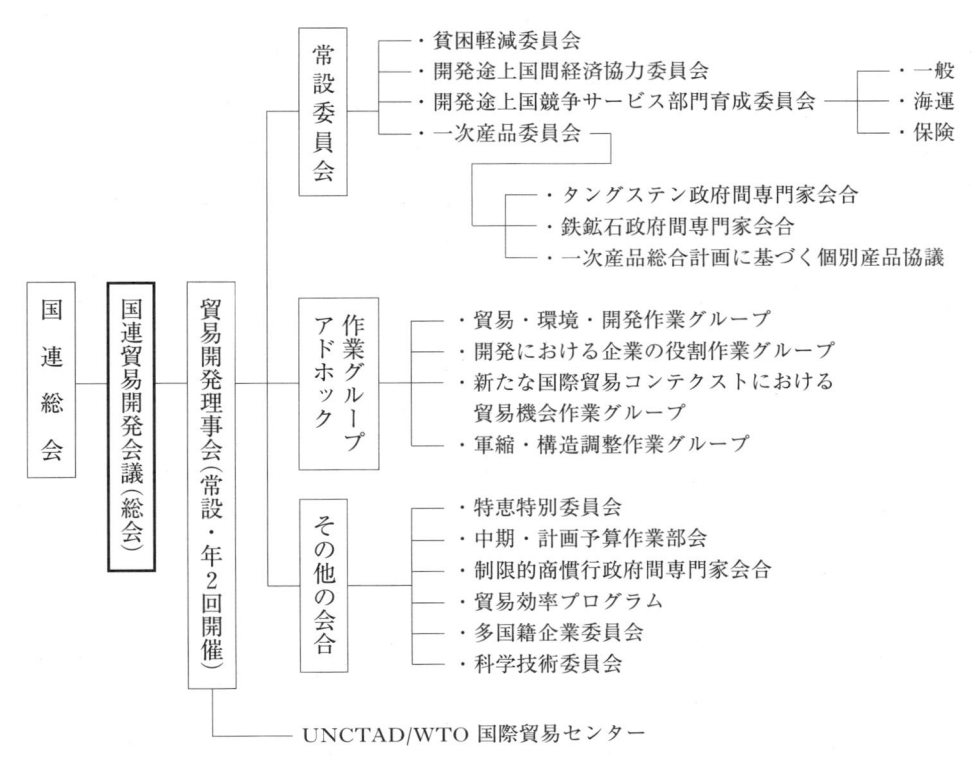

第 X–1 図　国連貿易開発会議 (UNCTAD) の機構図
外務省総合外交政策局 (1996) から引用した。

- 一次産品分野における諸政策の推進。
- 一次産品の生産，価格，貿易についての統計的な研究，分析。
- 一次産品分野の諸機関の活動の促進，調整。
- 一次産品に関する国際合意，取り決め，およびUNCTADの中での自主的なスタディ・グループ（研究会）の必要性についての分析。
- 政府間協議の促進。

2 新国際経済秩序（NIEO）の樹立に関する宣言

しかし70年代に入っても，発展途上国に対する植民地的支配体質（経済支配，人種差別など）は根強く残り，発展途上国の発展および国民の完全な解放に対する最大の障壁となっていた。南北経済格差は縮まるどころか，60年代に高度経済成長を遂げた先進国との格差は一段と拡大した。発展途上国がいつまでも先進国による経済的支配から逃れられず，貧困から脱却できないのは，植民地制度に端を発する「南北分業」体制[*2]とそれに基づく不平等，不公平な国際経済秩序に原因があるとして，発展途上国では先進国に有利な国際経済体制に対する批判が高まっていった。

こうした発展途上国の動きを背景に国連は，第6回国連特別総会[*3]（74年4月～5月，ニューヨーク）を招集し，74年5月，「新国際経済秩序（New International Economic Order: NIEO）の樹立に関する宣言および行動計画」をコンセンサスにより採択した。NIEOは，先進国が優位に立つ国際経済システムを主権平等の原則に基づいて改革し，公平でかつバランスのとれた国際社会を実現することによって，南北格差や南の貧困を解消していくことをめざしたものであり，発展途上国側の主張を基調としている。その趣旨は，資源を保有する発展途上国は，その資源を支配することによってのみ自国の経済的発展を実現しうるのであり，自国資源に対する主権的支配を可能にするような新しい国際経済秩序の樹立が必要であるというものである（外務省，1975b）。同宣言の採択は，発展途上国が独立後団結を強化し，北に対する発言力を強めてきた成果であった。

宣言には次のような20項目の基本原則が掲げられている（一部抜粋）。

- 国家の主権平等，全人民の自決，武力による領土取得の不承認，他国の内政不干渉。
- 世界に蔓延する不平等を一掃するため，公平を基礎とする国家間の協力。
- 天然資源と経済活動に対する永久的主権の確立（いずれの国も天然資源を管理し，開発する権利を有すること）。
- 多国籍企業の活動に対する規制と監視（多国籍企業は受け入れ国の完全な主権の下に活動しなければな

[*2] 多国籍企業による発展途上国の天然資源の収奪は独立後も続き，発展途上国はもっぱら，天然資源（原材料）を先進国に供給する基地としての役割を担っていた。

[*3] この国連特別総会は，「原材料と開発」の諸問題を扱ったため，国連資源総会，国連資源特別総会などと呼ばれることがある。この特別総会で日本を含む西側先進国は，発展途上国の急進的な要求に対し，国際経済社会における相互依存の高まりに相応して発展途上国との対決を回避するため，一層の対話と協調の必要なことを強調し，「宣言」の採択に応じた（外務省，1975a）。

らないこと)。
○ 発展途上国が輸出する原材料，一次産品，半製品，製品の価格と輸入品の価格との公正かつ衡平な関係(発展途上国に不利な交易条件を改善すること)。
○ 生産者同盟の結成を推進し，世界経済の持続的な成長と発展途上国の発展のために役立たせること。

　70年代は，南北間の対立が最高潮に達した時期であるが，同時に団結してきた南の世界に分化現象が現われ始めた時期でもある。いわゆる南南問題の出現である。中進国(新興工業国 NICS)と最貧国，産油国と非産油国の間で経済格差が広がり始めた。工業化と輸出を中心に高成長を達成できた新興工業国が出現した反面，資源を持たず産業も育たない，長期にわたって最貧状態が続き，苦しんでいるアフリカ諸国も多く，南の内部でも成長格差が拡大したのである。南の分化現象は利害関係の多様化を生み，連帯と結束を多様化し，発展途上国間の調整と統合を難しいものにしていくことになる。

3　UNCTAD 一次産品総合計画 (IPC)

　1960年代は，発展途上国が一次産品問題に対する自らの立場と考えを明らかにした時代であった。70年代に入ると，NIEOの樹立，相次ぐ資源カルテルの結成などに見られるように，発展途上国の一次産品問題への取り組みはますます積極的になっていった。このような発展途上国の攻勢下にあって，発展途上国と先進国との間の対決姿勢は70年代中頃まで続いた。しかしこの頃からアジアや中南米の穏健派は，一次産品問題交渉の遅々とした進みや世界景気後退による国際収支の悪化などを背景にこれまでの原則論主張の姿勢からより現実的な対応に転換し始め，また先進国が資源確保や一次産品価格急騰の危惧などから歩み寄りをみせた結果，76年5月，第4回UNCTAD総会(ナイロビ)で一次産品総合計画 (Integrated Programme for Commodities: IPC) が採択された。

　IPCは発展途上国の輸出関心品目である18の一次産品[*4]について，過度の価格変動の防止と貿易拡大，発展途上国の輸出所得の改善，一次産品の加工度の向上，合成品・代替品に対する競争力向上などを目的とし，この目的を達成するための具体的政策として一次産品共通基金 (Common Fund for Commodities: CF) の設立と個別産品協議を通じた国際商品協定 (International Commodity Agreement: ICA) の締結をめざした。個別産品ごとの協議は，生産国(輸出国)と消費国(輸入国)の間で行われ，コア10品目を中心に精力的に進められた。

[*4] 一次産品とは，人間が自然に働きかけることによって自然から採取されるもので，高度な加工がなされていない産品を言い，具体的には農業，水産業，林業，鉱業などの産品である。IPCでは，これらの産品のうち，発展途上国の経済にとって大きな位置を占め，価格の大幅な変動，長期的需要の伸び悩みなどの問題を抱える次の18の特定品目を議論の対象とした。銅，錫，コーヒー，ココア，茶，砂糖，天然ゴム，綿花および綿糸，ジュートおよび同製品，硬質繊維および同製品(以上がコア10品目と呼ばれる)，鉄鉱石，ボーキサイト，マンガン，燐鉱石，バナナ，食肉，熱帯木材，植物油および油糧種子。

IPC 18品目の個別産品協議の進捗状況は以下のとおりである。

○ IPC 成立以前に商品協定が存在した一次産品：錫（85年破綻），コーヒー，ココア，砂糖，オリーブ油。
○ IPC 成立後商品協定が締結された一次産品：天然ゴム，ジュート，熱帯木材。
○ 国連食糧農業機関（FAO）の商品問題委員会が取り上げている一次産品：茶，硬質繊維，バナナ，食肉，植物油。
○ UNCTAD 一次産品委員会が取り上げている一次産品：タングステン，鉄鉱石。
○ 国際商品研究会となった一次産品：銅。
○ 何ら枠組みがない一次産品：ボーキサイト，マンガン，燐鉱石。

3.1　一次産品共通基金（CF）

一次産品共通基金（CF）は，IPC の目的を達成するための中核的機関で，緩衝在庫などを有する国際商品協定に融資業務を行う第1勘定(第1の窓)と，一次産品の生産性の改善，一次産品市場の開拓，一次産品の垂直的多様化(同一の原料による加工度の異なる半製品，製品の生産)などの研究開発プロジェクトに対して贈与または貸付の資金供与を行う第2勘定(第2の窓)の2つを柱とする。第1，第2勘定の資金規模はそれぞれ4億ドル，3億5,000万ドルである。基金の規模や資金供与の対象などをめぐって発展途上国と先進国の対立が長く続き，交渉は難航した。CF 設立協定は80年6月に採択されたが，長らく発効要件(規定の批准国数，拠出額)を満たせず，漸く89年6月に発効した。第2勘定では，95年1月まで27プロジェクトに対して融資が承認され，その中に鉱物資源に関するものとして「亜鉛鋳造に関する技術移転と垂直的多様化(国際鉛・亜鉛研究会)」と「亜鉛メッキに関する技術移転と垂直的多様化(国際鉛・亜鉛研究会)」の2つのプロジェクトが含まれている。CF に関する詳細は外務省経済協力局（1982）を参照されたい。

2000年7月現在の CF 加入国数は，日本を含む西側先進国，アジア・グループ，アフリカ・グループ，ラテンアメリカ・グループ，中国，東欧など105ヵ国と EU である。西側先進国のうちアメリカは未加入であり，フランスは脱退した。日本は CF の設立に積極的姿勢を示し，79年3月の設立交渉ではまとめ役として活躍した。

3.2　国際錫協定（ITA）

第2次世界大戦後，世界における錫の生産は一部の国に極端に偏っていた。鉱石はマレーシア，インドネシア，タイの3ヵ国で世界の全生産量の実に63%（1973年実績）を占め，また地金の生産もマレーシア，タイ，イギリス，インドネシアの4ヵ国で75%（1973年実績）を占めていた。一方主要な消費国はアメリカ，日本，イギリス，西ドイツで，完全に消費国と生産国が分かれていた。

1947年，錫の世界需給事情の調査および生産，消費，貿易に関する研究のため国際錫協会が設置された。国際錫協定（International Tin Agreement: ITA）は，これを基盤として，56年7月に採択さ

れ，58年7月に発効した。またITAの調印とともに，国際錫理事会（ITC）が発足した。

ITAは緩衝在庫制度*5と輸出割当制度の併用で，需給バランスを保ち，価格を安定させることを目的とした。ITAは第4次協定（71年7月～76年6月）まで，一部に不満はあるものの，価格維持が円滑に行われたことなどから，有効に作用した。しかし，需給バランスは第5次協定（76年7月～82年6月，1年の延長を含む）に入ると急速に崩れ始めた。市況の高騰と価格帯引き上げに誘発されて生産は伸びていたところ，オイルショック以後の不景気，省資源指向，製缶材分野の技術開発によるアルミニウム，紙などの急速な進出により消費は目に見えて減少した（千葉，1987）。第6次協定（82年7月～89年6月，2年の延長を含む）に入っても錫の供給過剰が続き，高価格維持のため緩衝在庫は膨らみ，第6次協定中の85年10月，ITC事務局の財政は破綻し活動を停止した。この直後にLMEが錫取引を停止したため，世界中の錫市場が閉鎖された。その結果，ITCは莫大な在庫および負債を抱え崩壊した（錫危機）。89年6月，ITCの債権問題の決着を受け，LMEは取引を再開した。ITAの締結から破綻までの経緯については，千葉（1987），青山（1997）が詳細に記述しているのでこれらを参照されたい。

ITA破綻の原因として，次のことが考えられる（青山，1997）。

○ 価格帯の設定が，世界最大の生産・輸出国であるマレーシアの生産コストに引きずられ高い水準に維持され続けた。
○ 70年代の錫価格の高騰で，消費国における錫節約技術の発達や代替財（アルミニウムなど）の開発が促進され，錫需要が減退した。
○ ブラジル，中国，ペルーなどの協定非加盟国が低コストで増産を続けたため，ITC事務局の価格引き上げ効果が減殺された。
○ 第5次協定加盟国のうち，主要な錫生産国であるボリビア，主要な錫消費国であるアメリカ，旧ソ連の3ヵ国が第6次協定に参加しなかったことから，協定加盟国の市場支配力が，第5次協定時の80％から第6次協定時（破綻時）の53％に低下した。

ITAに不満をもっていたマレーシアを中心とする錫生産国7ヵ国（マレーシア，インドネシア，タイ，ボリビア，オーストラリア，ナイジェリア，コンゴ民主共和国）は，82年12月にカルテル化への検討を始め，83年8月に錫生産国同盟（ATPC）を発足させた（第IX章で述べた）。

なお，87年7月現在の第6次協定の加盟国は，次のとおり輸出国（生産国）6ヵ国，輸入国（消費国）17ヵ国の計23ヵ国であった。

輸出国（生産国）：オーストラリア，インドネシア，マレーシア，ナイジェリア，タイ，コンゴ民主共和国。

輸入国（消費国）：ベルギー，カナダ，デンマーク，フィンランド，フランス，ドイツ，ギリシャ，

---

*5 価格が一定水準より下落した場合，緩衝在庫がその資金で買い支え，一定水準より上昇した場合，手持ちの在庫を放出することにより需給のバランスを図るというシステムである。このシステムは，生産者には価格の変動などの不利益を減らすばかりでなく，計画的な生産を可能にし，一方消費者には資源の入手機会を保障することから，生産者，消費者双方にとって経済安全保障上のメリットが大きいと考えられた。

インド，アイルランド，イタリア，日本，ルクセンブルグ，オランダ，ノルウェー，スウェーデン，スイス，イギリス。

3.3 UNCTAD タングステン委員会

　タングステンは戦略物資としての性格の強い金属である。この金属は世界における分布が偏在し，「魔の商品」と言われるほど投機性が強く，価格変動が激しかった。鉱山でのタングステン鉱石の採掘は需要の増大時にのみ行われ，需要の減退時には休止される例が多かった。こうしたことから，タングステンには常に需給のアンバランスが存在し，生産国，消費国はともに苦慮していた(外務省経済局，1975)。

　タングステン市況の暴落により経済的打撃を受けたボリビア，アルゼンチンを中心とした南米のタングステン生産国からの要請を受けて，1963 年 1 月国連本部においてタングステンの需給，価格変動などに関する会議が開催され，65 年 6 月に UNCTAD 傘下にタングステン委員会が発足した。

　74 年 8 月の第 7 回会合で，委員会の目的が討議され，「毎年各国が前年度の生産，消費実績と，新年度の見通しを持ち寄って，需給バランスを維持し価格の安定を図る」という結論に達した。74 年 11 月の第 8 回会合でも価格の安定策が中心に討議された。この会合では主要なタングステン生産国であるボリビアが，国際錫協定をモデルに鉱石価格の上限と下限を設定し，強力な価格協定をすべきだと主張したのに対し，中国や消費国(先進国)は，価格協定には慎重な態度を取り，これに反対した。消費国は，タングステン市場が他の商品に比し特別な性格を帯びかつ複雑で，実態が十分に明らかでないとして，市場の情報不足を指摘した。第 8 回会合の参加国は次の国を含む 33 ヵ国であった(外務省経済局，1975)。

　生産国：中国，ボリビア，韓国，ポルトガル，オーストラリア，カナダ，タイなど。
　消費国：イギリス，アメリカ，日本，ソ連，ポーランドなど。
　その後この委員会に不満を持つボリビア，ペルーなどのタングステン生産国は 75 年 4 月，共通の利益確保をめざしてタングステン生産国連合 (PTA) を設立した(第 IX 章で述べた)。

3.4 UNCTAD 鉄鉱石委員会

　1968 年の UNCTAD 一次産品委員会において，鉄鉱石を商品品目のひとつに加えることが決まり，70 年 1 月以降毎年，鉄鉱石に関する会合が開催されてきた。すでに第 IX 章の「5.5 鉄鉱石輸出国連合 (AIEC)」で述べたが，71 年 4 月の UNCTAD 報告書は，

○ オーストラリア，ブラジル，カナダの新規大型鉄鉱山開発によって，発展途上国の鉄鉱石生産シェアが減少しつつあること，
○ 上記 3 ヵ国の新規大型鉱山開発によって，数年後には鉄鉱石が供給過剰になること，
○ 外貨獲得源として鉄鉱石に依存する発展途上国に経済的打撃を与えること，

などを指摘し，UNCTAD の場において鉄鉱石問題を引き続き検討していくとした(外務省経済局，

1975)。

72年2月のUNCTAD会合で発展途上の鉄鉱石輸出国は，消費国(先進国)に対して，世界鉄鋼業の最近の景気後退に伴う鉄鉱石の輸出量の減少および輸出価格の減少がこれらの諸国の経済に深刻な悪影響を与えていること，通貨の切下げによって販売価格が大幅に減少していることなどを口々に訴えた。この会合に出席した国は，鉄鉱石の輸出国と消費国からなる25ヵ国であった。消費国には日本，アメリカ，旧ソ連，イギリス，フランス，ドイツ，カナダ，イタリアなどが含まれる。

73年2月の会合で，鉄鉱石輸出国は価格決定のための国際的措置の必要性を主張し，必要なしとする消費国との間に対立が続いた。74年2月には，輸出国12ヵ国の会合が持たれ，インド，アルジェリア，ベネズエラ3ヵ国による「より高い価格水準を確保するための具体的提案づくり」のための作業部会が結成された。そして同年11月，世界の主要鉄鉱石輸出国13ヵ国が閣僚会議を開催し，AIECの設立をめざす準備委員会を結成し，75年4月これを発足させた。AIEC加盟国は，発展途上国からなる急進派と先進国からなる穏健派との間で見解が分かれたまま，結局，情報交換と政策調整の努力を続けることとなった(第IX章参照)。

4　非鉄金属関連の国際商品研究会

国際商品研究会は，生産国と消費国が情報交換などで協力し合う組織で，UNCTADからは独立した国際機関である。金属ごとに設立されている。

4.1　国際鉛・亜鉛研究会（ILZSG）

設立経緯：鉛・亜鉛の国際価格の急激な変動は関係諸国，とくにその輸出に大きく依存する発展途上国の経済に大きな影響を与えていたが，その対策を国際的に研究しようと，1958年9月に第1回国連鉛・亜鉛研究会議(参加国32ヵ国)がロンドンにおいて，同年11月に第2回会議がジュネーブにおいて開催された。これらの会議での勧告を受けて，60年1月国際鉛・亜鉛研究会 (International Lead and Zinc Study Group: ILZSG) が発足した。

目的: 同研究会は，鉛・亜鉛の国際貿易に関する政府間の協議の機会を提供し，統計整備，情報収集を行うことを主目的とし，加盟生産国の生産および輸出の制限など短期的措置を調整する任務も帯びている。また，加盟国政府に対して提案または勧告を行い得ることとなっている。

加盟国：加盟国は鉛・亜鉛の主要な生産国と主要な消費国からなる。2000年7月現在の加盟国は次の28ヵ国である。アルジェリア，オーストラリア，ベルギー，ブラジル，ブルガリア，カナダ，中国，フィンランド，フランス，ドイツ，インド，アイルランド，イタリア，日本，韓国，モロッコ，オランダ，ノルウェー，ペルー，ポーランド，ロシア，南アフリカ，スペイン，スウェーデン，タイ，イギリス，アメリカ，ユーゴスラビア。付表4〜付表9(世界における鉛・亜鉛の生産量・消費量の推移)に列挙されている国はすべてこの研究会に加盟している。

最近の動き：統計整備と情報交換が同研究会の主目的であるが，最近の環境規制の強化に対応す

るために，リサイクル委員会，環境委員会を設けた。また，他の非鉄金属研究会との共催によるワークショップの開催など，他機関との連携を推進している。

日本の対応：58年9月の第1回会議に代表を派遣して以来，鉛・亜鉛の安定供給の確保を図る観点から毎回参加している。65年11月の第9回総会を東京で開催したほか，数次にわたり日本代表が総会議長を務めるなど，世界の鉛・亜鉛の生産，消費および貿易に占める日本のシェアに鑑み，同研究会の活動に積極的に貢献してきている(外務省資料)。

4.2 国際ニッケル研究会（INSG）

設立経緯：1976年，主要なニッケル生産国であるオーストラリアの提唱により検討が始まった。ニッケルに関する統計は，他の主要非鉄金属に比べて十分に整備されているとは言えず，安定的なニッケルの需要を確保していくうえで問題があった。そのような認識のもと，ニッケルの主要生産国と主要消費国はニッケルの統計整備のための国際協力について検討を開始した。UNCTADにおける討議の結果，86年5月国際ニッケル研究会（International Nickel Study Group: INSG）の設立が採択されたが，受諾国不足のため発足が見送られ，ようやく90年5月発足した。同研究会は，UNCTADから独立した国際商品研究会である。

目的：同研究会は，世界のニッケル経済の安定と発展のための国際協力を強化することを目的とし，これを遂行するために次のような任務を行っている。

○ ニッケルの生産，消費，貿易，ストック，価格，リサイクリングなどに関する統計の収集と発表。
○ 生産設備，環境規制などの情報収集と発表。
○ 世界のニッケル経済に関する諸問題の解決のために，ニッケル生産国，消費国に対する討議の場の提供。
○ ニッケル市場の経済分析。

加盟国：加盟国はニッケルの主要な生産国と主要な消費国からなる。2000年7月現在の加盟国は次の15ヵ国とEUであり(アメリカは未加入)，加盟国で世界のニッケル生産量および消費量の約7割を占める。同研究会には，世界のニッケル経済に関心を有する国または政府間機関が加盟できる。オーストラリア，カナダ，キューバ，フィンランド，フランス，ドイツ，ギリシャ，インドネシア，イタリア，日本，オランダ，ノルウェー，ロシア，スウェーデン，イギリス，EU。付表13～付表15(世界におけるニッケルの生産量・消費量の推移)に列挙されている国の多くがこの研究会に加盟している。

日本の対応：日本は世界第1位のニッケル消費国であり，その全量を輸入に依存している。日本はニッケルの安定供給という観点から同研究会に積極的に参加している(外務省資料)。

4.3 国際銅研究会（ICSG）

設立経緯：1986年6月アメリカは経済協力開発機構（OECD）のハイレベル・グループ会合の場

で銅に関する生産国と消費国の間のフォーラムの設立を提案した。これに対し各国も銅に関する総合的な統計整備，情報交換を行う国際組織は有用であるとの認識を示した。その後 UNCTAD における研究会設立のための討議を経て，89 年 2 月に国際銅研究会（International Copper Study Group: ICSG）の設立が採択され，92 年 1 月に発効した。同研究会も国際ニッケル研究会と同様に，UNCTAD から独立した国際商品研究会である。

目的：同研究会は，銅に関する政府間協議を通じて，国際銅経済に関する協力の強化を図ることを目的とし，これを遂行するため主に次の任務を行っている。

- 国際銅経済に関する協議および情報交換。
- 銅に関する統計の改善。
- 市況および世界の銅産業の見通しについての定期的評価。
- 銅に係わる重要な案件に関する研究。
- 銅市場の発展および需要の開発を目的とする他の組織との共同活動。

加盟国：同研究会には，銅の生産，消費または貿易に関心を有するすべての国または政府間機関が加盟できる。2000 年 7 月現在の加盟国は次の 24 ヵ国と EU であり，加盟国で世界の銅生産量および消費量の約 8 割を占める。銅輸出国政府間協議会（CIPEC）の中心的メンバーであるチリ，ペルー，ザンビアなども加盟している。ベルギー，カナダ，チリ，中国，フィンランド，フランス，ドイツ，ギリシャ，インド，インドネシア，イタリア，日本，ルクセンブルグ，メキシコ，オランダ，ノルウェー，ペルー，ポーランド，ポルトガル，ロシア，スペイン，イギリス，アメリカ，ザンビア，EU。付表 1〜付表 3（世界における銅の生産量・消費量の推移）に列挙されている国のうち，オーストラリア，ザイール，韓国など一部を除いたほとんどの国がこの研究会に加盟している。

日本の対応：日本は世界有数の銅消費国であり，輸入国である。政府レベルで統計を整備することは，市場の透明性の確保の一助となり，発展途上国にとっても生産政策を立案するうえで有為であるとの考えに立ち，研究会に積極的に参加している（外務省資料）。

4.4 国際錫研究会（ITSG）

経緯：国際錫理事会（ITC）は 1985 年 10 月の財政破綻により機能を停止した（前述）が，日本を含む各国は統計の収集，公表活動および情報交換のための生産国—消費国間フォーラムの場が引き続き有用との認識に立ち，UNCTAD において国際錫研究会設立のための交渉を行った。その結果，89 年 4 月に国際錫研究会（International Tin Study Group: ITSG）設立に係る付託条項（以下「T/R」）が採択された。

T/R の発効要件については，受諾国の錫貿易量合計が世界全体の貿易量の 70% 以上になること（第 21 条 (a)），およびこの要件が 89 年 12 月 31 日までに満たされない場合は，T/R 受諾国会合を開催し，発効を決定することができること（同条 (c)）が規定されているが，期日までに発効要件は満たされず，また T/R 受諾国会合も開催されなかった。

目的：同研究会は，錫危機の経験を踏まえて価格調整機能を持たず，世界の錫をめぐる動向を主として統計整備を通して把握し，錫需給に関する情報を交換し，錫に関する種々の事項を研究することを目的としている。

受諾国：99年9月現在の受諾国は次の10ヵ国およびEUである（暫定的受諾国を含む）。マレーシア，インドネシア，ナイジェリア，タイ，ギリシャ，フランス，オランダ，ベルギー／ルクセンブルグ，イタリア，ポルトガル，EU。これらの国の貿易量は世界総貿易量の約35％を占めるに過ぎず，発効要件を満たすには今後，中国，アメリカ，ブラジル，ボリビア，韓国，日本など主要な生産国と消費国の受諾が必要である。

99年4月にはT/Rの受諾国および非受諾国双方から錫の関係国12ヵ国（日本も含む）が集まり，同研究会設置に関する非公式協議を行った。この会合では改めて生産国—消費国間協力の必要性が認められ，研究会設置に関心が示された。引き続きT/R受諾に向けての関係国の関心を探るべく非公式協議が行われる予定である（外務省資料）。

5 まとめ

欧米列強の植民地支配下にあった発展途上国は，第2次世界大戦後次々と独立を達成したが，経済はその地域特有の一次産品に依存するという植民地経済特有のモノカルチュア的経済構造から脱皮できないでいた。輸出収入の不安定，需要の伸び悩み，交易条件の悪化などにより，発展途上国の経済は行き詰まり，南北の経済格差は拡大していった。発展途上国は，国連などを舞台として結束し，先進国に対して共通の要求を突き付けるようになった。

1960年代には，発展途上国と先進国との経済格差を是正し，途上国の発展をいかに図るかという，いわゆる南北問題が世界の重要な課題となった。64年にUNCTADが開催され，国際貿易関係および貿易政策に関する新しい原則を採択した。この原則は，「植民地主義を一掃し，諸国家の主権平等の下に国際貿易を拡大し，発展途上国の輸出収益の増大を図り，南北間の生活水準の格差を縮小していく」というものであり，そのためには，発展途上国経済の多様化と先進国経済の調整，発展途上国の輸出のための市場の増大，国際機構や先進国による発展途上国に対する財政的・技術的援助の増大が必要であるとしている。

しかし，70年代に入っても，発展途上国に対する植民地的経済支配体質は根強く残り，60年代に高度経済成長を遂げた先進国との経済格差は一段と拡大した。発展途上国は，「発展途上国のほとんどが独立国として存在しなかった時代に作られた現行の国際経済秩序の下では，南北間の経済格差は開き続け，あらゆる面での不公平がいつまでも続く」として，天然資源に対する永久的主権の完全な確保と行使，多国籍企業の規制，交易条件の改善などを骨子とする新しい国際経済秩序の確立を要求し，先進国に対して根本的な挑戦を行った。これに対して先進国は従来の体制を守ることに力点を置き反対した。このため，発展途上国と先進国との対決姿勢は続き，発展途上国が先進国資本の排除，資源カルテルの結成などを通して次々と攻勢をかける中で対立は一層激化した。

しかし，こうした対決姿勢は75年頃から変化を示し始めた。発展途上国は，これまでの原則論主張の姿勢からより現実的な対応に転換し始め，一方先進国も，発展途上国の成長が先進国経済の健全性に大きく貢献するとの相互依存を認識するに至り，また資源確保や一次産品価格急騰の危惧などから一次産品問題への対応を示すようになった。こうして双方が歩み寄りをみせ，76年に一次産品総合計画（IPC）を採択した。この計画は，一次産品価格の変動の防止，発展途上国の輸出所得の改善，一次産品の加工度の向上などを目的とし，これを達成するため一次産品共通基金（CF）の設立と個別産品協議を通じた国際商品協定（ICA）の締結をめざしたものである。しかし，ここでも再び生産国(発展途上国)と消費国(先進国)との対立が繰り返されることとなった。

　80年代半ばになると，生産国と消費国の双方が情報交換，統計整備，市場分析などを協力して行う国際商品研究会（UNCTADから独立した国際機関）を設立しようとする動きが活発になった。鉱物資源に関するものでは国際ニッケル研究会，国際銅研究会，国際錫研究会などが採択されている。

　外務省経済局（1975）は南北問題を次のようにまとめている。資源ナショナリズムは，国家独立を達成した資源保有発展途上国の経済的自立への要求であり，先進国に対する富の公平な分配を求める動きである。こうした動きが起こった背景は，逆説的にみれば，世界経済体制の相互依存関係が確立されたからとも言えよう。すなわち，第2次世界大戦後多くの植民地が政治的独立を達成したが，経済的には依然として植民地主義的資源略奪が横行していた。先進国の彼らに対する依存度が強まるにつれて，自分たちがこれまで不利益を被ってきたことに目覚めていったのである。

文　献

青山利勝（1997）：開発途上国を考える．勁草書房発行，184p.
千葉泰雄（1987）：国際商品協定と一次産品問題．有信堂発行，366p.
外務省（1975a）：わが外交の近況(上巻)——1975年版(第19号)．
外務省（1975b）：わが外交の近況(下巻，資料編)——1975年版(第19号)．
外務省経済局（1975）：昭和49年度外務省委託調査研究「資源保有国によるカルテル化の動向と今後の見通し」報告書．162p.
外務省経済協力局（1982）：一次産品問題とわが国経済協力の現状．144p.
外務省総合外交政策局（1996）：国際機関総覧1996年版．日本国際問題研究所発行，1030p.
世界経済研究協会発行『国連貿易開発会議の研究』．
世界経済研究協会発行『国連貿易開発会議の研究 II』．

第 XI 章

依然として続く先進国による発展途上国の鉱物資源支配
―― 何が発展途上国の経済開発を阻んできたか ――

1 はじめに

　第 IX 章と第 X 章で述べたように，資源保有発展途上国は 60 年代以降，自国の鉱物資源を支配していた先進国からそれを取り戻して経済的自立を達成しようと，国連や国連貿易開発会議（UNCTAD）を舞台に結集し，先進国に対して強行的な政策を実行するとともにガットの貿易制度の改善などを要求した。本章では，多国籍企業の活動，鉱物資源の需給体制，ガット・WTO の貿易制度など，世界における鉱物資源の開発と貿易の現状を明らかにし，ここ 40，50 年の間に発展途上国の目標がどの程度達成されたかを見てみる。また，02 年に始まった WTO の新ラウンドに発展途上国はどう臨むべきか，非鉄金属分野における南北競合の時勢の中で日本の非鉄金属産業はどう対応すべきか，についても簡単に触れる。

　本章では，60 年代初頭～70 年代中葉に高揚した発展途上国の資源ナショナリズムがガットのラウンド交渉に少なからず影響を与え，彼らの主張・要求がガットや WTO の貿易制度に反映されていったこと，貿易制度の改善をめぐって「UNCTAD 対ガット」の構図が存在していたこと，などにも注目したい。

2 世界の鉱物資源の開発体制

2.1 発展途上国はかつて自力で鉱物資源開発を行うことをめざした

　現在世界で鉱物資源開発が盛んに行われているのは発展途上国においてである。そもそも発展途上国の鉱物資源は植民地時代に欧米資本によって切り開かれ，欧米資本に所有されていた。発展途上国は，独立後も自国内で資源開発を行い利益を独占してきた先進国とその資本に対する不満と反発を強め，資源を自らの手に取り戻すべく，先進国資本が所有する鉱山の国有化，資源カルテルの結成，先進国資本の活動の規律・監督，鉱物資源の自力開発のための人員訓練の要求など，強行的な政策を次々と打ち出し，実行に移した。

2.2 発展途上国で鉱物資源開発を行っているのは今も先進国企業である

　現在発展途上国において鉱物資源開発を行っている事業主体は，必ずしも発展途上国の政府や企

第 XI-1 表　世界で活動する主な非鉄金属メジャーとその活動対象地域

企業名	本社所在地	主要対象鉱種	主要対象地域
1 Anglo American plc	イギリス・ロンドン	金	南アフリカ, アメリカ, マリ, ブラジル, アルゼンチン, ナミビア
		白金族金属	南アフリカ
		銅	チリ, ザンビア, 南アフリカ, カナダ, コンゴ民主共和国, ブラジル
		鉛・亜鉛	南アフリカ, アイルランド, カナダ, ナミビア
		ニッケル	ブラジル, ボツワナ, ジンバブエ, ベネズエラ
2 Rio Tinto plc	イギリス・ロンドン	銅	チリ, アメリカ, インドネシア, 南アフリカ, ポルトガル
		金	インドネシア, アメリカ, パプアニューギニア, オーストラリア, ブラジル, ジンバブエ
		銀・亜鉛など	アメリカ
		ニッケル	ブラジル
3 Broken Hill Pty	オーストラリア・メルボルン	銅	チリ, パプアニューギニア, アメリカ, ペルー
		金	パプアニューギニア, チリ, アメリカ, ペルー
		銀・鉛・亜鉛	オーストラリア
4 Rio Doce	ブラジル・リオデジャネイロ	金	ブラジル
		ボーキサイト	ブラジル
		マンガン	ブラジル
5 Codelco	チリ・サンチャゴ	銅	チリ
		金	チリ
		モリブデン	チリ
6 Freeport McMoran Copper & Gold	アメリカ・ニューオリンズ	銅	インドネシア
		金・銀	インドネシア
7 Noranda	カナダ・トロント	銅	チリ, カナダ, ペルー
		金	カナダ, パプアニューギニア
		鉛・亜鉛	カナダ
		ニッケル	カナダ, ドミニカ
8 Phelps Dodge	アメリカ・フェニックス	銅	アメリカ, チリ, ペルー
		金	チリ, アメリカ
		モリブデン	アメリカ
9 Newmont Mining	アメリカ・デンバー	金	アメリカ, ペルー, インドネシア, メキシコ, ウズベキスタン
		銅	インドネシア
10 Placer Dome	カナダ・バンクーバー	金	アメリカ, パプアニューギニア, カナダ, オーストラリア, 南アフリカ, チリ, ベネズエラ
		銅	チリ
11 North	オーストラリア・メルボルン	銅	オーストラリア, アルゼンチン
		金	オーストラリア, アルゼンチン
		鉛・亜鉛	スウェーデン
12 Gold Fields	南アフリカ・ヨハネスブルグ	金	南アフリカ, ガーナ

金属鉱業事業団資源情報センター（2000）から非鉄金属の鉱山開発部門だけを抜粋した（製錬部門は含まない）。

業でなく，多くは非鉄金属メジャーと呼ばれる多国籍企業[*1]である(第XI–1表)。例えば，ロンドンに本拠地を置く Anglo American plc はアフリカや南北アメリカの十数ヵ国において金，白金，銅，鉛，亜鉛，ニッケルの鉱物資源開発を展開している。非鉄金属メジャー各社は，第XI–1表に記載された国において鉱山開発(や製錬)を行っているほか，次なる開発をめざしてさらに多くの国で資源探査を展開している。60年代以降世界で活動してきた主な非鉄金属企業を見ると(第IX章の第IX–3表)，旧ザイール(現コンゴ民主共和国)，ザンビア，チリなど資源保有発展途上国の企業もいくつかは出現するが，大部分はアメリカ，イギリス，オーストラリアなど先進国に国籍を置くメジャーが占めている。発展途上国の企業は主として自国内で活動している[*2]のに対し，先進国メジャーは世界を股にかけて資源開発を行い，母国を含む世界各国に資源を輸出している。

2.3　先進国企業に対する発展途上国の「投資措置」とその後退

「天然資源に対する永久的主権」(62年国連総会決議)で，投資受け入れ国(発展途上国)において天然資源の開発を行う外国企業(多国籍企業も含む)は，活動の認可，制限，禁止に関する受け入れ国の規則や条件に従わなければならないとし，これを法的根拠に受け入れ国は，「同」(66年国連総会決議)で外国企業に対し，資源の開発・販売に必要な資本財の供与や国内人員に対する技術移転などを要求した(第XI–2表の年表を参照)。また「新国際経済秩序(NIEO)の樹立に関する宣言」(74年国連資源総会決議)と「国家の経済的権利義務憲章」(74年国連総会決議)では，受け入れ国は自国の法令に基づき，外国企業の活動を規律・監督し，自国の経済社会政策に合致する措置(今日で言う「投資措置」を指す)をとる権利を有するとした。このように60，70年代，発展途上国は資源支配権の獲得の動きと並んで，自国内で資源開発を行う外国企業に対して自国民の雇用，技術移転，経営・教育訓練などを要求し，また現地製錬・現地加工や資源開発に関連する道路・鉄道・港湾・電力などのインフラストラクチャーの建設を義務付けた(外務省経済局，1975)。

80年代には先進国企業の外国投資が急速に拡大し，受け入れ国の要求や条件は自由な投資活動の障害になるとして，先進国側から受け入れ国の「投資措置」に対する規律の必要性が提起され，ウルグァイ・ラウンドにおける交渉の対象に取り上げられた(外務省経済局国際機関第一課，1996)。交渉では，「投資措置」を維持しようとする発展途上国とそれを禁止して自由な投資環境を確保しようとする先進国が激しく対立したが，措置の範囲を縮小することによって妥協が図られ，投資企業による自由な貿易の確保を目的とするWTOの「貿易に関連する投資措置に関する協定」が採択された。この協定の成立によって，現地調達要求(いわゆるローカル・コンテント要求)，輸出入均衡要求など「1994年ガット」に違反する措置は禁止され，それまで発展途上国が先進国企業に対してとってきた措置は実質的に後退することとなった。

[*1]　100%外資のほか，受け入れ国企業が資本参加しているものもある。また，非鉄金属のほかに鉄，ダイヤモンド，石炭などの探査・開発も手がけ，広く事業を展開しているものもある。

[*2]　政府系企業が国有鉱山を開発している形が多い。例えば，チリのCodelco社は政府系企業で，チュキカマタなどの国有鉱山を開発している(第XI–1表)。

第 XI-2 表　鉱物資源を取り巻く南北関係の変化

年　月	事　項
〈1939.9–45.8	第 2 次世界大戦〉
〈1945.10	国連発足〉
〈1947	ガットの多角的貿易交渉（第 1 回交渉，参加国 23 ヵ国）〉
〈1948.1	ガット発効〉
〈1949	ガットの多角的貿易交渉（第 2 回交渉，参加国 13 ヵ国）〉
〈1951	ガットの多角的貿易交渉（第 3 回交渉，参加国 38 ヵ国）〉
〈1955.9	日本：ガット加入（効力発生）〉
〈1956	ガットの多角的貿易交渉（第 4 回交渉，参加国 26 ヵ国）〉
1958.7	国際錫協定（ITA）発効
1960.1	国際鉛・亜鉛研究会（ILZSG）発足
1960 年代	アフリカ，アジアで独立が相次ぐ。
	アフリカ，アジア，中南米で資源ナショナリズムが台頭する。
	先進国で鉱物資源の消費が急激に増大する。
〈1960–61	ガット第 5 回交渉（ディロン・ラウンド，参加国 26 ヵ国）〉
1960	コンゴ民主共和国(旧ザイール)：ベルギーから独立
1960.9	石油輸出国機構（OPEC）成立
1962.12	天然資源に対する永久的主権（第 17 回国連総会決議）採択
〈1964–67	ガット第 6 回交渉（ケネディ・ラウンド，参加国 62 ヵ国）〉
1964	ザンビア：イギリスから独立
1964.3	第 1 回国連貿易開発会議（UNCTAD）開催
1964.6	開発のための国際貿易一般原則（UNCTAD 勧告）採択
1965.6	UNCTAD タングステン委員会設置
1966.11	天然資源に対する永久的主権（第 21 回国連総会決議）採択
1967	コンゴ民主共和国(旧ザイール)：ベルギー資本所有の銅鉱山国有化
1968.5	銅輸出国政府間協議会（CIPEC）設立
1969	ザンビア：国有化法制定
1970	ザンビア：イギリス系，南アフリカ系，アメリカ系銅鉱山国有化
1971	チリ：国有化法制定。銅鉱山国有化
〈1973–79	ガット第 7 回交渉（東京ラウンド，参加国 102 ヵ国）〉
〈1973	第 1 次オイルショック〉
1973.12	天然資源に対する永久的主権（第 28 回国連総会決議）採択
1974	ペルー：アメリカ系資本所有の鉱山，製錬所などの国有化
1974.5	新国際経済秩序の樹立に関する宣言（国連資源総会決議）採択
1974.11	国際ボーキサイト連合（IBA）発足
1974.12	国家の経済的権利義務憲章（第 29 回国連総会決議）採択
1975.4	タングステン生産国連合（PTA）設立
1975.4	鉄鉱石輸出国連合（AIEC）設立
1976.5	一次産品総合計画（IPC）採択（第 4 回 UNCTAD 総会）
〈1979	第 2 次オイルショック〉
1983.8	錫生産国同盟（ATPC）成立
1985.10	国際錫協定（ITA）破綻
〈1986–94	ガット第 8 回交渉（ウルグァイ・ラウンド，参加国 123 ヵ国）〉
1989.6	一次産品共通基金（CF）発効
1990.5	国際ニッケル研究会（INSG）発足
1992.1	国際銅研究会（ICSG）発足
〈1995.1	世界貿易機関（WTO）発足〉
〈2002.2	WTO の新ラウンド開始〉

左側区分：植民地支配／南北対立／相互依存

〈　〉：鉱物資源と直接的関係のない事項。

以上のとおり発展途上国は，自国内で資源開発を行う先進国企業を思うままに規律できなくなってきている。02年2月に始まった新ラウンドでは「貿易と投資」が議題のひとつに取り上げられ，「貿易に関連する投資措置に関する協定」の見直し交渉が行われるはずである(本章の第5節で触れる)。攻撃を受ける側の発展途上国にとっては厳しいものになることが予想される。

3 「南北分業」体制と貿易制度

3.1 発展途上国はかつて南北経済格差や赤字の解消のために貿易制度の改善をめざした

第2次世界大戦後の国際貿易制度はガットが規律してきたが，プレビッシュ報告は南北経済格差や発展途上国の赤字[*3]はガットの貿易制度下では拡大するばかりで，これを是正しなければ解消されないとした。発展途上国は，UNCTADや国連を通じて，先進国に対し次のような要求を行った[*4]。

○ 先進国は，一次産品の関税引き下げを行い，また発展途上国が工業化の成果として製造した工業製品・半製品についても無差別の一般特恵を供与して，発展途上国産品の輸入拡大を図ること(プレビッシュ報告から抜粋)。
○ 先進国は，自国経済の調整(産業構造の調整を指すものと思われる)を奨励して，発展途上国の経済の多様化に協力すること(「開発のための国際貿易一般原則」から抜粋)。
○ 先進国は，発展途上国の一次産品の貿易および消費を阻害するような障壁(産業保護や高率関税を指すものと思われる)を削減，撤廃して，発展途上国の輸出のための市場を増大させること(「開発のための国際貿易一般原則」から抜粋)。
○ 発展途上国が輸出する一次産品，半製品，製品の価格と先進国から輸入する工業製品の価格との公正かつ衡平な関係の樹立(「新国際経済秩序の樹立に関する宣言」から抜粋)。

3.2 「南北分業」体制下では南北経済格差は拡大する

今日の世界の鉱物資源の需給構造を見ると，発展途上国が鉱物資源を採掘し，先進国がそれを輸入して加工するという「南北分業」の構図が明瞭であり，発展途上国は今なお，先進国への資源の供給基地としての役割から逃れられずにいる。

[*3] 60, 70年代，発展途上国の一次産品の需要は，先進国における一次産品の代替工業品(例えば，プラスチック，化学繊維，合成ゴムなど)の開発や自国産業の保護政策によって伸び悩んだ(外務省経済協力局，1982)。一次産品輸出の不振に加え，工業化のための資本財輸入の増大などが重なって，発展途上国経済は行き詰まり，国際収支は慢性的な赤字となっていた。

[*4] これらの要求は後に，UNCTADの一次産品総合計画(IPC)の設立やガットの貿易制度の改善に実を結んでいく。

第 XI–3 表 日本の鉱物資源の輸入価格と輸出価格

品 目		1998 年 輸入価格（CIF 価格）	1998 年 輸出価格（FOB 価格）	2000 年 輸入価格（CIF 価格）	2000 年 輸出価格（FOB 価格）
鉄	鉱石・精鉱	3,200 円/t* (5,500 円/t)		2,500 円/t* (4,300 円/t)	
	銑鉄	19,600 円/t	15,500 円/t	14,100 円/t	12,700 円/t
	フラットロール製品 （炭素含有量 0.6% 未満のもの）	37,300 円/t	34,900 円/t	30,600 円/t	27,300 円/t
	H 形鋼	90,100 円/t	38,300 円/t	29,200 円/t	31,400 円/t
銅	鉱石・精鉱	61,900 円/t* (221,000 円/t)		59,200 円/t* (211,000 円/t)	
	地金	233,700 円/t	221,100 円/t	196,500 円/t	194,500 円/t
	線（直径 6 mm を超えるもの）	249,000 円/t	240,400 円/t	230,200 円/t	205,900 円/t
	板・シート・ストリップ （厚さ 0.15 mm を超えるもの）	345,200 円/t	482,500 円/t	270,800 円/t	436,500 円/t
	管	526,400 円/t	465,500 円/t	357,900 円/t	357,300 円/t
鉛	鉱石・精鉱	37,900 円/t* (54,000 円/t)		31,000 円/t* (44,000 円/t)	
	地金	77,400 円/t	79,700 円/t	55,000 円/t	55,800 円/t
亜鉛	鉱石・精鉱	32,100 円/t* (59,000 円/t)		29,700 円/t* (55,000 円/t)	
	地金	152,800 円/t	139,900 円/t	124,500 円/t	126,900 円/t
金	加工していないもの	1,216 円/g	1,177 円/g	958 円/g	938 円/g
	一次製品（棒・板・シート・ストリップ）	1,262 円/g	1,235 円/g	630 円/g	1,017 円/g
銀	鉱石・精鉱	199,900 円/t*		143,500 円/t*	
	加工していないもの	19 円/g	28 円/g	16 円/g	22 円/g
	一次製品（棒・板・シート・ストリップ）	23 円/g	30 円/g	17 円/g	29 円/g

* Gross wt. である。2000 年における H 形鋼の輸入価格は低いが，その大部分は韓国から輸入したものである。また同年の金の一次製品輸入価格も異常に低いが，これは中国および香港から安価（それぞれ 279 円/g，159 円/g）で多量に輸入したことによる。ちなみに同年のアメリカからの金の一次製品の輸入価格は 1,091 円/g であった。日本関税協会発行『日本貿易月表』を基に，品目ごとに「輸入価額の合計÷輸入重量の合計」として求めた。

第 XI–3 表に日本の鉱物資源の輸入価格（CIF 価格）と輸出価格（FOB 価格）を示した[*5]。鉱石・精鉱の輸入価格のカッコ内の値は，脈石含有量，精鉱品位などを仮定して金属量 1 t に換算した価格である[*6]。どの金属を見ても，鉱石・精鉱は安く，地金，半製品（線，板，管など）へと加工度の高いものほど価格は高い。完成品となると価格はさらに何倍にも跳ね上がる。

発展途上国で採掘された鉱物資源が先進国に輸出され，そこで加工されるという「南北分業」に

---

*5 日本では輸入貨物の課税価格の決定は関税定率法第 4 条で定められている。それによると，輸入貨物の課税価格は，売手に対して現実に支払われた価格に，運賃，保険料，仲介料，容器の費用などを加えた価格とされている。従って，輸入価格（CIF 価格）は同品質・同製品の輸出価格（FOB 価格）に比べて一般に高い。

*6 この換算では，精鉱中の脈石鉱物の含有量を 20 重量%，鉄精鉱の鉄含有量，銅精鉱の銅含有量，鉛精鉱の鉛含有量，亜鉛精鉱の亜鉛含有量をそれぞれ 58, 28, 70, 54 重量% と仮定した。また計算の基礎となった鉱石・精鉱の輸入価格には運賃，保険料などが含まれているが，これらを含めたまま計算した。

ついては今述べたとおりであるが，発展途上国が鉱石・精鉱の輸出で得る額(鉱石・精鉱のみの取り引き額)は，この表の輸入価格より低い額(輸入価格から運賃，保険料などを差し引いた額)である。しかも，輸出で得る利益の相当部分は実際に鉱物資源開発を行った先進国企業のものであって，発展途上国の取り分はそう多くないと思われる(投資家と受け入れ国の間の利益の配分は，認可の条件などにより，国によってまたケースによって異なる)。これに比べ，安価な鉱石・精鉱を輸入し，高価な工業製品に加工して輸出する先進国の利益は格段に大きい。以上のとおり，原料と製品の価格の差が大きい「南北分業」体制の下では，利益は工業化の進んだ先進国に集中し，南北の所得格差は縮小するどころか，拡大していくことは歴然としている。

3.3　現在，鉱物資源の関税制度はどのようになっているか

3.3.1　概　　要

　第 XI-4 表に日本の鉱物資源の輸入関税を示した。基本税率は協定に加盟していない国や日本と国交のない国からの輸入産品に適用される(例えば，銅地金を北朝鮮から輸入する場合などである)。協定税率(MFN 税率)は協定に加盟している先進国からの輸入産品に適用され(例えば，銅地金をアメリカ，カナダ，オーストラリアなどから輸入する場合である)，特恵税率(GSP 税率)は UNCTAD に加盟している発展途上国からの輸入産品に適用される[*7](例えば，銅地金をチリ，ペルー，インドネシア，フィリピンなどから輸入する場合である)。そして LDC 特恵(第 XI-4 表の 01 年の特恵欄に * 印を付した)は後発開発途上国からの輸入産品に適用される(例えば，銅地金をタンザニアから輸入する場合である)。税率は基本税率，協定税率，特恵税率，LDC 特恵の順に低くなっている。特恵関税制度は，UNCTAD における合意を踏まえ，先進各国が自主的に行っている制度で，発展途上国産品の輸入拡大を図って発展途上国の経済開発を促進しようとするものである。LDC 特恵は，後発開発途上国産品を優遇することによって南南経済格差を是正しようという措置と思われる。

　01 年の税率を見ると(第 XI-4 表)，鉱石・精鉱の関税は，どの金属の鉱石・精鉱であっても，また発展途上国か先進国かを問わず世界のどの国から輸入しても無税である。先進国から輸入する金属地金や半製品に対しては普通 3% 以下の輸入関税を課しているが，発展途上国から輸入する場合は特恵が供与され，地金など一部の品目を除いてほとんどが無税となっている。LDC 諸国から輸入する場合は，地金も含めすべての品目について無税である。一般に発展の遅れた国から輸入するほうが関税上有利である。

3.3.2　一般特恵・LDC 特恵と産業保護

　どの国も普通，輸入したい物品に対しては税率を低く設定し，輸入したくない物品に対しては税

---

　*7　日本の特恵関税制度は関税暫定措置法で定められている。同法第 8 条 2 が定める特恵受益国は，発展途上国であり，かつ特恵の供与を希望する UNCTAD 加盟国とされている。日本の特恵制度は 1971 年から実施され，3 度の期限延長(各 10 年間)を経て，現行法は 2001 年(平成 13 年) 4 月 1 日から 2011 年(平成 23 年) 3 月 31 日までの 10 年間適用される。

第 XI-4 表 日本の鉱物資源の輸入関税

品 目	1994年 基本	1994年 協定 ガット	1994年 特恵	1994年 暫定	1995年 基本	1995年 協定 WTO	1995年 特恵	1999年 基本	1999年 協定 WTO	1999年 特恵	2001年 基本	2001年 協定 WTO	2001年 特恵
鉱石・精鉱 (鉄,銅,ニッケル,鉛,亜鉛,金,銀,その他の鉱石・精鉱)	無税				無税			無税			無税		
鉄鋼													
銑鉄	(10%)	(3.7%)		無税	無税			無税			無税		
鉄のインゴット													
炭素含有量 0.6%未満のもの	(12.5%)	(4.3%)		無税	無税			無税			無税		
その他のもの	(12.5%)	(5.8%)	無税	4.6%	4.6%	4.1%	無税	4.6%	2.3%	無税	4.6%	1.4%	無税
鉄のビレット・スラブ													
炭素含有量 0.6%未満のもの	(12.5%)	(4.3%)		無税	無税			無税			無税		
その他のもの	(12.5%)	(5.8%)	無税	4.6%	4.6%	4.1%	無税	4.6%	2.3%	無税	4.6%	1.4%	無税
フラットロール製品													
炭素含有量 0.6%未満のもの	(15%)	(4.9%)	無税	3.9%	3.9%	3.5%	無税	3.9%	2%	無税	3.9%	1.2%	無税
その他のもの	(15%)	(5.8%)	無税	4.6%	4.6%	4.1%	無税	4.6%	2.3%	無税	4.6%	1.4%	無税
鉄の形鋼													
山形・T形・U形・I形・H形	(15%)	(4.9%)	無税	3.9%	3.9%	3.5%	無税	3.9%	2%	無税	3.9%	1.2%	無税
銅													
マット	無税				無税			無税			無税		
ブリスター・アノード	(10%)	7.3%	無税	15円/kg	15円/kg	6.4%	無税	15円/kg	3%	無税	15円/kg	3%	無税
地金・ワイヤバー・ビレット	(27円/kg)	(21円/kg)	無税	15円	15円/kg	(18.74円/kg)	無税	15円/kg	3%	無税	15円/kg	3%	1.8%*
棒・線	(20%)	(7.2%)	無税	5.8%	5.8%	(6.4%)	無税	5.8%	3%	無税	5.8%	3%	無税
板・シート・ストリップ	(20%)	(6.5%)	無税	5.2%	5.2%	(5.8%)	無税	5.2%	3%	無税	5.2%	3%	無税
管	(20%)	(6.5%)	無税	5.2%	5.2%	(5.8%)	無税	5.2%	3%	無税	5.2%	3%	無税
鉛													
地金	(13円/kg)	(8円/kg)	無税	8円/kg	8円/kg	6.94円/kg	無税	8円/kg	2.7円/kg	無税	8円/kg	2.7円/kg	0.54円/kg*
棒・線	(15%)	(5.8%)	無税	4.6%	4.6%	(5.2%)	無税	4.6%	3%	無税	4.6%	3%	無税
板・シート・ストリップ	(15%)	(6.5%)	無税	5.2%	5.2%	(5.8%)	無税	5.2%	3%	無税	5.2%	3%	無税
管	(20%)	(7.2%)	無税	5.8%	5.8%	(6.4%)	無税	5.8%	3%	無税	5.8%	3%	無税
亜鉛													
地金	(12円/kg)	(8円/kg)	無税	8円/kg	8円/kg	7.26円/kg	無税	8円/kg	4.3円/kg	無税	8円/kg	4.3円/kg	1.72円/kg*
棒・線	(20%)	(4.8%)	無税	3.8%	3.8%	(4.4%)	無税	3.8%	3%	無税	3.8%	3%	無税
板・シート・ストリップ	(20%)	(7.2%)	無税	5.8%	5.8%	(6.4%)	無税	5.8%	3%	無税	5.8%	3%	無税
管	(20%)	(4.8%)	無税	3.8%	3.8%	(4.4%)	無税	3.8%	3%	無税	3.8%	3%	無税
金													
加工していないもの	無税				無税			無税			無税		
一次製品(棒・板・シート・ストリップ)	無税				無税			無税			無税		
銀													
加工していないもの	(3%)	(2.5%)		無税	無税			無税			無税		
一次製品(棒・板・シート・ストリップ)	(3%)	(2.5%)		無税	無税			無税			無税		

日本関税協会発行『実行関税率表』から抜粋した。税率は，原則として特恵税率，協定税率，暫定税率，基本税率の順に優先して適用される。ただし，協定税率は，それが暫定税率や基本税率よりも低い場合に適用される。カッコ書きの税率は，優先順位などの理由により実際には適用されない税率である。特恵税率の後の * 印は，後発開発途上国（LDC）からの輸入に対し LDC 特恵（無税）があることを示す。詳しくは『実行関税率表』を参照されたい。非鉄金属の協定税率は，ウルグァイ・ラウンドにおいて 1988 年から 1995 年までの 7 年間検討され，1999 年までに約束した税率にまで引き下げられ，1999 年以降は一定である。鉄鋼の協定税率は，2002 年 1 月 1 日からさらに引き下げられる。

率を高くしたり輸入制限をしたりする。その目的は国民福祉の向上，国内産業の保護・活性化などさまざまある。鉱石・精鉱はどこから輸入しても無税で，地金や一部の半製品には課税するという日本の鉱物資源に関する関税制度は，国内で大量に不足している（国内でほとんど生産していない）鉱石・精鉱の確保を容易にし，地金などの輸入を抑えることによって国内製錬業・加工業を維持・発展させようとするもので，一種の産業保護措置と言えるものである。

日本では，一般特恵の適用によって物品の輸入が増加し，当該産業を保護する必要があるときは，その適用を停止することができる(関税暫定措置法第8条3)。鉱工業品の特恵適用停止の方法は，特定品目について年度ごとに一年間の特恵適用限度額・数量(シーリング枠)を設定し，これを超えた時点で特恵適用を停止する方法である[*8]。シーリング枠は，発展途上国の輸出所得の増大に配慮して，平成11年度(99年)の特恵適用限度額・数量を基準として平成13年度(01年)は3%拡大され，平成14年度(02年)以降は前年度を基準として毎年3%ずつ拡大されていく。この枠の拡大と併せて，国内産業保護の水準を維持するため，枠の拡大に応じた特恵税率の引き上げが行われる(外務省資料)。第XI-4表の銅地金，鉛地金，亜鉛地金それぞれについて99年と01年の特恵税率を比べてみると，99年にはいずれも無税であったものが，01年にはそれぞれ協定税率の60%，20%，40%に引き上げられている。またLDC特恵は原則として特恵対象品目すべてについて無税無枠であるが，コンゴ民主共和国とザンビア(両国はいずれも後発開発途上国であり，世界有数の産銅国である)から輸入される銅地金・ワイヤバー・ビレットについては，国内製錬業への影響が著しいことから，平成13年度から一般特恵税率が適用され，一般特恵と同様のシーリング枠が設定されている[*9]。一般特恵やLDC特恵は発展途上国のために自主的に導入している制度であるが，これらとて無制限でなく，適用には国内産業への影響を考慮した一定の制限を設けているのである。

　以上のような産業保護を目的とした関税制度は世界のどの国にも，また鉱物資源に限らず多くの品目にごく普通に見られる。このあたりまえのように行われている産業保護措置が発展途上国産品の市場アクセスに対する最大の障壁となっている。

4　発展途上国は当初の目的を達成できたか

　今日世界で活動している主な非鉄金属企業を見てみると，先進国企業が圧倒的な勢力を維持しており，発展途上国が当初めざした彼ら自身による鉱物資源開発は，チリなど一部の国の成功例を除いて，あまり活発になっていない。多くの発展途上国はいまだに自力で鉱物資源開発を行い得ず，先進国企業に頼っている。発展途上国はまた，自国がもつ財産である天然資源から最大限の利益を引き出すために，国連総会決議「天然資源に対する永久的主権」などを法的根拠として自国内で資源開発を行う先進国企業に対し技術移転やインフラストラクチャー建設などさまざまな要求をしてきたが，WTOの「貿易に関連する投資措置に関する協定」の成立によってその権利も奪われようとしている。

　発展途上国は一方で，脆弱な原料輸出依存経済からの脱皮を図るために，経済の多様化，工業化

[*8] ちなみに，平成13年度(2001年)の銅地金・ワイヤバー・ビレット，鉛地金，亜鉛地金の特恵適用限度数量は，それぞれ3万7,000 t，6,000 t，1万9,000 tである。詳しくは「関税暫定措置法第8条の4第1項の規定に基づき，平成13年度における限度額等を定める件」の別表第1を参照されたい。

[*9] ちなみに，両国から輸入される銅地金・ワイヤバー・ビレットの平成13年度(2001年)における特恵適用限度数量は合計で1万2,000 tである。詳しくは「関税暫定措置法第8条の5第2項の規定に基づき，平成13年度における限度額等を定める件」の別表第2を参照されたい。

をめざしてきた。鉱物資源で言えば、鉱石を未加工のまま輸出するのでなく、技術力を高め、現地製錬・現地加工を進めて半製品や製品の形にして輸出することである。しかし、今日の世界の鉱物資源の需給構造を見ると、「南北分業」体制(消費地加工体制と言ってもよい)が明確であり、発展途上国はもっぱら自国の鉱石を先進国に供給するだけで、加工能力は当初彼らが期待したほどには向上していないようである。発展途上国における経済の多様化、工業化が遅れた原因のひとつに、今日までの貿易制度が考えられる[*10]。確かに発展途上国のねらいどおり、先進国での鉱物資源の輸入関税の引き下げが実現し、発展途上国で生産された鉱物資源の先進国市場へのアクセスは改善されてきている。しかし、先進国では依然として国内産業保護(先に述べた関税制度のほか、セーフガード、反ダンピング、補助金など)が横行しており、そのような貿易制度下では、発展途上国の輸出には量的にのみならず質的にも限界がある。今日までの貿易制度、とりわけ先進国の産業保護措置が発展途上国から技術向上のための機会を奪い、発展途上国経済の多様化や工業化に対する障壁になってきたことは否めない。発展途上国は先進国との競合を避けるために先進国に対し産業構造の調整を求めてきたが、先進国ではこれが期待したほど進んでいないということなのであろう。

　以上のように、発展途上国で高揚した資源ナショナリズムは、天然資源の永久的主権の確立、発展途上国産品に対する先進国の輸入関税引き下げ・一般特恵供与などとして実を結んでいった。しかし、多国籍企業の世界展開、生産・加工の「南北分業」体制、ガット・WTO の貿易制度など、世界における鉱物資源の開発と貿易の現状を深く掘り下げて見てみると、60, 70 年代当時の姿とそれほど大きく変わっておらず、先進国および先進国資本による発展途上国の鉱物資源支配は依然として続いていると結論できる。発展途上国の鉱物資源は相変わらず先進国によって先進国のために掘られているという感じである。先進国主導の貿易制度、とくに先進国の産業保護措置が、先進国による発展途上国の鉱物資源支配を今日まで持続させ、発展途上国の経済開発を阻害してきた一因となってきた。

5　新ラウンドに臨んで──発展途上国の側から──

　01 年 11 月の第 4 回 WTO 閣僚会議(ドーハ)で立ち上げられた新ラウンドは、02 年 2 月の第 1 回貿易交渉委員会における 7 交渉グループの設置で始まった。05 年 1 月 1 日までの交渉妥結をめざす。7 交渉グループとは農業、サービス、非農産品市場アクセス、ルール(反ダンピング協定、補助金協定、地域貿易協定)、知的所有権、貿易と環境、紛争解決了解である。今後これに、貿易と投資、貿易と競争、貿易円滑化、政府調達の透明性の 4 つが交渉項目に追加される可能性がある。これらの交渉項目の大部分は、ウルグァイ・ラウンドで合意が得られず未解決なまま持ち越されたもので、継続審議と言えるものである。

---

*10　発展途上国の経済開発を阻んできたものとして、貿易制度のほかに、発展途上国を巻き込んだ東西冷戦、発展途上国における政治的腐敗・抗争、先進国の ODA や資本に対する依存体質の形成(自助努力意識の後退)などをあげることができる。

11項目のうち鉱物資源の開発と貿易に大きく係わるのは，非農産品市場アクセス，ルール(反ダンピング協定，補助金協定)，貿易と環境，貿易と投資の4つであるが，今後のそれぞれの交渉で発展途上国にとって重要と思われる点をあげておく。

○ 非農産品市場アクセス交渉では，先進国に対して，一般特恵税率の引き下げ，特恵品目に設けられているシーリング枠の拡大・撤廃(対日本の場合)，およびそれらを実現させるための産業構造調整を求めていくことである。発展途上国産品の市場アクセスを改善するには，先進国の産業保護措置を後退させる必要があり，それには何よりも先進国における構造調整の進展が必要である。
○ ルールに関する交渉では，先進国の反ダンピング措置の乱用や先進国政府の特定産業に対する補助金(融資や債務保証も含む)を厳しく監視していくことである。
○ 先進国の新たな産業保護措置の導入を阻んでいくことも必要である。アメリカは，ウルグァイ・ラウンド交渉の終盤において，ポスト・ウルグァイ・ラウンド交渉における交渉項目に「貿易と環境」を取り上げることを強く主張し，EU，カナダ，北欧などがこれを積極的に支持した。これに対し，中南米，アジア，アフリカの発展途上国は一体となって反対し，先進国側と発展途上国側の間で長く議論が行われた[*11]（外務省経済局国際機関第一課，1996）。新ラウンドでは，アメリカが主張した「貿易と環境」が新たな交渉項目に取り上げられるが，そこには，安い発展途上国産品の世界市場および先進国国内市場への攻勢を食い止め，自国の産業を守ろうとする先進国の思惑が見えてくる。
○ 「貿易に関連する投資措置に関する協定」の成立と新ラウンドにおける見直し交渉によって，投資受け入れ国側の「投資措置」が制限され，投資条件が緩やかになっていくことは確実で，先進国企業の発展途上国への直接投資は今後一層活発になっていくと思われる。先進国企業の力を借りて経済的自立をめざす発展途上国にとって，投資企業をいかに利用するかはきわめて重大な問題である。

6　日本の鉱物資源産業の方向──「おわりに」に代えて──

日本は世界で最も貿易の恩恵を享受してきた国のひとつである。戦後日本における経済成長の原動力となったのは「加工貿易」システムであるが，このシステムは，安い原料・高い製品という交易条件，「南北分業」体制下での保護貿易，および護送船団方式と言われる政府の業界に対する手厚い保護が可能にしてきたと言える。

日本は欧米諸国に比べ鉱石・精鉱の輸入が多く，地金，半製品などの輸入が少ないことは第VIII章で述べたが，そこには，鉱物資源をナマに近い形で輸入し，自国で精錬，加工するという日本の

[*11] アメリカはWTO設立協定妥結後も引き続き各国に働きかけ，結果的にWTOは「貿易と環境に関する委員会」を追加的に設置した。

産業構造の特徴が顕著に現われている。日本で製錬・精製などの下流部門が発達しているのは，安価な鉱石・精鉱を無税で欲しいまま入手し，地金(や半製品)に対しては課税したり輸入制限をして自国の製錬業・加工業を保護してきたことによる。

しかしこれがいつまでも続くとは思えない。先進国では産業保護が後退していくであろうし[*12]，一方発展途上国(政府系企業やそこで活動するメジャー)は鉱物資源の付加価値を高めるため下流部門も発展させていくであろう。また，同一産品では先進国産品に比べて発展途上国産品のほうが価格や関税の面で遥かに優位であり，競合すれば，先進国は発展途上国に市場を奪われていくことは明らかである。

著者には，日本の非鉄金属産業が生き残る道として，次の2つの方法しか考えられない。ひとつは，低次の分野は次に続く国に譲り，自らは彼らと競合しないあるいは彼らではできない次元の高い分野へ重点を移していくことである。例えば，高度な製錬・精製技術，環境対策技術，金属スクラップの再資源化技術などの研究開発である。これが，UNCTADやWTOが描く世界が共に成長していく理想の姿と思われる。もうひとつは，発展途上国側に付くこと(すなわち，発展途上国への投資を推進すること)である。安価で豊富な労働力，発展途上国産品の貿易上の優位性，投資環境の改善(「投資措置」が制限され，自由な企業活動が確保されつつあること)などがその主な理由である。発展途上国に生産拠点を置き，日本国内では研究開発事業や高度製品の生産を行うという2つの方法を組み合わせた形も考えられる。

文　献

外務省経済局（1975）:「資源保有国によるカルテル化の動向と今後の見通し」報告書──昭和49年度外務省委託調査研究．162p.

外務省経済局国際機関第一課（1996）: 解説WTO協定．日本国際問題研究所発行，608p.

外務省経済協力局（1982）: 一次産品問題とわが国経済協力の現状．144p.

金属鉱業事業団資源情報センター（2000）: 非鉄メジャーの動向2000．金属鉱業事業団発行，167p.

日本関税協会発行『実行関税率表』1994, 1995, 1999, 2001年版．

日本関税協会発行『日本貿易月表──品別国別』1998年12月版，2000年12月版．

[*12] WTO協定は，一定の条件下で反ダンピングや補助金などの産業保護を認めているが，基本的には企業活動に対する政府の干渉を排除することを求めている。日本では中央官庁が傘下の特殊法人を通して産業保護を行っている場合が多いが，目下進められている特殊法人改革（03年度中に実施の予定）の方向次第では産業保護が急速に後退することが予想される（少なくとも，保護が拡大されることは考えられない）。日本の非鉄金属業界に対する保護は，経済産業省資源エネルギー庁が傘下の特殊法人金属鉱業事業団（MMAJ）を通して行ってきた。日本の鉱物資源政策の中核は，鉱物資源の自主開発を担う日本企業を保護・育成することによって鉱物資源の長期的・安定的確保を図ることである。政府は同事業団を通して，日本の非鉄金属企業に対し，国の内外において資源の探査開発が活発に行えるように資金（補助金の交付，融資，債務保証を含む），人材，技術，情報などさまざまな側面から支援してきた。同事業団は，小泉内閣が進める特殊法人改革で，廃止されることになった石油公団と統合し，独立行政法人となる。

第 XII 章

深海底鉱物資源開発問題
―― 国連海洋法条約と南北対立 ――

1 はじめに

　深海底鉱物資源は，60年代以降世界で最も関心が持たれてきた未開発資源である。第3次国連海洋法会議開催の契機となったのはこの深海底鉱物資源開発問題であった。同会議では，深海底に眠る莫大な量の鉱物資源[*1]をめぐって，南北対立がもたらす思惑，先進各国の利害などが複雑に絡み合い，激しい論議が繰り広げられた。深海底鉱物資源開発制度を含む，20世紀最大の国際法と言われた国連海洋法条約は，10年に及ぶ同会議での審議を経て82年に採択されたが，94年の発効までさらに12年を要し，妥協の産物として未成熟なまま成立した。発効後8年が過ぎた現在も駆け引きが続いている。

　本章では，第3次国連海洋法会議の審議経緯を踏まえて，深海底鉱物資源をめぐる世界の動き・日本の動きを探り，深海底鉱物資源を開発しようとする先進国の事情と，それを阻止しようとした発展途上国の事情について述べる。

2 国連海洋法会議の経緯

2.1 ジュネーブ海洋法4条約

　58年4月ジュネーブで開催された第1次国連海洋法会議において，ジュネーブ海洋法4条約と呼ばれる「領海および接続水域に関する条約」，「公海に関する条約」，「漁業および公海の生物資源の保存に関する条約」，「大陸棚に関する条約」の4つの条約が採択された(第 XII-1 表)。

　「領海および接続水域に関する条約」(64年9月発効)では，沿岸国の主権は領海，領海の上空並びに領海の海底およびその下に及ぶ(第1条，第2条)とされ(第 XII-1 図の A)，また島とは，自然に形成された陸地であって，水に囲まれ，高潮時においても水面上にあるものを言い，島の領海はこの

[*1] 有望な深海底鉱物資源にはマンガン団塊，コバルト・リッチ・クラスト，海底熱水鉱床の3種があるが，とりわけ注目されているのはマンガン団塊である。先進国のマンガン団塊開発のねらいはニッケル，コバルトおよび銅の確保にある。ニッケル，コバルトなどのレアメタルは，先端技術産業に欠くことのできない素材として，主として先進国で消費されているが，その分布は一部の国(その大半は発展途上国)に偏在し，先進国はほぼ全量をそれらの国に依存している。深海底鉱物資源の概要(発見，分布，成分など)については第 II 章で述べたので，それを参照されたい。

第 XII-1 表 深海底鉱物資源をめぐる世界の動き・日本の動き

	世　界		日　本
1873	英国，海洋調査船チャレンジャー号がマンガン団塊発見（Canary 諸島沖合いの水深 4,500 m の深海底）		
1958.4	第 1 次国連海洋法会議，ジュネーブ海洋法 4 条約採択		
1960.3	第 2 次国連海洋法会議		
(1960 年代	鉱物資源消費の急激な増大が始まり，マンガン団塊の資源としての価値が認識されるようになる。先進国有力企業によるマンガン団塊探査が活発になる)		
1962	米国，ケネコット社，全大洋で広範なマンガン団塊調査を開始		
1962.12	天然資源に対する永久的主権(第 17 回国連総会決議)採択		
1966.11	天然資源に対する永久的主権(第 21 回国連総会決議)採択		
1967.11	マルタ代表，深海底に関する国際制度の樹立を提唱(第 22 回国連総会) 海底平和利用委員会設置を決定		
1968	米国，マンガン団塊開発を目的としたディープシー・ベンチャー社設立		
1970.12	国家の管轄権の範囲を超えた海底およびその地下を律する原則宣言(第 25 回国連総会決議)採択 海洋法見直しのための第 3 次国連海洋法会議の開催を決定		
(1973	第 1 次オイルショック)	1973.4	任意団体「深海底鉱物資源開発懇談会」発足
1973.11 ～82.4	第 3 次国連海洋法会議	1973.5	同懇談会，通産省鉱山石炭局長に要望書提出
1973.12	天然資源に対する永久的主権(第 28 回国連総会決議)採択		
1974 ～75	米国ほか，各国企業間の国際ジョイントベンチャーの相次ぐ結成	1974.1	三菱グループがケネコット・グループに参加
	ケネコット・グループ結成	1974.3	社団法人「深海底鉱物資源開発協会(DOMA)」誕生
	U.S. スチール・グループ結成	1974.5	住友グループがインコ・グループに参加
	インコ・グループ結成		
1974.10	仏，政府機関アフェルノッド(AFERNOD)設立	1975.4	DOMA，マンガン団塊調査開始(マンガン団塊ベルト，白嶺丸)
		1976	ジャコム*が U.S. スチール・グループから脱退 (*日本マンガンノジュール開発会社：商社，造船等 5 社)
1977.11	米国ほか，ロッキード・グループ結成		
1978	旧西独，新探査専用船ゾンネ号就航，ゾンネ号による中部太平洋海域におけるコバルト・リッチ・クラスト鉱床探査が行われる)		
(1979	第 2 次オイルショック)		
1980.6	米国，国内法制定	1980.5	金属鉱業事業団の第 2 白嶺丸就航
1980.8	旧西独，国内法制定		DOMA，第 2 白嶺丸によるマンガン団塊調査開始
1981.7	英国，国内法制定	1981.4	工業技術院大型プロジェクト開始
1981.12	仏，国内法制定	1982.1	技術研究組合「マンガン団塊採鉱システム研究所」設立
1982.4	国連海洋法条約および関連附属書採択		
1982.7	米国，レーガン大統領，条約に署名しない旨の声明	1982.7	深海底鉱業暫定措置法制定
		1982.9	国策会社「深海資源開発株式会社(DORD)」設立 DORD，マンガン団塊調査開始(マンガン団塊ベルト，第 2 白嶺丸)
		1983.2	国連海洋法条約に署名
1984.8 ～84.10	米国，4 国際コンソーシアムに探査ライセンス発給		
1984.12	英国，ケネコット・グループの企業に探査ライセンス発給		
1984.12	国連海洋法条約署名期限(署名 159 ヵ国，反対米・英 2 ヵ国，棄権西独 1 ヵ国)		
1984.12 ～86.9	申請鉱区重複の調整(日本―旧ソ連間，および仏―旧ソ連間)	1985.4	DORD，海底熱水鉱床調査開始(東太平洋海膨北緯 11～13 度，第 2 白嶺丸)

(次のページに続く)

第 XII 章　深海底鉱物資源開発問題　　　　　　　　　　　　　　　　　187

（前のページの続き）

（1985	プラザ合意：急速な円高進行）	1985.4	SOPAC からの要請に基づき ODA 事業の開始
1987.8	インドの鉱区承認	1987.4	DORD，コバルト・リッチ・クラスト鉱床調査開始（南鳥島南方海域，第2白嶺丸）
1987.12	日本，仏，旧ソ連の鉱区承認（4国際コンソーシアムの鉱区も暗に用意される）	1987.12	マンガン団塊の鉱区登録
1988	米国，4国際コンソーシアムの計画縮小承認		
1991.3	中国の鉱区承認		
1991.8	IOM の鉱区承認（Inter Ocean Metal：ポーランド，ブルガリア，チェコ，スロバキア，キューバ，ロシア連邦）		
1993.11	国連海洋法条約の批准国数が発効条件の60ヵ国に達する		
1994.7	国連海洋法条約第11部実施協定採択	1994.7	国連海洋法条約第11部実施協定に署名
1994.8	韓国の鉱区承認		
1994.10	独，国連海洋法条約加入		
1994.11	国連海洋法条約発効	1995.5	DORD，沖縄海域における海底熱水鉱床調査開始（第2白嶺丸）
1996.1～96.6	韓国，仏，中国，国連海洋法条約批准	1996.6	国連海洋法条約を批准
1996.7	国連海洋法条約第11部実施協定発効		
1997.3	ロシア，国連海洋法条約批准		
1997.7	英国，国連海洋法条約加入		
2000.7	国際海底機構，マンガン団塊のマイニングコード採択	2000	DORD，伊豆・小笠原海域における海底熱水鉱床調査開始（第2白嶺丸）
（2002.8現在　米国，国連海洋法条約未加入）			

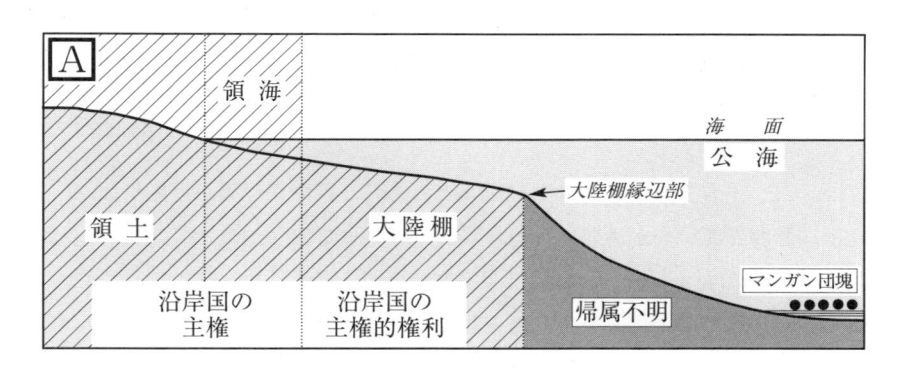

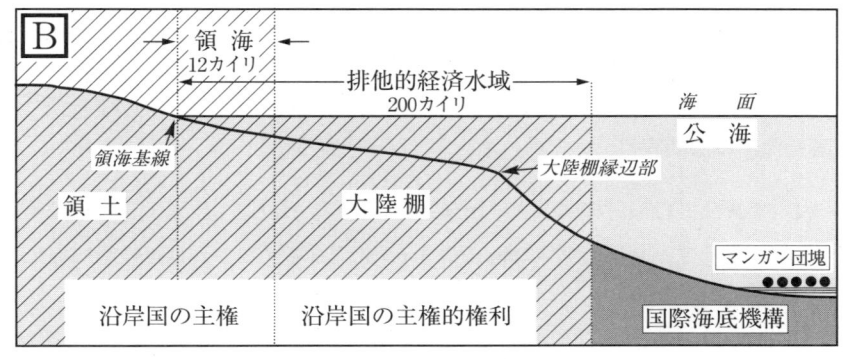

第 XII-1 図　A：ジュネーブ海洋法条約が規定する沿岸国の権利の及ぶ範囲（斜線部）
　　　　　　　深海底の帰属は明確でなかった。
　　　　　　B：国連海洋法条約が規定する沿岸国の権利の及ぶ範囲（斜線部）
　　　　　　　深海底は国際海底機構が管理することになった。

条約の規定に従って測定される(第10条)。しかし，領海の幅員は，3カイリ，12カイリ，200カイリなど，国により主張に大きな隔たりがあって(海上保安庁，1990)，合意が成立せず，60年の第2次国連海洋法会議においても解決しなかった。

「公海に関する条約」(62年9月発効)は，公海を，いずれの国の領海または内水にも含まれない海洋のすべての部分(第1条)と規定し，沿岸国，非沿岸国を問わずすべての国が航行の自由，漁獲の自由，海底電線および海底パイプラインを敷設する自由，公海の上空を飛行する自由を有する(第2条)としている。

「大陸棚に関する条約」(64年6月発効)は，大陸棚を，領海の外にある海底の海床および地下であって，上部水域の水深が200mまでまたはそれを超える場合には上部水域の水深が海底の天然資源の開発を可能とするところまで(第1条)と規定している。沿岸国は，大陸棚を探索し，鉱物などの天然資源を開発するための主権的権利を行使する(第2条)。沿岸国の大陸棚に対する権利は，その上部水域の公海としての法的地位またはその上空の法的地位に影響を与えるものではない(第3条)。沿岸国は，大陸棚にその探索およびその天然資源の開発のために必要な設備その他の装置を建設する権利を有する(第5条)。

ジュネーブ海洋法4条約は，沿岸国に対して領海とそれに続く大陸棚について鉱物資源開発の権利を認めているが，大陸棚以遠の海底区域についてはその帰属を明確にしていなかった(第XII-1図のA)。当時としては，深海底鉱物資源開発などだれも想定していなかったに違いない。

2.2 深海底制度に関するマルタの提案

60年代に入って，科学技術のめざましい進歩とともに，深海底探査が可能になり，先進国有力企業による深海底鉱物資源探査が活発に行われるようになった(第XII-1表)。67年11月の第22回国連総会でマルタ代表のA. PARDO大使は，「深海底をいつまでも野放し状態にしておくことは，資源開発競争あるいは海底での軍備競争をもたらし，望ましいことでない。深海底を人類の共同財産とする新しい国際制度を樹立すべきだ」などを骨子とする発言をし，深海底に関する国際制度の樹立を提唱した(外務省資料「United Nations General Assembly Twenty Second Session Official Records」による)。この提案に基づき国連総会は，深海底の法制度を検討するために海底平和利用委員会を設置した。

2.3 深海底を律する原則宣言

海底平和利用委員会での検討に基づき，国連総会は70年12月，「国家の管轄権の範囲を超えた海底およびその地下を律する原則宣言(深海底を律する原則宣言)」(第25回国連総会決議)を採択した。この宣言は，

○ 国家の管轄権の限界を超える海底およびその地下(例えば，公海の海底)の資源は人類の共同財産であって，いかなる国や個人のものでないこと，
○ 深海底資源の探査および開発に関する活動は将来設立される国際制度(後に制定される国連海洋法

条約および関連附属書を指す)によって規制されること，
- 深海底資源の開発は，人類全体の利益のために，とくに発展途上国の利益を考慮して実施すること，
- 深海底から得られる利益は諸国に衡平に分配すること，

などを内容としている[*2]。

国連総会は，深海底制度を検討するだけでなく，ジュネーブ海洋法4条約もその後の政治・経済情勢の変化，科学技術の発展など今日的諸状況に照らして全面的に見直されるべきことを認識し，海洋に関する全般的問題を再検討し条約化するための第3次国連海洋法会議の開催を決定した。深海底と資源の国際管理に関するこの原則宣言は，同会議における深海底問題の審議の基礎となった。

2.4　国連海洋法条約

第3次国連海洋法会議における73年11月から10年間に及ぶ審議を経て，82年4月国連海洋法条約(以下，条約と言う)が採択された。条約は，84年12月の署名期間満了時において159ヵ国という世界の圧倒的多数の国の署名を得て採択され，94年11月発効した(志賀，1994)。

条約は，ジュネーブ海洋法4条約と「国家の管轄権の範囲を超えた海底およびその地下を律する原則宣言」を基礎とし，これらを現状に即した内容に修正し，新たに深海底鉱物資源開発制度や排他的経済水域 (EEZ) 制度を導入してひとつに束ねたものであって，海洋に関するあらゆる分野をカバーしている。320ヵ条に及ぶ本文と9つの附属書 (I～IX) からなり，20世紀最大の国際法(沢谷，1991)と言われている。

条約は，第1次・第2次国連海洋法会議で合意されなかった領海の幅を12カイリ(第XII–1図のB)と規定している(条約第3条)。EEZに関しては，領海を超えてこれに接続する区域であって(条約第55条)，その限界を領海基線から200カイリまでとすること(条約第57条)，沿岸国がEEZ内の海底および上部水域の天然資源の探査，開発，管理に関して主権的権利を有すること(条約第56条)，すべての国がEEZ内において航行・上空飛行の自由，海底電線および海底パイプラインの敷設の自由を享受すること(条約第58条)などを規定している。すなわちEEZは公海とも領海とも異なり，船舶の航行に関しては公海と同様に自由なものとされるが，資源の開発に関しては沿岸国が主権的権利を有するとされる(小木曽，1991; 小田，1991)。環太平洋諸国のEEZの分布を第XII–2図に示す。

ジュネーブ海洋法4条約で帰属が明確でなかった深海底については，国際海底区域として国際機関(国際海底機構)による管理を規定している(第XII–1図のB)。条約の深海底鉱物資源に関連する部分は次のとおりである。

[*2] 深海底鉱物資源開発問題は，第3回国連貿易開発会議 (UNCTAD) 総会 (72年4～5月，サンチャゴ) でも検討され，また第29回国連総会において74年12月に採択された決議3281「国家の経済的権利義務憲章」にも取り上げられた(同憲章第29条「深海底と資源の開発」)が，その後この問題はもっぱら第3次国連海洋法会議で論議されることとなった。

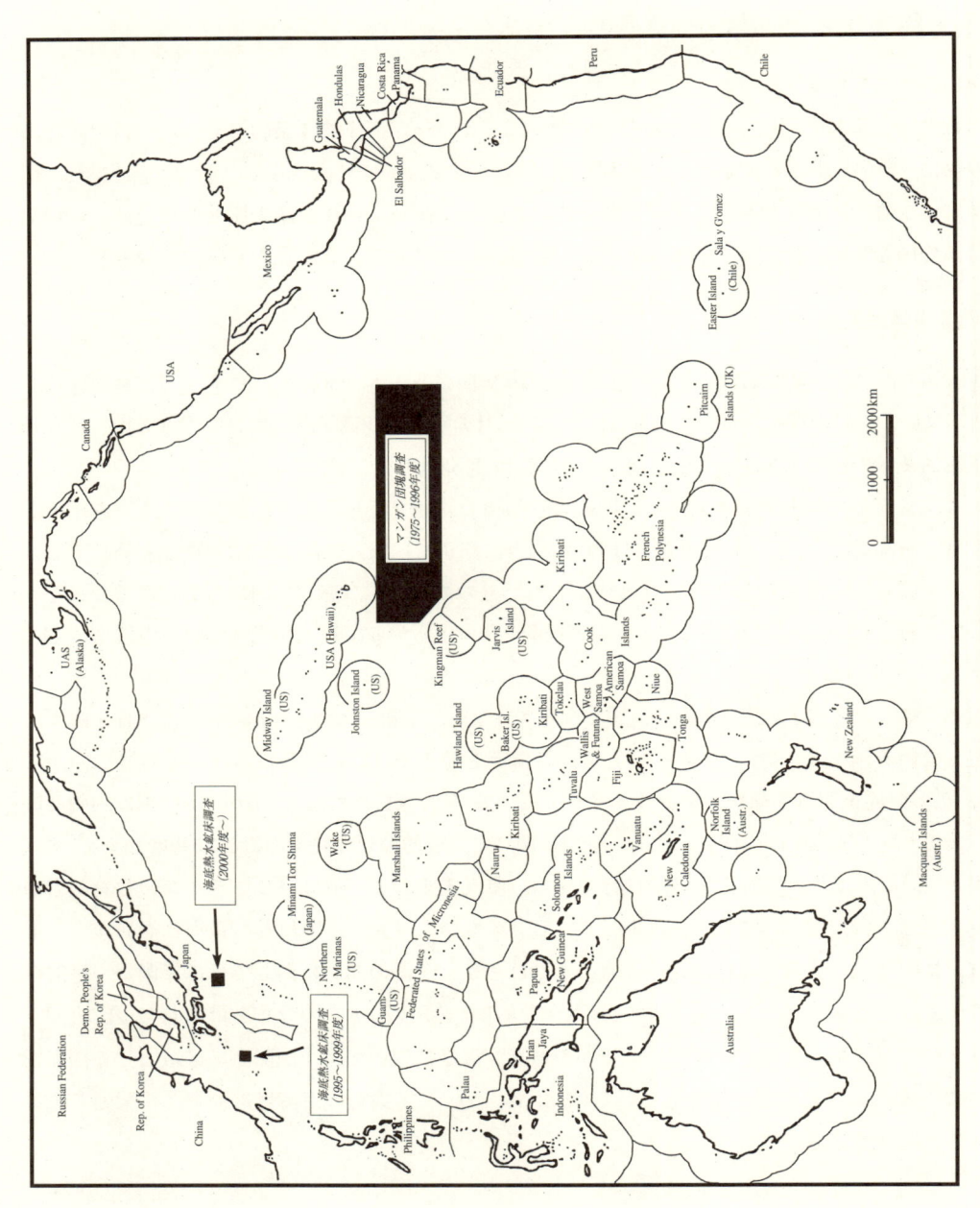

第 XII-2 図　環太平洋諸国の排他的経済水域 (EEZ) および日本の深海底鉱物資源調査海域
経済産業省資源エネルギー庁から提供されたものを一部修正した。

条約第11部　深海底
　　　第1節　総則(第133～135条)
　　　第2節　深海底を規律する原則(第136～149条)
　　　第3節　深海底の資源の開発(第150～155条)
　　　第4節　機構(第156～185条)
　　　第5節　紛争の解決および勧告的意見(第186～191条)
附属書 III　概査，探査および開発の基本条件(第1～22条)
附属書 IV　エンタープライズ規定(第1～13条)

3　深海底鉱物資源の帰属

　大陸棚や EEZ の鉱物資源は沿岸国が国内法に基づいて自由に探査・開発を行うことができるが，これらを超えた公海下の鉱物資源は，人類の共同財産(条約第136条)であって，条約の下で新設される国際海底機構(以下，機構と言う)の全面的管理下に置かれ(条約第157条)，いかなる国も権利を主張あるいは行使できない(条約第137条)。深海底鉱物資源とは，深海底の海底またはその下にあるすべての固体状，液体状，気体状の鉱物資源を言い(条約第133条)，マンガン団塊，コバルト・リッチ・クラスト，海底熱水鉱床はいずれもこの規定の適用を受ける。

　高品位のマンガン団塊は公海の海底に分布しており (Horn et al., 1972; Cronan, 1977, 1980; 志賀, 1999b)，それらに対してはいかなる国にも主権的権利が認められない。コバルト・リッチ・クラストは各国の EEZ 内に広く賦存し (Halbach et al., 1982; Cronan, 1984; 桂, 1987; 臼井ほか, 1987; 志賀, 1999b)，そのようなものは沿岸国が自国の主権的権利の下に探査・開発することができる。また海底熱水鉱床には，公海の海底に賦存するもの(東太平洋海膨北緯13度，同南緯20度など)，各国の EEZ 内に賦存するもの(ゴーダ海嶺はアメリカ，東太平洋海膨北緯21度とグァイマス海盆はメキシコ，ガラパゴス拡大軸はエクアドル，沖縄トラフは日本の EEZ 内にそれぞれ存在する)，向かい合う2国間の EEZ の重複部に賦存するもの(紅海底の鉱床はサウジアラビアとスーダンの EEZ の重複部に存在する)，隣接する2国間の EEZ にまたがるもの(ファンデフーカ海嶺はカナダとアメリカの EEZ にまたがる)などがある。向かい合う2国間の EEZ の重複部に賦存する鉱床や隣接する2国間の EEZ にまたがる鉱床の管理は，両国間の合意に委ねられる(条約第74条)。

4　深海底鉱物資源の開発制度

4.1　深海底鉱物資源探査・開発の基本的条件

4.1.1　探査・開発申請の手続き

　公海下の鉱物資源の探査・開発は，機構の下に開発実施機関として設置されるエンタープライズ

が行う。また一定の条件を満たせば，国家や私企業などに対しても探査・開発を認めている（条約第153条）。国家や私企業などエンタープライズ以外の事業体の場合は，業務計画を作成し，所属締約国により条約遵守について保証を受け，一定の条件を満たしたうえで機構に申請し，その承認を受けることになっている（条約附属書 III 第3～4条）。

4.1.2　申請の条件

申請のために満たさなければならない条件とは，例えば次のようなものである。

○ 資金的および技術的な能力を有すること（条約附属書 III 第4条2）。
○ 自ら概査（基礎的賦存状況調査）を行った申請鉱区面積の50％をエンタープライズの開発用鉱区として無償で機構に提供すること（条約附属書 III 第8条）。
○ 自己の提供した鉱区を開発しようとするエンタープライズに対して，自己の持つ技術を公正かつ妥当な商業的条件（有償）で移転すること（条約附属書 III 第5条）。
○ 採掘計画承認後は機構に対して年間100万ドルの固定料を支払い，採掘開始後は収益の一定割合を納付すること（条約附属書 III 第13条）。

国家や私企業に対して課す鉱区提供の義務は，人類の共同財産たる深海底鉱物資源の開発によってもたらされる利益は人類全体に還元されるべきであるという条約の基本理念（条約第11部第2節）に基づくものである。またエンタープライズに対する技術移転制度は，鉱区の提供を受けたエンタープライズを自立させるために設けられた措置である。

4.1.3　業務計画の承認要件

機構は，上のような条件を満たした申請者が次の要件に適合する場合にその計画を承認する。

○ 申請鉱区が承認済み鉱区や既に申請されている鉱区と重複しないこと（条約附属書 III 第6条）。
○ 機構の定める海洋環境保護基準に適合すること（条約附属書 III 第17条）。
○ 開発計画において，生産計画数量が生産制限枠を超えないこと（条約第150～151条，条約附属書 III 第7条）。

深海底資源開発の結果として真っ先に起こると見られる重大な影響は，発展途上国の輸出所得に対する悪影響である。とりわけ銅，コバルト，ニッケル，マンガンを生産する陸上生産国にとっては確実に自国の市場を失うことであり，国家経済の根本にかかわる深刻な問題である（KAPUMPA, 1991）。生産制限はこうした国の利益を守るためにとられる措置である。

4.2　先行投資決議

第3次国連海洋法会議は，条約および附属書と同時に最終議定書（6つの附属書 I～VI からなる）を採択した。これら6つの附属書のうち深海底鉱物資源に直接関係するのは附属書 I の中の決議 I と

第XII章　深海底鉱物資源開発問題

決議 II である。

第3次国連海洋法会議最終議定書(附属書I～VI)

附属書I　決議I　国際海底機構および国際海洋法裁判所のための準
備委員会の設立に関する決議

決議II　多金属性の団塊に関連する先行活動に対する予備
投資を規律する決議

　これまで探査などの先行活動を行ってきた国家や私企業など(先行投資者と言う)は，条約が発効するまでの期間も引き続き活動を継続している必要がある。決議II(以下，先行投資決議と言う)は，一言で言えば，こうした先行投資者に対して，準備委員会(決議Iで設立される)に鉱区を申請させ，それが承認された場合，その鉱区内で探査などの活動を行う権利を与えようというものである。条約が発効するまではこの先行投資決議が深海底を律することになる。

4.2.1　先行投資者としての申請の条件

○ 調査，研究，技術開発などの先行活動に3,000万ドル以上支出し，かつ鉱区の設定，調査，評価にその額の10%以上を支出していること(同決議1a, 2a)。同決議1aには，すでにこの条件を満たしている者として，フランス，インド，日本，旧ソ連の4ヵ国の各政府系企業，並びにアメリカなど西側諸国の企業を構成体とする4つの国際コンソーシアム(国際ジョイントベンチャー)の合計8つの事業体が掲げられている。
○ 申請しようとする鉱区が他の申請者の鉱区と重複しないこと(同決議2b)。重複した場合，仲裁裁判所が，過去の実績などを考慮して解決する。
○ 25万ドルの申請手数料を支払うこと(同決議7a)。

4.2.2　先行投資者の義務

○ 申請できる鉱区の最大面積は15万 km^2 であって，鉱区が承認されてから3年後までにその20%を，5年後までに10%を，8年後までに20%を機構に返還すること(同決議1e)。最終的には，申請した鉱区の50%は返還されてエンタープライズ用鉱区となり，残りの50%は先行投資者に割り当てられる。
○ エンタープライズ用鉱区と先行投資者用鉱区は同等の商業的価値を有するものでなければならない(同決議3a)。
○ エンタープライズ用鉱区の返還に際しては，その区域に関する地図，資源の分布密度，金属組成など入手したすべてのデータを明示すること(同決議3a)。これはエンタープライズによる開発を円滑に進めるための措置である。
○ 100万ドルの年間固定料を支払うこと(同決議7b)。

4.2.3 先行投資者の権利

○ 申請が承認された先行投資者は，登録された鉱区において探査などの活動を実施する排他的権利が与えられる(同決議6)。
○ 条約発効後の生産認可の発給において，他の申請者より優先順位が与えられる(同決議9a～c)。

4.3 条約第11部の実施協定

条約が作成された70年代後半には，深海底から上がる利益は莫大なものと考えられ，商業生産も80年代半ばには始まると予想されていた。条約はそのような前提に立って作成された。しかし，マンガン団塊から採取される金属の国際価格は，80年代初めには下落に転じ，また商業生産のための研究開発費も，条約作成時の予想と比べて数倍に及ぶことが見込まれるようになった(小木曽, 1991)。このように，長期にわたる条約の審議期間中にマンガン団塊をめぐる経済情勢が変化し，探査・開発制度には現実にそぐわないものが出るようになった。また条約第11部や附属書には未解決な問題が多く残されていた。さらには発展途上国寄りの探査・開発制度に対する先進各国の根強い不満も存在していた(逆瀬川, 1994)。

こうした問題を解決するために条約や附属書を見直し，探査・開発制度をより現実的，より具体的な姿に修正することになり，94年7月，「1982年12月10日の海洋法に関する国際連合条約第11部の実施に関する協定」(以下，実施協定と言う)を締結した(96年7月発効)。この協定と条約第11部の規定とが抵触する場合には，この協定が優先される(実施協定第2条1)。

見直しなどの例として次のようなものがある。

○ 条約では，「資金的および技術的能力」の基準(条約附属書III第4条2)は具体的に規定されていなかったが，実施協定では，少なくとも3,000万ドル相当額を研究・調査に支出していることなどと規定された。
○ 条約では，採掘計画承認後は機構に対して年間100万ドルの固定料を支払うこと(条約附属書III第13条)とされていた。しかし商業生産の開始がいつになるか予測のつかない状況にあって，毎年100万ドル支払い続けるのは，国家や私企業などに対して過酷な措置であり，現実的でないという先行投資者側の主張があった(小木曽, 1991)。実施協定では，年間固定料の支払いは商業生産開始までの期間は免除され，その額は理事会が定めることになった。また支払制度は事情の変化に照らして改定できるとした。
○ 海洋環境保護のための規則および手続き(条約附属書III第17条)については，実施協定で，業務計画の申請時に環境影響に関する説明を添付することとした。
○ ニッケル生産量の上限設定(条約第151条)は，現実的でないとして実施協定で大幅に削除・修正された。また生産制限を設けても陸上生産国たる発展途上国の経済に重大な影響を与える場合には，被害を受けた陸上生産国に対して経済援助措置をとること(条約第150～151条，条約附属書III第7条)になっているが，経済援助の基金・規模・期間などについて具体的に規定された。

○ 条約では探査の期限(探査権の有効期間)が定められていなかったが，この協定で，探査のための業務計画が承認されてから15年間と定められた。やむを得ない事情がある場合は5年間の延長が認められる。
○ 採掘のための規則や手続きは，そのような国が現われてから定めることになった。

5　世界の取り組み

(1)　国際コンソーシアム

　深海底鉱物資源開発は，高度な技術と莫大な資金を必要とし，多大のリスクを負う。西側先進国では，各国企業が独自に進めてきた技術開発の成果や資金を持ち寄ることによって資金負担の軽減とリスクの分散を図ろうと，74年から77年にかけて国際コンソーシアム(アメリカのケネコット社を中心とするグループ，アメリカのU.S.スチール社を中心とするグループ，カナダのインコ社を中心とするグループ，アメリカのロッキード社を中心とするグループ)が次々結成された(第XII-1表)。国際コンソーシアム参加企業の国籍はベルギー，カナダ，ドイツ，イタリア，日本，オランダ，イギリスおよびアメリカの8ヵ国に及んだ。

　これらのコンソーシアムは，マンガン団塊の商業生産をめざして，探査活動と並行して採鉱技術開発，製錬技術開発，プラント設計，深海採鉱実験なども進めた。しかし90年代に入り，深海底鉱物資源の商業的開発は当面行われないであろうとの見通しのもとで，ケネコット・グループは事業から撤退し(93年)，インコ・グループやロッキード・グループでも一部のメンバー企業が事業から撤退した。国際コンソーシアムの活動の詳細に関しては資源エネルギー庁(1999)を参照されたい。

(2)　アメリカ

　マンガン，ニッケル，コバルトのほとんどを輸入に依存しているアメリカは，マンガン団塊開発に強い意欲を見せ，60年代には本格的な調査を開始した。アメリカは，条約作りにも積極的に取り組んだが，82年4月の条約採択時には反対票を投じ(これに関しては本章の第6節で述べる)，80年代半ば以降，マンガン団塊開発に関する実質的活動は行っていない。しかし，マンガン団塊採鉱環境影響調査については，NOAAが日本の金属鉱業事業団との共同研究の形で最近まで積極的に実施してきた(梶谷, 1999)。アメリカは，2002年8月現在未だ条約に加入していない。

(3)　イギリス

　イギリスの活動は，ケネコット・グループ参加企業が主力であった。政府は，81年7月に国内法を制定し，84年12月それらの企業に探査ライセンスを発給したが，93年のケネコット・グループの事業撤退にともない，ライセンスを取り消した。イギリスは現在マンガン団塊開発に関する実質的活動は行っていない。条約採択時には反対したが，97年7月これに加入した。

(4)　フランス

　フランスの活動主体は，74年10月に設立された政府機関アフェルノッド(AFERNOD)である。政府は，81年12月に国内法を制定し，アフェルノッドからの鉱区申請を受理した。条約採択時には賛

成票を投じ，署名を行った。87年12月マンガン団塊ベルトの一角に 7.5 万 km² の鉱区（放棄義務なし）[*3]が認められ（第 XII-3 図），積極的に活動を展開している。96年4月条約を批准した。

(5) ドイツ（旧西ドイツ）

マンガン団塊関連3社から成る企業体 AMR 社がインコ・グループに参加している。この AMR 社がドイツにおける活動の主力である。探査専用船バルデビア号とゾンネ号を所有し，精力的に探査活動を行っている。ゾンネ号による中部太平洋海域におけるコバルト・リッチ・クラスト調査の成果（HALBACH, 1986; HALBACH and MANHEIM, 1984; HALBACH et al., 1982 など）は科学的にも高く評価されている。

政府は，AMR 社の活動を海洋開発総合計画に組み入れ，資金・技術両面から援助している。80年8月に国内法を制定し，それに基づき AMR 社に探査ライセンスを発給した。条約採択時には棄権したが，94年10月これに加入した。

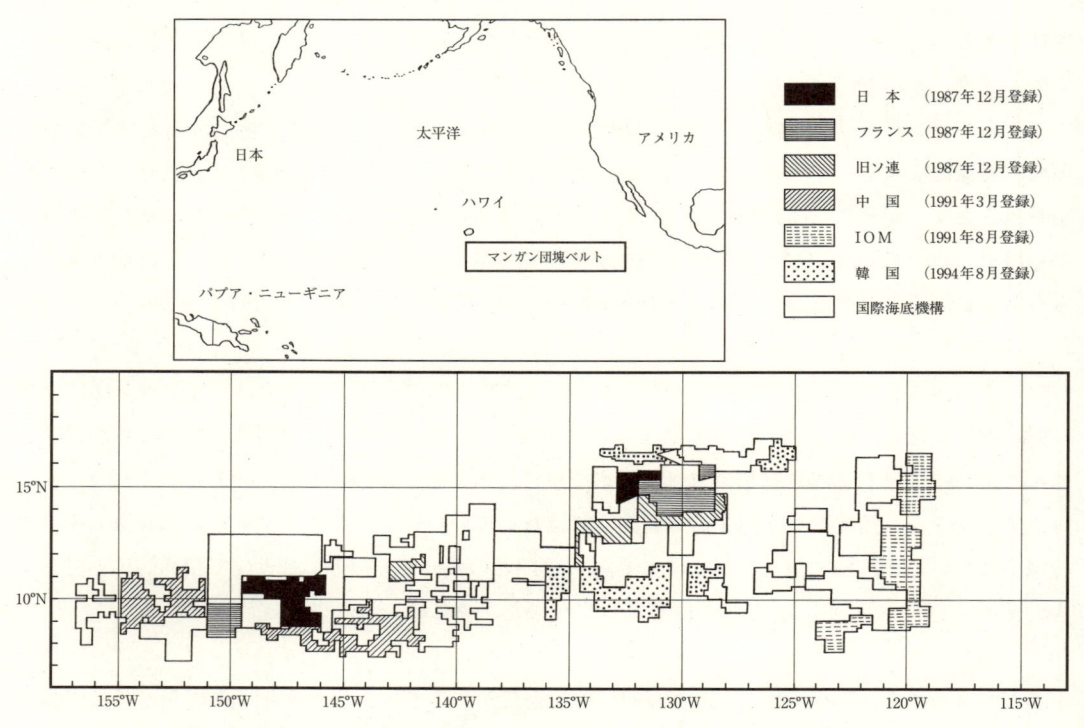

第 XII-3 図　ハワイ南東海域「マンガン団塊ベルト」における各国の鉱区
経済産業省資源エネルギー庁から提供されたものを一部修正した。

[*3] 先行投資者の鉱区申請に際し，フランス―旧ソ連間および日本―旧ソ連間で鉱区の重複が判明した。鉱区調整は難航したが，フランス，旧ソ連，日本の3ヵ国は取得鉱区の50%を8年間かけて放棄すべきところを登録時に即時放棄する（登録鉱区面積は 7.5 万 km² で，放棄義務なしとする）という特別措置をとることで決着した。

(6) ロシア(旧ソ連)

科学アカデミーが60年代から主として太平洋で探査活動を行っている。82年4月条約に署名し，87年12月マンガン団塊ベルトの一角に7.5万km^{2}の鉱区(放棄義務なし)が認められた(第XII–3図)。旧ソ連の独立国家共同体への解体に伴い，マンガン団塊開発はロシア連邦が引き継ぎ，97年3月条約を批准した。

(7) インド，中国，韓国など

インド，中国，韓国はいずれも条約に署名し，それぞれ15万km^{2}の鉱区が認められている(定められた期日までに鉱区の50%を放棄する義務がある)。インドの鉱区はインド洋に，中国と韓国の鉱区はマンガン団塊ベルトにある(第XII–3図)。これらの国の活動主体は政府または政府機関である。また東欧社会主義国を中心とするIOM (Inter Ocean Metal)[*4]の鉱区も91年8月に承認されている(第XII–3図)。

(8) 日　本

日本は，82年7月に深海底鉱業暫定措置法を制定し(第XII–1表)，同年9月に国策会社「深海資源開発株式会社(DORD)」を設立した。83年2月に条約に署名し，87年12月にマンガン団塊ベルトに7.5万km^{2}の鉱区(放棄義務なし)を獲得し(第XII–3図)，96年6月に条約を批准している。DORDは，日本唯一の深海底鉱物資源探査開発の事業体であり，深海底探査専用船第2白嶺丸を用いて，マンガン団塊ベルトの鉱区内でのマンガン団塊の賦存状況調査および環境影響調査，伊豆・小笠原海域での海底熱水鉱床の賦存状況調査，南鳥島南方海域でのコバルト・リッチ・クラストの賦存状況調査などを実施している(第XII–2図)。また日本は，これらの調査と並行して，探査技術・採鉱技術・製錬技術の研究開発，第2白嶺丸搭載機器の研究開発なども進めてきた。

これとは別に日本は，南太平洋応用地球科学委員会(SOPAC)からの要請に基づき，ODA(技術協力事業)の一環として南太平洋諸国のEEZ内においてコバルト・リッチ・クラストなどの賦存状況調査を実施している。深海底鉱物資源探査に対する日本の取り組みについては後の章で詳しく述べる。

6　条約をめぐる南北対立

条約は，国家間のあるいはさまざまな国家グループ(先進国，発展途上国，内陸国，群島国，海峡沿岸国，海運国など)間の利害関係が絡んだ妥協の産物として成立した。審議開始から条約採択まで10年，条約発効までさらに12年の歳月を費やし，利害対立は発効後8年が過ぎた今もなお延々と続いている。条約作りの契機になったのも，その後の審議が長期化したのも，主な原因は深海底鉱物資源をめぐる南北対立であった。審議では，典型的な南北対立の構図が浮彫りにされた。

条約11部およびその附帯決議は，深海底を機構の全面管理下に置いて開発を規制し，エンタープ

[*4] 構成国はポーランド，ブルガリア，チェコ，スロバキア，キューバ，ロシア連邦。

ライズ以外の事業体に対しては年間固定料の支払い，鉱区の 50% の機構への供出，技術移転，生産制限などの義務や条件を課すなど，発展途上国側の意見を大きく取り入れ，開発しようとする側(先進国)にとって過重とみられる内容になっている(逆瀬川, 1994)。これらの義務や条件は，明らかに，67 年の国連総会におけるマルタの Pardo 大使演説から 70 年の「国家の管轄権の範囲を超えた海底およびその地下を律する原則宣言」採択に至るまでの「深海底鉱物資源は人類の共同財産である」という理想主義 (小木曽, 1991) から発したものである。

アメリカは，世界に先駆けて深海底鉱物資源に注目し，80 年代初期までは開発に向けて積極的に取り組んだ。第 3 次国連海洋法会議でも，条約のさまざまな部分に係わり合い，終始交渉をリードして最終決着に大きな影響を与えた (Platzoeder, 1991)。しかし条約の深海底レジームは発展途上国に有利でかつ市場原理に反するとして，条約採択時には反対票を投じた。フランス，旧ソ連，日本は署名を行ったものの，イギリスと旧西ドイツはアメリカに追従し署名しなかった。

条約は，すべての先進国を含む世界の圧倒的多数の国が参加しなければ，発効しても実質的でなく，とりわけ先進国側の主導的立場にあるアメリカ，イギリス，ドイツの 3 ヵ国抜きでは条約の普遍性は確保できない (Jesus, 1991) として，アメリカその他の先進国が抱える不満の解決に向けて条約第 11 部の修正がなされた。しかしここでも，条約の理想を全面に掲げて，先行投資者は規定どおりに義務を履行すべしと主張する発展途上国と，条約交渉時とは深海底鉱業をとりまく環境に変化があるとして，深海底開発制度を現実的なものに改善していこうとする先進国との激しい対立が繰り返された(沢谷, 1991)[*5]。

7　国際海底機構の最近の活動状況

7.1　マンガン団塊のマイニングコードの制定について

機構は 97 年，専門家からなる法律・技術委員会で「深海底における多金属性団塊の概要調査および探査に関する規則」(以下，マイニングコードと言う)の審議を開始し，98 年からは，条約締約国 (133 ヵ国) から選出された 36 ヵ国で構成される理事会でその審議が続いていた。理事会では先行投資諸国と陸上鉱物資源産出国・環境問題関心国との間で調整が続いてきたが，2000 年 7 月，ジャマイカにおいて機構の総会が開催され，マイニングコードが採択された。

マイニングコードは，深海底鉱物資源のうちマンガン団塊について，機構の管理下で行う概要調査および探査の手続きなどを定めたものである。この採択を受けて，日本を含む先行投資国は今後，機構と探査契約手続きに入る見込みである。

---

*5　結果的には，発展途上国と先進国の双方が歩み寄りをみせ，条約第 11 部の規定は「4.3」で述べたように修正された。合意された実施協定は日本，フランスをはじめ，アメリカ，イギリス，ドイツをも含む 121 ヵ国の賛成票を得て採択された。

7.2 国際海底機構における今後の審議の方向

 98年8月の総会において，ロシアよりマンガン団塊以外の資源（海底熱水鉱床およびコバルト・リッチ・クラスト鉱床）の探査に関するマイニングコードが採択されるよう公式要請があった。この要請を受けて，2000年6月キングストンにおいて，海底熱水鉱床とコバルト・リッチ・クラスト鉱床に係わるマイニングコードの審議に向けたワークショップが開催された。ここでは，これらの鉱床の分布，技術的パラメーター，経済性，資源ポテンシャルなどが主要なテーマとなった。海底熱水鉱床は，近年にわかにその経済性が注目されてきている。97年にはオーストラリア企業（Nautilus Minerals Corporation）がパプアニューギニア政府からManus海盆の金に富む海底熱水鉱床海域の探査権を取得した（GLASBY, 2000）。また最近日本近海でも，伊豆・小笠原弧の明神海丘カルデラから金銀に富む（それぞれ平均20 ppm, 1,213 ppm）大規模黒鉱型鉱床が発見されている（IIZASA et al., 1999; 飯笹, 1999）。このワークショップではそのほか，メタンハイドレート，石油，天然ガス，ダイヤモンドに関する情報の取得も行われた。

 現在，機構の法律・技術委員会では，マンガン団塊の概要調査・探査に関する環境ガイドラインの審議が進められているが，次回会合（2001年7月）以降はこれに加え，新たに海底熱水鉱床，コバルト・リッチ・クラスト鉱床のマイニングコードの審議が開始される見込みである。

8 深海底鉱物資源開発問題の根底にあるもの

8.1 発展途上国における資源ナショナリズム

 第IX章および第X章で述べたように，資源保有発展途上国の多くは第2次世界大戦後，政治的独立は勝ち得たものの，先進国による経済支配が依然として続き，国内資源は自国の発展や地域住民の利益には結び付かなかった。62年，66年，73年の度重なる国連総会決議「天然資源に対する永久的主権」に見られるように，発展途上国は，国内資源の主権の確立をめざして，先進国資本の排除，生産国間の横の連携の強化など，先進国に対抗するさまざまな政策を打ち出した。その代表的な例は，チリ，ペルー，コンゴ民主共和国などで行われた鉱山の国有化や，銅輸出国政府間協議会（CIPEC），国際ボーキサイト連合（IBA）など資源カルテルの相次ぐ結成に見ることができる。条約作りに着手した第3次国連海洋法会議開始の前後は，発展途上国における資源ナショナリズムの最も激しい時代であった（第XII-2表）。

 発展途上国の経済は一般に一次産品に大きく依存している。これらの国は，国連貿易開発会議（UNCTAD）などを通して，輸出収入の増大や，輸出収入源として依存する一次産品について安定した価格の保障を主張してきたが，満足できる成果を得るに至らず，かえって南北の経済格差は拡大した。76年のUNCTAD総会では，一次産品の価格安定と一次産品生産国の輸出所得安定などを目標とした一次産品総合計画（IPC）が採択されている。

第 XII-2 表　鉱物資源を取り巻く国際情勢の変化

深海底鉱物資源関連事項		南北関係		東西関係	
		1945.10	国連発足		
		1948.1	関税及び貿易に関する一般協定(ガット)発効	1950.6	朝鮮戦争 (53.7 まで)。東西冷戦時代始まる
1958.4	第 1 次国連海洋法会議(ジュネーブ海洋法 4 条約他採択)				
1960.3	第 2 次国連海洋法会議	1960.9	石油輸出国機構 (OPEC) 成立	1960	グァテマラ内戦 (96.12 まで)
				1960.12	ベトナム戦争 (75.4 まで)
		1962.12	天然資源に対する永久的主権(第 17 回国連総会決議)採択	1962	キューバ危機
1963.5	日本,金属鉱物探鉱融資事業団(金属鉱業事業団の前身)設立				
		1964.3	第 1 回国連貿易開発会議 (UNCTAD) 開催		
		1965.6	UNCTAD タングステン委員会設置		
		1966.11	天然資源に対する永久的主権(第 21 回国連総会決議)採択		
1967.11	第 22 回国連総会 マルタ代表,深海底に関する国際制度の樹立を提唱				
		1968.5	銅輸出国政府間協議会 (CIPEC) 設立		
				1970	カンボジア内戦 (91 年まで)
1970.12	国家の管轄権の範囲を超えた海底およびその地下を律する原則宣言(第 25 回国連総会決議)採択				
1973.4	日本,任意団体「深海底鉱物資源開発懇談会」発足	1973	第 1 次オイルショック		
1973.11〜82.4	第 3 次国連海洋法会議	1973.12	天然資源に対する永久的主権(第 28 回国連総会決議)採択		
1974.3	日本,社団法人「深海底鉱物資源開発協会 (DOMA)」設立	1974.5	新国際経済秩序の樹立に関する宣言(国連資源総会決議)採択		
		1974.11	国際ボーキサイト連合 (IBA) 発足		
		1976.5	一次産品総合計画 (IPC) 採択(第 4 回 UNCTAD 総会)	1975	アンゴラ内戦 (97.4 まで)
		1979	第 2 次オイルショック	1979	ニカラグア内戦 (90 年まで)
				1979.12	ソ連のアフガニスタン侵攻(88 年まで)
				1980	イラン・イラク戦争 (88 年まで)
1982.4	国連海洋法条約および関連附属書採択			1980	エルサルバドル内戦 (92.2 まで)
1982.9	日本,国策会社「深海資源開発株式会社 (DORD)」設立			1980 年代	ポーランドなど東欧諸国で民主化運動広がる
		1983.8	錫生産国同盟 (ATPC) 成立	1980 年代後半	ソ連のペレストロイカ政策と各共和国の独立運動
				1989.12	東西冷戦終結(マルタ会談)
		1990.5	国際ニッケル研究会発足	1990.8	湾岸戦争 (91.2 まで)
				1990.10	東西ドイツの統一
				1991.6	ユーゴスラビア内戦始まる
				1991.9	バルト 3 国の独立
				1991.12	ソビエト連邦の崩壊
		1992.1	国際銅研究会発足	1993.1	チェコスロバキア解体
1994.7	国連海洋法条約第 11 部実施協定採択				
1994.11	国連海洋法条約発効				
1996.7	国連海洋法条約第 11 部実施協定発効	1995.1	世界貿易機関 (WTO) 発足		
2000.7	マンガン団塊のマイニングコード採択				

深海底資源開発問題の背景には，以上のような南北対立の歴史的経緯があることは明らかである。もし，先進国が深海底資源の開発を進めて自前で資源を確保することになれば，発展途上国の輸出収入の減少や金属価格の下落は避けられず，発展途上国の経済に大きな打撃を与えることになる。鉱区面積の上限の設定，鉱区の 50% の返還，生産の制限，陸上生産国への支援措置，技術移転など，深海底資源開発制度における先進国に対するさまざまな義務や制約は，確かに，人類の共同財産という条約の基本理念から発したものではあるが，その背景には，植民地主義を一掃し，資源をテコに経済的自立を図ろうとする発展途上国の強烈な資源ナショナリズムがあった。

8.2　先進国の事情——資源の安定確保をめざして——

日米欧などの先進国では第 2 次世界大戦後，鉱物資源の消費量が急速な勢いで増大し，その多くを発展途上国からの輸入に依存してきた。国内生産量の減少も影響して，その依存度は年々高まる方向にある。しかし先進国には鉱物資源を政治・経済基盤の脆弱な発展途上国に依存することに少なからず不安があり，日本をはじめ先進各国は，鉱物資源の安定確保をめざして，国内外における鉱物資源の探査・開発，短期的供給途絶に対する備蓄など，さまざまな対策を講じてきた(志賀・納，1992)。深海底や南極[*6]の資源の開発も対策の一環として位置付けられてきた(志賀，1994, 1999a)。これらの資源はどの国にも主権が認められていない人類の共同財産であるが，開発の排他的権利が付与されるならば，準国内資源として安定供給に資することになる。

9　深海底鉱物資源の探査・開発について思うこと——「おわりに」に代えて——

9.1　深海底鉱物資源開発はリスクの高い事業だ

70 年代後半までは，マンガン団塊開発から上がる利益は莫大なもので，商業生産も 80 年代半ばには始まると予想され，マンガン団塊開発への期待は過熱した。しかし 80 年代に入ると，予想をはるかに下回るポテンシャル，長期にわたる金属価格の低迷，金属需給の長期的見通しなど冷静な判断から，マンガン団塊開発の熱はアメリカを中心に次第に冷めていった (GLASBY, 2000)。日本企業も参加している国際コンソーシアムの動向を見ても，計画の縮小をはじめ，グループの撤退やメンバー企業の脱退が相次ぎ，全体として当初の勢いは失せ，冷え込む方向にあることは否めない。今日では深海底鉱物資源開発を「儲かるビジネス」と考える者はいない(小木曽，1991)。

こうした情勢変化の中で，日本は今日まで一貫して，マンガン団塊開発の積極的推進の姿勢を維持してきた(海洋開発審議会，1990)。GLASBY (2000) は，たとえマンガン団塊開発が技術的に可能になったとしても，冷静に判断すれば開発は疑問だとし，依然として開発をめざしている日本，中国，

[*6] 南極の鉱物資源は，第 VII 章で述べたように，南極条約環境保護議定書（1998 年 1 月 14 日発効）の規定により，同議定書発効後最低 50 年間は開発が禁止された。

韓国などを皮肉っている。

　深海底資源開発は人類にとって未知の世界であり，著者には，深海底資源開発を現実のこととして見据えたとき，次のような率直な不安や疑問がある。

- ○ 生産を開始した後，順調に操業が継続できるとは限らない。不透明な外部要因，例えば，絶えず変動する経済情勢(金属，原油など一次産品価格の変動など)に長期的に持ちこたえていけるであろうか。
- ○ コスト(探査・開発・環境対策費など)の点では明らかに陸上資源に分があり，価格面で陸上資源と互角に渡り合っていけるであろうか。
- ○ 日本の開発主体は DORD なのだろうか，それとも民間企業(連合体)が引き継ぐのだろうか。DORD が国策会社の資格で生産を始め，仮に，上のような事情で経営困難に陥り負債などを抱えるようになったとき，国がそれを補塡するのであろうか。
- ○ 最悪の場合，鉱区は放棄できる(条約附属書 III 第 17 条)。そのような場合，それまで長期にわたって国家予算を投じてきた社会的責任はどうなるのであろうか。
- ○ 海洋汚染などが発生した場合，技術的に，社会的にどのように対応するのであろうか。国際世論は環境問題に対してきわめて敏感であり，開発者(エンタープライズ，国家，私企業)のうちどこかひとつでも問題を起こせば，その影響は他のすべての開発者に及ぶことになるであろう。開発者間の連携を強化しておく必要がある。環境団体の圧力に屈して資源開発が挫折した南極の例もある(志賀，1999a)。

　以上のような不安や疑問はあまりにも悲観的過ぎるであろうか。開発段階を直視するとき，さまざまな不安が交錯するのである。

9.2　日本にとっての深海底鉱物資源開発の今日的意義

　マンガン団塊の開発は，無制限に行えるものでなく，陸上生産国の経済に影響しない程度に制限されていることから，ニッケル，コバルト，銅の自給率の改善には限界がある。たとえ多少の改善をもたらすにしても，大部分を輸入に依存せざるを得ない状況に変わりはないであろう。深海底鉱物資源開発に対する期待は，国内需要を自国の資源で賄おうと資源開発が活況を帯び，かつ深海底資源開発が思いのままに行えるかも知れないという希望に満ちた 60，70 年当時と比べて，明らかに薄らいできている。

　日本は，国土は必ずしも広くないものの，四方を海に囲まれ，領海と広い EEZ とをもち，また広く公海に接するという経済活動上の利点を有し，世界で最も海に恵まれた国家と言ってよい。日本は過去，漁業をはじめとする海洋における生産活動を通してその恵みを享受し，同時に海洋科学の発展や海洋秩序の維持に対して多大の貢献をしてきた。

　日本が深海底鉱物資源開発に係わっていくことの意義は，単に鉱物資源確保のためのみならず，海洋国家として広く国際社会の期待に応え，同時に海洋国家としての地位を維持しあるいは高めてい

く点にあると思われる．日本に対する最大の期待は，海洋を利害対立の場から国際協調の場へと導くことではなかろうか．マンガン団塊の開発は，後で荷物にならないように，細く長く行っていくことが健全である．

文　献

CRONAN, D. S. (1977): Deep-sea nodules: distribution and geochemistry. In "Marine Manganese Deposits (edited by G. P. GLASBY)". Elsevier Scientific Publishing Company, Amsterdam, 11〜44.

CRONAN, D. S. (1980): Underwater minerals. Academic Press, London, p. 362.

CRONAN, D. S. (1984): Criteria for the recognition of areas of potentially economic manganese nodules and encrustations in the CCOP/SOPAC regions of the Central and Southwestern Pacific. S. Pacific Geol. Notes, 3, 1〜17.

GLASBY, G. P. (2000): Lessons learned from deep-sea mining. Science, 289, 551〜553.

HALBACH, P. H. (1986): Pacific mineral resources-Physical, Economic, and Legal Issues (edited by C. L. JOHNSON and A. L. CLARK). Proc. Pacific Marine Mineral Resources Training Course, E-W Center, Hawaii, 137〜160.

HALBACH, P. H., MANHEIM, F. T. and OTTEN, P. (1982): Co-rich ferromanganese deposits in the marginal seamount regions of the Central Pacific Basin-Results of the MIDPAC '81. Erzmetall, 35, 447〜453.

HALBACH, P. H. and MANHEIM, F. T. (1984): Cobalt and other metal potential of ferromanganese crusts in seamount areas of the Central Pacific Basin: Results of the MIDPAC '81. Marine Mining, 4, 319〜325.

HORN, D. R., HORN, B. M. and DELACH, M. N. (1972): World-wide distribution and metal content of deep sea manganese deposits. In "Manganese Nodule Deposits in the Pacific". Symposium/Workshop Proceedings, Honolulu, Hawaii, 16-17 October 1972. State Centre Sci. Policy Technol. Assess. Dep. Plann. Econ. Dev., State of Hawaii, 46〜60.

飯笹幸吉 (1999)：蘇った黒鉱型鉱床．資源と素材，115 (7), 558〜559.

IIZASA, K., FISKE, R. S., ISHIZUKA, O., YUASA, M., HASHIMOTO, J., ISHIBASHI, J., NAKA, J., HORII, Y., FUJIWARA, Y., IMAI, A. and KOYAMA, S. (1999): A Kuroko-type polymetallic sulfide deposit in a submarine silicic caldera. Science, 283, 975〜977.

JESUS, J. L. (1991)：準備委員会の作業の完了と条約の普遍性．第24回国際海洋法学会年次総会論説集「1990年代の海洋法――より一層の国際協調への枠組み――」，財団法人日本海洋協会，1991年3月発行，200〜211.

海上保安庁 (1990)：平成2年水路通報要覧．水路通報，平成2年8号286項別冊，43〜45.

海洋開発審議会 (1990)：長期的展望に立つ海洋開発の基本的構想及び推進方策について(第3号答申)．平成2年5月, p. 109.

梶谷雄司 (1999)：マンガン団塊の開発と海洋環境保全．金属，69 (4), 33〜37.

KAPUMPA, M. S. (1991)：条約の制度的側面およびその普遍的受諾を促進する方法についての考察．第24回国際海洋法学会年次総会論説集「1990年代の海洋法――より一層の国際協調への枠組み――」，財団法人日本海洋協会，1991年3月発行，134〜151.

桂忠彦 (1987)：コバルトクラスト鉱床と海底地形調査．月刊海洋科学，19 (4), 226〜232.

小田滋 (1991)：領海12カイリに関する1970年のアメリカ提案と1971年の日本提案．第24回国際海洋法学会年次総会論説集「1990年代の海洋法――より一層の国際協調への枠組み――」，財団法人日本海洋協会，1991年3月発行，82〜92.

小木曽本雄 (1991)：海洋法の新しい制度における国際協調．第24回国際海洋法学会年次総会論説集「1990年代の海洋法――より一層の国際協調への枠組み――」，財団法人日本海洋協会，1991年3月発行，21〜27.

PLATZOEDER, R. (1991)：準備委員会および真夜中のグループ――深海底に関する忘れ去られた努力――．第24回国際海洋法学会年次総会論説集「1990年代の海洋法――より一層の国際協調への枠組み――」，財団法人日本海洋協会，1991年3月発行，152〜156.

逆瀬川敏夫 (1994)：国連海洋法準備委員会技術専門家グループについて．金属鉱業事業団「ぼなんざ」，220, 8

〜13.
沢谷勝三 (1991)：内側から見た国際会議──国連海洋法条約準備委員会に参加して──．金属鉱業事業団「ほなんざ」，182，22〜28.
志賀美英・納篤 (1992)：鉱物資源──その事情と対策．資源地質，42 (4)，263〜283.
志賀美英 (1994)：国連海洋法条約 1994 年 11 月 16 日発効──深海底鉱物資源の開発が可能になる．資源地質，44 (3)，221〜223.
志賀美英 (1999a)：資源開発か環境保護か──南極の鉱物資源開発問題に見る世界の選択．資源地質，49 (1)，47〜62.
志賀美英 (1999b)：深海底鉱物資源概要．鹿児島大学経済学会経済学論集，50，39〜62.
資源エネルギー庁 (1999)：1999/2000 資源エネルギー年鑑．通産資料調査会，平成 11 年 1 月発行，966p.
臼井朗・寺島滋・湯浅真人 (1987)：小笠原海台周辺海域の含コバルト・マンガンクラスト．月刊海洋科学，19 (4)，215〜220.

第 XIII 章

日本周辺海域の海洋鉱物資源に対する主権的権利
―― 海洋鉱物資源開発のもう一つの問題 ――

1 はじめに

　第3次国連海洋法会議開催の契機となったのも，同会議での審議が難航したのも，主な原因は，国家の管轄権の範囲を超える海底(例えば，公海下の海底)に存在する深海底資源をめぐる対立であった。海洋鉱物資源にはマンガン団塊のほかにクラスト鉱床，海底熱水鉱床，メタンハイドレートなどがあるが，実際のところマンガン団塊以外は世界的に見て有望海域が国家の管轄権の及ぶ範囲内(排他的経済水域や大陸棚)にあるものが多い。国連海洋法条約によれば，排他的経済水域(EEZ)や大陸棚にある資源の探査・開発は沿岸国に主権的権利があり，沿岸国が自国の国内法に基づいて自由に探査・開発でき，条約第11部「深海底」の規定は受けないことから，第 XII 章で述べたような南北問題は生じない。しかし，EEZ や大陸棚に存在する資源の探査・開発には，「深海底」とは異なる別の問題が存在する。近隣諸国との境界問題である。これは，ローカルであるが，デリケートで厄介な問題である。世界のほとんどの沿岸国は EEZ や大陸棚の境界が近隣諸国と重複している。

　本章では，まず国連海洋法条約が規定する沿岸国の管轄権の及ぶ範囲を調べ，これを基に日本の管轄権の及ぶ範囲と日本が抱える近隣諸国との境界問題を明確にする。そして日本周辺海域に豊富に存在すると見られるクラスト鉱床，海底熱水鉱床およびメタンハイドレートの帰属の問題に言及する。

2 沿岸国の管轄権の及ぶ範囲

2.1　領　　海

　領海の幅は基線(低潮線。海岸が著しく曲折しているかまたは海岸に沿って至近距離に一連の島がある場合は直線基線)から 12 カイリ (1 カイリ = 1,852 m) までの範囲で定めることができる。ただし，2つの国の海岸が向かい合っているかまたは隣接している場合，両国間に別段の合意がない限り，領海は中間線(両国の領海基線から等距離にある線)までと規定している。

2.2　EEZ

　EEZ の幅は領海基線から 200 カイリまでであるが，向かい合っているかまたは隣接している海岸

を有する国の間における EEZ の境界画定は，国際司法裁判所規定第 38 条に規定する国際法に基づいて合意により行い，関係国はこの合意に達するまでの間，暫定的な取極めを締結するよう努力を払うことになっている。関係国間に効力を有する合意がある場合は，その合意によるとしている。

沿岸国は，EEZ において，天然資源(生物資源であるか非生物資源であるかを問わない)の探査・開発の主権的権利並びに EEZ における経済的な目的で行われる探査・開発のためのその他の活動(海水，海流および風からのエネルギーの生産など)に関する主権的権利を有する。EEZ における他の国の権利については，沿岸国であるか内陸国であるかを問わずすべての国に対して，公海と同様，航行および上空飛行の自由，海底電線および海底パイプラインの敷設の自由などを認めている。

2.3 大陸棚

大陸棚とは，領土の自然の延長をたどって大陸縁辺部(棚，斜面およびコンチネンタル・ライズで構成される)の外縁に至るまで(第 XIII–1 図)，または，大陸縁辺部の外縁が領海基線から 200 カイリまで延びていない場合には，領海基線から 200 カイリまでの海底およびその下を言う。大陸縁辺部が領海基線から 200 カイリを超える場合，大陸縁辺部の外縁は，堆積岩の厚さが大陸斜面の脚部までの距離の 1% となる地点までか，または，大陸斜面の脚部から 60 カイリまでのいずれかとする。この場合，大陸棚の限界線は，領海基線から 350 カイリを超えまたは水深 2,500 m の等深線から 100 カイリを超えてはならない。領海基線から 200 カイリを超えて大陸棚の限界を定める場合には，条約により設置される「大陸棚の限界に関する委員会」に対し，限界設定の根拠となる情報や資料を提出しなければならない。

向かい合っているかまたは隣接している海岸を有する国の間における大陸棚の境界画定は，国際司法裁判所規定第 38 条に規定する国際法に基づいて合意により行い，関係国はこの合意に達するまでの間，暫定的な取極めを締結するよう努力を払うことになっている。関係国間に効力を有する合意がある場合は，その合意によるとしている。

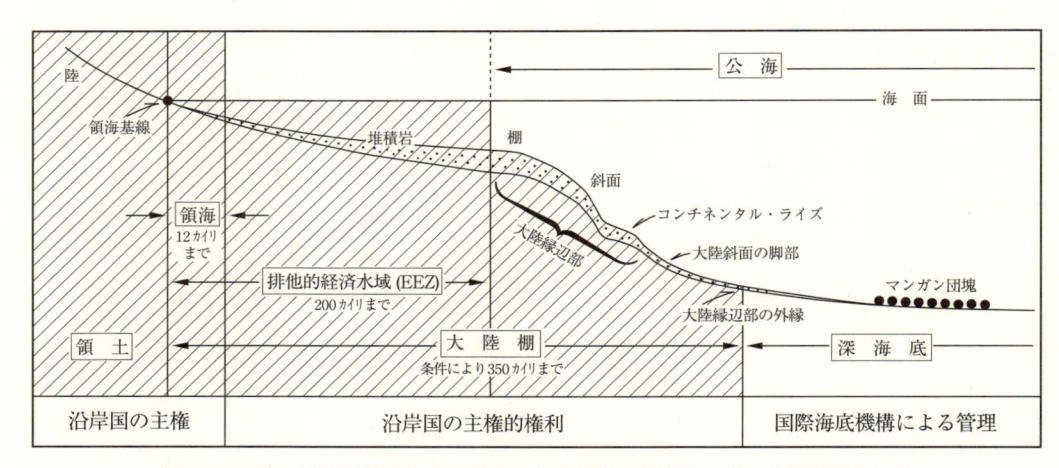

第 XIII–1 図　国連海洋法条約が規定する沿岸国の管轄権の及ぶ範囲(斜線部分)

沿岸国は大陸棚の天然資源を探査・開発する主権的権利を有するが，この権利は，沿岸国が大陸棚の天然資源を探査・開発しない場合においても，当該沿岸国の同意なしにそのような活動を行うことができないという意味において，排他的である。

2.4 島

島とは，自然に形成された陸地であって，水に囲まれ，高潮時においても水面上にあるものをいう。島に対しては，領土と同様，領海，EEZ，大陸棚などを認めるが，人間の居住または独自の経済的生活を維持することのできないようなものに対しては，EEZ や大陸棚は認めていない。

3 日本の EEZ および大陸棚

3.1 排他的経済水域及び大陸棚に関する法律

日本は「排他的経済水域及び大陸棚に関する法律」(平成8年6月14日法律第74号，同年7月20日から施行)によって主権的権利を行使する範囲を定めている。同法律によれば，日本の EEZ は領海基線から 200 カイリまでの海域，海底およびその下であり，大陸棚は同基線から 200 カイリまでの海域の海底およびその下である。200 カイリ線が向かい合っている国との間で重複する場合，それらの限界は中間線までであり，相手国との間で合意した線があるときは，その線までである。大陸縁辺部が 200 カイリを超える場合の大陸棚の限界は国連海洋法条約(第76条)の規定に従って第 XIII–1 図のように拡大されるとしている。日本のこの法律は，200 カイリ線が向かい合っている国との間で重複する場合の EEZ および大陸棚の限界について，条約では規定されていない中間線を採用している点に特徴がある。

3.2 日本の大陸棚調査

日本の周辺海域とりわけ南方海域には大陸棚が広く発達することから，日本は，条約(第76条)および先の国内法により 200 カイリを超えて大陸棚を設定できる可能性がある。それには，「大陸棚の限界に関する委員会」に対し，条約の効力が生じた日から遅くとも 10 年以内に(日本の場合，06 年 7 月までに)科学的根拠を示す必要がある。

日本は海上保安庁が，根拠として必要な基礎資料を収集するために，83 年以降日本周辺海域において大型測量船による海底地形，地質構造，地磁気，重力などの大陸棚調査を実施している。00 年度末までの調査により，日本の国土面積の約 2 倍の広さの海域について，大陸棚を延長できる可能性があることが判明している(海上保安庁, 2001)。今後の海底調査によって日本の主権的権利の及ぶ大陸棚がさらに拡大することが期待される。

3.3 日本の管轄権の及ぶ範囲

第 XIII–2 図に日本の管轄権の及ぶ範囲を示した。図中の中間線は，日本の「排他的経済水域及び大陸棚に関する法律」に従って引いた線で，向かい合った国との間で合意がなされたものではない。図には大陸棚として認められる可能性のある海域も示した。こうして，条約のもと日本の主権および主権的権利の及ぶ範囲は領土の約 12 倍もの広さに拡大している（海上保安庁，1998）。

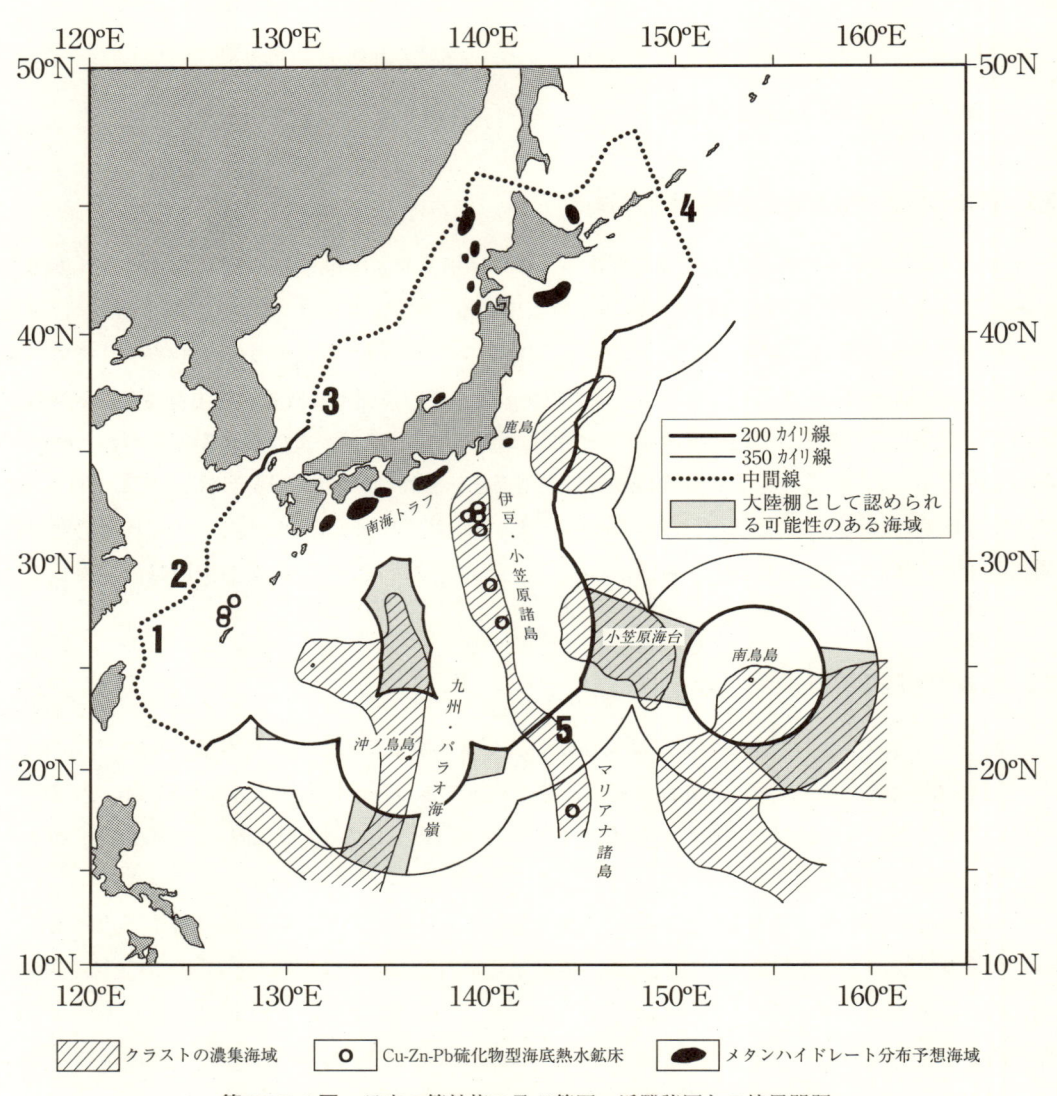

第 XIII–2 図　日本の管轄権の及ぶ範囲，近隣諸国との境界問題，
および日本周辺海域における海洋鉱物資源の分布
クラストの濃集海域は臼井ほか（1994）を，Cu-Zn-Pb 硫化物型海底熱水鉱床の分布は志賀（1996）を，
メタンハイドレート分布予想海域は奥田・松本（2001）をもとにした。

4 日本が抱える近隣諸国との境界問題

4.1 尖閣諸島をめぐる日本—中国—台湾間の領有権問題

尖閣諸島は，沖縄群島西南西の東シナ海に位置する日本固有の領土である（第 XIII–2 図に，番号 1 で示した）。同諸島をめぐる問題は，68 年，日本，台湾，韓国の海洋専門家が，国連アジア極東経済委員会の協力を得て東シナ海海底の学術調査を行った結果，大陸棚に石油資源が埋蔵されている可能性があることを指摘したことが発端となった。71 年以降，中国，台湾が公式に領有権を主張し始め，中国は 92 年 2 月，同諸島を中国の領土と明記した法律を施行し，台湾は 99 年 2 月，同諸島を含んだ領海基線を公告した。99 年度に日本の領海内で不法行為を行いまたは徘徊するなどの不審な行動をとった外国船舶は 1,801 隻にのぼったが，そのうちの 97% に当たる 1,745 隻が尖閣諸島の領海内における中国漁船（1,548 隻），台湾漁船（197 隻）であった（海上保安庁，2000，2001）。

4.2 東シナ海における日中間の EEZ および大陸棚の境界問題

日本は，条約（第 246 条）に基づき，外国が日本の同意なしに日本の EEZ および大陸棚において海洋の科学的調査を行うことを認めていない。94 年以降中国による東シナ海での科学的調査活動が活発化している（第 XIII–2 図に，番号 2 で示した）。99 年に 33 隻，00 年には 24 隻の調査船が確認され，ケーブルの曳航，観測機器の投入，反復航走など特異な行動が認められた（海上保安庁，2000）。このため，01 年に日中間において，東シナ海の相手国近海で海洋の科学的調査を行う場合，相互に事前通報を行うことを内容とする海洋調査活動の相互事前通報の枠組みが合意され，同年 2 月から運用が開始された（海上保安庁，2001）。いずれにせよこの問題は，日中間の EEZ および大陸棚の境界線が確定していないことに起因している。

4.3 竹島をめぐる日本—韓国間の領有権問題

日本—韓国間の大陸棚境界は「日本と大韓民国との間の両国に隣接する大陸棚の北部の境界画定に関する協定（略称：韓国との大陸棚北部境界画定協定）」（昭和 53 年 6 月 22 日効力発生）によって合意がなされているが，竹島の領有権問題は未解決である（第 XIII–2 図に，番号 3 で示した）。韓国は竹島に 54 年から灯台用施設を建設するとともに，警備隊員を常駐させ，常時周辺海域を鑑艇にて警戒している。日本は，竹島問題は平和的に解決を図るべきであるという従来からの方針を維持し，常時，竹島周辺に巡視船を配備し，監視するとともに，日本漁民の被拿捕などの防止指導を行っている（海上保安庁，2000）。

4.4 北方四島に関する日本—ロシア間の領有権問題

北方四島周辺海域（第 XIII–2 図に，番号 4 で示した）では毎年，日本の漁船が違反操業によりロシアによって拿捕されている。99 年には 7 隻が拿捕された。日本は，拿捕の発生が予想される北方四島

周辺海域のロシアが主張する領海線付近に常時巡視船を配備し，監視警戒を行っている(海上保安庁，2000)。

4.5 その他の境界問題

その他の境界問題として，日本海北部の日本—ロシア間の EEZ および大陸棚の境界問題がある。マリアナ海域の日本—アメリカ間の中間線は両国間の口上書によって合意がなされている(第 XIII–2 図に，番号 5 で示した)。

5　日本近海の海洋鉱物資源の帰属

日本周辺海域における海洋鉱物資源の分布を第 XIII–2 図に示した。クラスト鉱床は，臼井ほか(1994)によれば，南鳥島南東海域，小笠原海台周辺海域，伊豆・小笠原～マリアナ海域，沖ノ鳥島を含む九州・パラオ海嶺海域，鹿島東方海域などに分布している。これらのうちマリアナ海域を除く海域のかなりの部分は日本の EEZ かまたは「大陸棚として認められる可能性のある海域」の中にある。

マリアナ海域における日本とアメリカの境界は，本章「4.5」で述べたように両国間で合意がなされている。仮にアメリカがこの海域に対して 350 カイリの大陸棚を主張したとしても，距離的に日本の「大陸棚として認められる可能性のある海域」との重複はかろうじて避けられそうである。またこの海域にはマリアナ海溝が存在するので，アメリカがこの海溝を超えて大陸棚を主張することは地質学的に困難と思われる。ただ日本は今後，日本—アメリカ中間線を含む海域の大陸棚を調査する計画を持っており(海上保安庁，2000)，その結果によっては新たな境界問題が生じる可能性がある。

ところで，南鳥島南東海域や小笠原海台周辺海域の「大陸棚として認められる可能性のある海域」についてであるが，大陸棚として主張する根拠を見いだすことは地形的に容易でないであろう。実際これらの海域の海底は，深さ 5,000～6,000 m 級の海底から高さ 1,000～4,000 m 立ち上がった海山や海台が林立する形状をなしており，南鳥島は急峻な海山の山頂が海面上に露出したものである。条約は，島に対しては，領土と同様，大陸棚を認めているが，山頂が海面上に露出していない海山や海台に対しては大陸棚を認めていない。島であっても，大陸縁辺部を有さない急峻な島(海面下で広がりのない島)の場合，200 カイリを超えて大陸棚を設定することは難しい。

Cu-Zn-Pb 硫化物型海底熱水鉱床は伊豆・小笠原～マリアナ海域(七島・硫黄島海嶺～マリアナトラフ)と沖縄群島西方海域(沖縄トラフ)の多くの地点で発見されている(例えば，HALBACH et al., 1989; KUSAKABE et al., 1990; IIZASA et al., 1999)。伊豆・小笠原海域の鉱床は日本の EEZ 内に存在するが，マリアナ海域の鉱床はアメリカの EEZ 内に存在している。一方沖縄群島西方海域の鉱床は日中間の中間線の日本側に存在するが，この中間線は日本が国内法によって独自に定めたものであって，両国の合意によるものでない。中国側に立って見れば，この海域は中国大陸から張り出した深さ 200 m 以下の

きわめて浅い大陸棚であり，中国の領海基線から 350 カイリ以内に位置する。

メタンハイドレートは北海道西方の奥尻海嶺と南海トラフ陸側斜面で掘削によって確認されているほか，十勝〜日高沖，津軽〜渡島半島沖，新潟沖，鹿島沖などにも分布すると予想されている(資源エネルギー庁, 1999; 奥田・松本, 2001)。南海トラフ，十勝〜日高沖，鹿島沖などは日本の EEZ および大陸棚にある。北海道西方海域や北見沖は日本—ロシア間の中間線の日本側に位置するが，両国の大陸棚が重複する海域である。

日本近海にはマンガン団塊も広く分布するが，大部分はクラスト鉱床に伴っている。

6 まとめ

日本は精力的に海洋鉱物資源の探査活動を展開してきた。クラスト鉱床や海底熱水鉱床の探査は金属鉱業事業団が，メタンハイドレートの探査は石油・天然ガス探査の一環として石油公団が，いずれも経済産業省の委託を受けて，日本を囲む EEZ，大陸棚および大陸斜面において実施している(資源エネルギー庁, 1999; 志賀, 2001)。

EEZ や大陸棚の鉱物資源は，沿岸国が主権的権利のもと国内法で探査や開発ができるため，「深海底」の鉱物資源と比べて手続き上容易なように思われがちである。しかしこれは，日本の場合必ずしもあてはまらない。日本は，近隣諸国との間に多くの未解決な境界問題を抱えており，EEZ や大陸棚において海洋鉱物資源の探査や開発を行う場合，これらの問題を解決していかなければならないという困難がある。条約は関係国に対して境界問題解決に向けてあらゆる努力を払うよう求めている。日本外務省筋によると，日本は近隣諸国との間で境界画定交渉を行っているものの，あまり実質的進展は見られないということである。

文　献

HALBACH, P., NAKAMURA, K., WAHSNER, M., LANGE, J., SAKAI, H., KASELITZ, L., HANSEN, R.-D., YAMANO, M., POST, J., PRAUSE, B., SEIFERT, R., MICHAELIS, W., TEICHMANN, F., KINOSHITA, M., MARTEN, A., ISHIBASHI, J., CZERWINSKI, S. and BLUM, N. (1989): Probable modern analogue of Kuroko-type massive sulphide deposits in the Okinawa Trough back-arc basin. Nature, 338, 496〜499.

IIZASA, K., FISKE, R. S., ISHIZUKA, O., YUASA, M., HASHIMOTO, J., ISHIBASHI, J., NAKA, J., HORII, Y., FUJIWARA, Y., IMAI, A. and KOYAMA, S. (1999): A Kuroko-type polymetallic sulfide deposit in a submarine silicic caldera. Science, 283, 975〜977.

海上保安庁 (1998)：海上保安白書(平成 10 年版)．大蔵省印刷局発行，261p．

海上保安庁 (2000)：海上保安白書(平成 12 年版)．大蔵省印刷局発行，245p．

海上保安庁 (2001)：海上保安レポート 2001．財務省印刷局発行，126p．

KUSAKABE, M., MAYEDA, S. and NAKAMURA, E. (1990): S, O and Sr isotope systematics of active vent materials from the Mariana backarc basin spreading axis at 18° N. Earth Planet. Sci. Lett., 100, 275〜282.

奥田義久・松本良 (2001)：メタンハイドレートの起源と分布・資源量．天然ガスの高度利用技術——開発研究の最前線(市川勝監修)，エヌ・ティー・エス発行，137〜143．

志賀美英 (1996)：海底熱水鉱床の分布と分類．資源地質，46 (3)，167〜186．

志賀美英 (2001)：深海底鉱物資源開発の今日的意義．資源地質，51 (1)，41〜53．

資源エネルギー庁 (1999)：1999/2000 資源エネルギー年鑑．通産資料調査会発行，966p．

臼井朗・飯笹幸吉・棚橋学（1994）：日本周辺海域鉱物資源分布図．通産省工業技術院地質調査所発行，特殊地質図33．

第 XIV 章

日本の鉱物資源政策

1 日本の非鉄金属産業

1.1 鉱山業

　第2次世界大戦後世界経済は活況を帯びた。日本経済も急成長し，鉱物資源の需要は飛躍的に増大した。日本は需要を賄うべく国内外での鉱物資源探査・開発を積極的に展開し，非鉄金属産業は最盛期を迎えた。60年代，日本では国内の大小合わせて350以上もの鉱山で鉱物資源開発が行われていた(第I章の第I–2表を参照)。黒鉱鉱床30鉱山，接触交代鉱床59鉱山，キースラガー鉱床82鉱山，鉱脈鉱床152鉱山，マンガン鉱床21鉱山，硫黄鉱床7鉱山，ウラン鉱床4鉱山などである。この中には日立(銅)，別子(銅)，足尾(銅)，釜石(鉄・銅)，神岡(鉛・亜鉛)などの日本を代表する鉱山も含まれる。銅・鉛・亜鉛鉱山を中心に，金・銀・錫・タングステン・クロム・水銀などの鉱山があり，日本は比較的鉱種にも恵まれていた。

　しかし70年代に入ると，環境問題，オイルショック(73年と79年の2度)，急激な円高[*1] (85年9月のプラザ合意以降)，金属価格の低迷[*2]など鉱業を取り巻く環境が急速に悪化し，日本の非鉄金属産業はかつてない危機に直面した。多くの鉱山が経営困難に陥り，大幅な人員の削減・配置転換，鉱山部門の分離合理化などを進めた。こうして70～80年代を通じて日本の鉱山は次々と休閉山のやむなきに至った。

　その後新たに開発された鉱山は少なく，01年9月現在操業中の鉱山は，鉛・亜鉛の豊羽鉱山，金・銀の光竜，菱刈，春日，赤石鉱山とわずか5鉱山を数えるのみとなった(第I章の第I–2表を参照)。日本の鉱床の象徴として広く世界に知られた黒鉱の鉱山は皆無となり，黒鉱鉱山の閉山をもって日本には銅を主力とする鉱山はなくなった。

[*1] 円高では，85年に1米ドルが約240円であったものが，翌86年には約130円となり，1年余の短期間のうちに円がほぼ2倍に高騰した。その結果日本の鉱山業は，安い外国産の鉱石に対して国際競争力を失うこととなった。すなわち，国内で高い労働賃金を払って鉱床を探査し，採掘するより，外国から鉱石を買ったほうが安くなるという深刻な事態に陥った。

[*2] これは，60年代以降の世界経済の活況を背景に鉱物資源の需要が急増し，発展途上国を中心に多くの国が鉱物資源の増産に努め，市場で供給過剰の状態が続いたことによる。金属価格は鉱山経営に直接影響を及ぼす。

以上のように，国内の鉱山業は衰退の方向にある。悲観的ではあるが，国内鉱山業の衰退傾向は長期的に見て改善されるとは思えない。国内での新規鉱山開発の可能性は少なく，近い将来日本国内に鉱山はなくなるかもしれない。60年代以降の日本の鉱山業の盛衰は銅，鉛，亜鉛鉱石の国内生産量の変化(それぞれ付表1，付表4，付表7)に明瞭に表われている。

1.2　製錬業

　日本の非鉄金属の製錬業は，歴史的には鉱山業と一体をなすものであり，当初は国内鉱石を製錬する，いわゆる鉱山の附属部門として発展してきた。しかしながら鉱山業は，上述のように，70年代以降急激に地位が低下し，相対的に製錬業の地位が高まっていった。日本の非鉄金属の製錬能力は，60年代の経済発展に伴う国内需要の増大を背景として著しく拡大され，昭和44年(1969年)から昭和53年(1978年)の10年間に銅約1.8倍，鉛約1.3倍，亜鉛約1.4倍となった(第XIV-1図)。これは，日本の非鉄金属製錬業が，原料鉱石を海外から輸入し国内で製錬して消費に充てるため，銅を中心とした大型の臨海製錬所の建設に積極的に取り組んだ結果である(資源エネルギー庁，1999)。01年現在日本には銅，鉛，亜鉛の製錬所がそれぞれ7，6，6ヵ所にあり(第XIV-1表)，国内の全消費量を賄うことはできないものの(とくに銅)，世界的に見ても大きな生産能力を有している。これらの製錬所で使われている鉱石のうちで国内鉱の占める割合は著しく小さい。

2　日本の鉱物資源政策の背景・概要と実施体制

2.1　背景と概要

2.1.1　国内事情──需要の増大──

　日本の鉱物資源開発は，日清戦争から日露戦争，満州事変，第2次世界大戦，朝鮮戦争へと続く戦時下，軍需政策とともに発展した。戦時下においては鉱物資源，とりわけ弾丸や蓄電池に必要な鉛，亜鉛の確保は国家的使命であり，政府は国内各地に鉛・亜鉛製錬所を設置し，国を挙げて拡張・増産を進めた。第2次世界大戦後の高度成長期に入ると，非鉄金属の需要は飛躍的に増大し，鉱山や製錬所は日本経済を支える基幹産業としてさらに発展を続けた(第VI章第4節で述べた)。日本は国内資源だけでは需要を満たすことができず，海外での資源探査も活発に展開した。

2.1.2　国外事情──供給不安──

　第IX章および第X章で述べたように，資源保有発展途上国の多くは第2次世界大戦後，政治的独立は勝ち得たものの，先進国による経済支配が依然として続き，国内資源は自国の発展や地域住民の利益には結び付かなかった。国連総会決議「天然資源に対する永久的主権」や「新国際経済秩序(NIEO)の樹立に関する宣言」などに見られるように，発展途上国は，国内資源の主権の確立をめざして，先進国資本の排除，生産国間の横の連携の強化など，先進国に対抗するさまざまな政策

第 XIV 章　日本の鉱物資源政策

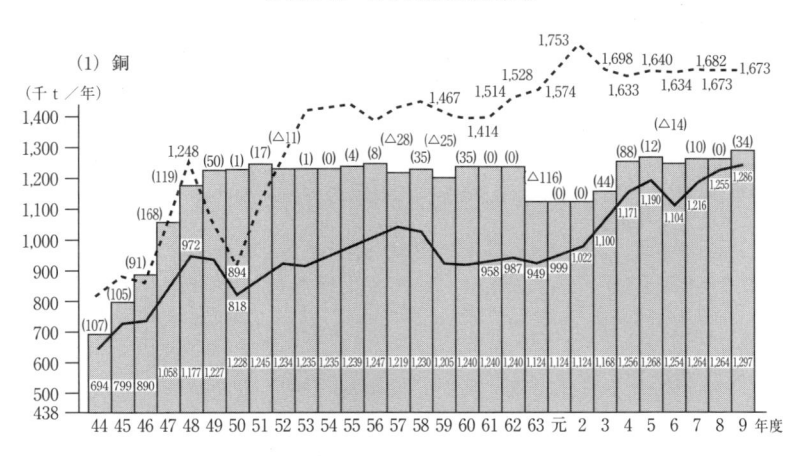

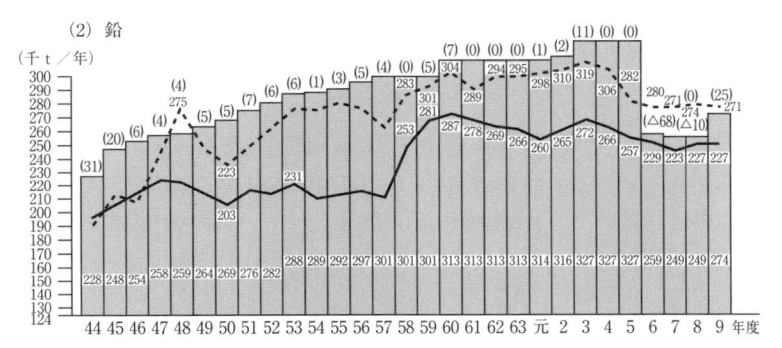

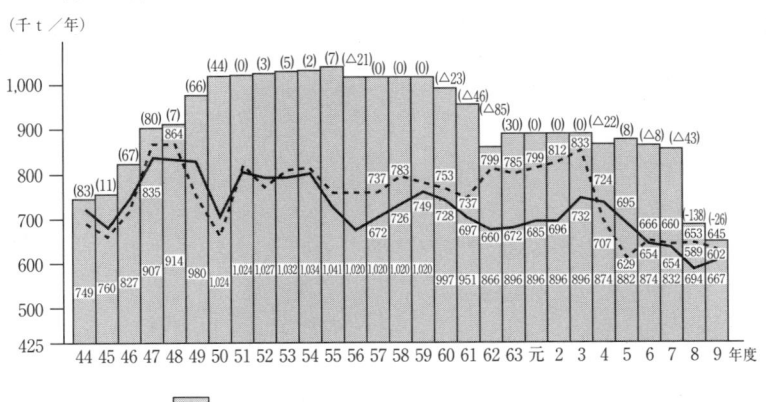

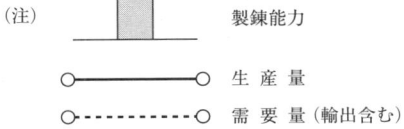

(1) 銅

(2) 鉛

(3) 亜鉛

(注)　■ 製錬能力
　　　○—○ 生産量
　　　○---○ 需要量(輸出含む)

(　)内は製錬能力の対前年度増減量である（単位：千t/年）

第 XIV-1 図　日本の非鉄金属（銅，鉛，亜鉛）の製錬能力および需給推移
資源エネルギー庁（1999）による。

第 XIV-1 表　日本の非鉄金属製錬所および製錬能力(銅，鉛，亜鉛)

金属	企業名	製錬所名	所在地	製錬能力 (t/年)	製錬方式
銅	日鉱金属	日　立	茨城県	36,000	自溶炉法
		佐賀関	大分県	470,400	自溶炉法
	三菱マテリアル	直　島	香川県	270,000	連続製銅法
	住友金属鉱山	別　子	愛媛県	300,000	自溶炉法
	小坂製錬	小　坂	秋田県	96,000	自溶炉法
	小名浜製錬	小名浜	福島県	348,000	反射炉法
	日比共同製錬	玉　野	岡山県	262,800	自溶炉法
		計		1,783,200	
鉛	東邦亜鉛	契　島	広島県	120,000	
	三井金属鉱業	竹　原	広島県	43,800	
	小坂製錬	小　坂	秋田県	25,200	
	住友金属鉱山	播　磨	兵庫県	30,000	
	細倉製錬	細　倉	宮城県	21,600	
	神岡鉱業	神　岡	岐阜県	33,600	
		計		274,200	
亜鉛	神岡鉱業	神　岡	岐阜県	72,000	電気亜鉛
	彦島製錬	彦　島	山口県	84,000	電気亜鉛
	東邦亜鉛	安　中	群馬県	139,200	電気亜鉛
	八戸製錬	八　戸	青森県	117,600	蒸留亜鉛
	住友金属鉱山	播　磨	兵庫県	90,000	蒸留亜鉛
	秋田製錬	飯　島	秋田県	195,600	電気亜鉛
		計		698,400	

資源エネルギー庁鉱業課 (2001) による。

を打ち出した。その代表的な例は，チリ，ペルー，ザイール(現コンゴ民主共和国)などで行われた鉱山の国有化や，銅輸出国政府間協議会 (CIPEC)，国際ボーキサイト連合 (IBA) など資源カルテルの相次ぐ結成に見ることができる。このように 60, 70 年代は発展途上国における資源ナショナリズムの最も激しい時代であった。また当時は，世界が東西冷戦時代に突入して間もない頃でもあった。朝鮮戦争 (50～53 年) を皮切りにベトナム戦争 (60～75 年)，カンボジア内戦 (70～91 年) など世界各地で東西対立が激しく繰り広げられた(第 XII 章の第 XII-2 表を参照)。

　日本にとって経済を成長させていくうえで鉱物資源の安定供給確保は不可欠であり，南北対立や東西対立など鉱物資源流通の障壁は，日本の経済安全保障上重大な脅威とされた。

2.1.3　日本の鉱物資源政策の概要

　日本で今日的な鉱物資源政策が策定されたのは，商工省(昭和 20～24 年)が改組されて通商産業省(現経済産業省)が設置された戦後間もない昭和 24 年 (1949 年) 以降である。
　政府は昭和 38 年 (1963 年)，鉱物資源の長期的・安定的確保を図るため，金属鉱物探鉱融資事業団(金属鉱業事業団の前身)を設立した。同事業団設立の背景には，少なくとも上で述べた「国内需要の増

大」と「海外資源の供給不安」という2つの事情があったものと思われる。以来今日まで40年にわたり，金属鉱業事業団(Metal Mining Agency of Japan: MMAJ)を通してさまざまな鉱物資源政策を実施してきた。この事業団の歴史は近代日本の鉱物資源政策の歴史でもある。

第XIV-2表に日本の鉱物資源政策の概要を示した。この表から読み取れるように，日本の鉱物資源政策は，一言で表現するならば，「(国内外における)鉱物資源の探査・開発を担う日本企業の保護・育成」である。政府はMMAJを通して，国内外で資源探査開発が活発に行えるよう日本企業に対して資金，人材，技術，情報など実にさまざまな側面から支援してきた。国内資源探査，海外資源探査，深海底資源探査，探鉱資金融資・債務保証，探査技術開発，海外資源情報の収集などに見られるように，日本の鉱物資源政策には，国の内外を問わず「鉱物資源は自力で開発する」という「自主開発」志向が色濃く現われているが，これは資源の供給不安から発したことにほかならない。日本の鉱物資源政策の中核となる部分は次のようにまとめることができる。

   理念：長期的・安定的確保
   目標：自主開発
   手段：探査・開発を担う企業の保護・育成

これは平たく言えば，「(豊かで便利な日本社会を維持し発展させていくには)鉱物資源の長期的・安定的確保が不可欠だ。長期的・安定的確保のためには，他国に頼らず，自力で探し，自力で掘るのが最もよい。それを担うような企業を育てていこう」ということである。

70年代には鉱業を取り巻く情勢が急速に変化した。環境問題に関する関心の高まり，オイルショックによるエネルギー問題の発生，相次ぐ国内鉱山の閉山などである。政府は昭和48年(1973年)，複雑かつ多様化してきた資源エネルギー行政に迅速・適切に対応していくために，通商産業省の外局として資源エネルギー庁(資源エネルギー部門を一括して扱う専門機関)を設置し，同時に，金属鉱物探鉱促進事業団を金属鉱業事業団(MMAJ)に改め，政策の迅速な対応を図った。資源エネルギー庁および金属鉱業事業団設置後，日本の鉱物資源政策は，「鉱害」対策への取り組み，エネルギーの石油依存からの脱却のための(原子力発電用)海洋ウラン資源開発，非鉄金属備蓄制度の導入，および斜陽化し始めた非鉄金属産業立て直しのための経営安定化対策など，世情を反映しながら，急速に多様化していくこととなった(第XIV-2表)。

政策の具体的な項目は本章の第3節以降で述べるが，国内資源，海外資源，深海底資源は，日本が開発のターゲットとしてきた鉱物資源の3本柱と言え，多様化する日本の鉱物資源政策の中にあってもその中核をなしてきた。その他の多くの政策(例えば，探鉱資金融資，探査技術開発，海外資源情報の収集・分析など)はこれら3つを推進するための手段として位置付けられる。

2.2 鉱物資源政策の実施体制

資源エネルギー庁設置後の日本の非鉄金属資源政策の実施体制を見ると(第XIV-2図)，政策策定機関は政府(国民の代表)，政策管理機関は資源エネルギー庁，政策実施機関はMMAJである。政府は，

第 XIV-2 表　日本の鉱物資源政策の概要

	年	事　項	主な目的
戦後の成長期	昭和24年	商工省の改組により通産省が設置される。	
	昭和38年	金属鉱物探鉱融資事業団を設立する。	
		探鉱資金の融資を開始する。	国内資源探査
	昭和39年	金属鉱物探鉱融資事業団を金属鉱物探鉱促進事業団に改称する。	
		精密地質構造調査を開始する。	国内資源探査
	昭和41年	広域地質構造調査(第Ⅰ期長期計画)を開始する。	国内資源探査
	昭和43年	金属鉱物探鉱促進事業団に海外部門を設立する。	
		海外探鉱資金融資，海外資源開発に必要な資金に係る債務保証，海外地質構造調査，海外鉱物資源開発に関する資料・情報の収集と提供を開始する。	海外資源探査
	昭和45年	資源開発協力基礎調査（ODA）を開始する。	国際協力
衰退期（環境問題・オイルショック・円高・バブル崩壊等）	(昭和46年	環境庁創立。)	
	(昭和48年	第1次オイルショック。)	
	昭和48年	資源エネルギー庁発足。	
		金属鉱物探鉱促進事業団を金属鉱業事業団に改称する。	
		広域・精密地質構造調査の第Ⅱ期長期計画を開始する。	国内資源探査
		「鉱害」防止資金の融資・債務保証，「鉱害」防止積立金管理，「鉱害」防止調査指導を開始する。	「鉱害」防止
	昭和49年	海外探鉱資金の出資および海外共同地質構造調査助成金の交付を開始する。	海外資源探査
		坑廃水対策に関する調査を開始する。	「鉱害」防止
	昭和50年	「鉱害」負担金資金融資・債務保証，「鉱害」防止工事設計・管理，「鉱害」防止技術開発を開始する。	「鉱害」防止
		深海底鉱物資源査を開始する。	深海底資源探査
		鉱物資源探査技術，深海底鉱物資源探査技術を開発する。	探査技術開発
		海水ウラン回収システム技術開発を開始する。	海洋ウラン開発
	昭和51年	金属鉱物備蓄資金融資を開始する。	備蓄
	昭和53年	金属鉱業経営安定化資金融資を開始する。	経営安定化
		「鉱害」防止資金融資を開始する。	「鉱害」防止
	昭和55年	深海底鉱物資源探査専用船「第2白嶺丸」竣工。	深海底資源探査
	昭和56年	深海底金属鉱物資源の採取技術開発を開始する。	深海底資源探査
	昭和57年	松尾鉱山における坑廃水処理施設維持管理業務を開始する。	「鉱害」防止
		レアメタル備蓄資金融資を開始する。	備蓄
	昭和58年	レアメタル備蓄を開始する。	備蓄
	昭和59年	海底熱水鉱床探査のための調査研究を開始する。	深海底資源探査
		坑廃水処理のための微生物利用技術の調査研究を開始する。	「鉱害」防止
	昭和60年	希少金属鉱物（レアメタル）資源賦存状況調査を開始する。	国内資源探査
		南太平洋応用地球科学委員会（SOPAC）に対するODA事業(コバルト・リッチ・クラスト鉱床探査)を開始する。	国際協力
	昭和61年	海水ウラン回収システム技術開発のためのモデルプラントの運転を開始する。	海洋ウラン開発
	昭和62年	レアメタル総合開発調査（ODA）を開始する。	国際協力
		コバルト・リッチ・クラスト鉱床探査の調査研究を開始する。	深海底資源探査
		資源統計データベース一般サービスを開始する。	資源情報提供
		国内探鉱融資を拡充(中小鉱山融資を開始)する。	国内資源探査
	昭和63年	広域・精密地質構造調査を見直す(鉱業審議会)。	国内資源探査
	平成元年	金属ウラン生産システム開発調査を開始する。	
		マンガン団塊採鉱環境影響調査を開始する。	深海底資源探査・「鉱害」防止
	平成3年	「鉱害」防止費用低減化技術開発を開始する。	「鉱害」防止
	平成4年	「鉱害」防止事業基金制度を設置する。	「鉱害」防止
	平成8年	希少金属鉱物（レアメタル）資源賦存状況調査終了する。	
	平成13年	行政改革により「通産省」は「経済産業省」となる。	
	平成15年	特殊法人改革により金属鉱業事業団は「独立行政法人」となる。	

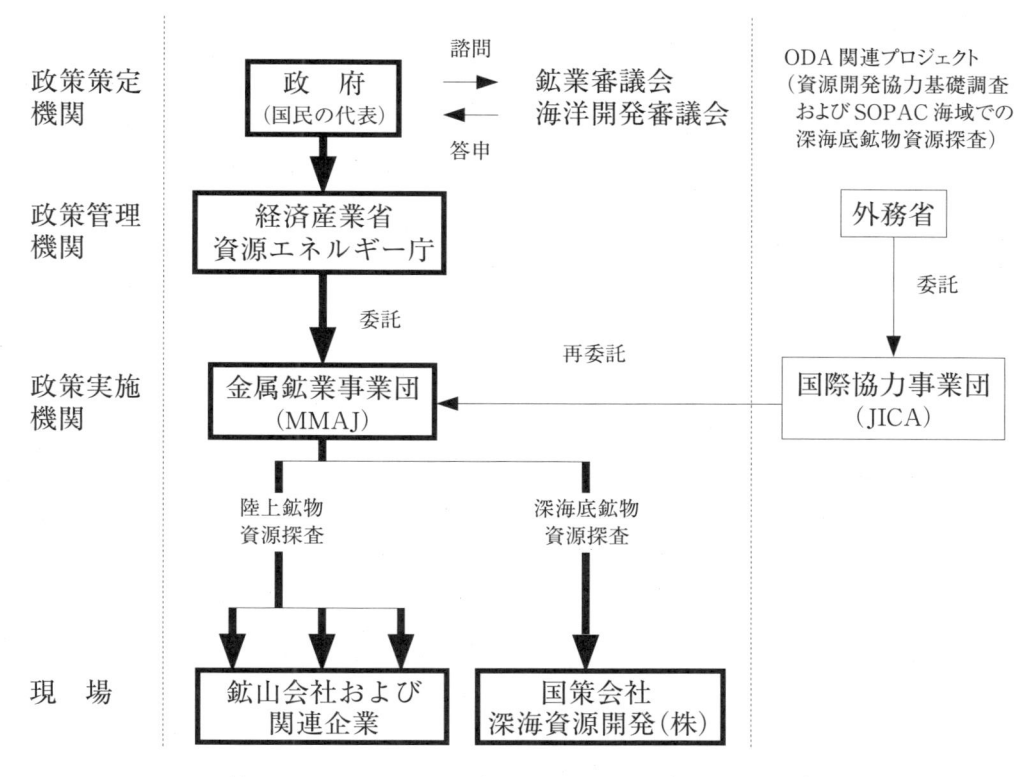

第 XIV-2 図　日本の鉱物資源政策の実施体制（探査関連部門）

あらかじめ鉱業審議会（通産大臣諮問機関）や海洋開発審議会（総理大臣諮問機関）などに諮問し，それらからの答申を受けて，政策を策定する。政策の実施は資源エネルギー庁を通して MMAJ に委託される。MMAJ は，委託された政策を自ら実施することもあるが，現場の業務などは関連民間企業に請負契約で発注（一部再委託）する場合が多い。深海底鉱物資源探査は，MMAJ が国策会社「深海資源開発株式会社（DORD）」（本章の「5.4」で述べる）に再委託する形で実施されている。

一方 ODA 関連の鉱物資源探査（資源開発協力基礎調査，南太平洋応用地球科学委員会（SOPAC）に対する深海底鉱物資源探査など）はやや複雑な経路を辿る。外務省が窓口になって相手国政府から要請を受け，国際協力事業団（Japan International Cooperation Agency: JICA）に実施を委託する。JICA は鉱物資源探査の経験豊かな MMAJ に再委託し，MMAJ はこれを関連民間企業に，深海底鉱物資源探査の場合は DORD に委託している。

以上のとおり，日本の鉱物資源政策の実施体制は複雑である。いずれにせよ，鉱物資源政策の現場は多くの場合，民間企業が担当しており，政策の実施を通して企業の保護・育成を図っている構図が明確に現われている。

3 国内資源の探査・開発

鉱物資源の最も安定な供給源は国内資源であるとして，国内資源探査は日本の鉱物資源政策の主柱をなしてきた。国内資源探査には，ベースメタルや金などを対象とする広域地質構造調査・精密地質構造調査と，レアメタルを対象とする希少金属鉱物資源賦存状況調査の2つがある。

3.1 広域地質構造調査・精密地質構造調査

これらの地質構造調査は，鉱業審議会鉱山部会探鉱分科会(1966)および鉱業審議会鉱山部会(1972)に基づき策定された第Ⅰ期および第Ⅱ期国内探鉱長期計画に沿って昭和41年度(1966年)から実施されてきた(第XIV-3図および第XIV-3表)もので，国内の鉱床賦存有望地域について「広域調査—精密調査—企業探鉱」の3段階方式で体系的に行われてきた。対象金属は銅，鉛，亜鉛，マンガン，金，タングステンの6鉱種である。「3段階方式」地質構造調査は，次のように実施されている。

第1段階：広域地質構造調査

鉱床賦存有望地域全体の広域的な地質状況を明らかにするための調査であり，地形図作成，地質調査，地化学探査，物理探査，ボーリングなどを実施する。

第2段階：精密地質構造調査

広域地質構造調査の結果に基づき優秀な鉱床が存在する可能性のある特定地域を抽出し，抽出された地域について物理探査，ボーリング，構造坑道掘削などにより重点的かつ高精度の調査を行う。国庫補助率は2000年現在10/15 (2/3)，関係都道府県および関係鉱業権者(企業)の負担率はそれぞれ2/15，3/15である。

第3段階：企業探鉱

精密地質構造調査の結果，そこに有望な鉱床が存在すると思われる場合，第3段階の企業探鉱に引き継がれ，鉱業権者(企業)が独自に探鉱を行う。この企業探鉱には，円滑な探鉱の促進のため鉱業権者に対する探鉱資金融資制度が設けられている。

第Ⅰ期長期計画は，広域調査，精密調査合わせて昭和41年度(1966年)の13プロジェクトから昭和47年度(1972年)の21プロジェクトまで，順調に進展していった(第XIV-3表)。しかし，昭和48年度(1973年)からスタートした第Ⅱ期長期計画は，第1次・第2次オイルショック，急激な円高など，次々と押し寄せる予期せぬ経済変動に見舞われ，第Ⅰ期計画に比べて実行速度が大きく鈍り，昭和60年(1985年)の円高以降は一段と鈍くなった。プロジェクト数を見ると，昭和48年(1973年)から昭和60年(1985年)までは毎年ほぼ22プロジェクトを維持できていたが，その翌年から減少が始まった。この第Ⅱ期長期計画の調査対象地域は，終了を待たずして，昭和63年(1988年)8月の鉱業審議会鉱山部会探鉱分科会(1988)において見直され，優良鉱床の発見が期待される19地域が厳選された(第XIV-4図)。これらの19地域については平成元年度(1989年)から3段階方式で調査が

第 XIV 章　日本の鉱物資源政策

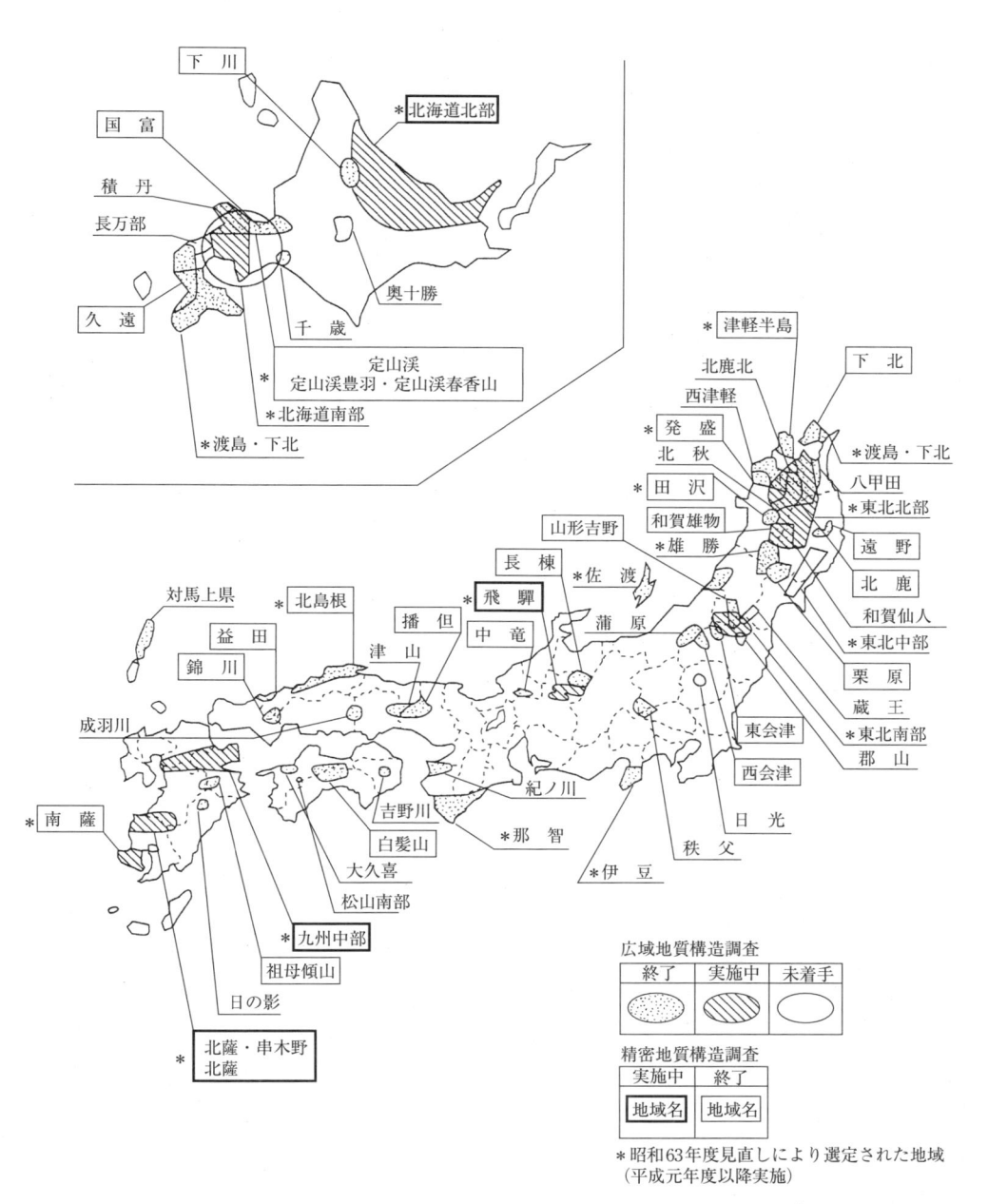

第 XIV-3 図　広域地質構造調査および精密地質構造調査の計画地域概略位置図
第 I・II 期長期計画地域および昭和 63 年度見直しにより選定された地域。資源エネルギー庁（1999）による。

第 XIV-3 表　広域地質構造調査および精密地質構造調査の実施状況

第 XIV 章　日本の鉱物資源政策

広域地質構造調査

地域	年度	昭和 38	39	40	41	42	43	44	45	46	47	48	49	50	51	52	53	54	55	56	57	58	59	60	61	62	63	平成 元	2	3	4
第Ⅰ期	北秋田																														
	栗原・宮城																														
	蒲原・新潟																														
	飛騨・岐阜																														
	久遠・北海道																														
	津山・岡山																														
第Ⅱ期	西津軽・青森・秋田																														
	鍋川・山口・島根																														
	那智・三重・和歌山																														
長期計	越後・山形・新潟																														
	北薩・串木野・鹿児島																														
	羽越・北海道																														
	千歳・秋田																														
対象地域	沢田																														
	南薩・鹿児島																														
	丹横・北海道																														
	佐渡・新潟																														
	伊豆・静岡																														
	津軽半島・青森																														
	越勝・秋田・山形																														
	北海道北部B・北海道																														
	九州中部・福岡・大分・熊本																														
	渡島・下北・北海道・青森																														

金鉱山基礎調査　昭和

地域	年度	43	44	45	46	47	48	49	50	51	52
池ノ舞・沼ノ上・北海道											
南薩・鹿児島											
北薩・鹿児島											

広域地質構造調査
精密地質構造調査

1. 38〜40年度の広域調査は工業技術院地質調査所の特別研究で実施
2. 第Ⅱ期長期計画計画未着手地域（6地域）、奥十勝、長万部、和賀仙人、蔵王、郡山、日光
3. 金属鉱業事業団（1992）による。

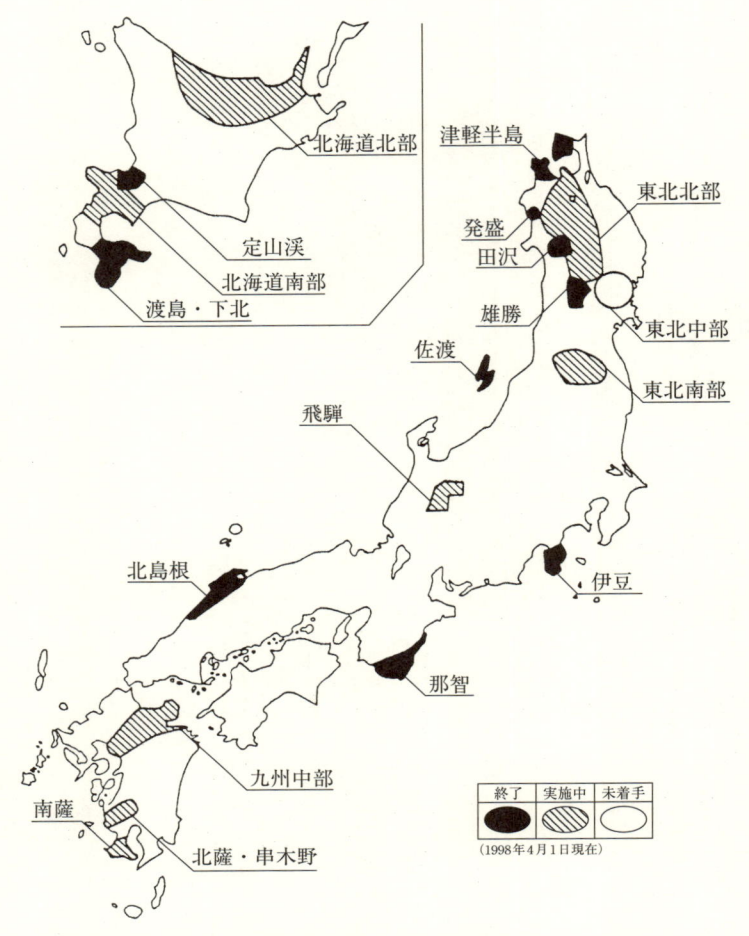

第 XIV-4 図　優良鉱床が期待される地域（昭和 63 年 8 月, 鉱業審議会）
資源エネルギー庁（1999）による。

実施されている。

　最近広域・精密調査のプロジェクト数は減少し，従来調査の主要なターゲットであった銅，鉛，亜鉛鉱床地域はなくなり*3，金・銀鉱床地域を残すのみとなった。

3.2　希少金属（レアメタル）鉱物資源賦存状況調査

　昭和 59 年（1984 年）12 月の鉱業審議会は，レアメタルの安定供給確保を図っていくうえで国内資源は最も安定的な供給源であり，国内資源の探鉱開発を積極的に進める必要があるとし，これを受けて翌年 3 月の同審議会鉱山部会はレアメタル資源（クロム，モリブデン，タングステンなど）の有望地域

---

*3　日本は，国内における銅，鉛，亜鉛の探査は断念したようである。全量輸入もやむを得ないという判断なのであろう。

29 地域を選定した(第 XIV-5 図)。

　日本はレアメタル資源の賦存の可能性は高いが，探鉱リスクが高いこと，探鉱・開発の経験や実績に乏しいこと，推進母体となる有力企業が存在しないことなどの困難があり，民間がいきなり探鉱・開発に着手することは困難であった。このため，民間に対し，探鉱・開発の初期段階のリスクを軽減し，探鉱・開発の前段に必要な情報，指針を提供するなど，積極的に支援した。

　レアメタル資源賦存状況調査は，レアメタル資源の賦存の可能性が高いと推定される地域について地質調査，地化学探査，物理探査，ボーリングなどを実施し，その賦存状況を明らかにしようとするものである。昭和 60 年度(1985 年)の 3 プロジェクトから始まり(1 プロジェクト当たりの実施期間は 5 年)，昭和 63 年度(1988 年)および平成元年度(1989 年)の 6 プロジェクトをピークに，その後は年 4 プロジェクトに減少し，平成 8 年度(1996 年)に終了した。選定された有望 29 地域のうち実施されたのは 9 地域であり，計画中途での断念となった[*4]。

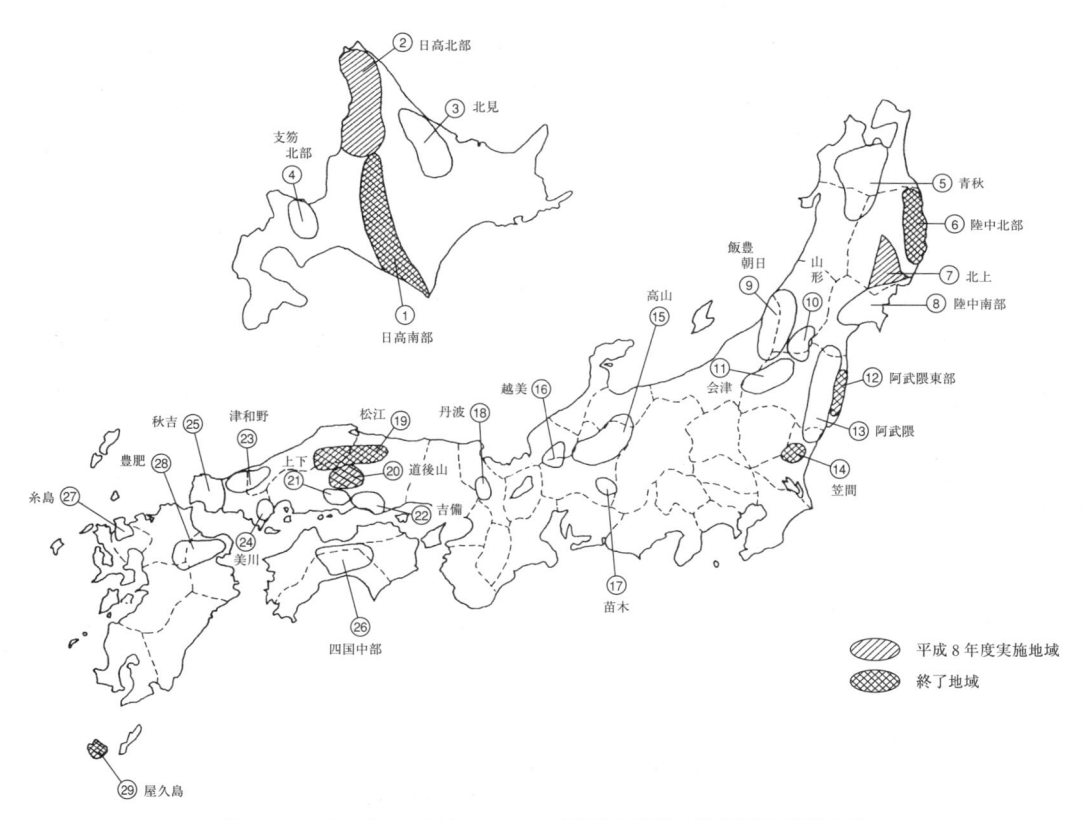

第 XIV-5 図　希少金属(レアメタル)鉱物資源賦存状況調査対象地域
資源エネルギー庁鉱業課(1997)による。

[*4] 予算の削減や，商業ベースで開発できそうなところがないことなどが背景にあると思われる。

4 海外資源探査

鉱物資源の多くを輸入に依存している日本は，鉱物資源を長期的かつ安定的に確保するため，海外における探査・開発(自主開発)もめざしてきた。海外資源の探査・開発には多額の資金を要しかつリスクが大きいため，政府は海外において資源の探査・開発を行う日本企業に対して支援を強化してきた。具体的には，次のような体系的方式で支援を実施している。

第1段階：海外鉱業情報に関する資料の収集・分析・提供

日本企業の海外鉱業活動を強力に推進するため，MMAJに資源情報センターを設置して，世界各国(とりわけ資源保有国)の地質，鉱床，探鉱，開発の状況のほか，鉱業政策，鉱業関連法規，需給動向など鉱業に関するさまざまな資料・情報を収集・分析し，非鉄金属関連企業をはじめ各方面に提供している。同センターはまた，世界の鉱業の動向を的確に把握するため，鉱業上重要な10ヵ国に在外事務所を配置している。

第2段階：基礎調査(海外地質構造調査および海外共同地質構造調査)の実施

海外地質構造調査は，優秀な鉱床の存在する可能性がある地域において金属鉱物の探鉱を行う権利を取得しているかまたは確実に権利を取得する見込みがある日本企業に対し，探鉱に必要な資金の3/5〜1/2を補助するものである(企業の負担は2/5〜1/2)。具体的な調査の中身は，日本国内の広域調査と精密調査を併せたようなもので，地質調査，地化学探査，物理探査，ボーリング調査および坑道調査などである。その結果，有望な鉱床の存在が判明すれば，企業独自の探鉱に移行する。

海外共同地質構造調査は，日本企業が海外においてその国の企業と共同で資源探査活動を行う場合，日本企業が負担する費用の1/2以内で助成金を交付するものである。

第3段階：企業探鉱への出融資

日本企業が海外において探鉱する場合，探鉱に必要な資金を融資する。また，日本の業界が共同で大規模なプロジェクトに取り組む場合，その探鉱に必要な資金の50%(深海底鉱物資源については80%)を限度として出資を行っている。深海底鉱物資源探査のDORDには金属鉱業事業団が80%出資している。

第4段階：開発資金に係わる債務の保証

海外での探鉱に成功しても，鉱山を開発するには多大な資金を要する。海外において鉱山開発を行う日本企業が金融機関から開発資金を調達する際，その債務を保証し，資金調達の手助けを行う。

日本の企業によって探査開発された主な海外鉱山の分布を第XIV-6図に示した。日本の企業がこれまで海外において探査を手がけたものは延べ300件以上にのぼるが，開発に移行したものはそのうち23件で1割に満たない。大部分は失敗に終わっている。このことから，鉱物資源の探査がいかにリスクが大きいかがわかるであろう。

日本の企業が活躍している地域は主にアジア，中南米，オセアニアであり，アフリカは少ない。ア

第 XIV 章　日本の鉱物資源政策

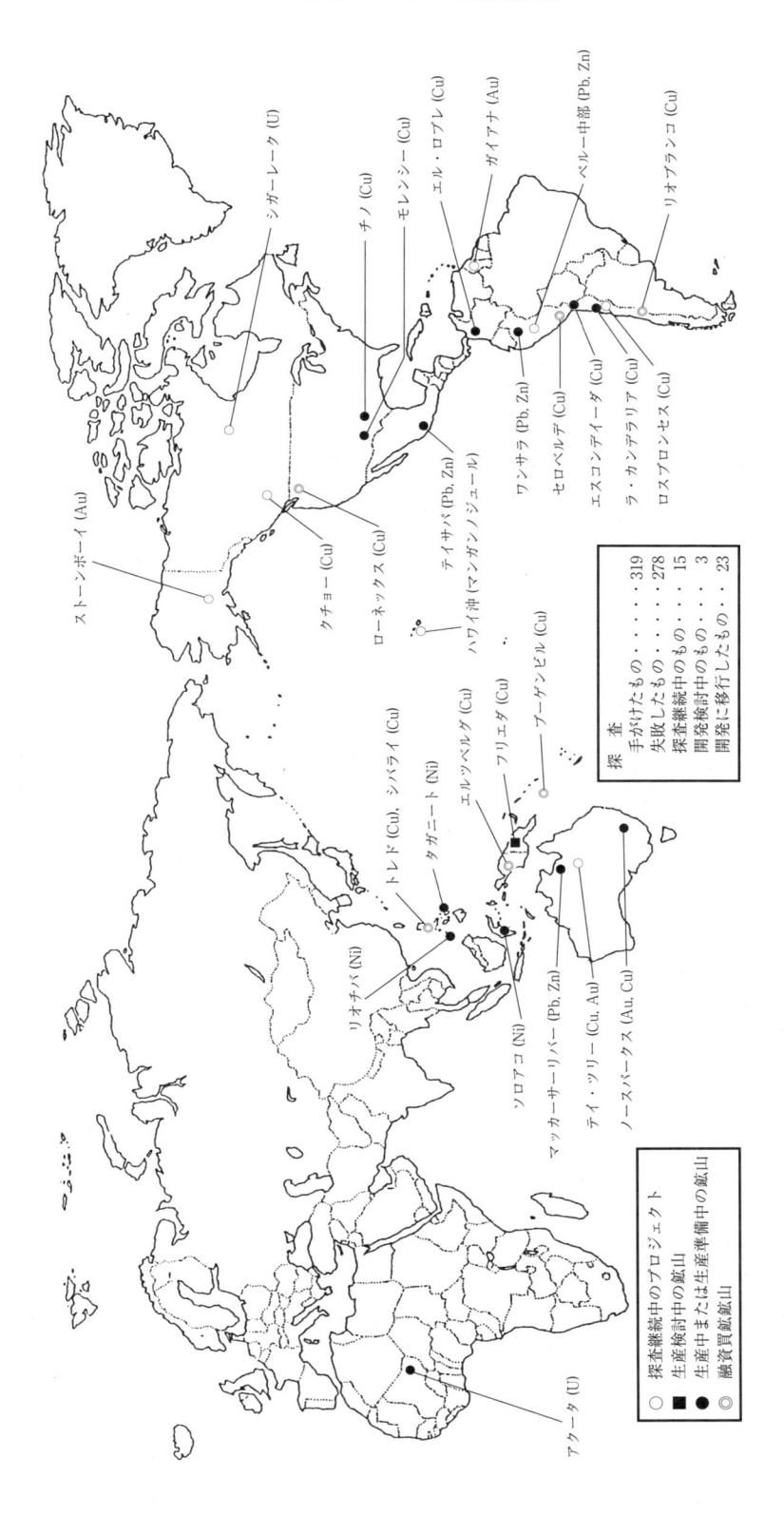

第 XIV-6 図　日本の企業により探査開発された主な海外鉱山の分布
平成 6 年 9 月現在。金属鉱業事業団 (1995) による。

探　査
- 手がけたもの……… 319
- 失敗したもの……… 278
- 探査継続中のもの… 15
- 開発検討中のもの… 3
- 開発に移行したもの… 23

○ 探査継続中のプロジェクト
■ 生産検討中の鉱山
● 生産中または生産準備中の鉱山
◎ 融資買鉱山

主な地点：
- ストーンボーイ (Au)
- シガーレーク (U)
- チノ (Cu)
- モレンシー (Cu)
- エル・ロブレ (Cu)
- ガイアナ (Au)
- ペルー中部 (Pb, Zn)
- リオブランコ (Cu)
- ワンサラ (Pb, Zn)
- セロベルデ (Cu)
- ラ・カンデラリア (Cu)
- エスコンディーダ (Cu)
- ロスプロンセス (Cu)
- ケチョー (Cu)
- ローネックス (Cu)
- テイサス (Pb, Zn)
- ハワイ沖 (マンガンノジュール)
- ブーゲンビル (Cu)
- フリエダ (Cu)
- エルツベルグ (Cu)
- タガニート (Ni)
- トレド (Cu), シバライ (Cu)
- リオチノ (Ni)
- ソロアコ (Ni)
- マッカーサーリバー (Pb, Zn)
- テイ・ツリー (Cu, Au)
- ノースパークス (Au, Cu)
- アクータ (U)

フリカに少ないのは，アフリカの有望地域が欧米系国際大資本(非鉄金属メジャー)によって占められ[*5]，日本の企業が参入する余地が少ないためと言われている。

5 深海底鉱物資源探査

日本の深海底鉱物資源政策において中心的な役割を担ってきたのは政府，資源エネルギー庁およびMMAJである(第XIV-2図)が，ここでは，これらの機関でなく，現場で活動してきた4つの組織について，それぞれの設立目的や活動の概略を述べる。

5.1 任意団体「深海底鉱物資源開発懇談会」の設立と活動

(1) 組　織

同懇談会は，第3次国連海洋法会議開催直前の昭和48年(1973年)3月頃から設立の動きが始まり，同年4月に発足した(第XII章の第XII-1表を参照)。発足当初の会員数は鉱山，商社など27社であった。

(2) 目的と活動

同懇談会は，会員相互の情報交換や深海底鉱物資源開発に関する計画立案，政府への建議などを目的に設立された(社団法人深海底鉱物資源開発協会，1989)。設立して間もない昭和48年(1973年)5月に通産省鉱山石炭局長(当時)宛てに「深海底鉱物資源開発に関する要望書」を提出した(第XIV-4表)が，事業をさらに進めていくには権利能力のない任意団体では十分でないとして，「任意団体」を「公益社団法人」に昇格させる動きとなった。翌昭和49年(1974年)3月，社団法人「深海底鉱物資源開発協会」を設立し，同懇談会は発展的に解消した。

5.2 DOMAの設立と活動

(1) 組　織

「深海底鉱物資源開発協会 (Deep Ocean Minerals Association: DOMA)」は鉱山，商社を中心に，鉄鋼，造船などを含む民間33社(設立時)の会員から構成されていた(社団法人深海底鉱物資源開発協会，1989)。これらの会員は探査・精錬部会(鉱山業を中心に28社から構成)，採鉱システム部会(重工業を中心に26社から構成)，法制・経済部会(商社を中心に15社から構成)の3つの専門部会に分かれて活動した。

(2) 目　的

DOMAは，その設立趣意書の中で，「日本のマンガン団塊に関する調査・研究は欧米先進国に比

[*5] この背景には，欧米系資本とアフリカ諸国との長く深い歴史的関係がある。国際大資本は，海外資源開発に関して長年の実績と膨大な資金量を持ち，アフリカだけでなく世界中で鉱物資源の探査開発を展開している(第XI章で述べた)。

第 XIV-4 表　日本の深海底鉱物資源関連の組織と主な活動

任意団体「深海底鉱物資源開発懇談会」の活動		
	◇昭和48年5月	通産省鉱山石炭局長宛てに「深海底鉱物資源開発に関する要望書」を提出
	◇昭和49年3月	社団法人「深海底鉱物資源開発協会（DOMA）」設立の申請
DOMAの活動		
	◇昭和49年度	白嶺丸による地質調査所の海洋地質調査に便乗参加
	◇昭和49年度	資源エネルギー庁長官への要望「マンガン団塊開発のための外国企業との共同探査に対する助成方お願いの件」
	◇昭和49年度	国会・政府関係への要望「昭和50年度マンガン団塊開発に関する政府予算要望の件」
	○昭和49～54年度	新探査技術（高速テレビシステム）の研究開発（金属鉱業事業団からの委託事業）
	◇昭和50年度	「海洋法に対する考え方」
	◇昭和50年度	「昭和51年度国家予算要望について」
	◇昭和50～51年度	「マンガン団塊探査専用船の建造について」
	◇昭和50～54年度	白嶺丸によるマンガン団塊の賦存状況調査（金属鉱業事業団からの委託事業）
	◇昭和50～57年度	第3次国連海洋法会議に民間オブザーバーとして参加
	◇昭和51年度	「マンガン団塊開発のための国際共同開発事業に対する特別助成策についてお願いの件」
	◇昭和51～52年度	採鉱技術に関する海外海洋開発動向調査（資源エネルギー庁からの委託事業）
	◇昭和52年度	「海洋法会議に関する意見」
	◇昭和52年度	「深海底鉱業法(仮称)制定に関する要望」
	◇昭和53年度	「探査専用船運航業務に関する要望書」
	◇昭和53年度	国の大型プロジェクト化をめざして採鉱技術に関する調査研究
	◇昭和53～54年度	「深海底マンガン団塊の採鉱システム技術開発に関する要望書」
	◇昭和54～55年度	大蔵大臣，通産大臣への陳情書「深海底マンガン団塊採鉱システム技術の研究開発に関する予算について」
	◇昭和55年度	資源エネルギー庁長官，工業技術院長へ決議書「採鉱システム技術の大型プロジェクト化」
	○昭和55～57年度	探査専用船第2白嶺丸（金属鉱業事業団所有，約2,100 t）によるマンガン団塊の賦存状況調査（金属鉱業事業団からの委託事業）
	○昭和55～57年度	マンガン団塊の製錬システムの調査研究（日本自転車振興会の補助事業）
	◇昭和58年度	専門部会を改組し，新たに「海底熱水鉱床部会」を設置
	◇昭和58年度	海底熱水鉱床訪米調査団の派遣
	○昭和58年度以降	海底熱水鉱床の開発に関する調査研究（日本自転車振興会の補助事業）
	○昭和58～60年度	マンガン団塊の海上輸送システムの調査研究（日本自転車振興会の補助事業）
	◇昭和59年度	内部組織「マンガン・クラスト研究会」設置
	◇昭和60年度	マンガン・クラスト訪米調査団の派遣
	○昭和61～63年度	コバルト・リッチ・クラスト鉱床に関する調査研究（日本自転車振興会の補助事業）
	○昭和62年度	コバルト・リッチ・クラスト新探査技術等の現状調査（金属鉱業事業団からの委託事業）
	○昭和63年度	コバルト・リッチ・クラスト鉱床評価に関する予備研究（金属鉱業事業団からの委託事業）
技術研究組合「マンガン団塊採鉱システム研究所」の活動		
	○昭和57年以降	マンガン団塊の集鉱システム，揚鉱システムなどの技術開発
DORDの活動		
	○昭和57年度以降	第2白嶺丸によるマンガン団塊の賦存状況調査（金属鉱業事業団からの委託事業）
	○昭和60年度以降	第2白嶺丸による海底熱水鉱床の調査（金属鉱業事業団からの委託事業，昭和60年度～平成6年度は東太平洋海膨で，平成7～11年度は沖縄海域で，平成12年度からは伊豆・小笠原海域で実施）
	○昭和60年度以降	第2白嶺丸によるODA事業（南太平洋諸国に対する海底資源調査の経済技術協力）
	○昭和62年度以降	第2白嶺丸によるコバルト・リッチ・クラストの調査（金属鉱業事業団からの委託事業）

◇自主活動，○委託事業・補助事業．

べて著しく遅れており*6，日本がマンガン団塊を安定的・自給的に獲得するためには，これらの国に伍するだけの実力を築いていかなければならない」と述べ，「深海底鉱物資源開発の推進により，鉱物資源の長期的・安定的な確保に寄与し，日本の経済・社会の健全な発展に貢献すること」を目的に掲げている。

(3) 実施した主な事業

委託事業・補助事業：日本のマンガン団塊調査が本格化したのは DOMA が設立されてからである。DOMA は，昭和 50～57 年度（1975～82 年）に MMAJ からの委託事業としてマンガン団塊ベルトにおいてマンガン団塊の賦存状況調査を実施した（第 XIV-4 表）。調査日数は，昭和 50～55 年度（1975～80 年）には年間 80～90 日であったものが，国連海洋法条約採択直前の昭和 56～57 年度（1981～82 年）には年間 250 日にも達した。DOMA は，マンガン団塊の賦存状況調査のほか，新探査専用船第 2 白嶺丸搭載の探査機器の研究開発，マンガン団塊の製錬システムや海上輸送システムの調査研究なども行った。昭和 58 年度（1983 年）以降は，海底熱水鉱床やコバルト・リッチ・クラスト鉱床の調査へ向けた予備的な研究も手がけた。

自主活動：こうした委託事業や補助事業とは別に，DOMA は多岐にわたる自主活動を展開した（第 XIV-4 表）。その主なものは，国際コンソーシアム参加企業に対する助成，新探査専用船第 2 白嶺丸の建造，採鉱技術開発に関する大型プロジェクトの実施，技術研究組合「マンガン団塊採鉱システム研究所」の設立，深海底鉱業暫定措置法の制定など，政府に対する要望や意見であった。これらはほとんどが受け入れられ，実現された。

昭和 57 年（1982 年）に DORD が設立され，DOMA の事業は縮小されることとなったが，DOMA の設立主旨は DORD によって受け継がれ，今日に至っている。今日の日本の深海底鉱物資源政策の枠組みは DOMA 時代に作られたと言える。

5.3 技術研究組合「マンガン団塊採鉱システム研究所」の設立と活動

同組合は，非鉄金属，造船重機，海運など民間 17 社（後に 19 社）と MMAJ からなり，昭和 57 年（1982 年）1 月に設立された。

マンガン団塊は，深海底から採鉱船へ揚鉱され，採鉱船から運搬船へ積み替えられ，陸上の製錬工場へと運ばれる。同組合は，深海底でマンガン団塊を採取し，これを船上まで運び上げる技術の研究開発を目的とし，総額 170 億円を投じて集鉱システム，揚鉱システムなどの技術開発を行った。

5.4 DORD の設立と活動

(1) 組織と目的

「深海資源開発株式会社（Deep Ocean Resources Development Co., Ltd.: DORD）」は，国連海洋法条約が採択された直後の昭和 57 年（1982 年）9 月に官民一致の協力体制のもとで設立された国（MMAJ

---

*6 このことは第 XII 章の第 XII-1 表から明らかである。

80%出資，民間20%出資の国策会社であり，日本唯一の深海底鉱物資源開発の事業体である。民間出資会社は，鉱山，銀行，商社，海運，鉄鋼，造船など46社（昭和63年4月以降）であって，その構成は，銀行を除くと，DOMA会員とかなり重複している。

DORDの目的は，「深海底鉱物資源の開発によって，日本および世界に対して資源の長期的，安定的供給確保に貢献すること」（DORD資料『海底の世紀へ』による）である。

(2) 実施している主な事業

DORDは，もっぱらMMAJからの委託事業を実施している（第XIV-4表）。

マンガン団塊の賦存状況調査: 日本は昭和62年（1987年）12月，マンガン団塊ベルトに有望鉱区7.5万km^2（北海道とほぼ等しい面積。放棄義務なし）の登録が認められ（第XII章の第XII-3図），排他的探査権を取得した。それ以降同鉱区内で探査活動を進めるとともに，並行して採鉱技術の研究開発，第2白嶺丸搭載機器の開発（松本，1990; 鈴木，1992）なども行ってきた。最新鋭の探査機器の導入により，日本の探査実績は飛躍的に増大し，マンガン団塊の開発に向けて大きく前進した。マンガン団塊の賦存状況調査は平成8年度（1996年）の調査をもって終了した。

環境影響調査: 海洋環境の保全については，将来開発にあたって必ず登場する問題であり，陸上の環境問題とは異なる海洋の特殊性から生じる課題も多く抱えている。日本は，深海底鉱業の実施に伴う海洋汚染を防止し海洋環境の保全を図ることは鉱区保有国の責務であるとし，平成元年（1989年）から8年間にわたってマンガン団塊採鉱に伴う環境影響調査のプログラムを実施し（MMAJ, 1997; 逆瀬川，1997a, b; SAKASEGAWA and MATSUMOTO, 1997），名実ともに海洋環境影響調査の先進国となった（梶谷，1999）。

海底熱水鉱床の賦存状況調査: 昭和60年度～平成6年度（1985～94年）の10年間，メキシコ沖約500kmの東太平洋海膨において海底熱水鉱床の賦存状況調査を実施した。水深2,500mの海底で約30kmにわたって点々と連なる熱水の噴き出し口を確認し，その周辺から鉱石を採取するなど（栗山ほか，1994），多大の成果をあげた。

1980年代末から沖縄本島沖合の海底で巨大な海底熱水鉱床が相次いで発見された（青木・中村，1989など）こともあって，平成7～11年度（1995～99年）の5年間は，同調査を沖縄海域で実施した。平成12年度（2000年）からは，金銀に富む大規模黒鉱型鉱床が発見された伊豆・小笠原海域（IIZASA et al., 1999; 飯笹，1999）で実施している（第XII章の第XII-2図）。

コバルト・リッチ・クラストの賦存状況調査: 南鳥島海域，小笠原諸島近海など日本のEEZ内にもコバルト・リッチ・クラストが賦存している（湯浅・横田，1986; 三澤ほか，1987; 臼井ほか，1987, 1994）。DORDは，昭和62年度（1987年）から南鳥島南方海域においてその賦存状況調査を実施している。しかしコバルト・リッチ・クラストは，採鉱から製錬までの一貫した技術がまだ確立していないのが現状である（藤井ほか，1987; 益田，1987; 鶴崎，1987など）。

6 探査技術開発

6.1 陸上鉱物資源の探査技術の開発

日本は鉱物資源の探査・開発を推進する一方，昭和50年（1975年）からは探査技術の開発に取り組んできた。

近年，鉱物資源の探査は対象地域が奥地化，深部化する傾向があり，探査リスクは増大する方向にある。こうした状況の中で日本は，資源探査衛星からのリモートセンシングデータの解析技術の開発・応用，ガス地化学探査法・同位体地化学探査法の開発，トモグラフィ技術[*7]の研究など，リスクが大きく民間企業のみでは実施し得ないさまざまな探査技術の研究・開発を進めている。

6.2 深海底鉱物資源の探査技術の開発

深海底鉱物資源が賦存する海域は，数千mに及ぶ水深，数百気圧の水圧，水温2～3℃という厳しい環境にあり，そこでの資源開発には高度な技術が必要とされる。日本は昭和50年（1975年）に白嶺丸を用いてマンガン団塊の調査を開始し，同時に深海底鉱物資源の探査技術の開発にも着手した。昭和55年（1980年）には第2白嶺丸を就航させ，搭載機器の研究開発（松本，1990；鈴木，1992）を進めてきた。第2白嶺丸の主な搭載機器を第XIV-7図に示した。最近は，海底堆積物下に賦存する鉱

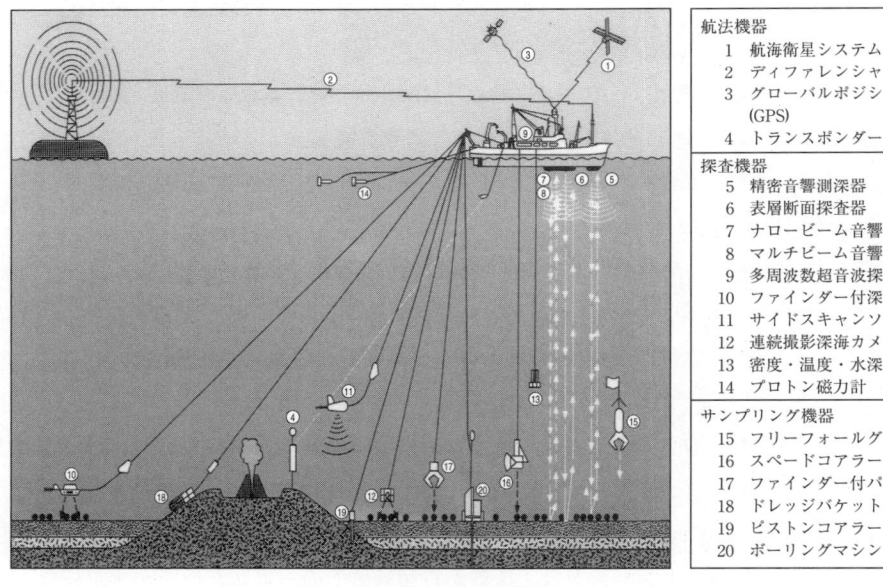

航法機器
1　航海衛星システム
2　ディファレンシャルGPS
3　グローバルポジショニングシステム（GPS）
4　トランスポンダーシステム
探査機器
5　精密音響測深器
6　表層断面探査器
7　ナロービーム音響測深器
8　マルチビーム音響測深器
9　多周波数超音波探査システム
10　ファインダー付深海カメラ
11　サイドスキャンソナー
12　連続撮影深海カメラ
13　密度・温度・水深センサー
14　プロトン磁力計
サンプリング機器
15　フリーフォールグラブ
16　スペードコアラー
17　ファインダー付パワーグラブ
18　ドレッジバケット
19　ピストンコアラー
20　ボーリングマシンシステム(BMS)

第XIV-7図　第2白嶺丸の主な搭載探査機器
金属鉱業事業団（2001）による。

[*7] 地表のみからの探査で地下深部の構造をイメージするには限界がある。トモグラフィ技術は，既存のボーリング孔に発信機・受信機を挿入し，孔―地表間，孔―孔間で弾性波や電磁波の散乱波を測定して，地下構造を画像化する技術である。この技術は，ボーリング孔近傍にある鉱床の規模や走向方向を把握するのに有効である。

床を把握するため，海底物理探査技術の研究開発，精密海底地形探査装置の開発，深海ボーリング探査システム (BMS) の開発などを行った．深海ボーリング探査システムは深海底鉱物資源調査に大きな威力を発揮している（岡崎ほか，2002）．

7 「鉱害」防止

日本は過去の苦い経験を踏まえて，再び「鉱害」が発生しないよう，昭和48年（1973年）から官民あげて「鉱害」防止対策に取り組み（第XIV-2表），今日まで30年もの長きにわたりそのノウハウを蓄積してきた．日本は，「鉱害」防止事業を行う鉱業権者（非鉄金属企業）や地方公共団体に対して財政的・技術的側面から支援を行うとともに，さまざまな「鉱害」防止対策技術の開発・研究にも取り組んできた．今日日本では，鉱物資源開発に起因する環境問題はほとんど解消している．

日本の「鉱害」防止対策の現状を第XIV-5表に，「鉱害」防止工事などの指標となる代表的な環境基準および排水基準を第XIV-6表に示した．

7.1 「鉱害」防止に必要な資金の融資など

概して金属鉱山では，操業を休廃止した後でも「鉱害」発生源が残り，坑内や堆積場から重金属を含む酸性の坑廃水が排出される場合が多く，半永久的に管理を継続する必要がある．これは，鉱

第XIV-5表 日本の「鉱害」防止対策の現状

事業の内容	事業の実施者		対策の現状
発生源対策 ・坑口閉塞工事 ・堆積場の覆土・植栽工事 ・その他	休廃止鉱山	地方公共団体* 鉱業権者	休廃止鉱山「鉱害」防止等工事費補助金制度** 金属鉱業事業団融資制度
	稼行鉱山	鉱業権者	「鉱害」防止積立金制度
坑廃水処理対策 ・坑廃水の中和処理	休廃止鉱山	地方公共団体* 鉱業権者等	休廃止鉱山「鉱害」防止等工事費補助金制度** 自己汚染分：金属鉱業事業団融資制度， 「鉱害」防止事業基金制度 自然汚染・他者汚染分：休廃止鉱山「鉱害」 防止等工事費補助金制度**
	稼行鉱山	鉱業権者	「鉱害」防止積立金制度

*「鉱害」防止義務者が存在しない鉱山の場合である．** 事業費の3/4を国が補助し，1/4を地方自治体が負担する．
金属鉱業事業団 (1995) による．

第XIV-6表 日本の「鉱害」防止工事等の指標となる代表的な環境基準および排水基準

有害物質	pH	カドミウム	全シアン	鉛	六価クロム	ヒ素	総水銀	銅	亜鉛	鉄
排水基準	5.8–8.6	0.1	1.0	0.1	0.5	0.1	0.005	3	5	10
環境基準	6.5–8.5	0.01	0	0.01	0.05	0.01	0.0005	—	—	—

単位：mg/l．金属鉱業事業団 (1995) による．

山開発で最も厄介な問題の一つであり，他の産業には見られない鉱山特有の問題である。

日本の「鉱害」防止対策は，汚染者負担の原則により，鉱山保安法上の義務を有する鉱業権者（「鉱害」防止義務者）によって「鉱害」防止事業（発生源対策および坑廃水処理対策）が行われるが，「鉱害」防止義務者が存在しない休廃止鉱山については，地方公共団体が国の財政的支援（休廃止鉱山「鉱害」防止等工事費補助金制度）を受けて，「鉱害」防止対策を図ることとなっている。

MMAJ は昭和48年（1973年）から，休廃止鉱山などにおいて，使用が終了した施設に「鉱害」が発生しないように坑口の閉塞や堆積場の覆土・植栽など「鉱害」防止を行う鉱業権者に対して必要な資金の融資を実施している（第XIV-5表）。鉱業権者による坑廃水処理対策については，恒久的な坑廃水処理費用を確保するための「鉱害」防止積立金制度などがある。これらは，鉱業権者に対し，「鉱害」防止事業に係わる費用負担を軽減するために行われている。

7.2 「鉱害」防止工事など

MMAJ は，地方公共団体が実施する「鉱害」防止事業に関し，その依頼に基づき国からの補助により，現地調査を実施し，「鉱害」防止工事の設計などに必要な資料の提供や，実施計画の策定に必要な技術指導を行っている。また，地方公共団体から委託を受けて，「鉱害」防止工事に係わる調査設計・工事管理を行い，一層の「鉱害」防止事業の推進を図っている。

7.3 坑廃水処理技術開発

MMAJ は，鉱業権者や地方公共団体が行う「鉱害」防止事業に対して支援を行う一方，坑廃水中の金属回収技術の開発，微生物を利用した坑廃水処理技術の開発（金属吸着型微生物を利用して金属を菌体に蓄積させる方法，硫酸還元微生物を利用して金属を硫化物として沈殿させる方法など），坑廃水の地下深部還元技術の開発などを行ってきた。

岩手県八幡平にある旧松尾鉱山の坑廃水の流出はかつて，東北第一の河川と言われる北上川を赤濁させていた。岩手県は昭和57年（1982年），MMAJ に坑廃水処理施設の設置とその維持管理を委託したところ，北上川はその清流を取り戻した。ここでは，坑廃水に含まれる重金属を除去するために，坑廃水中に生息する鉄酸化バクテリアを利用して坑廃水の酸化処理を行っている。最近中国に対して，鉄酸化バクテリア方式による坑廃水処理技術に関する研究協力を実施している。

8 備 蓄

鉱物資源の生産国（発展途上国が多い）では自然災害，鉱山労働者のストライキ，地域紛争，輸出規制，設備のトラブルなどが発生し，鉱物資源の供給体制が混乱することがよくある（第XIV-7表）。大規模な供給障害が発生すると，消費国の産業活動や国民生活に広く影響を与えることになる。日本ではこのような事態に備えて，昭和51年度（1976年）から非鉄金属の備蓄や民間企業に対する備蓄資金の融資を行っている。日本の備蓄政策はベースメタル備蓄とレアメタル備蓄の2つに分けて実施

第 XIV-7 表　過去に発生したレアメタル供給障害の実例

鉱　種	過去の供給障害例
ニッケル	1. ニューカレドニア，豪雨・洪水による採鉱・出荷設備の被害のため，出荷遅延 (1967 年)。 2. 大手企業のストライキによる出荷停止。 　カナダ，インコ社 (1969 年の 5 ヵ月間)。 　カナダ，インコ社 (1978～79 年の 9 ヵ月間)。 　カナダ，ファルコンブリッジ社 (1979 年)。 3. ドミニカ共和国，輸出税問題による出荷遅延 (1988 年 1 月から約 4 ヵ月間)。 4. インドネシア，ソロアコ鉱山における事故 (1988 年 3 月，12 月)。
クロム	1. 南アフリカ，ローデシアに対する経済制裁の対抗措置として輸出を一時停止。 2. ソ連，高品位鉱の輸出停止 (1978 年)。
タングステン	1. ソ連，大量買い付け (1976～77 年)。 2. 国際投機筋による買い占め，売り惜しみの頻発。
コバルト	1. ザイール(現コンゴ民主共和国)，第 1 次シャバ紛争 (1975 年の 3 ヵ月間)。 2. 同，アンゴラ内戦によるロビト港輸送ルート閉鎖 (1975 年 8 月～)。 3. 同，第 2 次シャバ紛争 (1978～80 年の 1 年余)。
モリブデン	カナダ，エンダコ鉱山の長期ストライキ (1979～80 年の 11 ヵ月間)。
マンガン	1. ソ連，輸出停止 (1979 年)。 2. ガーナ，クーデターによる度重なる船積の遅延 (1973 年～)。 3. オーストラリア，BHP 社のストライキ。 4. インド，高品位鉱の輸出停止 (1973 年～)。
バナジウム	ハイベルト社(南ア)および UCC 社(米)，フェロバナジウムの減産強化 (1980～81 年)。

金属鉱業事業団 (1995) による。

されている。なお，参考までに日本を含む各国の鉱物資源備蓄制度を第 XIV-8 表に示した。

8.1　ベースメタル備蓄

　ベースメタル備蓄は，銅，鉛，亜鉛，アルミニウムの 4 金属について，景気変動などにかかわらず安定的に輸入して生産国の輸出収入の安定に貢献するとともに，日本の資源の安定供給にも寄与することを目的として行われている。地金の買い上げ受渡しは民間の備蓄法人が行い，MMAJ がこれに必要な資金の融資を行っている。

8.2　レアメタル備蓄

　日本はレアメタルの大消費国であるが，ほぼ全量を海外から輸入している。レアメタルは，世界の埋蔵量，生産量が政情不安な南部アフリカ(南アフリカ，コンゴ民主共和国，ザンビア)や社会主義圏(ロシア，中国，キューバ)など一部の国に偏っており，国内政情の混乱など供給障害の危惧をはらんでいる。過去にコバルトの深刻な品不足が発生したことがある(第 XIV-7 表)。

　こうした短期的，突発的供給障害などの緊急事態に備えて，日本では，民間によるレアメタル備蓄を支援するため昭和 57 年 (1982 年)からレアメタル備蓄資金融資制度を開始し，また翌年からは経

第 XIV-8 表　各国の鉱物資源備蓄制度

	日本	アメリカ	フランス	スウェーデン
備蓄目的	経済安全保障備蓄	戦略備蓄 ・国家非常事態に備える。	経済安全保障備蓄 ・特定地域からの供給途絶に備える。	国家安全保障備蓄 ・戦時の供給途絶に備える。
制度創設	1983年	1939年	1975年	1938年
備蓄対象品目	ニッケル，クロム，タングステン，コバルト，モリブデン，マンガン，バナジウムの7鉱種。	25品目(19グループ)(97年9月30日現在)	銅，鉛，亜鉛，ニッケル，コバルト，クロム，タングステン，モリブデン，ジルコニウム，水銀等を含め，約30鉱種と言われていたが，最近では備蓄品目は徐々に減らし，現在15鉱種。詳細は不明。	クロム，コバルト，モリブデン，タングステン，マンガン，バナジウム，チタン，アルミ，錫，亜鉛，プラチナ，カドミウム，マグネシウムを含め約5,300品目。
備蓄目標	国内消費量の60日分 (国家備蓄42日分 民間備蓄18日分)	国家緊急時において，米国の必要量を充足するに足る量。	国内消費の平均2ヵ月分	公表せず
備蓄実績	平成10年度までで42.1日分の備蓄を実施(うち国家備蓄31.6日分，民間備蓄12.6日分)。	・97年9月30日現在約54億ドルの備蓄を保有。	75年に2.5億フランの債権を発行。備蓄内容は公表せず。80～81年に16億フラン，82～83年に18億フランの債権を発行。備蓄内容は公表せず。	公表せず
備蓄実施機関	・国家備蓄：金属鉱業事業団 ・民間備蓄：民間企業((社)特殊金属備蓄協会が取りまとめ)	国家 ・国防省 (88年から)	国家 ・一次産品フランス金庫(CFMP) ・産業省の関係機関	国家 ・国防省　National Board of Civil Emergency preparation (社会危機準備委員会)実際の倉庫管理は，Svenska Lagerhus AB が実施
運営方法	・国家備蓄(実施主体：金属鉱業事業団)国からの全額補助により備蓄を実施。 ・民間備蓄(特殊金属備蓄協会とりまとめ)民間企業の自主的な備蓄の実施。	国家 ・国防総省 政策の企画・立案，品目の追加，物資の増減，購入，保管，放出。	・CFMPが民間借入金により実施。 ・購入，保管，放出は非鉄金属輸入組合により実施。 ・放出は供給障害時に随時実施。CFMP解体にともない備蓄物資は国が引き継ぎ売却へ。	備蓄資金は，全額国庫負担。
備考	このほかに金属鉱産物の安定的な引取りを目的とする金属鉱産物輸入安定化備蓄制度が設けられている。 98年にバナジウムの高騰時売却を実施。	冷戦終結にともない，93年以降大量の売却，新規購入の抑制が政府の基本方針。	・83年ほぼ目標達成，85年一部放出。 ・備蓄政策は国家機密に属し，内容は公表されていない。 ・97年1月1日にCFMPの解体にともない，国家備蓄制度を廃止。	上記国家備蓄の他に，政府は民間企業と，電子機器パーツなどの民間備蓄実施に関する契約を行っている。緊急時には，Preparatory Commission on Supply が設立され，放出の可否を決定する。

資源エネルギー庁(1999)による。

スイス	ノルウェー	フィンランド		韓 国
国家安全保障備蓄 ・国家非常事態に備える。	戦略備蓄	国家安全保障備蓄 ・国家非常事態に備える。	経済安全保障備蓄	需給・価格の安定
1938 年	1950 年	1958 年	1983 年	1967 年
燃料，食料品，薬品，化学品等多品目（鉄鉱非鉄金属等を含む）。	銅，鉛，錫，天然ゴム，爆薬，電池原料等。	非鉄金属（鉛，マンガン，錫，タングステン），フェロアロイ，圧延金属製品，液体燃料，綿花，毛等。	鉱物原料，化学製品，電気設備，電子材料等。	非鉄金属，合金鉄，天然ゴム，パルプなど原資材，施設資材，生活必需品等。
国内消費の 1～2 年分（金属，鉱物は 6 ヵ月分）	不明	国内消費の 1～2 ヵ月分	設定せず	設定せず
不明	・約 3,000 万クローネの備蓄を実施していると言われる。 ・当初計画は 2 億クローネ。	不明	不明	・約 6,000 億ウォン ・96 年 3 月現在 　約 2,500 億ウォン
経済省経済供給管理庁 ・食糧備蓄の一部は国家。 ・他は政府と民間との契約。	・一部国家，一部民間	国家主体 ・国家危機供給庁（The National Emergency Supply Agency）が実施	民間主体 ・政府との契約により輸入業者が実施する。	国家 ・経済企画院 ・調達庁
・民間に対しては低利融資，各種優遇措置がある。	・企業が政府保証により市中銀行から借入れて備蓄を実施。 ・政府が諸費用を返済する。 ・放出は政府が管理する。	・エネルギー料金の一部を消費者から徴収し，これを備蓄予算に充当し，国家予算からは独立している。	・輸入業者が政府保証により市中銀行から借入れ備蓄を実施。 ・政府が利子補給する。	企画立案は経済企画院が，購入・保管・放出は調達庁が行う。
・根拠法令 　国家経済供給連邦法		・根拠法令 　国家戦略備蓄法		・85 年にレアメタルの備蓄を開始。

済安全保障政策の一環として，ニッケル，クロム，タングステン，コバルト，モリブデン，マンガン，バナジウムの7鉱種について，地金などを買い入れて保管している（金属鉱業事業団，1995；資源エネルギー庁，1999；中村，2002）。日本のレアメタル備蓄の目標は国家備蓄と民間備蓄を合わせて国内消費の2ヵ月分（国家備蓄42日分，民間備蓄18日分）である（第XIV-9表）。国家備蓄物資は，将来その供給に重大な障害が発生して国内の品不足が深刻化したとき，国内の需要家に売り渡される。

9 国際協力（ODA技術協力事業）

9.1 資源開発協力基礎調査・レアメタル総合開発調査・地域開発計画調査など

　世界には鉱物資源に恵まれながらその開発が十分に行われていない国が多く存在する。また発展途上国には国家財政を鉱物資源に依存する国も多い。そのような国では鉱物資源の積極的，効率的開発とその有効活用が自立的発展のための重要な政策課題となっており（第IX章～第XI章で述べた），先進国に対して資源開発に係わる技術援助を要請することが多い。この要請に応える事業が資源開発協力基礎調査やレアメタル総合開発調査などである。日本は政府開発援助（ODA）の一環として，昭和45年（1970年）におけるインドネシアでの資源開発協力基礎調査の実施を皮切りに（第XIV-2表），以来アジア，中南米，アフリカなど世界42ヵ国のおよそ160もの地域（2000年現在までの実績）で実施してきた（第XIV-8図）。最近では毎年20に近い地域で実施している。

　相手国政府からの要請を受ける日本側窓口は外務省であり（第XIV-2図），外務省は案件の実施を国際協力事業団（JICA）に委託する。JICAはこれを，鉱物資源探査の経験豊かなMMAJに再委託し，MMAJがそれを鉱山会社などの民間企業に請負契約で発注するという仕組みである。

　資源開発協力基礎調査ではプロジェクトに入る前に，プロジェクト選定調査，実施計画の立案，実施計画に関する相手国政府との調印などが行われる。実施段階では普通，衛星画像解析，地質調査，地化学探査，物理探査，ボーリング調査，埋蔵量計算，選鉱試験，開発計画など資源開発の前段階までのあらゆる基礎的な調査・試験・評価が行われ，プロジェクトの終了時にはその結果が要請国に提供される。同調査はまた，相手国技術者との共同実施を通じた人材養成の役割をも担っている。

第XIV-9表　日本のレアメタル備蓄制度の概要

対象鉱種	制度	実施主体	目的	目標
ニッケル クロム タングステン コバルト モリブデン マンガン バナジウム	国家備蓄	金属鉱業事業団	円滑な産業活動の維持および国家経済安全保障の確立	国内消費量の42日分（備蓄目標である60日分の7割）
	民間備蓄	民間企業（社）特殊金属備蓄協会とりまとめ	企業の使用実態に即応した自主的な備蓄制度	国内消費量の18日分（備蓄目標である60日分の3割）

金属鉱業事業団（1995）による。

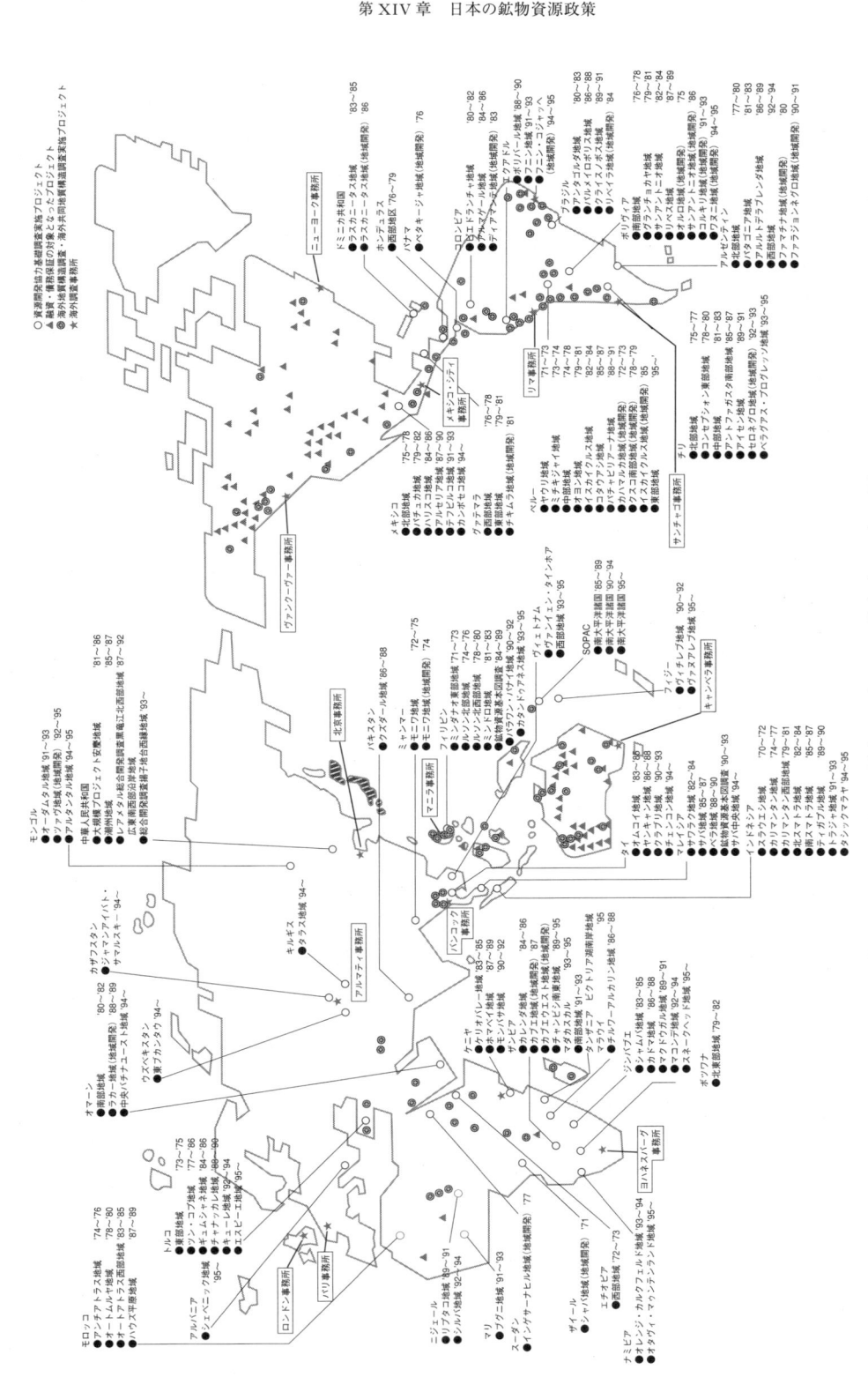

第 XIV 章　日本の鉱物資源政策

第 XIV-8 図　日本の海外資源探査と国際協力（1995 年現在）
金属鉱業事業団パンフレットによる。

プロジェクト終了後にフォローアップ調査が実施されることもある。

これまでの資源開発協力基礎調査の成果を第 XIV–10 表に示した。近年の成功例としては，日本の技術協力で鉱床を発見し，日本の企業が開発したメキシコのティサパ鉛・亜鉛鉱山がある。これらの成果は，相手国の経済開発に寄与するばかりでなく，日本への鉱物資源の安定供給にも貢献している。

資源開発協力基礎調査では，相手国技術者に対する技術移転など目に見えない効果も大であるが，結果が資源開発に結び付くなど具体的に目に見える成果をあげることが望ましい。援助の成果は，いかにして相手国から優良案件を引き出すか，この一点にかかっていると言っても過言でない。今後の援助では(従来からそうであったかも知れないが)，プロジェクトフローの重心を事前の協議(交渉)に移してはどうであろうか。

9.2 海洋資源調査

南太平洋海域には数多くの群島国家が存在し，それらを取り囲んで各国の EEZ が広く分布する(第 XII 章の第 XII–2 図)。この海域はコバルト・リッチ・クラストおよび海底熱水鉱床の有望海域とみなされている。日本政府は，南太平洋応用地球科学委員会 (SOPAC) からの要請に基づき ODA の一環として，昭和 60 年度 (1985 年) から南太平洋諸国の EEZ 内において深海底資源探査専用船第 2 白嶺丸を使用してコバルト・リッチ・クラストなどの賦存状況調査を実施している(細井，1994; 岡

第 XIV–10 表 ODA 事業「資源開発協力基礎調査」の成果

1 開発された主要な鉱山

鉱山名	国　名	主な金属	埋蔵鉱量 (千 t)	品　位 (%)	特記事項
モニワ	ミャンマー	銅	94,000	0.84	生産量：18 千 t (地金換算)，1982 年開始。
安慶	中国	銅	31,000	1.32	生産量：3.2 千 t (地金換算)，1991 年開始。
エザン	トルコ	クロム	—	35	生産量：200 千 t/年，世界第 5 位。
サンビセンテ	ボリビア	亜鉛・銀	—	—	亜鉛生産量：3 千 t/年。
イスカイクルス	ペルー	鉛・亜鉛	3,300	鉛 3, 亜鉛 18	生産量：亜鉛 40 千 t/年，鉛 10 千 t/年。
チンタヤ	ペルー	銅	130,000	2	1994 年，米国鉱山企業 2.2 億ドル落札。
ティサパ	メキシコ	鉛・亜鉛	4,100	鉛 1.6, 亜鉛 7.9	1994 年，日本・メキシコ合弁企業生産開始。

2 開発検討中などの主要な鉱山

地　域　名 (プロジェクト名)	国　名	主な金属	埋蔵鉱量 (千 t)	品　位 (%, AuAg: g/t)	特記事項
南部スール	オマーン	マンガン	500	29	オマーン側で開発検討中。
北部	アルゼンチン	銅・金・銀	—	銅 2.3, 金 2.6	カビジータス鉱床の開発準備中。
アルトデラブレンダ	アルゼンチン	金・銀	1,100	金 6.4, 銀 126	ファラジョンネグロ鉱山付近地域の開発準備中。
ビエドランチャ	コロンビア	銅・金・銀	—	金 5.8, 銀 30	ディアマンテ鉱床の開発検討中。
ミチキジャイ	ペルー	銅	55,000	0.69	日本企業とミネロペルー社が探鉱(現在休止)。
シルバ	ニジェール	金		1.95	海外企業等が試掘権を申請中。

金属鉱業事業団 (1995) による。

崎ほか，2002 など)。この事業は JICA, MMAJ を経て DORD に委託されている。

10 まとめ

第2次世界大戦後日本経済は急成長し，鉱物資源の需要が飛躍的に増大した。日本は需要を賄うべく資源探査・開発を積極的に展開したが，国内資源だけでは需要を満たすことができず，海外での資源探査も活発に展開した。しかし，国外へ目を向けると，第2次世界大戦後独立したアジア，アフリカ，中南米の発展途上国においては資源ナショナリズムの嵐が激しく吹き荒れ，また世界の各地で東西冷戦が繰り広げられていた。南北対立や東西対立など鉱物資源流通の障壁は，鉱物資源の対外依存度の高い日本にとって経済安全保障上重大な脅威とされた。

政府は鉱物資源の長期的・安定的確保を図るため，資源エネルギー庁および金属鉱業事業団を設置して，国内資源探査(広域調査，精密調査，レアメタル調査)，海外資源探査，深海底資源探査(マンガン団塊調査，海底熱水鉱床調査，コバルト・リッチ・クラスト鉱床調査)，探査技術開発，海外資源情報の収集・分析などさまざまな鉱物資源政策を実施してきた。日本の鉱物資源政策には，国内資源，国外資源を問わず「鉱物資源の自力開発」志向が色濃く表われているが，これは鉱物資源の供給不安から発したことにほかならない。また政府は日本の非鉄金属企業による国内外での鉱物資源の探査・開発活動を奨励し，企業リスクの軽減や企業の保護・育成に多大の努力を払ってきた(いわゆる「護送船団方式」である)。

70，80年代に至って，環境問題，オイルショック，エネルギー問題，急激な円高，金属価格の低迷，相次ぐ国内鉱山の閉山など鉱業を取り巻く国内外の情勢は急速に変化し，政府は，従来の政策を継続する一方，これに加えて「鉱害」対策，非鉄金属備蓄制度，企業安定化対策など新たな政策に取り組むこととなった。こうして日本の鉱物資源政策は，世情を反映しながら，急速に多様化していった。

国内資源，海外資源，深海底資源は日本が開発のターゲットとしてきた鉱物資源の3本柱と言え，多様化する日本の鉱物資源政策の中にあってもその中核をなしてきた。その他の多くの政策(例えば，探鉱資金融資，探査技術開発，海外資源情報の収集・分析など)はこれら3つを推進するための手段として位置付けられる。

文　献

青木正博・中村光一 (1989)：伊是名海穴，鉱床サイト2のチムニー群の産状，及び硫化物チムニーの組織と鉱物組成．海洋科学技術センター試験研究報告，197〜210.

藤井雄二郎・溝田忠人・河野好美 (1987)：海洋鉱物資源の製錬法——特にコバルト・クラストの製錬——．月刊海洋科学，19 (4)，245〜252.

細井義孝 (1994)：SOPAC 紹介(南太平洋応用地球科学委員会)．金属鉱業事業団「ぼなんざ」，222，10〜24.

飯笹幸吉 (1999)：蘇った黒鉱型鉱床．資源と素材，115 (7)，558〜559.

Iizasa, K., Fiske, R. S., Ishizuka, O., Yuasa, M., Hashimoto, J., Ishibashi, J., Naka, J., Horii, Y., Fujiwara, Y., Imai, A. and Koyama, S. (1999): A Kuroko-type polymetallic sulfide deposit in a submarine silicic

caldera. Science, 283, 975～977.
梶谷雄司(1999)：マンガン団塊の開発と海洋環境保全．金属，69(4), 33～37.
金属鉱業事業団(1992)：広域地質構造調査の実施について(平成4年度)．金属鉱業事業団発行，52p.
金属鉱業事業団(1995)：非鉄金属の安定供給を守る．金属鉱業事業団発行，48p.
金属鉱業事業団(1997)：金属鉱業事業団の概要．金属鉱業事業団発行，144p.
金属鉱業事業団(2001)：深海底鉱物資源探査専用船第2白嶺丸．金属鉱業事業団発行パンフレット．
鉱業審議会鉱山部会(1972)：第二期国内探鉱長期計画．14p.
鉱業審議会鉱山部会探鉱分科会(1966)：国内27有望地域に係る探鉱長期計画について．6p.
鉱業審議会鉱山部会探鉱分科会(1988)：国内探鉱の今後の進め方について．10p.
栗山隆・松本勝時・藤岡洋介(1994)：東太平洋海膨の海山における海底熱水鉱床について．資源地質，44(3), 187～199.
益田善雄(1987)：コバルトクラスト鉱床採鉱法――連続バケット法――．月刊海洋科学，19(4), 233～238.
松本勝時(1990)：第2白嶺丸の深海底鉱物資源探査機器．海洋開発ニュース，18(6), 1～7.
三澤良文・田望・友田好文・青木斌・飯塚進・石川秀浩(1987)：南鳥島周辺海域のコバルト・クラスト．月刊海洋科学，19(4), 209～214.
MMAJ (1997): International symposium on environmental studies for deep-sea mining-Proceedings. Metal Mining Agency of Japan, 365p.
中村英克(2002)：レアメタルの安定供給と国家備蓄の役割．エネルギー・資源，23(2), 138～143.
岡崎正次・松本勝時・斉藤洋男・村山信行・後藤信博・柴崎洋志・立川三郎・近藤六夫・関本真紀(2002)：北フィジー海盆における BMS による海底熱水鉱床の調査．資源地質学会第52回年会講演要旨集 O-17.
逆瀬川敏夫(1997a)：国際海底機構第3回総会(春会期)報告．金属鉱業事業団「ぼなんざ」, 258, 24～28.
逆瀬川敏夫(1997b)：「国際海底機構」最近の動向．金属鉱業事業団「ぼなんざ」, 262, 5～9.
SAKASEGAWA, T. and MATSUMOTO, K. (1997): Deep sea manganese nodule mining. In "Marine Industrial Technology 1/1997 — Emerging technology series". UNIDO, 1～18.
資源エネルギー庁(1999)：1999/2000 資源エネルギー年鑑．通産資料調査会，平成11年1月発行，966p.
資源エネルギー庁鉱業課(1997)：鉱業便覧(平成9年版)．通商産業調査会発行，464p.
資源エネルギー庁鉱業課(2001)：鉱業便覧(平成13年版)．通商産業調査会発行，429p.
社団法人深海底鉱物資源開発協会(1989)：15年のあゆみ．社団法人深海底鉱物資源開発協会，72p.
鈴木徹(1992)：海底熱水鉱床探査に参加して．金属鉱業事業団「ぼなんざ」, 203, 11～22.
鶴崎克也(1987)：コバルトクラスト鉱床の採掘法――流体ドレッジ法――．月刊海洋科学，19(4), 239～244.
臼井朗・寺島滋・湯浅真人(1987)：小笠原海台周辺海域の含コバルト・マンガンクラスト．月刊海洋科学，19(4), 215～220.
臼井朗・飯笹幸吉・棚橋学(1994)：日本周辺海域鉱物資源分布図．通産省工業技術院地質調査所発行，特殊地質図33.
湯浅真人・横田節哉(1986)：伊豆・小笠原海域のマンガン団塊とクラスト．月刊地球，8(5), 292～296.

第 XV 章

人類はいかにして鉱物資源を確保していくか
―― 3 大鉱物資源問題と 5 分野 8 目標 ――

1 はじめに

　鉱物資源の恒久的確保は，国家の枠を越えた全人類に共通の課題である。本章ではまず，鉱物資源の恒久的確保のための理想的目標を掲げる。そして，この目標の前に立ちはだかる「枯渇」，「環境」，「利害対立」の 3 つの鉱物資源問題を解決するために今後日本を含む世界が取り組むべき 5 分野 8 目標を具体的に提示する。「5 分野 8 目標」は主として，これまでの章で記述した事柄の中から問題解決の対策になり得るものを寄せ集めたもので，多くはすでに国際レベルや国家レベルで政策提言や取り組みがなされている。目標とは一般に，その時の国際世論や個人の経験・関心などによって異なるものである。言い換えれば，時代が変われば目標も変わり，また個人によっても目標は異なるものである。ここに掲げる「5 分野 8 目標」は，著者のこれまでの経験や現在の関心を反映したものであって，著者自身にとっても不変のものでないことを付しておく。

2 鉱物資源の恒久的確保のための理想的目標

　人類が将来にわたって便利で豊かな生活を営んでいくには，鉱物資源を恒久的にかつ滞りなく確保し続けていかなければならない。著者は，そのための理想的な目標を次のように設定する。

　「持続的な生産と円滑な流通を図る。その中で世界が共に成長していく。」

　これは，鉱物資源の生産が滞りなく行われ，それがどこにでも滑らかに流れるような国際経済システムを構築すること，端的に言えば，鉱物資源の安定した供給体制をつくるということであるが，同時に，生産・流通(貿易)・消費の過程で得られる利益によって生産国と消費国が共に成長していけるようなものでなければならないということである。利益の配分に偏りが生じると，これが不満に発展し，安定した生産や円滑な流通の障害になってしまうからである。勿論，生産過程での環境への配慮や節度ある消費が不可欠であることは言うまでもない。

3 鉱物資源問題対策の 5 分野 8 目標

　著者は世界が直面する鉱物資源問題を「枯渇」，「環境」および「利害対立」の 3 つに集約した(第

I章参照)が，上で設定した理想的な目標に近づくにはこれらの問題を解決していかなければならない。解決のための具体的アプローチとして，ここでは次の5分野8目標を提示する(第XV-1表)。分野1の「技術開発」，分野2の「技術移転」および分野3の「消費者啓蒙」は主として枯渇対策であり，理想的目標における「鉱物資源の持続的な生産」をめざしたものである。分野4の「環境対策技術開発」は鉱物資源の生産活動に伴う環境汚染の防止をめざしている。分野5の「相互依存の認識」は主として資源生産国(発展途上国)と消費国(先進国)の間の利害対立を解消させる対策であり，理想的目標における「鉱物資源の円滑な流通」と「世界の成長」をめざしたものである。

　　分野1　「技術開発」
　　　　目標1　「未開発鉱物資源の探査・開発技術の開発」
　　　　目標2　「鉱業技術および周辺技術の開発」
　　　　目標3　「金属スクラップの再資源化技術の開発」

　3つの目標は，鉱物資源の探査技術や金属回収技術(選鉱技術，製錬技術)の開発を通して，人類が使用できる資源の量の増大をめざすものである。目標1の「未開発鉱物資源」とは，人類がまだ開発したことのない資源(例えば，深海底や南極の資源)やまだ発見していない資源を指している。深海底や南極の鉱物資源は，先の章で述べたように，技術的にのみならず政治的にも開発が困難であるが，将来的には「枯渇」に対する最も頼れる資源である。またこれらの探査や開発が新たな資源の発見へ導く可能性もある。地球上には，深海底や南極のほかにも，まだ発見されずに眠っている鉱物資源が存在するかも知れない(例えば，地下深部に)。目標2の「鉱業技術および周辺技術の開発」は，探査技術，選鉱技術，製錬技術の開発のほか，低品位鉱，土(つち)，普通の岩石から有用金属を回収する技術の開発などを想定している。低品位鉱，土，普通の岩石から有用金属を回収する技術の開発については本章の第4節と第5節で，目標3の「金属スクラップの再資源化技術の開発」については第6節で述べる。

第XV-1表　3大鉱物資源問題と5分野8目標
理　　念：鉱物資源の恒久的確保
理想的目標：「持続的な生産と円滑な流通を図る。その中で世界が共に成長していく」
解決すべき3大鉱物資源問題：1枯渇，2環境，3利害対立

理想的目標	3大鉱物資源問題	5分野	8目標
鉱物資源の持続的な生産	1 枯渇	分野1「技術開発」	目標1「未開発鉱物資源の探査・開発技術の開発」 目標2「鉱業技術および周辺技術の開発」 目標3「金属スクラップの再資源化技術の開発」
		分野2「技術移転」	目標4「技術移転」
		分野3「消費者啓蒙」	目標5「広報および教育活動の展開」
	2 環境	分野4「環境対策技術開発」	目標6「環境対策技術開発」
鉱物資源の円滑な流通および世界の成長	3 利害対立	分野5「相互依存の認識」	目標7「発展途上国開発」 目標8「先進国の産業構造調整」

分野 2　「技術移転」
　　目標 4　「技術移転」
　資源枯渇問題のような全人類的課題は世界が協力して取り組まなければ解決しない。この目標は，鉱物資源の持続的生産を可能にするために，持てる技術や新たに開発した技術を広く世界に普及させ，技術を共有することをめざすものである。とくに，発展途上国は今後も資源供給基地としての役割を担い続けると思われるので，彼らに鉱業技術を移転し，彼らの資源開発能力の向上を図っていくことが重要である。これには先進国の技術的・財政的支援が必要である。

　分野 3　「消費者啓蒙」
　　目標 5　「広報および教育活動の展開」
　これは，市民に対する資源問題全般に係わる啓蒙活動を行い，ライフスタイルの見直しなど節度ある消費生活を促すことをめざすものであり，市民参加型の枯渇対策というべきものである。これについては第 7 節で述べる。

　分野 4　「環境対策技術開発」
　　目標 6　「環境対策技術開発」
　これには，坑廃水などに含まれる重金属を除去する廃水処理技術，鉄の原料として磁鉄鉱の代わりに黄鉄鉱や磁硫鉄鉱を用いる方法，廃プラスチックの高炉原料化など，第 VI 章で述べた鉱業「三廃」対策が含まれる。環境対策技術の開発は分野 1 の「技術開発」と並行して進めるのが効果的であり，開発した技術は世界に，とくに発展途上国に広く移転していかなければならない。

　分野 5　「相互依存の認識」
　　目標 7　「発展途上国開発」
　　目標 8　「先進国の産業構造調整」
　鉱物資源の円滑な流通を図るには，まず資源生産国(主として発展途上国)における資源生産体制および供給体制を安定化させる必要がある。それにはそれらの国が抱える問題(例えば，資源探査・開発技術の立ち遅れ，資金不足，地域紛争，貧困，教育など)を排除していかなければならない。目標 7 の「発展途上国開発」は発展途上国が抱える諸問題を国際協力によって解決していこうというものであり，これについては第 8 節で述べる。また目標 8 の「先進国の産業構造調整」は発展途上国の経済開発を図るひとつの方策であり，第 9 節で述べる。

4　低品位鉱から有用金属を回収する技術の開発

　近年鉱物資源開発は深部化，低品位化，奥地化が進み，開発条件は悪化する方向にあり，鉱業技術の開発の努力も深部探査や低品位鉱の資源化などに向けられてきている。この節で述べる低品位

鉱からの有用金属の回収は，金属品位が低いゆえにこれまで資源とみなされなかったものを資源化することによって，人類が使用できる資源の量を増やそうというものである。

4.1 天然には一般に金属品位の低い鉱石ほど多量に存在する

鉱山では，採掘最低品位(カットオフ品位)[*1] を設定し，それ以上の品位の部分を鉱体として採掘する。カットオフ品位以下の部分や，カットオフ品位以上であってもまとまりに欠ける部分などは採掘せず，見捨てるのが普通である。中国黒龍江省北西部の低品位大規模鉱床開発(斑岩型銅・モリブデン鉱床，露天掘り)の試算では，銅のカットオフ品位を 0.2% に設定すると，膨大な量の低品位部分が採掘対象となるため，カットオフ品位を 0.4% に設定した場合と比べて銅金属量は約 6 倍になる(国際協力事業団・金属鉱業事業団，1993)。このように品位が少し低い部分が開発できるようになると，金属量は飛躍的に増大し，従来の小規模鉱山が中規模鉱山に，中規模鉱山が大規模鉱山に生まれ変わる可能性がある。一般的に言って，天然には金属品位の低い鉱床ほど多く存在し，低品位鉱床の資源量は採掘可能な鉱床の資源量よりはるかに膨大であると思われる。世界には，金属品位が低いため経済的に採算がとれず放置されている鉱床が多く存在する。

4.2 技術の進歩が低品位鉱の資源化を可能にし，資源量を増やした例

20 世紀初頭，アメリカにおける銅鉱石の採掘最低品位は約 2% であった(第 XV–1 図)。これは，採鉱法，選鉱法，製錬法など当時の鉱業技術が低く，これより品位の低いものは経済的回収が困難で，開発対象にならなかったということである。その後諸技術に改善が加えられ，70 年頃には採掘最低品位が 0.6% 程度にまで低下している。すなわち，20 世紀初頭には見捨てられていた 2% から 0.6% までの「低品位」鉱石が 70 年頃には立派な鉱石として採掘できるようになったということであり，それだけ資源量が増加したということである。天然には一般に低品位鉱ほど多量に存在することを考え合わせると，この間莫大な量の資源が増加したことになる。

また，SX-EW 法は，第 V 章で述べたように，これまで選鉱処理が困難なため利用されなかった低品位酸化銅鉱石 (銅品位が 0.3～1%) からの銅の回収を可能にし，現在世界で広く採用されている。これをダンプリーチングと組み合わせることによって，銅品位が 0.1～0.2% 以下の低品位鉱石に対しても利用されるようになっている。

金銀の回収では，CIP 法をヒープリーチングと組み合わせることによって，大幅なコストダウンが可能となり，金品位が 1～2 g/t という超低品位鉱石からも金が回収できるようになった。また低品位ゆえに廃棄されたかつての廃石や尾鉱からも金銀を回収することができるようになっている。

以上のように，製錬や回収の技術を発展させることによって，資源に無駄をなくし，無価値なものに価値を生じさせ，結果として資源量を増大させることができる。技術が絶えず進歩すれば，資

[*1] 採掘最低品位は，鉱山の地理的立地条件，金属価格，採鉱コスト，選鉱コストなど経済的要素を考慮して設定される。地理的立地や金属価格が同じ条件下では，採鉱法・選鉱法などの技術レベルが高いほど採掘最低品位を低く設定でき，同じ鉱床からより多くの資源を得ることができる。

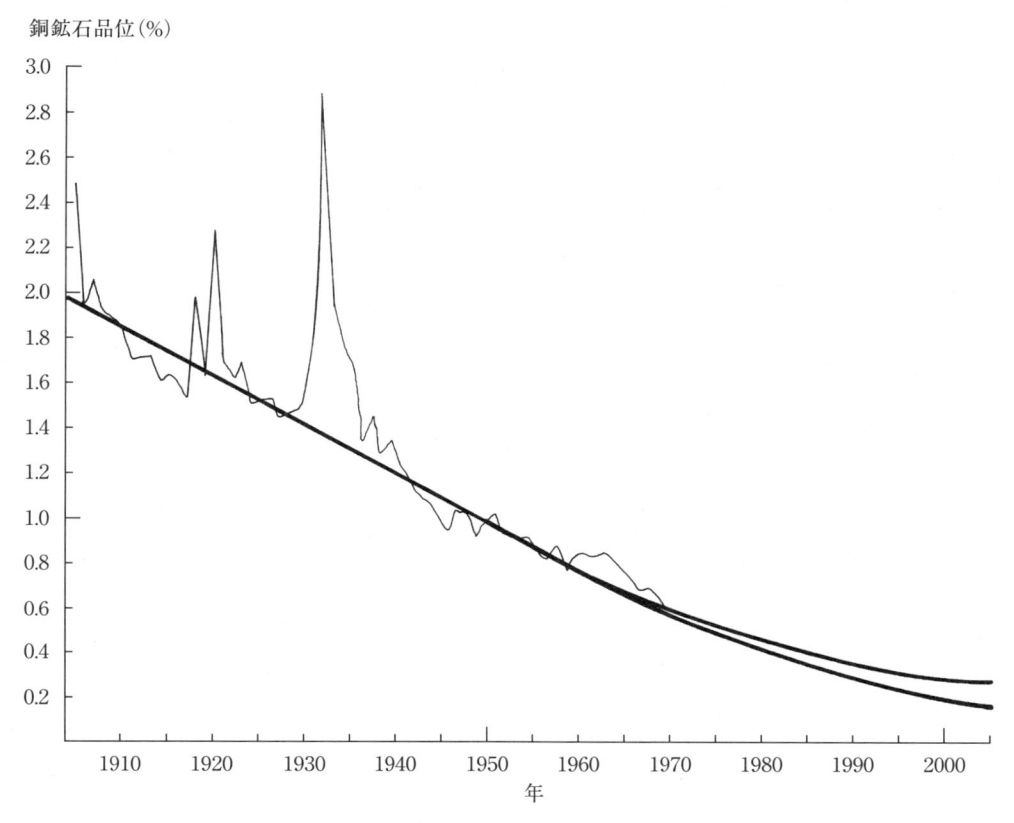

第 XV-1 図　アメリカにおける銅鉱石の採掘品位の推移
茂木 (1979) による。

源の量は増え続けると思われる。

4.3　期待される技術開発の方向

4.3.1　乾式製錬法による低品位鉱の資源化

乾式製錬法で低品位鉱開発を進める際の問題には，思いつくだけでも次のようなものがある。実際にはさらに多くの厄介な問題が存在するに違いない。

- 低品位鉱は金属含有量が低いので，一定の金属量を確保するには，採鉱系統における鉱石の大量採掘と，選鉱系統(鉱石の破砕・磨鉱工程も含む)における鉱石の大量処理を必要とする。
- 採鉱系統では大量の鉱石採掘とともに，出鉱品位の管理が問題になる。それには，各鉱体について精度の高い品位分布図を作成して高品位鉱と低品位鉱を選択的に採掘し，出鉱品位を厳しく管理し，一定品位の鉱石を破砕・磨鉱工程に給鉱しなければならない。
- 低品位鉱ほど一般に有用鉱物の粒子が細かいので，有用鉱物と非有用鉱物を単体分離するにはそれだけ細かく磨鉱しなければならない。すなわち，普通の品位の鉱石の場合に比べて，より多くの鉱石を，より細かく磨鉱しなければならず，従ってそれだけ破砕・磨鉱にかかる電力料

金や設備費が多くなる。

○ 有用鉱物含有量の低い磨鉱から一定レベルの選鉱精鉱を得るには選鉱系統が複雑にならざるを得ない。加えて，処理量も多いのであるから，それだけ設備，薬品などにかかる経費負担も多くなる。

以上のように，乾式製錬法で低品位鉱開発を進める際の問題は，採鉱系統より選鉱系統で発生すると思われる。中国黒龍江省北西部の低品位大規模銅・モリブデン鉱床開発の試算（第XV-2表）では，操業費のうちで大きな割合を占めるのは，採鉱系統における燃料（ディーゼル油・ガソリン）費，機械部品費，火薬・火工品費，選鉱系統における電力料金，薬品費などである。

低品位鉱の開発はコスト削減との戦いであり，これを鉱山のみの努力によって成し遂げることはきわめて難しい。低品位鉱の開発には，鉱山側と製錬所側の双方から取り組むことができるかも知れない。例えば，選鉱精鉱品位を少し低く設定したり，品位バラツキの許容範囲を広げたりして，製錬所側の技術開発に委ねることなどである。品位が低いものや品位バラツキが大きいものでも製錬技術でカバーできるということであれば，鉱山側は無理をせず，製錬所側に任せたほうが良い。黒龍江省北西部の低品位銅・モリブデン鉱床開発の報告によれば，銅とモリブデンの分離は製錬の段階でも可能のようである。

いずれにせよ，低品位鉱の資源化という困難な事業を乾式製錬法で行うに当たっては，鉱山側の努力だけでは限界があり，鉱山—製錬所間で，あるいは周辺業界をも取り込んで，技術交流を行ったり共同研究プロジェクトを組織するなどして取り組むことが必要であろう。

第 XV-2 表 中国黒龍江省北西部の低品位大規模銅・モリブデン鉱床開発における操業費の試算

採　　鉱		選鉱（廃滓堆積場を含む）		付帯設備	
ディーゼル油・ガソリン	33,311.30	買電費	9,452.40	買電費	455.60
機械部品	15,664.00	硫化ソーダ	2,554.20	人件費	228.10
火薬・火工品	9,718.60	ボール	1,633.50	石炭	186.00
油脂類	8,328.10	精鉱乾燥用石炭	1,543.00	バス費用	109.00
タイヤ・チューブ	8,092.70	ロッド	831.60		
人件費	5,953.00	機械部品	810.00		
買電費	5,839.40	ブチルザンセート	470.46		
ビット・ロッド	1,168.70	珪酸ソーダ	386.10		
外注修繕費	1,000.00	人件費	352.17		
		ミルライナー	308.88		
		消石灰	237.60		
その他を含めた合計	92,235.80	その他を含めた合計	19,364.56	その他を含めた合計	1,224.70

単位：万元。操業期間を20年とし，20年間の累計で表わした。各操業費は，国によってまた同じ国でも立地条件によって異なる。国際協力事業団・金属鉱業事業団（1993）から抜粋し，編集した。

4.3.2 湿式法による低品位鉱の資源化

　湿式法は，乾式法に比べて経済的に有利であり，低品位鉱の資源化に大きな進展をもたらす可能性がある。従来 SX-EW 法は，対象とする鉱石が浸出速度の速い酸化物鉱石に限られ，浸出速度の遅い硫化物鉱石には実用化されなかった。天然には酸化物鉱石より硫化物鉱石のほうが多い(酸化物鉱石は地表近くにしか存在しない)ことから，SX-EW 法の適用には限界があった。しかし，バクテリアが存在する条件下では硫化物の浸出速度が速くなることが知られ，輝銅鉱 (Cu_2S) やコベリン (CuS) を主体とする二次硫化物鉱床の鉱石にもこの手法が適用されるようになってきている。バクテリアリーチング技術がさらに進歩し，SX-EW 法の適用範囲が天然の銅鉱物の大部分を占める黄銅鉱 ($CuFeS_2$) などの硫化物にも拡大されることが期待される。

　一方，湿式法では酸やシアン化合物などの薬品を使用するので，環境への配慮を忘れてはならない。とくに廃液処理技術開発を並行して進める必要がある。

5　土や普通の岩石から有用金属を回収する技術の開発

　地殻に存在する岩石の中で最も多いのは花崗岩類である。この花崗岩類には平均で 7.7% のアルミニウム，2.7% の鉄，0.2% のチタンが含まれる(第 XV-3 表)。また，地殻物質の平均では，アルミニウムが 8.1%，鉄が 5.4%，チタンが 0.5% である。地殻の表面を覆ういわゆる土は，地殻物質が風化したものであるので，土におけるこれら 3 金属の含有量は地殻物質の平均値より多いと思われる[*2]。このように，われわれの身のまわりにはアルミニウム，鉄，チタンなどの有用金属が多量に存在している。

　また地殻には，花崗岩類ほどではないにしても，超塩基性岩類(橄欖岩，蛇紋岩など)も多量に存在する。この岩石類は普通ニッケル，コバルト，クロム，白金などに富む。岩手県の早池峯超塩基性岩には硫鉄ニッケル鉱 (pentlandite)，ビオラ鉱 (violarite)，ヒーズルウッド鉱 (heazlewoodite)，針ニッケル鉱 (millerite) など多種のニッケル・コバルト鉱物が含まれ，また橄欖石にも 0.1〜0.3% の NiO が含まれる(志賀，1983; SHIGA，1987)。

　ごくありふれた土や岩石から有用金属を経済的に回収する技術はまだ開発されていない。これが可能になれば，探査のリスクが軽減されるばかりか，アルミニウムや鉄など一部の資源は無限に増大する。

　この技術開発は国家プロジェクトとして取り組むのに十分な対象である。日本はこれまでこれに匹敵する超大型のプロジェクトに数多く取り組んできた。第 XIV 章の「日本の鉱物資源政策」で述べた広域地質構造調査・精密地質構造調査に代表される国内資源探査プロジェクト(昭和 38 年〜現

[*2] 岩石中のアルカリ金属，アルカリ土類金属，ハロゲン元素は風化条件下で地表から容易に溶脱するが，一方アルミニウム，鉄，チタンなどは溶脱しにくく，地表に残留しやすい。風化が進んでアルミニウム，鉄，チタンなどが地表に残留し，濃集したのがボーキサイト(アルミニウムの原料)である。土は一般に茶褐色を呈するが，これは鉄分(褐鉄鉱)が多いことによる。

第 XV-3 表　地殻，岩石および海水の平均的化学組成

（単位：ppm）

元素	地殻	花崗岩	玄武岩	頁岩	海水
O	46.4×10^4	48.5×10^4	44.1×10^4	49.5×10^4	880,000
Si	28.2×10^4	32.3×10^4	23.0×10^4	23.8×10^4	2
Al	8.1×10^4	7.7×10^4	8.4×10^4	9.2×10^4	0.002
Fe	5.4×10^4	2.7×10^4	8.6×10^4	4.7×10^4	0.002
Ca	4.1×10^4	1.6×10^4	7.2×10^4	2.5×10^4	412
Na	2.4×10^4	2.8×10^4	1.9×10^4	0.9×10^4	10,770
Mg	2.3×10^4	0.4×10^4	4.5×10^4	1.4×10^4	1,290
K	2.1×10^4	3.2×10^4	0.8×10^4	2.5×10^4	380
Ti	5,000	2,100	9,000	4,500	0.001
H	1,400				110,000
P	1,100	700	1,400	750	0.06
Mn	1,000	500	1,700	850	2×10^{-4}
F	650	800	400	600	1.3
Ba	500	700	300	600	0.002
Sr	375	300	450	400	8.0
S	300	300	300	2,500	905
C	220	320	120	1,000	28
Zr	165	180	140	180	3×10^{-5}
Cl	130	200	60	170	18,800
V	110	50	250	130	0.0025
Cr	100	20	200	100	3×10^{-4}
Rb	90	150	30	140	0.12
Ni	75	0.8	150	80	0.0017
Zn	70	50	100	90	0.0049
Ce	70	90	30	70	1×10^{-6}
Cu	50	12	100	50	5×10^{-4}
Y	35	40	30	35	1×10^{-6}
La	35	55	10	40	3×10^{-6}
Nd	30	35	20	30	3×10^{-6}
Co	22	3	48	20	5×10^{-5}
Li	20	30	12	60	0.18
N	20	20	20	60	150
Sc	20	8	35	15	6×10^{-7}
Nb	20	20	20	15	1×10^{-5}
Ga	18	18	18	25	3×10^{-5}
Pb	12.5	20	3.5	20	3×10^{-5}
B	10	15	5	100	4.4
Th	8.5	20	1.5	12	1×10^{-5}
Pr	8	10	4	9	6×10^{-7}
Sm	7	9	5	7	5×10^{-8}
Gd	7	8	6	6	7×10^{-7}
Dy	6	6.5	4	5	9×10^{-7}
Er	3.5	4.5	3	3.5	8×10^{-7}
Yb	3.5	4	2.5	3.5	8×10^{-7}
Be	3	5	0.5	3	6×10^{-7}

（次のページに続く）

(前のページの続き)

Cs	3	5	1	7	4×10^{-4}
Hf	3	4	1.5	4	7×10^{-6}
U	2.7	5	0.5	3.5	0.0032
Br	2.5	0.5	0.5	5	67
Sn	2.5	3	2	6	1×10^{-5}
Ta	2	3.5	1	2	2×10^{-6}
As	1.8	1.5	2	10	0.0037
Ge	1.5	1.5	1.5	1.5	5×10^{-5}
Mo	1.5	1.5	1	2	0.01
Ho	1.5	2	1	1.5	2×10^{-7}
Eu	1.2	1.0	1.5	1.4	1×10^{-8}
W	1.2	1.5	0.8	1.8	1×10^{-4}
Tb	1	1.5	0.8	1	1×10^{-7}
Tl	0.8	1.2	0.2	1	1×10^{-5}
Lu	0.6	0.7	0.5	0.6	2×10^{-7}
Tm	0.5	0.6	0.5	0.6	2×10^{-7}
Sb	0.2	0.2	0.2	1.5	2.4×10^{-4}
I	0.2	0.2	0.1	2	0.06
Cd	0.15	0.1	0.2	0.3	1×10^{-4}
Bi	0.15	0.2	0.1	0.2	2×10^{-5}
In	0.06	0.05	0.07	0.06	1×10^{-7}
Ag	0.07	0.04	0.1	0.1	4×10^{-5}
Se	0.05	0.05	0.05	0.6	2×10^{-4}
Hg	0.02	0.03	0.01	0.3	3×10^{-5}
Au	0.003	0.002	0.004	0.003	4×10^{-6}

KRAUSKOPF (1979) による。

在)，世界の資源情報の収集・分析を含む海外資源探査プロジェクト(昭和43年～現在)，「鉱害」防止技術開発プロジェクト(昭和48年～現在)，深海底鉱物資源の探査に関するプロジェクト(昭和50年～現在)，海水溶存ウランの回収[*3]に関するプロジェクト(昭和50～62年)などがそれである(第XIV章の第XIV-2表を参照)。日本はそれぞれのプロジェクトに官民あげて取り組み，長い歳月と莫大な資金を投入してきた。土や普通の岩石から有用金属を回収する技術の開発に日本だけで取り組むには荷が重すぎるということであれば，他の国と二国間，多国間共同プロジェクトを組織し，技術を持ち寄ったりリスクを分担し合う方法も考えられる。

[*3] 海水には平均0.0032 ppmというごく微量のウランが含まれ(第XV-3表)，世界全体の海水ウランの総量は約40億tに達する。海水溶存ウランの回収に関するプロジェクトは，このウランを回収する目的で，昭和50年度(1975年)から昭和62年度(1987年)までの13年間実施された。香川県仁尾町に設置した海水ウラン回収技術研究所のモデルプラントにおいて海水から約13 kgのウランの回収に成功した。このプロジェクトは，金属鉱業事業団が通産省(現経済産業省)資源エネルギー庁からの委託と補助を受け，大成建設，旭化成工業，徳山曹達，三菱金属など民間企業の協力を得て進められた(金属鉱業事業団，1988; 金属鉱業事業団パンフレット『これからのエネルギー源海水ウラン』)。

6 金属スクラップの再資源化技術の開発

6.1 鉱物資源開発としてのリサイクリング

　鉱物資源は他の一次資源(農林資源，水産資源など)と異なり人間の手によって生産できない。枯渇や供給不安など鉱物資源に係わる諸問題は，もとを辿ればほとんどがここに帰着する。しかし別の見方をすれば，人間は金属をなくすこともできない(使ってもなくならない)のである。このこともまた，他の一次資源には見られない鉱物資源のきわだった特性である。従って，仮に利用できる鉱物資源に限りがあるとしても，リサイクリングを繰り返すなど，われわれの対応次第では無限に近いものになるということである。

　リサイクリングを資源開発と考えれば，金属スクラップは高品位鉱石であり，都市は鉱山である。人間が金属製品を使えば金属スクラップは増え，その資源量は確実に増加する(金属種によっては，消耗するものや宝飾品などスクラップになりにくいものもある)。都市部の金属スクラップは今後も増え続け，一方天然資源は開発条件が悪化していくと思われるので，リスクの高い天然資源の探査・開発に対してリサイクリングのほうが優位に立つときが来るかも知れない。

　鉱山の寿命は普通20〜40年である(鉱山の規模などによって大きく異なる)が，リサイクリングは一度システムや開発技術が確立されれば，半永久的に存続できる資源開発となる。また，天然資源の開発は通常採鉱，選鉱，製錬，精製という工程を経るが，リサイクリングによる資源開発は，採鉱，選鉱工程が省略できるので，次に挙げるように環境面でも優れている。

○ 自然破壊がない。
○ 採鉱，選鉱のためのエネルギーを必要としない。
○ 廃石，坑内廃水，選鉱廃水，選鉱尾鉱などが発生しないので，それらに起因する水質汚染や土壌汚染の心配がない。
○ 製錬での大気汚染の心配がない。

6.2 金属スクラップのリサイクリングの現状

　金属スクラップのリサイクリングには従来，収集，分別，分離に問題があったが，特定家庭用機器再商品化法(通称，家電リサイクル法)など廃棄物関連法規の整備や官民あげての技術開発への取り組みによって，これらの問題は解消する方向に向かっている(第XV-4表)。ここで特定家庭用機器再商品化法と非鉄金属系素材リサイクル促進技術研究開発事業について簡単に述べる。

特定家庭用機器再商品化法(平成13年4月1日本格施行)について
　この法律は，小売業者，製造業者などによる家電製品廃棄物の収集，再商品化などに関し，これを適正かつ円滑に実施するための措置を講じることにより，廃棄物の適正な処理および資源の有効な利用の確保を図ることを目的とし，エアコン，テレビ，冷蔵庫，洗濯機の4つの家電機器を対象

第 XV-4 表 金属スクラップの再資源化に関する従来の問題と現状

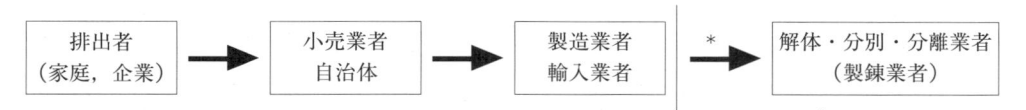

	従来の問題	現 状
収 集	廃品を家庭や企業から収集する確立されたシステムがなかった。	特定家庭用機器再商品化法でシステム確立(エアコン,テレビ,冷蔵庫,洗濯機の4機器)
分 別	外観からどの金属が入っているか判断できなかった(合金など)。	再生資源利用促進法で材質表示
分 離	入っている金属がわかっても,分離・回収技術がなかった(合金など)。	官民あげて金属回収技術の研究開発に積極的

排出者(家庭,企業) → 小売業者・自治体 → 製造業者・輸入業者 →* 解体・分別・分離業者(製錬業者)

第 XV-2 図 特定家庭用機器再商品化法における再商品化等の流れ
* 製造業者が解体・分別・分離できるとは思えない。金属の場合,最終的には製錬業者が金属分離を行う。

第 XV-5 表 家電製品の構成材質と再商品化等基準

家電製品	材 質	再商品化等の対象	再商品化等の基準(重量%)
エアコン	金属類,プラスチック	金属類,プラスチック	60% 以上
テレビ*	ガラス(鉛,錫などを含む)	ガラス,金属類(?)	55% 以上
冷蔵庫	鉄,鉄合金,プラスチック,銅,アルミ,ガラス	金属類,プラスチック	50% 以上
洗濯機	プラスチック,ステンレス	金属類,プラスチック	50% 以上

* ブラウン管が対象。

としている(山中,1999b)。「再商品化」とは,対象機器の廃棄物から部品および材料を分離し,これを製品の原材料または部品として利用することである。この法律が定めた再商品化の流れ(第XV-2図)によれば,排出者(家庭,企業),小売業者(・自治体)を経由して対象機器を引き取った製造業者は,再商品化基準に従って対象機器の再商品化を実施する。エアコン,テレビ,冷蔵庫,洗濯機の再商品化基準はそれぞれ 60, 55, 50, 50 重量% 以上となっている(第XV-5表)。これらの機器にはプラスチック,ガラスのほか,鉄,銅,アルミニウム,ニッケル,クロムなどの金属が多量に使用されている。

特定家庭用機器再商品化法は,大型家電,小型家電,情報通信機器,ガス放電ランプ,電気電子機器を対象とした EU の「電気電子機器に含まれる特定有害物質の使用制限指令」(2000年6月採択)と比べて大きく遅れているが,本格施行後5年経過後,制度全般について再検討されることになっており,再商品化基準は 80〜90% に高められる見通しである。日本でも対象機器の拡大や再商品化

基準の見直しが行われれば，さらに多種・多量の金属が再資源化されることになる．

非鉄金属系素材リサイクル促進技術研究開発事業について

　これは，通商産業省(現経済産業省)基礎産業局非鉄金属課を原局とし，新エネルギー・産業技術総合開発機構(NEDO)を実施団体とする開発期間平成5年度～平成14年度(10年間)の事業であって，非鉄金属系素材スクラップから高品位再生地金を生産するリサイクル技術の研究開発を行うことを目的としている．参加企業は住友金属鉱山，東邦亜鉛，同和鉱業，日鉱金属，古河機械金属，三井金属鉱業，三菱マテリアルの7社，協力団体は金属鉱業事業団，日本鉱業協会である．この事業は，廃自動車，廃家電，電子機器，廃触媒，廃電池の部材を対象に，各企業が研究を分担する形で進められている(第XV-6表)．

　ここで一例としてニッケル—水素二次電池を取り上げれば，この電池は1990年に商品化されたばかりの新しい電池で，通信用機器，AV機器，OA機器，ビデオ，パソコン，携帯電話などに使用され，需要は1990年の100万個から，1992年には1,000万個，1995年には3億個(6,000億円)と急増している．寿命が長い，使用温度範囲が広い($-20°C～60°C$)，有害金属を使用していない，などの優れた特性を持つことから，需要はさらに増大すると予測されている．同電池は重量の63%がニッケル，コバルト，レアアースからなり，その大部分はニッケルである．同電池の製造に使用された金属量は，1995年の需要を基に計算すると，ニッケル4,000 t，コバルト450 t，レアアース1,000 tである．

6.3　日本にとっての金属スクラップの再資源化の意義

　日本は鉄，銅，アルミニウムなどほとんどの金属を海外に依存しているが，金属スクラップの再資源化によって自給率を高めることができる．また国内には存在しない金属の生産すらも可能になる．金属スクラップの再資源化は，安定した資源の供給を保障する立派な国内資源開発であり，こ

第XV-6表　非鉄金属系素材リサイクル促進技術研究開発事業の主な研究テーマと担当企業

研究テーマ	企業	対象金属
〔ベースメタル系〕		
1　銅含有難処理スクラップの資源化技術の開発	三菱	銅，鉛，亜鉛，錫
2　銅系混合スクラップの高度反応溶解によるリサイクル技術の開発	三井	銅，鉛，亜鉛，錫
3　非鉄金属スクラップ焼成灰からの有価金属の回収技術の開発	同和	銅，鉛，亜鉛，錫
4　硫化物の分離・精製・回収技術の開発	古河	銅，鉛，亜鉛，錫
5　希薄溶液中の貴金属回収技術の開発	三井	金，銀
〔レアメタル系〕		
6　稀土類含有スクラップの再資源化技術の開発	三菱	レアアース
7　高融点金属屑のリサイクル技術の開発	日鉱	モリブデン，タンタル等
8　使用済み触媒からの非鉄金属等のリサイクル技術開発	住友	モリブデン，コバルト等
9　廃ニッケル—水素二次電池の再資源化技術の開発	三井	ニッケル，コバルト等
10　廃Ni-Cd電池処理による資源リサイクル技術の開発	東邦	ニッケル，カドミウム

れをめざしてきた日本にとって取り組むにふさわしい事業と言える。従来は資源開発と言えば天然資源の開発を意味していたが，今後は金属スクラップのリサイクリングを資源開発のもうひとつの柱に据え，これを担う産業の育成を図っていくことが望ましい。それには，政府や地方自治体の力強いリーダーシップ（法整備，社会システムづくりなど）と業界に対する技術的・財政的支援，それに何よりも市民の深い理解と積極的参加が不可欠である。リサイクリングは，国をあげての取り組みであることから，次の第7節で述べる市民に対する広報・教育活動と並行して行えばより効果的と思われる。

なお，リサイクリングに関する法規，技術，事例，現状と問題点などに関しては，資源・素材学会 (1988, 1997)，山中 (1998, 1999a, b) など多くの刊行物があるので，詳しくはそれらを参照されたい。

7 広報および教育活動の展開

鉱物資源問題はもはや役人や技術者だけが取り組む問題でなくなってきた。鉱物資源を生活の中で消費し恩恵を受けているのは市民であり，市民一人ひとりが主体的に取り組むべき問題である。市民の鉱物資源への関心は食糧やエネルギー問題と比べて一般に低く，日本の鉱物資源事情や確保政策などを広く市民に広報し，鉱物資源を無駄なく大事に使うという消費者としての責任を自覚させるよう積極的に働きかけていく必要がある。

広報・教育活動をもうひとつの市民参加型鉱物資源対策と位置付けて，市民へ向けた講演活動，大学などへの出張講義，鉱石標本や鉱業機材の展示会開催，教科書への組み入れなどを画策してはどうだろうか。

8 発展途上国開発

発展途上国の経済発展と人民福祉の向上を図るため，種々の方策が国連，UNCTAD などの会議で検討されてきたことは第 IX～X 章で述べた。発展途上国と先進国とが密接な相互依存の関係にある現在，発展途上国開発を抜きにして先進国の繁栄はありえず，発展途上国開発は先進国にとって重要な課題である。OECD の開発援助委員会 (DAC) は 1996 年 5 月，開発協力を先進国にとっての将来への投資と位置付け，発展途上国開発をさらに前進させるため，次のような具体的目標を掲げた（国際協力事業団 (1998) より一部抜粋）。

○ 2015 年までに，極端な貧困の下で生活している人々の割合を半分に削減する。
○ 2015 年までに，すべての国において初等教育を普及させる。
○ 2005 年までに，初等・中等教育における男女格差を解消し，それによって，男女平等と女性の地位の強化に向けて前進を図る。
○ 2015 年までに，乳児と 5 歳未満の幼児の死亡率を 1/3 に削減し，妊産婦の死亡率を 1/4 に削減

する。

　確かに，世界の鉱物資源の生産・供給体制を安定化させるには，発展途上国，とりわけ鉱物資源に恵まれた国の飢餓・貧困，教育，保健医療など基礎生活分野 (Basic Human Needs: BHN) の問題を解決し，経済社会の安定化を図ることが何よりも重要である。しかし BHN の底上げには，先進国の息の長い地道な支援と相手国の自助努力が必要である。

　自国の資源をテコにした経済開発をめざす資源保有国に対しては，「遠回し」な BHN 支援よりむしろ，即効性が期待でき，相手の自助努力を促し易いという点で，資源開発や資源の加工に関する支援のほうがより効果的と思われる。日本は 1970 年以降，ODA の一環として発展途上国の要請に応えて，アジア，中南米，アフリカなど世界 42 ヵ国のおよそ 160 もの地域で鉱物資源の探査・開発に関する技術協力を実施してきた(第 XIV 章第 9 節参照)。これらの技術協力は，鉱床の発見や相手国技術者に対する技術移転などを通して，相手国の経済発展や地域住民の福祉増進に大きく貢献してきた。技術協力を資源の加工にまで延長すれば，その効果はさらに広く波及する。

　以上のような発展途上国開発 (BHN の底上げにせよ，資源をテコにした経済開発にせよ) が，結果的に世界の鉱物資源の生産・供給体制の安定化や鉱物資源の円滑な流通につながっていくのである。

9　先進国の産業構造調整

　第 XI 章第 4 節で，今日までの貿易制度，とりわけ先進国の産業保護措置が発展途上国から技術向上のための機会を奪い，発展途上国経済の多様化や工業化に対する障壁になってきたとし，その主な原因は先進国の産業構造調整の遅れであると述べた。確かに，発展途上国の加工技術が向上して「南北分業」体制が崩れ，従来の「原料の消費地加工」方式が「原料の原産地加工」方式に転換すると，発展途上国の加工品輸出攻勢によって先進国の産業が危険にさらされることになる。例を挙げるまでもないが，先進国が鉄鉱石の代わりに鉄鋼や鉄鋼製品を輸入することになれば，国内の製鉄業は活動の場を失い，鉄鋼業界だけでなく，鉄鋼製品を国内鉄鋼メーカーに依存してきた自動車，重化学工業，家電など周辺業界への影響も甚大で，国民を窮地に追いやりかねない。

　しかし，輸入資源の恩恵を受け繁栄してきた先進国としては，発展途上国との相互依存関係を考慮すれば，発展途上国の経済開発に対して相当の努力を払うべきであることは明白である。自国の利益を損なわずいかに発展途上国に利益をもたらすか。先進国にはこうした困難な対応が迫られている。先進国はこれまで資源保有発展途上国に対して，資源の探査・開発に関する技術協力，市場アクセスの改善(特恵関税制度の拡大など)など相当な努力を払ってきたが，今後は国内産業の構造調整を進め，産業保護を後退させていくなど思いきった対応も考えていかなければならないであろう。第 XI 章第 6 節で述べたように，先進国は，低次加工の分野は発展途上国に譲り，自らは発展途上国と競合しない次元の高い分野へシフトしていくこと，これが，相互依存関係の下で世界が共に成長していくひとつの姿である。

10　鉱物資源問題における先進国の役割──まとめに代えて（1）──

　人類が現在直面している深刻な鉱物資源問題には，「枯渇」，「環境」，「利害対立」の3つがある。鉱物資源問題対策の5分野8目標が実現すれば，これらの問題は解消し，「鉱物資源の持続的な生産と円滑な流通」が確保され，理想的なシステムが形成されると考える。「分野3」の「消費者啓蒙」を除いた4分野7目標は「技術開発」と「国際協力」の2つに集約できる。これは，鉱物資源問題は「技術開発」と「国際協力」なくして解決できないということを意味する。とりわけ「国際協力」はほとんどの目標において不可欠な要素となっている。

　世界における鉱物資源開発の場を見てみると，鉱山開発の場はすでにヨーロッパや日本からは遠のき発展途上国に移ったし，製錬も先進国の手から離れようとしているのが現状である。しかし「技術開発」や「国際協力」は先進国のリードがなければ成し得ないことは自明であり，先進国は今後も鉱業技術開発などに前向きに取り組んで，資源問題解決の主導的役割を担っていかなければならない。

10.1　技術開発面での先進国の役割

　「鉱物資源の持続的な生産」において突きあたる問題は，掘れる資源がなくなること（枯渇）ではなく，技術開発が深部化，低品位化，奥地化という開発条件の悪化に対応できなくなることである。資源の枯渇は技術の発達が遅れたり停滞したときに起こると考えられる。

　世界の鉱物資源消費量はさらに増大していくと予想されるが，世界が必要とする量の資源を恒久的に確保し続けるには，資源量の増大を図っていかなければならない。そのためには着実な技術の進歩が不可欠であり，その役割を担うのは，技術的蓄積を有し，研究開発資金に恵まれた先進国である。先進国は資源探査・選鉱・製錬技術，「鉱害」防止技術および周辺技術の開発を進め，獲得した技術を広くかつ円滑に発展途上国をはじめ世界へ移転し，同時に，自らも資源開発の役割を担っていく必要がある。本章では先進国が取り組むべき技術開発の具体例として，「未開発鉱物資源の探査・開発技術の開発」，「低品位鉱から有用金属を回収する技術の開発」，「土や普通の岩石から有用金属を回収する技術の開発」，「金属スクラップの再資源化技術の開発」などを挙げた。

10.2　生産・流通面での先進国の役割

　しかし，首尾よく技術開発に成功し，技術移転が円滑に行われたとしても，それだけでは十分でない。われわれの理想的目標は，資源の生産が（世界のどこかで）安定的に行われ，生産された資源が世界のどこにでもスムーズに流れるような生産─分配システムの確立だからである。それには，生産および流通の障壁となる要素を排除し，資源生産国と資源消費国が利益を公平に分かち合い，共に繁栄していけるような関係を構築していかなければならない。

　世界経済のグローバリズムと相互依存関係が進展している今日，資源生産国（主として発展途上国）の利益を考慮せずには理想とするシステムは到底形成し得ないし，またどのようなシステムもうまく

機能しないことは明らかである．本章では発展途上国に対する支援の例として，発展途上国が抱える問題を解決して資源の生産・供給体制を安定化させるための「発展途上国開発」と，資源の現地加工を進めて発展途上国の経済開発を図るための「先進国の産業構造調整」を挙げた．いずれも先進国にとって相当な難題であるが，その原動力となるのは相互依存に関する強い認識である．

10.3 環境面での先進国の役割

21世紀には，鉱物資源開発に伴う環境問題は発展途上国で深刻化するであろう．発展途上国は概して資金不足のために環境対策にまで手が回らず，人民の環境認識も低い．中には経済開発を急ぐあまり，老朽設備や遅れた技術の下で環境負荷の大きい資源開発に邁進している国もある．先進国は発展途上国に対して，生産技術の移転に加えて，相手の手が届きにくい「鉱害」防止分野への技術的・財政的支援を拡充していくことが望ましい．先進国が鉱物資源の多くを発展途上国に依存し，今後も依存していかなければならないことを考えれば，それは当然のことと思われる．

11 日本の鉱物資源政策の方向──まとめに代えて (2)──

11.1 この40年間に世界の鉱業を取り巻く情勢は大きく変わった

今日の世界の政治的・経済的情勢は，日本の鉱物資源政策の骨組みが作られた60, 70年代には予想ができなかったほど大きく変容している．とりわけ著しい変化を見せているのは南北関係と東西関係である(第XII章の第XII-2表を参照)．

11.1.1 南北関係

資源保有発展途上国の多くは第2次世界大戦後，政治的独立は勝ち得たものの，先進国による経済支配が依然として続き，国内資源は自国の発展や地域住民の利益には結び付かなかった．62年，66年，73年の度重なる国連総会決議「天然資源に対する永久的主権」や，74年の国連資源総会における「新国際経済秩序(NIEO)の樹立に関する宣言」に見られるように，発展途上国は，国内資源の主権の確立，資源輸出による所得の増大，資源の価格の安定などをめざして，先進国資本の排除，生産国間の横の連携の強化など，先進国に対抗するさまざまな政策を打ち出した．その代表的な例は鉱山の国有化や資源カルテルの結成に見ることができる．60, 70年代は発展途上国における資源ナショナリズムの最も激しい時代であったと言える．

しかし90年代に入り，鉱物資源生産国と消費国の双方が情報交換などで協力し合う商品別の研究会(例えば，国際ニッケル研究会，国際銅研究会)などが組織され，また自由貿易の拡大や発展途上国の生活水準の引き上げなどをめざした世界貿易機関(WTO)も設立され，南北間の協調ムードが作られつつある．南北関係は，対立の時代を経て，相互依存の時代へと大きく様変わりしており，鉱物資源の南から北への流れは60, 70年代当時と比べて格段にスムーズになってきている(南北関係の経緯と

11.1.2 東西関係

60, 70年代, 世界は東西冷戦の最中にあった(第XII章の第XII-2表)。ベトナム戦争, カンボジア内戦など世界各地で東西対立が繰り広げられていた。しかし80年代末に至り, 東西冷戦終結, 東西ドイツ統一, ソビエト連邦崩壊と, 東西関係の緊張が一気に緩和し, 東西対立という鉱物資源流通のもう一方の障壁が排除されることとなった。

日本は, 90年代初頭以降中央アジア, 東欧, モンゴルなど数多くの東側諸国と友好関係を樹立した。国交樹立後, これらの国から技術協力の要請が相次ぎ, 日本はそれらの要請に前向きに対応してきた。91年からモンゴルにおける資源開発協力基礎調査が始まり, 94年からはキルギス共和国, カザフスタン, ウズベキスタンなど中央アジア諸国における資源開発協力基礎調査が始まった(第XIV章の第XIV-8図)。これらの国はいずれも鉱物資源, 例えば銅, 鉛, 亜鉛, 金, アンチモン, 水銀, 錫, タングステンなどの非鉄金属資源に恵まれ, 石炭, 石油などの化石燃料も産する(金属鉱業事業団資源情報センター, 1994a, b, c, 1995a, b)。日本は, 鉱物資源確保の新たな道が開けたという意味において, 東西冷戦構造の解消や東側諸国の市場経済体制への移行によって世界で最も大きな恩恵を受けた国と言える。今日の日本における鉱物資源供給不安は60, 70年代と比べて著しく改善されている。

以上のように, 最近30, 40年の国際的な政治・経済情勢の変化を見ると, 日本の経済安全保障上重大な脅威とされてきた鉱物資源の供給不安は, 少しずつではあるが, 着実に解消する方向にある。日本が今後とも国際協調を図って, 資源保有国の政治的・経済的安定に貢献していくならば, また, 平和国家を維持し, 多くの国と友好関係を構築していくならば, 鉱物資源の供給不安はおのずと解消されていくであろう。著者には, 日本がこのような国際環境づくりを進めていくならば, 鉱物資源で切迫した状態に追い詰められることはないと思われるのである。

11.2 この40年間に日本の鉱業事情も大きく変わった

60年代中～末期, 日本の鉱業は最盛期であった(第XIV章の第XIV-2表)。戦後高度成長期の最中にあって鉱物資源の需要が急速に伸び, 国内では鉱物資源の探査・開発が活発に行われ, 全国の350以上もの鉱山から多種の鉱物資源が生産されていた(日本鉱業協会, 1965, 1968)。今日の日本の鉱物資源政策の骨格はこの時期に作られた。

しかし70年代以降, 2度にわたるオイルショック(73年, 79年)や急速な円高(85年)に見舞われ, また金属価格の長期にわたる低迷などによって, 鉱山の経営は悪化し, 休・閉山が相次いだ。著者の知る限り, 2001年9月現在1つの鉛・亜鉛(・銀)鉱山と4つの金・銀鉱山が稼働しているに過ぎない(第I章の第I-2表)。現在日本は, 鉄, アルミニウム, 銅, ニッケル, コバルトなどほとんどの鉱物資源をほぼ100%近く輸入に依存し, 国内鉱山で生産している鉛, 亜鉛, 金, 銀でさえ自給率は

10%に満たず(『World Metal Statistics』を基に算出した)，90%以上は輸入で賄っている。日本の鉱物資源の自給率は，総じて，限りなくゼロに近づきつつある。

　鉱物資源の探査・開発に対する今日の日本の姿勢は，国内需要を自国の資源で賄おうと資源開発が活況を帯び，希望に満ちていた60，70年当時と比べて，一変している。「自分で探し，自分で掘る」ことに対しては，あきらめムードさえ感じられる。

11.3　今後の方向

　日本が鉱物資源を長期的・安定的に確保していくには，自ら5分野8目標に取り組み，その推進役として国際社会において積極的な役割を果たしていくことが必要である。日本にとってとりわけ重要と思われるのは次の3つである。

11.3.1　技術開発の推進

　世界の鉱物資源は量的に「消費しても減らない」状態が続いているが，これは，探査技術の発達により新しい資源が発見されてきたことのほか，採鉱技術，選鉱技術，製錬技術などの発達により低品位鉱や複雑鉱からの有用金属の回収が可能になったり，回収率が改善されてきたことなどによる。技術は一度開発されれば世界に普及し，さらなる発展へのステップとなる。この意味で，技術開発は大鉱床を発見する以上に意義が大きい。日本に対する技術面での期待は，低品位化，深部化，奥地化へと開発条件が悪化しつつある状況の中で，人類が鉱物資源を確保し続けることができるような技術の開発である。

11.3.2　自由貿易の推進

　多くの資源を世界各国から輸入し，工業製品を輸出する日本にとって不可欠な条件は，世界のどの国とも自由に貿易ができる環境である。そのような環境を維持し発展させていくには，世界経済の相互依存関係が深まる情況の下，日本の繁栄は世界の調和的発展の中ではじめて可能になるということを強く認識し，自ら世界の平和と安定のために積極的な役割を果たしていくことが必要である。日本の今後の鉱物資源政策の主柱は，自由貿易主義の原則に立って世界経済のグローバリズムを推進し，鉱物資源の流通が円滑に行われる国際環境を整備していくことである。

11.3.3　国際協力の推進

　鉱物資源の供給源の確保という視点から最も即効性の高い政策は，日本企業の海外投資とODAであろう。なかでもODAは，単に相手国の自立的発展に寄与するだけでなく，日本にとっても資源確保の国際環境づくりとして欠かすことができない。日本は，今後ますます海外資源への依存度が高まる方向の中で，とりわけ資源保有国との友好関係強化を図っていくことが望ましい。

　日本にとってとくに頼れるパートナーは，地理的に近く，歴史的にも関係の深いアジア・大洋州の国々である。アジア・大洋州には鉱物資源に恵まれた国が多く(例えば，中国，北朝鮮，フィリピン，

インドネシア，マレーシア，インド，オーストラリア，パプアニューギニアなど），またポテンシャルの高い国も多い（モンゴル，中央アジア諸国など）。資源探査・開発にはリスクを伴う多額の資金，高度な技術，優秀な人材などを要するため，これらの国の多くは，日本に対して経済および技術協力を要請してきている。中国，モンゴル，ベトナム，ウズベキスタン，カザフスタン，キルギスなどアジアの市場経済移行国も日本に大きな期待を寄せている。こうした国々への協力を推進し，友好関係強化を図っていくことは，資源供給源確保という視点からたいへん好ましいことである。

文　献

金属鉱業事業団（1988）：海水ウラン回収システム技術確証調査研究成果発表会——海洋溶存資源とその未来（講演資料）．金属鉱業事業団発行，46p.
金属鉱業事業団パンフレット『これからのエネルギー源海水ウラン』．
金属鉱業事業団資源情報センター（1994a）：キルギス共和国の資源開発環境．金属鉱業事業団資源情報センター発行，80p.
金属鉱業事業団資源情報センター（1994b）：カザフスタン共和国の資源開発環境．金属鉱業事業団資源情報センター発行，46p.
金属鉱業事業団資源情報センター（1994c）：ウズベキスタン共和国の資源開発環境．金属鉱業事業団資源情報センター発行，22p.
金属鉱業事業団資源情報センター（1995a）：モンゴル国の資源開発環境．金属鉱業事業団資源情報センター発行，34p.
金属鉱業事業団資源情報センター（1995b）：CIS 諸国の地質と鉱物資源——平成6年度地質解析委員会報告書．金属鉱業事業団資源情報センター発行，421p.
国際協力事業団（1998）：DAC 新開発戦略援助研究会報告書——第1巻総論．国際協力事業団発行，120p.
国際協力事業団・金属鉱業事業団（1993）：中華人民共和国レアメタル総合開発調査・資源開発協力基礎調査報告書，黒竜江北西部地域総括報告書，110p.
KRAUSKOPF, K. B. (1979): Introduction to geochemistry. McGraw-Hill Inc., 617p.
茂木睦（1979）：地学からの資源論．地学雑誌，88 (4)，52～65.
日本鉱業協会（1965）：日本の鉱床総覧（上巻）．日本鉱業協会発行，581p.
日本鉱業協会（1968）：日本の鉱床総覧（下巻）．日本鉱業協会発行，941p.
志賀美英（1983）：釜石鉱床区に分布する早池峯超苦鉄質岩中の Fe-Ni(-Co)-S 系鉱物——蛇紋岩化作用の物理化学的環境について——．鉱山地質，33 (1)，23～38.
SHIGA, Y. (1987): Behavior of iron, nickel, cobalt and sulfur during serpentinization, with reference to the Hayachine ultramafic rocks of the Kamaishi mining district, northeastern Japan. Canadian Mineralogist, 25 (4), 611～624.
資源・素材学会（1988）：資源リサイクリング．資源・素材学会発行，125p.
資源・素材学会（1997）：リサイクリング大特集号．資源と素材，113 (12)，1～303.
WORLD BUREAU of METAL STATISTICS『World Metal Statistics』．
山中唯義（1998）：CO_2・リサイクル対策総覧（技術編）．マイガイア発行，1088p.
山中唯義（1999a）：CO_2・リサイクル対策総覧（産業・ライフスタイル編）．マイガイア発行，1054p.
山中唯義（1999b）：CO_2・リサイクル対策総覧（環境経営・政策・制度編）．マイガイア発行，934p.

付 表

付表1 世界における銅鉱石の生産量の推移（単位：地金換算千t）

国名	1963	1964	1965	1966	1967	1968	1969	1970	1971	1972	1973	1974	1975	1976	1977	1978	1979	1980	1981
チリ	601.1	621.7	585.3	636.7	660.2	657.0	688.1	691.6	708.3	716.8	735.4	902.1	828.3	1,005.2	1,054.2	1,034.2	1,062.7	1,067.9	1,081.1
アメリカ	1,100.6	1,131.1	1,226.3	1,296.5	865.5	1,092.8	1,401.2	1,560.0	1,380.9	1,510.3	1,558.5	1,448.8	1,282.2	1,456.6	1,364.4	1,357.6	1,443.6	1,181.1	1,538.2
インドネシア	—	—	—	—	—	—	—	—	—	5.0	37.9	64.6	63.5	66.8	57.1	58.0	60.2	59.0	62.6
オーストラリア	114.8	105.7	91.8	111.3	91.8	109.6	131.1	157.8	177.3	186.8	220.3	251.3	219.0	214.4	221.6	222.1	237.6	243.5	231.3
カナダ	415.9	441.7	460.7	459.1	556.4	574.5	520.0	610.3	654.5	719.7	823.9	821.4	733.8	730.9	759.4	659.4	636.4	716.4	691.3
ペルー	177.4	177.8	177.4	184.0	186.4	213.5	199.0	212.1	212.9	217.0	202.7	211.6	181.0	220.3	329.4	376.4	397.2	366.8	327.6
中国*	85.0	90.0	95.0	97.0	102.0	105.0	110.0	120.0	130.0	135.0	134.0	144.0	155.0	165.0	170.0	175.0	175.0	177.0	182.0
旧ソ連**	600.0	700.0	750.0	800.0	825.0	850.0	875.0	925.0	990.0	1,050.0	1,060.0	1,060.0	1,100.0	1,130.0	1,100.0	1,140.0	1,130.0	1,130.0	1,000.0
ポーランド	13.0	13.0	15.0	16.1	17.3	25.7	48.3	83.0	122.2	135.0	152.0	185.0	230.0	267.0	282.0	312.0	340.0	343.0	294.6
メキシコ	55.9	52.5	69.2	56.5	56.0	61.1	66.2	61.0	63.2	78.7	80.5	82.7	78.2	89.0	89.7	87.2	107.1	175.4	230.5
ザンビア	588.1	632.4	695.7	623.4	663.0	684.9	719.5	684.1	651.4	717.7	706.6	698.0	676.9	708.9	656.0	643.0	588.3	595.8	587.4
ザイール***	271.3	276.6	288.6	317.0	322.0	327.0	364.0	387.1	405.8	437.3	488.6	499.7	494.4	444.4	481.6	423.8	399.8	459.7	504.8
日本	107.2	106.0	107.1	111.7	117.8	119.7	120.3	119.5	121.0	112.1	91.3	82.1	85.0	81.6	81.4	72.0	59.1	52.6	51.5
フランス	0.4	0.3	0.4	0.6	0.6	0.5	0.4	0.3	0.3	n.d.	0.3	0.4	0.5	0.5	0.4	0.1	0.1	0.1	0.1
イギリス	n.d.	n.d.	n.d.	n.d.	n.d.	n.d.	n.d.	n.d.	n.d.	n.d.	0.5	0.5	0.5	0.4	0.4	0.2	—	0.2	0.7
旧西ドイツ	2.2	1.6	1.0	1.2	1.2	1.3	1.6	1.3	1.4	1.3	1.4	1.7	2.0	1.6	1.2	0.8	0.9	1.3	1.4
世界計	4,635.8	4,859.2	5,081.3	5,299.4	5,077.0	5,475.7	5,948.5	6,369.5	6,454.9	7,040.2	7,501.9	7,669.0	7,348.1	7,866.1	7,945.9	7,854.2	7,926.7	7,864.2	8,157.9

国名	1982	1983	1984	1985	1986	1987	1988	1989	1990	1991	1992	1993	1994	1995	1996	1997	1998	1999	(%)
チリ	1,242.2	1,257.5	1,290.7	1,356.2	1,401.1	1,418.1	1,451.0	1,609.3	1,588.4	1,814.3	1,932.7	2,055.4	2,219.9	2,488.6	3,115.8	3,392.0	3,686.9	4,394.7	(34.6)
アメリカ	1,147.0	1,038.1	1,102.6	1,105.8	1,147.3	1,255.9	1,419.6	1,497.8	1,587.2	1,634.4	1,765.1	1,801.4	1,796.0	1,849.1	1,918.4	1,940.0	1,860.0	1,601.0	(12.6)
インドネシア	75.1	78.6	85.6	88.7	95.8	105.3	125.9	148.7	169.1	219.5	290.9	309.7	333.9	461.7	525.9	548.3	809.1	790.3	(6.2)
オーストラリア	245.3	261.5	235.7	259.8	248.4	232.7	238.3	295.0	327.0	320.0	378.0	402.0	415.6	378.5	548.0	558.0	607.0	711.0	(5.6)
カナダ	612.5	653.0	721.8	738.6	698.5	802.2	776.5	723.1	793.7	811.1	823.9	732.6	616.8	726.3	688.4	659.5	705.8	620.1	(4.9)
ペルー	356.3	322.2	364.7	385.0	386.1	400.4	298.3	364.2	317.6	375.3	368.9	374.8	365.5	405.0	484.2	503.0	483.3	536.3	(4.2)
中国*	187.0	185.0	190.0	200.0	220.0	350.0	370.0	291.1	295.9	304.0	334.3	345.7	395.6	445.2	439.1	495.5	486.8	520.0	(4.1)
旧ソ連**	1,010.0	1,020.0	1,020.0	1,030.0	1,030.0	1,010.0	990.0	950.0	900.0	840.0	552.5	460.0	447.8	480.0	520.0	510.0	518.0	510.0	(4.0)
ポーランド	376.0	402.3	431.0	432.0	435.0	438.0	441.9	385.0	329.3	320.3	332.0	382.6	379.8	384.0	472.6	414.7	436.2	463.6	(3.7)
メキシコ	239.1	206.1	180.0	172.9	184.6	230.6	279.4	249.3	291.3	267.0	277.1	301.2	297.7	333.7	340.7	390.3	384.3	382.3	(3.0)
ザンビア	529.6	591.3	576.0	510.8	512.9	527.0	476.1	510.2	496.0	412.4	432.6	431.5	384.4	341.9	339.7	331.2	378.8	271.0	(2.1)
ザイール***	502.8	502.2	500.7	502.1	502.6	500.0	465.1	440.6	355.5	291.5	144.0	46.0	30.0	30.0	40.2	39.6	35.0	33.0	(0.3)
日本	50.7	46.0	43.3	43.2	34.9	23.8	16.7	14.7	13.0	12.4	12.1	10.3	6.0	2.4	1.1	0.9	1.1	1.0	(0.0)
フランス	0.1	0.2	—	0.2	0.3	0.3	0.3	0.2	0.3	0.3	0.1	0.1	—	—	—	—	—	—	(0.0)
イギリス	0.6	0.7	0.7	0.6	0.6	0.8	0.7	0.5	0.9	0.2	—	—	—	—	—	—	—	—	(0.0)
旧西ドイツ	1.3	1.2	1.0	0.9	0.8	1.5	0.7	0.1	—	—	—	—	—	—	—	—	—	—	(0.0)
世界計	8,042.5	8,112.5	8,284.4	8,368.7	8,413.9	8,773.5	8,808.6	9,025.3	8,956.4	9,127.2	9,417.5	9,426.3	9,413.7	10,086.5	11,110.7	11,482.4	12,254.0	12,693.2	(100.0)

1999年における世界でのシェア (%) が大きい上位数ヵ国と主要先進工業国。— データなし。n.d. 実績なし。* 1963–84年は，中国と他のアジアのデータとの合計。** 1992年以降はロシア。*** 1997年以降はコンゴ民主共和国。World Bureau of Metal Statistics『World Metal Statistics』から抜粋し，編集した。

付表2 世界における銅地金の生産量の推移（単位：千t）

国名	1963	1964	1965	1966	1967	1968	1969	1970	1971	1972	1973	1974	1975	1976	1977	1978	1979	1980	1981
チリ	259.0	277.9	288.8	357.2	386.4	399.4	452.9	465.1	467.8	461.4	414.8	538.1	535.2	632.0	675.7	748.2	780.1	810.7	775.6
アメリカ	1,722.2	1,821.1	1,956.7	1,980.7	1,384.9	1,668.3	2,009.3	2,034.5	1,780.3	2,048.9	2,098.0	1,940.1	1,610.2	1,715.0	1,677.0	1,832.0	1,975.8	1,686.0	1,996.1
日本	295.2	341.7	365.7	404.8	470.0	548.4	629.2	705.3	713.3	810.0	950.8	996.0	818.9	864.4	933.7	959.1	983.7	1,014.3	1,050.1
中国*	100.0	100.0	105.0	110.0	110.0	110.0	120.0	130.0	150.0	175.0	215.0	236.0	248.0	265.0	285.0	295.0	292.0	289.0	324.0
旧ソ連**	720.0	820.0	875.0	930.0	960.0	990.0	1,020.0	1,075.0	1,150.0	1,225.0	1,300.0	1,350.0	1,420.0	1,460.0	1,440.0	1,460.0	1,480.0	1,450.0	1,320.0
旧西ドイツ	302.8	336.3	357.4	352.3	355.7	407.4	402.1	405.8	400.1	398.5	406.7	423.6	422.2	446.6	440.2	404.5	382.5	373.8	387.4
カナダ	343.7	370.1	393.8	392.8	453.5	475.8	407.5	492.6	477.5	495.9	497.6	559.1	529.2	510.5	508.8	446.3	397.3	505.2	476.7
ポーランド	29.6	36.6	37.7	39.8	42.2	43.6	54.7	72.2	92.7	131.0	156.4	194.5	248.6	270.1	306.6	332.0	335.8	357.3	327.1
ペルー	36.9	37.8	40.5	36.2	35.8	38.7	31.5	35.9	32.6	39.2	39.0	39.0	71.6	131.7	188.1	185.4	230.3	230.6	200.4
オーストラリア	104.0	101.7	95.1	115.4	96.9	120.8	138.6	145.5	161.8	173.8	178.4	194.5	192.0	188.8	183.1	178.9	173.9	181.4	191.0
ベルギー	250.0	260.0	280.0	293.0	305.0	330.3	286.7	337.6	312.8	314.2	367.5	378.7	331.6	425.0	464.7	388.6	368.8	373.7	428.5
ザンビア	439.2	497.1	522.3	493.7	535.1	550.7	603.2	580.7	534.3	615.2	638.5	676.9	629.2	694.9	649.0	627.7	563.6	607.1	564.0
イギリス	200.5	224.9	227.6	179.8	169.3	197.7	198.2	206.2	187.6	180.7	170.8	160.1	151.5	137.2	122.2	125.6	121.7	161.3	136.2
ザイール***	132.0	141.3	152.6	157.6	161.0	167.0	182.3	189.6	207.8	216.2	230.2	254.5	225.9	66.0	98.7	102.8	103.2	144.2	151.3
フランス	33.7	37.9	41.1	42.7	37.0	36.5	37.0	33.5	29.3	30.0	33.1	43.8	39.6	39.2	45.0	41.3	45.3	46.5	46.4
世界計	5,368.4	5,809.9	6,172.7	6,352.4	5,994.2	6,653.6	7,191.4	7,363.6	7,363.5	8,066.3	8,521.5	8,903.1	8,384.5	8,831.1	9,084.1	9,211.7	9,347.0	9,363.6	9,558.7

国名	1982	1983	1984	1985	1986	1987	1988	1989	1990	1991	1992	1993	1994	1995	1996	1997	1998	1999	(%)
チリ	852.5	834.2	879.7	884.3	942.3	970.1	1,012.7	1,071.0	1,191.6	1,228.3	1,242.3	1,268.2	1,277.4	1,491.5	1,748.5	2,116.4	2,334.9	2,661.3	(18.4)
アメリカ	1,682.6	1,581.5	1,489.5	1,429.0	1,479.9	1,541.7	1,857.2	1,953.2	2,017.4	1,995.1	2,143.9	2,252.5	2,220.0	2,279.9	2,352.4	2,465.4	2,489.3	2,130.0	(14.7)
日本	1,075.0	1,091.9	935.2	936.0	943.0	980.3	955.1	989.6	1,008.0	1,076.3	1,160.9	1,188.8	1,119.2	1,188.0	1,251.4	1,278.7	1,277.4	1,341.5	(9.3)
中国*	330.0	342.0	355.0	340.0	350.0	450.0	460.0	555.0	561.5	560.0	659.0	733.0	736.1	1,079.7	1,119.1	1,179.4	1,211.3	1,174.0	(8.1)
旧ソ連**	1,350.0	1,400.0	1,380.0	1,400.0	1,400.0	1,410.0	1,380.0	1,345.0	1,260.0	1,120.0	620.7	537.1	551.8	560.3	599.2	639.9	655.9	736.6	(5.1)
旧西ドイツ	393.6	420.3	378.8	414.4	421.9	399.8	426.4	475.2	476.2	521.5	581.7	632.1	591.9	616.1	670.8	673.6	695.7	695.7	(4.8)
カナダ	337.8	464.3	504.3	499.6	493.4	491.1	528.7	515.2	515.8	538.3	539.3	561.6	549.9	572.6	559.2	560.6	562.3	548.6	(3.8)
ポーランド	348.0	360.1	372.3	387.0	388.0	390.2	400.6	390.3	346.1	378.5	387.0	404.2	405.1	405.7	424.7	440.6	446.8	470.5	(3.3)
ペルー	224.5	194.7	219.0	227.0	225.6	224.8	174.7	224.3	181.8	244.1	251.1	261.7	253.0	282.0	342.0	384.1	411.4	433.8	(3.0)
オーストラリア	178.1	202.6	197.2	194.3	185.1	207.8	222.7	255.0	274.0	279.0	303.0	342.2	364.4	290.0	311.4	271.1	285.0	419.0	(2.9)
ベルギー	457.8	404.5	396.3	412.6	414.2	407.5	392.0	329.2	331.9	297.6	367.3	378.9	375.2	376.0	386.0	373.0	368.0	388.0	(2.7)
ザンビア	587.0	573.5	521.9	510.0	487.3	508.6	447.9	470.1	478.6	423.7	472.0	424.9	369.5	313.8	317.1	327.8	306.0	258.8	(1.8)
イギリス	134.1	144.4	136.8	125.4	125.6	122.3	124.0	119.0	121.6	70.1	42.1	46.6	46.7	55.0	56.6	60.4	53.8	50.3	(0.3)
ザイール***	175.0	226.9	225.2	226.8	217.9	210.2	202.8	203.8	173.2	139.7	57.0	36.0	29.0	34.7	42.2	39.6	35.0	29.0	(0.2)
フランス	46.6	45.3	40.9	43.9	42.8	40.2	44.4	49.3	51.9	55.7	56.7	59.3	61.0	64.9	62.0	59.1	45.4	1.8	(0.0)
世界計	9,418.5	9,671.9	9,545.1	9,721.3	9,844.1	10,159.5	10,504.6	10,877.6	10,814.2	10,685.0	11,169.8	11,335.8	11,196.0	11,852.6	12,756.4	13,598.7	14,145.0	14,455.3	(100.0)

1999年における世界でのシェア（％）が大きい上位数か国と主要先進工業国。*1963-84年は、中国と他のアジアとの合計。**1992年以降はロシア。***1997年以降はコンゴ民主共和国。World Bureau of Metal Statistics『World Metal Statistics』から抜粋し、編集した。

付表3 世界における銅地金の消費量の推移（単位：千t）

国 名	1963	1964	1965	1966	1967	1968	1969	1970	1971	1972	1973	1974	1975	1976	1977	1978	1979	1980	1981
アメリカ	1,582.4	1,655.9	1,818.6	2,157.8	1,797.5	1,701.4	1,944.3	1,854.3	1,830.5	2,028.6	2,221.1	1,994.9	1,396.5	1,808.0	1,985.9	2,193.1	2,164.6	1,867.7	2,029.5
中国*	120.0	120.0	120.0	130.0	140.0	150.0	180.0	200.0	250.0	270.0	283.0	294.0	315.0	335.0	346.0	357.0	356.0	346.0	386.0
日本	352.0	457.5	427.5	482.5	616.0	695.2	805.9	820.6	805.7	951.3	1,201.8	880.9	827.4	1,050.3	1,127.1	1,241.4	1,330.1	1,158.3	1,254.1
旧西ドイツ	493.5	572.7	549.4	458.7	501.2	608.8	655.7	697.5	630.5	672.2	727.2	731.2	634.6	744.6	779.9	780.0	794.1	747.8	747.5
韓国	n.d.	n.d.	n.d.	n.d.	n.d.	n.d.	5.0	7.5	8.7	9.8	23.8	23.5	28.0	40.1	57.8	73.5	85.3	84.0	144.0
台湾	n.d.	n.d.	n.d.	n.d.	n.d.	n.d.	8.0	10.5	11.0	16.8	20.8	25.5	26.2	35.4	48.2	44.5	70.3	84.5	91.7
イタリア	228.0	202.0	192.0	195.0	222.0	226.0	238.0	274.0	270.0	284.0	300.0	316.0	299.0	322.0	326.0	344.0	352.0	388.0	366.0
フランス	250.3	291.6	287.0	291.3	271.3	292.9	334.8	330.7	343.6	390.3	407.8	414.2	364.5	367.1	326.1	319.0	358.4	433.4	429.6
イギリス	558.0	632.9	650.1	592.5	514.3	539.2	546.8	553.7	511.3	524.7	541.2	496.9	450.5	457.6	512.0	501.6	498.8	409.2	333.1
旧ソ連**	740.0	750.0	785.0	817.3	867.4	890.1	930.0	960.0	1,030.0	1,080.0	1,100.0	1,150.0	1,220.0	1,250.0	1,290.0	1,330.0	1,360.0	1,300.0	1,320.0
チリ	16.2	65.2	72.9	39.7	17.2	22.8	19.7	20.6	26.7	36.3	34.2	29.4	26.8	46.3	48.4	51.6	49.0	42.9	39.0
ペルー	n.d.	n.d.	n.d.	3.5	3.6	3.7	3.8	4.0	4.7	8.0	6.0	8.5	11.0	9.1	9.7	10.3	19.3	19.2	17.7
ザンビア	n.d.	n.d.	n.d.	n.d.	n.d.	n.d.	n.d.	0.3	1.4	2.0	3.7	4.1	2.3	1.9	2.2	2.7	1.6	2.2	2.2
ザイール***	n.d.	1.8	3.3	2.7	2.5	1.3	1.3	1.3	1.3	1.5	2.5	2.5	1.9	1.1	2.8	2.8	2.4	3.4	1.4
世界計	5,404.6	5,930.5	6,123.3	6,433.0	6,164.1	6,459.7	7,165.0	7,265.1	7,313.4	7,932.6	8,750.2	8,399.2	7,472.2	8,537.3	9,056.4	9,519.8	9,823.2	9,351.0	9,524.5

国 名	1982	1983	1984	1985	1986	1987	1988	1989	1990	1991	1992	1993	1994	1995	1996	1997	1998	1999	(%)
アメリカ	1,664.2	1,775.4	2,122.7	1,958.0	2,100.0	2,126.7	2,205.9	2,203.5	2,150.4	2,057.8	2,175.7	2,359.4	2,678.1	2,534.4	2,621.4	2,790.0	2,883.0	2,987.6	(21.6)
中国*	398.0	398.0	409.0	420.0	450.0	470.0	465.0	528.0	512.0	590.0	882.0	984.6	797.7	1,147.6	1,192.7	1,269.7	1,402.2	1,484.2	(10.6)
日本	1,243.0	1,216.8	1,368.3	1,226.3	1,210.5	1,276.6	1,330.7	1,446.6	1,576.5	1,613.2	1,411.1	1,384.1	1,374.9	1,414.5	1,479.6	1,440.9	1,254.8	1,294.4	(9.2)
旧西ドイツ	730.8	737.0	791.7	753.8	770.0	800.1	797.5	854.3	896.9	998.3	1,031.6	921.1	999.5	1,065.8	960.0	1,039.4	1,147.0	1,138.2	(8.1)
韓国	131.9	152.3	188.0	206.6	262.3	259.0	266.3	251.6	324.2	343.2	353.5	399.8	476.3	539.6	598.4	620.6	559.8	783.9	(5.6)
台湾	73.9	104.8	136.9	92.4	156.0	207.8	214.9	315.3	264.7	399.1	415.6	477.2	547.0	563.2	543.7	587.8	584.2	655.1	(4.7)
イタリア	342.0	325.0	348.0	362.0	394.0	420.0	445.0	458.4	474.8	470.7	502.4	489.5	480.0	498.0	503.8	520.7	590.0	635.0	(4.5)
フランス	419.0	390.0	411.5	397.8	401.1	399.0	408.9	458.8	477.6	481.2	487.9	473.9	513.3	539.5	518.2	558.4	552.8	550.0	(3.9)
イギリス	355.4	358.0	352.9	346.5	339.6	327.7	327.7	324.7	317.2	269.4	308.3	325.0	377.3	397.9	396.0	408.3	374.1	305.3	(2.2)
旧ソ連**	1,320.0	1,320.0	1,280.0	1,305.0	1,300.0	1,270.0	1,225.0	1,140.0	1,000.0	880.0	403.1	219.3	191.7	187.0	165.0	165.0	165.0	130.0	(0.9)
チリ	32.8	24.3	35.3	25.7	36.4	47.8	42.7	42.9	45.2	47.6	62.8	72.3	86.3	87.7	91.0	79.7	83.6	75.2	(0.5)
ペルー	21.0	18.3	24.1	34.0	31.5	45.7	31.2	33.0	30.0	29.0	29.3	35.8	34.7	30.1	21.8	40.0	55.0	55.0	(0.4)
ザンビア	2.8	1.1	n.d.	n.d.	8.3	8.0	11.0	9.0	8.0	10.7	16.0	18.0	16.0	13.0	16.0	16.0	16.0	16.0	(0.1)
ザイール***	2.9	1.8	3.3	2.7	2.5	2.1	2.0	2.2	2.3	2.0	—	—	—	—	—	—	—	—	(0.0)
世界計	9,046.7	9,107.2	9,944.1	9,669.9	10,031.1	10,388.6	10,546.1	10,982.4	10,780.2	10,702.3	10,805.5	10,960.0	11,560.1	12,080.4	12,399.9	13,019.0	13,363.9	14,053.5	(100.0)

1999年における世界でのシェア（％）が大きい上位数カ国と主要先進工業国。 —：実績なし。 n.d.：データなし。 * 1963-84年は、中国と他のアジアとの合計。 ** 1992年以降はロシア。 *** 1997年以降はコンゴ民主共和国。World Bureau of Metal Statistics『World Metal Statistics』から抜粋し、編集した。

付表 4　世界における銅鉱石の生産量の推移（単位：地金換算千 t）

国 名	1963	1964	1965	1966	1967	1968	1969	1970	1971	1972	1973	1974	1975	1976	1977	1978	1979	1980	1981
オーストラリア	405.6	374.9	360.9	370.8	381.8	388.8	452.0	456.7	403.6	396.0	402.8	375.3	407.8	397.4	432.2	400.3	421.6	397.5	388.1
中国	90.0	100.0	100.0	100.0	100.0	105.0	104.0	110.0	120.0	125.0	130.0	140.0	140.0	140.0	150.0	150.0	155.0	160.0	160.0
アメリカ	239.4	270.3	284.6	309.4	299.5	339.4	481.0	540.3	546.7	584.9	569.8	615.8	576.5	565.4	550.0	541.0	537.4	561.6	454.6
ペルー	142.7	150.7	154.3	144.8	163.2	164.9	155.0	164.0	147.4	189.0	183.4	165.8	177.6	182.1	181.5	182.7	184.0	189.1	186.7
カナダ	180.5	190.1	274.8	293.2	316.9	329.7	302.0	357.2	394.8	376.3	387.8	301.4	352.5	244.0	327.6	365.8	341.8	296.6	332.0
旧ソ連*	375.0	390.0	400.0	425.0	430.0	440.0	450.0	470.0	485.0	495.0	570.0	590.0	600.0	600.0	625.0	600.0	590.0	580.0	570.0
日本	52.7	54.1	54.9	63.1	63.5	63.9	63.5	64.4	70.6	63.4	52.9	44.2	50.6	51.7	54.8	56.5	46.9	44.8	46.9
イギリス	0.3	0.2	n.d.	1.0	1.0	1.0	1.5	1.5	1.5	0.4	3.3	2.7	3.5	2.5	2.4	1.8	2.4	2.4	7.0
旧西ドイツ	55.7	51.8	51.9	60.6	59.6	52.8	51.5	50.0	50.1	46.2	45.4	42.7	43.0	42.1	40.9	32.2	33.0	31.3	29.0
フランス	8.0	11.8	17.9	26.7	27.4	26.4	30.3	28.8	29.8	26.6	25.0	23.5	21.7	28.1	31.5	32.5	29.5	28.8	19.2
世界計	2,551.2	2,592.7	2,769.7	2,900.2	2,955.2	3,048.1	3,272.1	3,477.4	3,477.7	3,517.9	3,638.0	3,620.7	3,633.0	3,511.0	3,656.8	3,624.7	3,625.2	3,605.3	3,452.2

国 名	1982	1983	1984	1985	1986	1987	1988	1989	1990	1991	1992	1993	1994	1995	1996	1997	1998	1999	(%)
オーストラリア	455.3	480.6	440.6	497.6	447.7	489.2	462.0	495.0	570.0	579.0	572.0	514.0	465.0	452.7	522.0	531.0	617.3	681.0	(22.8)
中国	160.0	160.0	165.0	230.5	228.6	267.3	311.6	341.4	315.3	319.7	330.2	338.1	461.9	519.8	643.1	711.9	580.5	548.9	(18.4)
アメリカ	522.9	465.6	334.5	424.4	348.2	318.3	395.7	419.3	493.4	476.9	408.5	362.4	372.0	408.2	435.1	457.6	491.3	513.8	(17.2)
ペルー	175.8	205.1	198.4	200.6	194.4	204.0	149.0	192.2	187.8	199.1	194.2	217.6	216.7	232.5	248.8	258.2	257.7	270.5	(9.0)
カナダ	341.2	251.4	307.4	284.6	349.3	413.7	366.6	276.1	241.3	276.5	343.8	183.1	170.9	210.3	256.7	186.0	189.8	161.2	(5.4)
旧ソ連*	575.0	560.0	570.0	580.0	520.0	510.0	520.0	260.0	245.0	230.0	51.9	35.7	26.0	25.0	23.0	16.0	13.0	13.0	(0.4)
日本	45.9	46.9	48.7	50.0	40.3	27.9	22.9	18.6	18.7	18.3	18.8	16.5	9.9	9.7	7.8	5.2	6.2	6.1	(0.2)
イギリス	4.0	3.8	2.4	3.6	0.6	0.7	0.6	2.2	1.4	1.0	1.0	1.0	1.0	1.6	1.8	1.6	1.6	1.0	(0.0)
旧西ドイツ	29.6	29.7	27.0	26.4	22.2	24.5	17.9	9.3	8.6	7.3	2.1	—	—	—	—	—	—	—	(0.0)
フランス	6.9	2.0	2.3	2.5	2.5	2.2	2.0	1.1	1.2	1.7	—	—	—	—	—	—	—	—	(0.0)
世界計	3,556.5	3,470.4	3,394.3	3,616.6	3,387.2	3,438.1	3,439.4	3,072.4	3,101.7	3,105.8	3,075.9	2,797.5	2,695.1	2,816.2	3,048.1	3,051.4	3,020.1	2,990.2	(100.0)

1999年における世界でのシェア（%）が大きい上位数ヵ国と主要先進工業国。—：実績なし。n.d.：データなし。*1992年以降はロシア。World Bureau of Metal Statistics『World Metal Statistics』から抜粋し、編集した。

付表5 世界における鉛地金の生産量の推移（単位：千t）

国名	1963	1964	1965	1966	1967	1968	1969	1970	1971	1972	1973	1974	1975	1976	1977	1978	1979	1980	1981
アメリカ	472.2	537.5	533.2	539.0	475.6	554.9	715.1	741.4	715.9	766.2	759.3	791.0	771.0	796.9	1,169.1	1,188.4	1,225.7	1,150.5	1,067.6
中国	90.0	100.0	100.0	100.0	90.0	100.0	100.0	110.0	120.0	125.0	130.0	140.0	140.0	140.0	150.0	160.0	170.0	175.0	175.0
旧西ドイツ	227.4	221.1	224.8	245.7	286.4	270.9	305.3	305.4	302.0	273.4	302.6	321.4	260.2	278.3	373.5	369.0	373.3	350.3	348.3
イギリス	158.6	180.2	172.1	174.6	191.7	235.6	260.5	287.0	263.6	270.6	265.1	276.9	241.3	251.5	351.1	345.8	368.3	324.8	333.4
日本	101.1	108.0	108.5	118.6	150.0	164.6	186.6	209.0	215.1	223.2	228.0	227.9	194.2	219.1	287.7	291.1	282.7	304.9	317.0
フランス	105.6	121.7	127.6	141.9	144.0	148.2	155.8	170.0	158.5	186.9	186.4	177.7	150.7	172.4	205.8	208.2	219.7	218.8	228.0
カナダ	140.4	137.3	169.1	167.7	176.7	183.3	169.8	185.6	168.3	186.9	187.0	126.4	171.5	175.7	243.0	244.0	252.4	231.0	238.1
： 旧ソ連*	415.0	425.0	440.0	475.0	480.0	500.0	520.0	540.0	560.0	570.0	640.0	660.0	660.0	600.0	720.0	770.0	780.0	780.0	800.0
世界計	2,929.5	3,085.6	3,193.6	3,295.0	3,339.7	3,522.1	3,842.3	3,978.5	3,858.5	4,043.4	4,218.9	4,276.4	4,032.3	4,131.6	5,278.3	5,386.1	5,564.0	5,391.4	5,370.9

国名	1982	1983	1984	1985	1986	1987	1988	1989	1990	1991	1992	1993	1994	1995	1996	1997	1998	1999	(%)
アメリカ	1,032.2	964.0	1,014.0	1,053.6	931.7	1,042.0	1,046.7	1,253.1	1,290.5	1,194.6	1,137.1	1,191.6	1,444.0	1,358.0	1,397.6	1,448.6	1,421.0	1,380.8	(22.3)
中国	175.0	195.0	200.0	225.5	239.5	246.4	241.4	302.0	286.8	296.1	366.0	411.9	467.9	607.9	706.2	707.5	756.9	821.0	(13.3)
旧西ドイツ	350.5	352.5	357.2	356.3	366.6	340.4	345.1	349.8	348.7	362.5	354.3	344.1	331.7	311.2	238.1	329.2	380.2	373.6	(6.0)
イギリス	306.2	322.2	338.4	327.2	328.6	347.0	373.8	350.0	329.4	311.0	346.8	363.8	352.5	320.7	351.4	384.1	349.7	347.6	(5.6)
日本	302.2	321.6	362.9	367.0	361.5	338.5	340.0	333.4	327.2	332.3	330.2	309.5	292.2	287.6	287.4	296.8	302.1	293.5	(4.7)
フランス	208.6	198.4	205.7	223.5	230.4	245.5	255.7	267.4	259.9	283.3	284.1	258.7	260.5	296.7	301.1	282.8	290.2	278.6	(4.5)
カナダ	238.9	242.0	254.4	306.8	257.7	235.6	268.1	242.8	183.6	212.4	252.9	217.0	261.6	281.4	310.5	271.4	265.0	262.9	(4.3)
： 旧ソ連*	800.0	800.0	800.0	810.0	790.0	775.0	795.0	440.0	410.0	360.0	37.9	44.9	34.3	31.0	27.3	46.7	33.1	55.3	(0.9)
世界計	5,291.9	5,302.2	5,486.2	5,710.5	5,484.1	5,666.5	5,760.7	5,673.2	5,402.1	5,282.9	5,367.9	5,396.1	5,583.9	5,608.3	5,783.6	5,974.4	6,014.2	6,183.4	(100.0)

1999年における世界でのシェア（%）が大きい上位数ヵ国と主要先進工業国。*1992年以降はロシア。「World Metal Statistics」 World Bureau of Metal Statistics「World Metal Statistics」から抜粋し、編集した。

付表 6　世界における鉛地金の消費量の推移（単位：千 t）

国名	1963	1964	1965	1966	1967	1968	1969	1970	1971	1972	1973	1974	1975	1976	1977	1978	1979	1980	1981
アメリカ	718.3	727.9	753.5	821.7	770.2	817.4	955.5	894.2	938.9	1,016.3	1,093.2	1,055.1	820.1	947.0	1,417.9	1,403.8	1,344.4	1,094.0	1,127.8
中国	90.0	100.0	100.0	100.0	100.0	120.0	130.0	160.0	170.0	180.0	170.0	175.0	185.0	190.0	200.0	210.0	210.0	210.0	215.0
旧西ドイツ	243.6	257.4	270.7	255.8	256.8	285.6	314.7	308.9	286.5	273.5	293.7	265.2	224.5	240.5	348.5	335.8	361.3	333.1	331.6
日本	130.3	164.2	147.3	147.9	163.3	180.7	187.6	210.5	209.7	231.1	267.3	224.2	189.4	229.8	332.3	349.5	365.7	392.5	382.5
イギリス	283.5	307.8	312.1	293.4	276.3	276.8	275.3	261.7	276.7	278.4	282.2	266.4	237.8	246.1	317.7	336.5	333.2	295.5	265.8
イタリア	92.0	89.0	94.0	105.0	123.0	133.0	146.0	168.0	178.0	186.0	180.2	195.4	145.9	211.0	260.0	251.0	258.0	275.0	256.0
フランス	170.1	172.1	144.6	168.6	164.2	179.0	198.5	192.5	188.4	202.0	213.7	199.4	174.1	206.9	210.4	211.7	211.4	212.8	210.7
：旧ソ連*	344.0	379.0	385.0	418.0	425.0	448.4	460.0	486.0	515.0	530.0	600.0	630.0	620.0	610.0	720.0	760.0	780.0	800.0	800.0
世界計	2,903.6	3,128.2	3,194.1	3,305.7	3,278.4	3,490.2	3,838.7	3,871.4	3,974.3	4,167.4	4,441.6	4,393.5	3,913.7	4,275.3	5,407.1	5,462.8	5,556.4	5,285.4	5,263.9

国名	1982	1983	1984	1985	1986	1987	1988	1989	1990	1991	1992	1993	1994	1995	1996	1997	1998	1999	(%)
アメリカ	1,106.1	1,134.8	1,185.3	1,141.7	1,118.5	1,216.9	1,201.0	1,345.9	1,275.2	1,246.3	1,240.7	1,357.1	1,495.0	1,472.2	1,648.0	1,650.1	1,726.0	1,745.0	(28.5)
中国	215.0	215.0	215.0	243.0	249.0	256.0	250.0	250.0	250.0	250.0	277.0	314.0	297.7	447.7	464.3	529.9	530.2	525.0	(8.6)
旧西ドイツ	333.2	318.3	357.0	345.0	358.8	344.6	373.5	375.3	391.8	413.5	412.2	351.7	356.2	367.5	303.0	339.8	361.7	373.7	(6.1)
日本	354.0	359.6	390.1	394.9	389.2	378.0	406.5	405.7	416.4	422.2	401.4	370.5	345.5	333.7	330.2	329.9	322.4	318.5	(5.2)
イギリス	271.9	292.9	295.3	274.3	282.1	287.5	302.5	301.3	301.6	263.8	263.6	263.6	267.6	285.4	272.8	270.4	275.5	283.3	(4.6)
イタリア	243.0	229.0	233.0	235.0	238.0	244.0	252.0	259.0	258.0	259.0	247.0	223.0	230.2	247.0	288.4	259.3	261.6	264.8	(4.3)
フランス	194.5	196.1	209.1	208.0	205.3	207.5	215.6	243.8	254.5	252.5	246.0	226.2	236.7	265.2	255.1	259.2	246.7	264.4	(4.3)
：旧ソ連*	810.0	805.0	790.0	800.0	760.0	775.0	790.0	400.0	380.0	310.0	215.0	181.1	108.5	108.5	95.0	103.1	92.0	95.0	(1.6)
世界計	5,256.4	5,244.1	5,490.0	5,469.1	5,505.2	5,603.1	5,682.2	5,558.4	5,296.2	5,075.7	5,116.5	5,220.4	5,372.4	5,642.5	5,741.9	6,019.2	6,086.2	6,114.0	(100.0)

1999年における世界でのシェア（%）が大きい上位数ヵ国と主要先進工業国。*1992年以降はロシア。World Bureau of Metal Statistics「World Metal Statistics」から抜粋し，編集した。

付表

付表 7 世界における亜鉛鉱石の生産量の推移 (単位: 地金換算千 t)

国 名	1963	1964	1965	1966	1967	1968	1969	1970	1971	1972	1973	1974	1975	1976	1977	1978	1979	1980	1981
中国	90.0	90.0	90.0	90.0	90.0	90.0	100.0	100.0	110.0	110.0	110.0	130.0	135.0	135.0	150.0	150.0	155.0	150.0	160.0
オーストラリア	321.3	318.5	326.4	375.3	407.0	422.4	509.9	487.2	452.6	507.1	480.5	457.1	500.8	468.6	491.6	473.3	529.2	495.3	518.3
カナダ	451.0	667.0	826.4	949.8	1,129.0	1,165.9	1,170.4	1,253.1	1,270.4	1,278.6	1,357.6	1,240.2	1,229.5	1,145.0	1,300.2	1,245.2	1,202.6	1,058.7	1,096.0
ペルー	246.8	236.7	254.5	257.8	328.6	303.3	315.0	329.0	311.4	320.0	412.0	397.2	420.8	458.5	475.9	457.7	490.8	487.6	496.7
アメリカ	527.6	573.1	609.3	570.5	547.7	527.8	551.4	532.5	501.0	476.8	477.4	498.3	467.9	483.0	448.3	337.0	293.8	348.5	343.3
旧ソ連*	400.0	440.0	450.0	480.0	485.0	525.0	530.0	550.0	610.0	620.0	900.0	950.0	1,030.0	1,020.0	1,040.0	1,030.0	1,020.0	1,000.0	1,010.0
日本	198.0	216.5	221.0	253.4	262.7	264.3	269.4	279.7	294.4	281.1	264.0	240.8	253.7	260.0	275.7	274.6	243.4	238.1	242.0
フランス	17.7	17.1	20.9	23.4	24.9	21.8	20.1	18.6	15.1	13.3	13.3	14.3	13.9	36.7	41.8	39.9	36.6	36.8	37.4
旧西ドイツ	106.2	117.9	116.3	120.5	129.4	134.2	157.3	160.8	164.9	151.7	151.9	144.5	144.4	143.0	146.1	121.0	117.1	120.8	110.7
イギリス	n.d.	n.d.	n.d.	n.d.	n.d.	n.d.	n.d.	n.d.	n.d.	n.d.	2.9	2.8	2.8	3.3	3.0	1.5	—	4.4	10.9
世界計	3,665.2	4,030.4	4,308.0	4,576.6	4,967.8	5,114.9	5,395.4	5,545.3	5,560.6	5,650.7	6,110.1	6,129.0	6,209.4	6,245.1	6,604.6	6,434.3	6,341.2	6,172.9	6,113.0

国 名	1982	1983	1984	1985	1986	1987	1988	1989	1990	1991	1992	1993	1994	1995	1996	1997	1998	1999	(%)
中国	160.0	160.0	190.0	395.0	395.7	458.2	527.3	620.4	618.0	710.0	758.1	775.4	990.3	1,010.7	1,121.4	1,209.9	1,273.2	1,476.0	(18.4)
オーストラリア	664.8	699.0	658.7	734.0	712.0	778.4	759.2	803.0	940.0	1,024.0	1,008.0	990.0	970.7	937.0	1,071.0	961.8	1,059.0	1,163.0	(14.5)
カナダ	1,189.1	1,069.9	1,207.1	1,172.2	1,262.1	1,481.5	1,347.4	1,216.1	1,203.2	1,156.6	1,324.7	1,004.4	1,010.7	1,121.2	1,222.4	1,076.4	1,061.6	1,008.9	(12.6)
ペルー	507.1	553.1	568.3	582.6	597.6	612.5	485.4	597.4	583.9	638.1	602.5	664.6	674.2	688.4	760.4	867.7	868.8	899.5	(11.2)
アメリカ	330.0	292.9	277.0	251.9	216.0	232.9	256.4	290.0	570.6	574.2	551.6	513.1	597.6	632.0	628.1	632.0	755.0	843.0	(10.5)
旧ソ連*	1,020.0	1,025.0	980.0	1,000.0	970.0	950.0	960.0	650.0	610.0	610.0	198.0	188.3	145.7	147.0	126.0	121.0	114.0	132.0	(1.6)
日本	251.4	255.6	252.7	253.0	222.2	165.8	147.2	131.8	127.3	133.0	134.5	118.6	100.7	95.3	79.7	71.6	67.7	64.3	(0.8)
フランス	37.0	34.2	36.4	40.6	39.6	31.3	31.1	26.7	23.9	27.1	16.5	13.8	—	—	—	—	—	—	(0.0)
旧西ドイツ	105.8	113.5	113.1	117.6	103.7	98.9	75.6	63.9	58.1	54.0	14.3	—	—	—	—	—	—	—	(0.0)
イギリス	10.2	8.9	7.2	5.0	5.6	6.5	5.5	5.8	6.7	1.0	—	—	—	—	—	—	—	—	(0.0)
世界計	6,474.8	6,540.8	6,762.1	7,038.6	6,999.1	7,315.2	7,088.1	6,785.0	7,031.3	7,246.7	7,144.1	6,781.1	6,840.3	7,174.9	7,336.2	7,334.5	7,622.8	8,024.5	(100.0)

1999 年における世界でのシェア (%) が大きい上位数ヵ国と主要先進工業国。—: 実績なし。n.d.: データなし。*1992 年以降はロシア。World Bureau of Metal Statistics『World Metal Statistics』から抜粋し、編集した。

付表 8　世界における亜鉛地金の生産量の推移（単位：千t）

国名	1963	1964	1965	1966	1967	1968	1969	1970	1971	1972	1973	1974	1975	1976	1977	1978	1979	1980	1981
中国	90.0	90.0	90.0	90.0	90.0	90.0	100.0	100.0	110.0	120.0	120.0	130.0	140.0	150.0	155.0	160.0	160.0	155.0	160.0
カナダ	256.9	306.4	325.5	347.1	367.5	387.3	423.1	417.9	372.5	476.2	532.6	437.7	426.9	472.3	494.8	495.4	580.4	591.6	618.7
日本	282.3	316.1	367.8	444.2	516.2	605.6	717.0	680.7	719.8	809.0	844.0	850.8	698.4	742.1	778.4	767.9	789.4	735.2	670.2
スペイン	64.1	64.0	53.5	53.7	70.4	75.4	81.3	88.2	85.7	99.7	106.4	130.0	135.1	161.1	140.1	175.8	182.7	151.8	179.5
アメリカ	864.4	930.5	978.0	1,005.4	918.4	982.7	1,008.0	866.3	768.7	641.3	604.8	574.9	449.9	510.2	454.3	441.5	525.7	369.9	372.8
オーストラリア	182.7	188.5	202.2	194.2	194.4	205.2	249.2	263.9	265.7	303.7	306.4	283.8	201.3	250.6	256.4	294.8	310.2	306.0	300.4
旧西ドイツ	165.7	167.4	182.2	208.8	182.3	203.3	277.5	301.2	262.6	358.7	395.0	400.0	294.7	304.8	354.8	306.8	355.5	365.2	366.1
フランス	168.0	190.4	192.0	196.0	185.7	207.5	253.5	223.7	218.7	261.5	259.4	276.7	181.1	233.5	238.3	231.2	249.0	252.8	257.5
旧ソ連*	425.0	460.0	475.0	500.0	510.0	530.0	550.0	570.0	635.0	650.0	940.0	980.0	1,030.0	1,000.0	1,020.0	1,055.0	1,085.0	1,060.0	1,060.0
イギリス	100.6	111.0	106.8	101.3	104.3	142.9	151.0	146.6	116.5	73.8	83.8	84.4	53.4	41.6	81.5	73.6	76.7	86.7	81.7
世界計	3,576.2	3,844.8	4,053.4	4,275.1	4,289.3	4,708.0	5,169.0	5,095.9	4,991.7	5,381.8	5,817.4	5,982.9	5,460.6	5,796.7	5,965.1	6,025.0	6,446.4	6,163.2	6,170.3

国名	1982	1983	1984	1985	1986	1987	1988	1989	1990	1991	1992	1993	1994	1995	1996	1997	1998	1999	(%)
中国	175.0	185.0	190.0	302.6	336.2	383.1	425.4	450.9	526.3	576.7	719.0	856.9	1,017.0	1,076.7	1,184.8	1,330.1	1,486.3	1,684.6	(20.1)
カナダ	511.9	617.0	683.2	692.4	571.0	609.9	703.2	669.7	591.8	660.6	671.7	669.9	691.0	720.3	716.5	702.2	743.2	780.8	(9.3)
日本	662.4	701.3	754.4	739.6	708.0	665.6	678.2	663.8	687.5	730.8	729.5	695.7	665.5	663.6	599.1	603.1	607.9	633.4	(7.5)
スペイン	181.8	189.9	207.4	213.3	199.3	213.6	245.4	246.4	252.7	262.2	351.9	327.6	300.7	346.1	362.8	377.8	389.4	385.0	(4.6)
アメリカ	302.5	305.1	331.2	333.8	316.3	342.7	329.8	358.2	358.4	377.3	399.5	381.8	356.0	362.8	366.1	366.4	367.6	371.3	(4.4)
オーストラリア	295.9	303.0	306.4	288.4	307.6	310.2	302.5	296.2	308.5	326.5	333.3	290.0	322.5	316.1	327.2	307.3	300.4	344.2	(4.1)
旧西ドイツ	333.6	356.5	356.3	366.9	371.8	380.1	356.3	353.5	337.6	345.7	383.1	380.9	359.9	322.5	327.0	317.7	334.0	332.9	(4.0)
フランス	243.7	249.6	258.8	247.2	257.4	249.3	274.1	265.8	264.1	299.6	304.7	309.8	308.6	290.0	324.3	317.2	320.4	331.1	(3.9)
旧ソ連*	1,050.0	1,060.0	1,050.0	1,050.0	1,065.0	1,045.0	1,035.0	690.0	640.0	540.0	186.4	204.0	137.9	167.0	175.0	189.9	196.3	231.3	(2.8)
イギリス	79.3	87.7	85.6	74.3	85.9	81.4	76.0	79.8	93.3	100.7	96.8	102.4	101.3	106.0	96.9	107.7	99.6	132.8	(1.6)
世界計	5,977.4	6,320.5	6,597.9	6,859.8	6,798.6	7,051.6	7,239.9	6,779.2	6,684.7	6,841.1	6,994.7	7,174.0	7,120.2	7,234.3	7,404.8	7,671.5	7,998.1	8,390.1	(100.0)

1999年における世界でのシェア（%）が入きい上位数ヵ国と主要先進工業国。*1992年以降はロシア。World Bureau of Metal Statistics「World Metal Statistics」から抜粋し、編集した。

付表

付表 9 世界における亜鉛地金の消費量の推移(単位:千t)

国名	1963	1964	1965	1966	1967	1968	1969	1970	1971	1972	1973	1974	1975	1976	1977	1978	1979	1980	1981
アメリカ	996.3	1,088.5	1,221.3	1,279.3	1,122.0	1,209.9	1,251.7	1,074.3	1,136.9	1,285.7	1,363.9	1,167.4	838.8	1,027.7	998.2	1,021.0	997.8	809.6	833.0
中国	90.0	100.0	100.0	120.0	120.0	120.0	135.0	150.0	170.0	170.0	190.0	200.0	220.0	220.0	185.0	185.0	190.0	195.0	220.0
日本	295.4	355.9	321.7	383.0	458.0	519.0	599.9	623.1	624.1	716.7	814.9	695.4	547.1	698.6	716.8	732.5	778.6	752.3	699.1
旧西ドイツ	280.4	320.5	333.8	310.3	302.7	361.5	398.4	395.7	387.5	413.1	438.2	389.1	297.4	331.2	333.9	391.0	417.1	405.7	373.2
韓国	n.d.	n.d.	n.d.	n.d.	n.d.	n.d.	9.0	11.0	13.6	15.0	23.1	25.4	27.6	35.3	46.3	58.0	72.6	64.0	78.5
フランス	180.8	203.6	185.7	197.2	202.5	202.3	239.0	220.2	225.4	264.1	290.4	306.1	222.5	265.1	257.7	281.7	286.7	330.0	272.1
イギリス	265.2	291.9	282.1	272.6	258.5	280.7	288.9	277.8	273.3	279.3	305.4	268.5	207.1	242.8	244.8	247.6	238.8	181.3	185.4
旧ソ連*	393.0	382.0	401.0	430.0	465.6	487.5	500.0	510.0	560.0	567.0	840.0	900.0	900.0	935.0	945.0	990.0	1,000.0	1,030.0	1,040.0
世界計	3,633.6	3,963.3	4,079.2	4,218.9	4,249.5	4,621.4	4,996.9	4,886.4	5,034.4	5,522.6	6,267.1	5,971.1	5,027.7	5,753.3	5,817.8	6,209.3	6,328.9	6,124.1	6,003.3

国名	1982	1983	1984	1985	1986	1987	1988	1989	1990	1991	1992	1993	1994	1995	1996	1997	1998	1999	(%)
アメリカ	800.6	933.0	960.0	961.4	998.6	1,052.2	1,089.3	1,060.0	991.0	933.0	1,035.0	1,148.0	1,118.3	1,202.1	1,208.9	1,258.7	1,290.4	1,341.4	(16.0)
中国	260.0	290.0	330.0	349.0	382.0	409.0	385.0	390.5	500.0	530.0	644.9	666.7	754.6	909.4	977.0	797.1	1,127.8	1,195.5	(14.3)
日本	703.1	770.8	774.6	780.1	752.9	728.7	774.2	768.1	814.3	845.5	783.7	718.7	721.2	752.2	735.9	742.3	659.2	634.1	(7.6)
旧西ドイツ	368.6	405.2	424.9	408.8	433.6	454.7	449.5	452.5	484.0	540.1	531.2	514.9	514.1	503.2	468.3	505.6	572.8	563.9	(6.7)
韓国	94.4	113.2	123.0	125.0	152.2	178.5	173.0	188.0	230.0	281.0	265.8	311.2	318.0	296.6	350.4	311.9	302.0	472.0	(5.6)
フランス	263.9	270.5	281.9	246.9	260.5	252.7	290.1	279.2	284.0	289.1	258.3	225.8	241.1	271.5	284.2	251.0	302.3	330.8	(3.9)
イギリス	178.1	177.2	182.2	189.3	181.9	188.1	192.5	194.5	193.0	183.7	190.1	195.9	196.5	198.4	195.7	194.8	187.9	198.9	(2.4)
旧ソ連*	1,050.0	1,050.0	1,050.0	1,000.0	990.0	1,030.0	1,080.0	710.0	640.0	520.0	260.0	216.1	157.2	154.3	130.0	146.0	110.0	114.3	(1.4)
世界計	5,925.3	6,272.8	6,434.8	6,507.7	6,696.8	6,910.2	7,185.9	6,739.5	6,684.6	6,717.4	6,766.9	6,875.6	6,983.5	7,416.0	7,570.1	7,641.8	8,020.7	8,379.5	(100.0)

1999年における世界でのシェア(%)が大きい上位数ヵ国と主要先進工業国。n.d.: データなし。*1992年以降はロシア。World Bureau of Metal Statistics「World Metal Statistics」から抜粋し、編集した。

付表 10　世界におけるアルミニウム鉱石(ボーキサイト)の生産量の推移(単位：地金換算千t)

国 名	1963	1964	1965	1966	1967	1968	1969	1970	1971	1972	1973	1974	1975	1976	1977	1978	1979	1980	1981
オーストラリア						4,955.1	7,921.1	9,256.3	12,732.7	14,437.0	17,595.0	19,994.3	21,003.5	24,083.5	26,086.4	24,300.5	27,585.0	27,583.0	25,441.0
ギニア						2,117.6	2,458.9	2,490.0	2,630.0	2,600.0	3,800.0	7,600.0	7,649.7	10,297.9	10,871.0	11,648.0	14,652.7	13,427.1	12,822.0
ブラジル						313.7	362.4	509.8	566.4	764.5	849.2	858.5	969.0	998.4	1,040.2	1,130.6	1,642.2	4,152.4	4,662.6
ジャマイカ						8,525.0	10,498.0	12,106.0	12,543.4	12,538.5	13,599.8	15,327.6	11,570.3	10,306.0	11,433.6	11,735.8	11,505.0	12,064.3	11,606.9
中国						400.0	400.0	500.0	500.0	550.0	600.0	700.0	800.0	850.0	1,200.0	1,400.0	1,500.0	1,700.0	1,800.0
インド						936.3	1,012.5	1,333.0	1,487.0	1,683.6	1,251.0	1,270.0	1,274.4	1,449.0	1,507.8	1,663.3	1,951.2	1,784.7	1,923.0
旧ソ連*						5,000.0	5,200.0	5,400.0	5,800.0	7,400.0	7,900.0	8,400.0	6,600.0	6,700.0	6,700.0	6,700.0	6,500.0	6,400.0	6,400.0
ベネズエラ						n.d.	n.d.	n.d.	n.d.	n.d.	n.d.	n.d.	n.d.	n.d.	n.d.	n.d.	n.d.	n.d.	n.d.
スリナム						5,660.0	6,236.0	6,011.0	6,717.0	6,777.0	6,686.0	6,864.0	4,749.0	4,585.0	4,856.0	5,021.9	4,741.0	4,903.1	4,125.0
フランス						2,713.0	2,796.9	3,050.7	3,183.6	3,257.9	3,312.6	2,949.9	2,562.9	2,330.1	2,058.8	1,977.8	1,969.5	1,891.5	1,827.5
アメリカ						1,691.7	1,872.6	2,115.4	2,019.9	1,841.1	1,909.2	1,980.3	1,801.0	1,989.4	2,013.0	1,669.0	1,821.0	1,559.0	1,510.0
旧西ドイツ						3.3	3.2	3.0	2.9	2.0	1.6	1.4	0.8	0.2	—	—	—	—	—
世界計						46,571.0	54,493.5	59,556.9	65,735.4	69,213.1	75,206.6	84,152.3	76,438.3	79,298.9	84,483.3	83,927.0	90,405.8	93,228.9	88,551.7

国 名	1982	1983	1984	1985	1986	1987	1988	1989	1990	1991	1992	1993	1994	1995	1996	1997	1998	1999	(%)
オーストラリア	23,625.0	24,372.3	32,182.0	31,839.0	32,384.0	34,102.0	36,370.0	38,583.0	40,697.0	40,503.0	39,900.0	41,680.0	42,159.0	42,655.0	43,063.0	44,465.0	44,553.0	48,416.0	(42.6)
ギニア	11,827.4	12,986.0	14,738.0	13,956.0	14,835.0	16,282.0	16,800.0	17,547.0	16,150.0	17,054.0	15,997.0	17,040.0	14,833.4	17,733.3	18,492.6	19,250.0	17,000.0	17,200.0	(15.1)
ブラジル	4,186.5	5,238.7	6,433.1	5,846.0	6,446.3	6,566.5	7,227.6	7,893.8	9,875.6	10,364.2	9,365.6	9,669.0	8,673.3	10,214.1	11,060.1	11,162.8	11,961.1	13,838.8	(12.2)
ジャマイカ	8,157.7	7,681.9	8,734.9	6,239.3	6,963.9	7,659.9	7,408.4	9,394.9	10,936.1	11,608.6	11,359.5	11,172.5	11,571.3	10,857.5	11,828.6	11,987.3	12,646.4	11,688.5	(10.3)
中国	1,950.0	1,900.0	2,000.0	2,630.0	2,650.0	2,750.0	2,850.0	3,700.0	3,655.0	5,926.0	6,661.0	6,468.2	7,400.0	8,800.0	8,878.8	9,000.0	8,600.0	9,600.0	(8.4)
インド	1,854.0	1,976.1	2,072.2	2,340.7	2,662.2	2,813.9	3,828.7	4,334.9	5,277.0	4,835.0	4,475.0	5,276.8	4,809.1	5,240.0	5,757.5	5,985.0	5,980.1	6,712.2	(5.9)
旧ソ連*	6,400.0	6,300.0	6,200.0	6,400.0	6,275.0	5,700.0	5,900.0	6,500.0	9,246.0	7,870.0	4,578.0	4,364.0	3,633.0	3,632.0	3,925.0	3,988.0	4,092.0	4,640.0	(4.1)
ベネズエラ	n.d.	n.d.	n.d.	n.d.	n.d.	217.0	550.0	702.0	786.0	1,514.0	1,116.9	2,530.3	4,419.0	5,022.0	4,806.9	5,083.9	4,825.7	4,471.6	(3.9)
スリナム	3,060.0	2,793.0	3,374.9	3,738.3	3,730.6	2,581.1	3,434.4	3,530.0	3,266.8	3,136.3	3,251.9	3,200.5	3,765.9	3,596.3	3,702.5	3,877.2	3,889.6	3,714.6	(3.3)
フランス	1,737.0	1,595.3	1,529.5	1,529.6	1,379.0	1,388.2	977.7	719.8	489.8	183.3	104.0	151.0	128.0	131.0	165.0	164.2	170.0	170.0	(0.1)
アメリカ	732.0	679.0	856.0	674.0	510.0	576.0	588.0	670.0	495.0	50.0	45.0	55.0	100.0	100.0	100.0	100.0	100.0	100.0	(0.1)
旧西ドイツ	—	—	—	—	—	—	—	—	—	—	—	—	—	—	—	—	—	—	(0.0)
世界計	77,895.5	78,575.2	92,633.8	89,584.8	92,622.7	96,060.7	100,142.0	107,603.1	114,850.8	115,252.8	110,488.3	114,331.9	112,014.3	117,443.4	123,717.3	126,148.4	124,956.6	131,775.0	(100.0)

1999年における世界でのシェア(%)が大きい上位数ヵ国と主要先進工業国。 —：実績なし。n.d.：データなし。*1992年以降はロシア。World Bureau of Metal Statistics「World Metal Statistics」から抜粋し、編集した。

付表

付表 11 世界におけるアルミニウム地金の生産量の推移 (単位:千t)

国 名	1963	1964	1965	1966	1967	1968	1969	1970	1971	1972	1973	1974	1975	1976	1977	1978	1979	1980	1981
アメリカ	2,316.0	2,498.8	2,692.5	2,965.6	2,952.9	3,441.0	3,607.1	3,560.9	3,739.8	4,108.8	4,448.3	3,519.1	3,856.8	4,117.7	4,358.1	4,556.8	4,653.6	4,488.8
旧ソ連*	1,000.0	1,200.0	1,300.0	1,400.0	1,500.0	1,550.0	1,650.0	1,730.0	1,750.0	2,000.0	2,100.0	2,150.0	2,200.0	2,200.0	2,300.0	2,350.0	2,400.0	2,400.0
中国		80.0	90.0	100.0	115.0	120.0	130.0	135.0	145.0	155.0	n.d.	n.d.	n.d.	n.d.	n.d.	n.d.	n.d.	n.d.
カナダ	764.8	762.3	807.3	873.9	888.3	978.6	972.2	1,016.9	918.7	941.5	1,006.6	878.1	631.0	973.5	1,048.5	863.6	1,074.5	1,118.1
オーストラリア	80.0	87.8	91.9	92.8	97.3	126.4	205.6	n.d.	n.d.	207.2	219.1	214.2	232.3	247.6	263.4	269.6	303.5	379.4
ブラジル	26.6	29.6	32.6	29.7	41.5	42.9	56.1	80.6	97.3	111.7	113.6	121.4	139.2	167.1	186.4	238.4	260.6	256.4
旧西ドイツ	219.9	234.4	243.9	252.9	257.5	262.7	309.3	427.5	444.4	532.7	688.9	677.6	697.1	741.8	739.5	741.9	730.7	728.9
フランス	316.0	340.5	363.5	361.2	365.7	371.7	381.0	375.0	393.7	358.9	393.3	382.6	385.1	398.8	391.4	395.1	431.9	435.6
イギリス	32.2	36.2	37.1	39.0	38.2	33.8	39.6	119.0	171.4	251.6	293.1	308.3	334.5	349.7	346.2	359.5	374.4	339.2
日本	265.8	293.9	337.3	382.1	478.4	565.0	727.9	887.1	1,009.1	1,096.8	1,118.4	1,013.3	919.4	1,188.2	1,057.7	1,010.4	1,091.5	770.6
世界計	6,080.0	6,610.0	7,240.7	7,951.0	8,509.5	9,462.6	10,215.6	10,889.1	11,525.0	12,727.8	13,817.4	12,727.4	13,085.2	14,321.5	14,771.6	15,177.9	16,053.0	15,697.9

国 名	1982	1983	1984	1985	1986	1987	1988	1989	1990	1991	1992	1993	1994	1995	1996	1997	1998	1999	(%)
アメリカ	3,274.0	3,353.2	4,099.0	3,499.7	3,036.5	3,342.9	3,944.5	4,030.2	4,048.3	4,121.2	4,042.1	3,694.8	3,298.5	3,375.2	3,577.2	3,603.4	3,712.7	3,778.6	(15.9)
旧ソ連*	2,400.0	2,400.0	2,300.0	2,300.0	2,350.0	2,370.0	2,440.0	3,450.0	3,523.0	3,251.0	2,776.6	2,819.0	2,670.5	2,774.0	2,874.2	2,906.0	3,010.0	3,149.0	(13.3)
中国	n.d.	n.d.	n.d.	n.d.	n.d.	n.d.	n.d.	n.d.	n.d.	n.d.	1,096.0	1,254.5	1,498.4	1,869.7	1,770.6	2,035.0	2,335.7	2,598.5	(11.0)
カナダ	1,069.9	1,091.2	1,222.0	1,282.3	1,355.2	1,540.4	1,534.5	1,554.8	1,567.4	1,821.6	1,971.8	2,308.9	2,254.7	2,172.0	2,283.2	2,327.2	2,374.1	2,389.8	(10.1)
オーストラリア	380.8	475.1	754.8	851.7	875.0	1,024.2	1,141.3	1,241.3	1,232.7	1,228.6	1,236.1	1,376.3	1,310.8	1,292.7	1,370.3	1,490.1	1,626.2	1,719.3	(7.3)
ブラジル	299.1	400.7	455.0	549.2	757.4	843.5	873.5	887.9	930.6	1,139.6	1,193.3	1,172.0	1,184.6	1,188.1	1,197.4	1,189.1	1,208.0	1,249.6	(5.3)
旧西ドイツ	722.8	743.4	777.2	745.4	763.7	737.7	744.1	742.0	720.3	690.3	602.8	551.9	503.4	575.2	576.5	571.9	612.4	633.8	(2.7)
フランス	390.4	360.8	341.5	293.2	321.8	322.5	327.2	334.9	325.9	286.1	417.7	426.2	384.1	364.5	380.1	399.4	423.6	455.1	(1.9)
イギリス	240.8	252.5	287.9	275.4	275.9	294.4	300.2	297.3	289.9	293.5	244.2	239.1	231.2	237.9	240.0	247.7	258.4	272.2	(1.1)
日本	350.7	255.9	286.7	226.5	140.2	40.6	35.3	35.0	34.2	32.4	18.9	18.3	17.0	18.0	17.0	16.7	16.3	10.9	(0.5)
世界計	13,991.4	14,306.3	15,920.4	15,554.5	15,564.5	16,386.8	17,442.8	19,134.9	19,376.2	19,664.1	19,459.2	19,728.2	19,147.6	19,931.9	20,838.3	21,800.2	22,648.3	23,704.8	(100.0)

1999年における世界でのシェア(%)が大きい上位数ヵ国と主要先進工業国。n.d.:データなし。*1992年以降はロシア。World Bureau of Metal Statistics『World Metal Statistics』から抜粋し、編集した。

付表 12 世界におけるアルミニウム地金の消費量の推移（単位：千 t）

国 名	1963	1964	1965	1966	1967	1968	1969	1970	1971	1972	1973	1974	1975	1976	1977	1978	1979	1980	1981
アメリカ	2,534.9	2,851.8	3,273.6	3,119.2	3,597.0	3,705.8	3,488.3	3,927.0	4,298.8	5,076.7	5,127.5	3,265.0	4,490.5	4,756.0	4,978.1	5,017.7	4,453.5	4,140.1
中国		85.0	95.0	110.0	145.0	150.0	180.0	180.0	190.0	190.0	230.0	250.0	300.0	350.0	510.0	560.0	580.0	550.0	560.0
日本		261.8	285.7	373.4	516.5	611.0	844.2	930.0	983.4	1,214.5	1,611.8	1,303.0	1,170.8	1,609.6	1,419.9	1,656.1	1,803.4	1,639.0	1,570.2
旧西ドイツ		385.9	387.4	419.5	416.8	539.5	642.3	669.8	684.4	724.4	855.7	872.5	703.7	954.4	912.3	952.3	1,067.8	1,042.3	1,021.8
韓国		n.d.	n.d.	n.d.	n.d.	n.d.	n.d.	n.d.	n.d.	n.d.	n.d.	n.d.	n.d.	n.d.	79.5	103.2	93.9	77.0	103.6
フランス		249.3	248.5	298.3	294.0	293.5	367.1	413.3	377.4	398.3	450.1	480.0	399.2	492.6	533.8	532.7	595.9	600.9	538.7
カナダ		156.0	168.8	178.1	167.8	193.0	212.5	222.9	258.5	286.7	331.8	359.9	293.3	300.0	332.4	338.8	340.0	311.9	299.0
イタリア		120.0	128.0	171.0	184.0	217.0	258.0	279.0	254.0	304.0	336.0	375.0	270.0	365.0	382.0	404.0	448.0	458.0	413.0
イギリス		358.9	363.6	366.0	355.8	387.7	393.7	404.2	325.1	409.9	487.0	491.2	392.7	444.5	418.1	402.2	417.6	409.3	330.7
旧ソ連*		900.0	1,000.0	1,100.0	1,150.0	1,200.0	1,230.0	1,281.1	1,325.0	1,350.0	1,480.0	1,550.0	1,580.0	1,690.0	1,760.0	1,830.0	1,865.0	1,850.0	1,860.0
世界計	6,110.1	6,683.8	7,591.8	7,788.6	8,822.9	9,697.8	9,927.6	10,601.4	11,668.8	13,652.9	13,814.9	11,299.3	13,955.6	14,511.3	15,325.4	15,972.6	15,302.6	14,496.7

国 名	1982	1983	1984	1985	1986	1987	1988	1989	1990	1991	1992	1993	1994	1995	1996	1997	1998	1999	(%)
アメリカ	3,649.5	4,218.0	4,572.8	4,282.0	4,316.0	4,539.0	4,598.1	4,381.0	4,330.4	4,137.2	4,616.9	4,877.1	5,407.1	5,054.8	5,348.5	5,390.0	5,813.6	6,203.3	(26.3)
中国	580.0	620.0	630.0	630.0	600.0	620.0	600.0	920.0	861.0	938.0	1,253.8	1,318.0	1,484.0	1,874.9	2,135.3	2,260.3	2,425.4	2,925.9	(12.4)
日本	1,639.3	1,800.7	1,743.9	1,694.8	1,624.2	1,696.8	2,123.2	2,203.9	2,414.3	2,431.6	2,271.6	2,138.3	2,344.8	2,335.6	2,392.6	2,434.3	2,079.9	2,099.7	(8.9)
旧西ドイツ	1,000.2	1,085.0	1,151.6	1,160.9	1,186.7	1,185.7	1,232.6	1,289.1	1,295.4	1,360.9	1,457.1	1,150.7	1,370.3	1,503.9	1,355.4	1,558.4	1,519.0	1,520.0	(6.4)
韓国	97.1	127.6	128.8	145.6	196.8	207.9	268.0	287.6	368.9	383.5	397.0	524.8	603.9	692.6	674.3	666.3	505.7	814.0	(3.4)
フランス	578.4	613.4	579.3	586.1	592.6	615.6	660.6	684.5	723.0	725.9	730.5	689.4	747.5	750.0	671.7	724.2	733.8	785.9	(3.3)
カナダ	297.0	248.0	311.0	345.0	313.0	423.1	437.2	450.2	387.2	408.2	420.4	486.6	565.1	611.9	619.9	628.2	733.5	773.7	(3.3)
イタリア	420.0	430.0	448.0	470.0	510.0	547.5	581.0	607.0	652.0	670.0	660.0	554.0	660.0	631.0	585.1	671.0	673.6	735.3	(3.1)
イギリス	326.3	323.4	369.5	350.4	389.1	383.6	427.4	454.7	453.7	412.4	550.0	540.0	570.0	620.0	571.0	583.0	579.0	581.0	(2.5)
旧ソ連*	1,880.0	1,850.0	1,800.0	1,750.0	1,750.0	1,800.0	1,810.0	2,700.0	2,790.0	2,409.0	1,242.0	657.0	470.0	476.0	443.8	469.2	489.2	562.8	(2.4)
世界計	14,207.6	15,372.5	15,906.6	15,861.5	16,073.6	17,019.6	17,812.9	19,255.0	19,137.0	18,650.2	18,529.5	18,120.2	19,666.8	20,436.6	20,594.2	21,854.3	21,842.1	23,600.6	(100.0)

1999年における世界でのシェア(%)が大きい上位数ヵ国と主要先進工業国。n.d.：データなし。*1992年以降はロシア。『World Metal Statistics』『World Bureau of Metal Statistics』から抜粋し，編集した。

付表 13 世界におけるニッケル鉱石の生産量の推移（単位：地金換算千 t）

国 名	1963	1964	1965	1966	1967	1968	1969	1970	1971	1972	1973	1974	1975	1976	1977	1978	1979	1980	1981
旧ソ連*			80.0	85.0	95.0	105.0	105.0	110.0	120.0	120.0	115.0	120.0	125.0	130.0	135.0	140.0	145.0	143.0	150.0
カナダ			235.1	202.9	225.6	239.8	193.8	277.5	267.0	234.9	249.0	269.1	242.2	240.8	232.5	128.3	126.5	194.9	166.8
オーストラリア			—	—	2.1	4.7	11.2	29.8	31.1	35.5	40.1	45.9	75.8	82.5	85.9	82.4	69.7	74.3	74.4
ニューカレドニア			61.0	67.0	82.0	115.0	117.0	138.5	150.9	105.0	115.9	136.8	133.3	118.9	116.8	65.2	80.5	86.6	78.2
インドネシア			3.6	4.0	5.2	5.5	4.9	10.8	12.0	14.1	15.8	16.0	14.6	13.8	16.1	30.2	35.8	40.6	49.4
キューバ			29.1	27.9	34.9	37.3	37.0	40.0	35.0	32.0	35.1	33.9	37.3	36.8	36.8	34.8	32.3	38.2	40.3
中国			n.d.	n.d.	n.d.	n.d.	n.d.	n.d.	n.d.	n.d.	n.d.	n.d.	n.d.	n.d.	10.0	10.0	11.0	11.0	11.0
：																			
アメリカ			12.3	12.0	13.3	13.7	15.5	14.5	15.5	15.3	16.6	15.1	15.4	14.9	13.0	13.1	13.7	13.3	11.0
世界計			435.4	414.3	476.4	546.5	515.3	667.4	683.3	626.1	682.4	743.0	753.5	773.2	790.5	640.2	677.1	755.7	722.7

国 名	1982	1983	1984	1985	1986	1987	1988	1989	1990	1991	1992	1993	1994	1995	1996	1997	1998	1999	(%)
旧ソ連*	170.0	172.0	175.0	190.0	185.0	195.0	205.0	210.0	212.0	200.0	275.0	209.0	212.0	224.0	230.0	260.0	270.0	252.9	(23.8)
カナダ	92.7	125.0	173.7	170.0	163.6	193.4	216.6	202.5	196.2	192.3	186.4	188.1	149.9	181.8	192.6	190.5	208.2	186.2	(17.5)
オーストラリア	87.6	76.6	76.9	85.8	76.7	74.6	62.4	65.0	67.0	69.0	57.0	64.7	79.0	98.5	113.1	123.7	144.0	124.9	(11.7)
ニューカレドニア	60.1	46.2	58.3	72.4	64.5	58.3	71.2	96.2	85.0	99.8	99.6	97.1	97.3	119.9	124.8	137.1	125.3	110.1	(10.3)
インドネシア	48.5	41.2	47.8	48.2	67.3	57.2	59.8	59.6	68.6	66.1	78.1	65.8	81.2	86.6	87.9	75.3	74.5	83.9	(7.9)
キューバ	37.6	39.2	33.2	33.6	32.1	35.9	43.9	46.5	40.8	33.3	32.2	29.6	31.1	41.2	53.6	61.6	67.7	66.5	(6.2)
中国	13.5	15.0	17.5	25.8	24.0	26.0	26.0	27.5	26.0	30.4	32.8	30.7	36.9	41.8	43.8	46.6	48.7	49.5	(4.6)
：																			
アメリカ	2.9	0.5	8.7	5.6	1.1	—	—	—	0.3	5.5	6.7	2.5	—	1.6	1.3	—	—	—	(0.0)
世界計	628.9	656.8	747.4	809.4	781.0	811.3	864.4	895.0	880.3	872.5	936.2	846.0	867.1	974.8	1,032.5	1,087.9	1,137.8	1,064.6	(100.0)

1999年における世界でのシェア (%) が大きい上位数ヵ国と主要先進工業国。—：実績なし。n.d.：データなし。*1992年以降はロシア。World Bureau of Metal Statistics『World Metal Statistics』から抜粋し、編集した。

付表 14 世界におけるニッケル地金の生産量の推移（単位：千 t）

国名	1963	1964	1965	1966	1967	1968	1969	1970	1971	1972	1973	1974	1975	1976	1977	1978	1979	1980	1981
旧ソ連*			80.0	85.0	95.0	105.0	123.0	128.0	138.0	138.0	130.0	134.5	143.0	151.0	155.0	160.0	160.0	165.0	170.0
日本			26.1	29.8	42.8	54.7	68.5	89.8	102.6	79.5	87.7	104.6	78.0	94.8	93.9	79.2	105.9	109.3	93.6
カナダ			160.4	127.5	143.7	153.1	124.0	189.8	165.3	134.0	174.2	199.9	178.0	176.4	152.0	89.2	83.7	152.3	110.5
オーストラリア			—	—	—	—	—	1.0	14.0	16.5	20.0	20.0	32.9	39.9	34.1	37.3	39.3	35.3	42.5
ノルウェー			31.8	32.2	28.2	32.2	35.6	38.5	41.8	43.3	42.7	43.2	37.1	32.7	38.2	23.7	30.7	36.9	37.1
中国			n.d.	n.d.	n.d.	n.d.	n.d.	n.d.	n.d.	n.d.	n.d.	n.d.	n.d.	n.d.	10.0	10.0	11.0	11.0	12.0
イギリス			40.5	37.5	38.6	41.7	29.7	36.7	38.7	31.9	36.8	35.7	37.3	33.1	23.2	21.4	18.9	19.3	25.4
フランス			8.2	12.8	12.7	10.3	9.5	11.0	9.9	13.1	10.4	9.5	10.9	11.8	10.5	8.1	2.6	9.8	10.1
アメリカ			13.6	13.6	15.4	14.8	14.2	14.1	14.2	14.3	12.6	12.7	19.9	30.8	34.4	33.8	40.1	40.1	44.3
旧西ドイツ			0.3	0.3	0.3	0.6	0.8	0.6	0.2	0.2	—	—	—	—	—	—	—	—	—
世界計			417.0	404.7	452.6	496.1	480.0	598.7	618.9	592.3	653.9	717.5	707.0	736.0	715.4	604.2	665.7	749.3	704.0

国名	1982	1983	1984	1985	1986	1987	1988	1989	1990	1991	1992	1993	1994	1995	1996	1997	1998	1999	(%)
旧ソ連*	190.0	192.0	193.0	198.0	195.0	210.0	215.0	225.0	230.0	210.0	247.4	187.8	190.7	201.9	195.9	240.9	233.9	245.8	(23.5)
日本	87.3	82.3	89.4	95.2	92.8	91.6	100.6	105.8	102.6	116.5	109.4	105.4	112.6	135.0	130.5	124.6	126.5	132.1	(12.6)
カナダ	65.3	96.3	116.5	117.2	124.2	139.5	145.7	130.3	126.8	120.3	135.2	123.1	105.1	121.5	130.1	131.6	146.7	124.3	(11.9)
オーストラリア	45.9	41.8	38.7	40.8	42.1	45.2	42.0	42.9	43.1	49.4	50.6	50.4	66.6	77.3	74.0	73.7	79.6	85.7	(8.2)
ノルウェー	25.8	28.6	35.6	37.5	38.3	44.6	52.5	54.9	57.8	58.7	54.9	56.8	68.4	53.2	61.6	62.7	70.2	74.1	(7.1)
中国	12.5	16.5	17.0	24.6	23.8	25.5	25.5	26.3	27.5	27.9	30.8	30.5	31.3	38.9	44.6	39.9	48.1	44.4	(4.2)
イギリス	6.9	23.2	22.3	17.8	30.9	29.5	28.0	26.1	26.5	28.6	28.0	28.0	28.4	35.1	38.6	36.1	39.1	39.5	(3.8)
フランス	7.4	4.9	5.2	7.0	9.3	7.7	10.4	9.9	9.8	8.6	6.8	9.0	10.0	10.4	11.2	10.7	11.8	11.7	(1.1)
アメリカ	40.8	30.8	40.8	33.0	1.5	—	—	0.3	3.7	7.1	9.0	4.9	—	8.3	15.1	16.0	4.3	—	(0.0)
旧西ドイツ	12.5	—	—	—	—	—	—	—	—	—	—	—	—	—	—	—	—	—	(0.0)
世界計	619.7	686.0	741.1	774.8	760.6	798.6	847.1	861.8	857.6	853.2	872.0	796.6	832.2	917.6	958.2	1,014.3	1,041.5	1,047.2	(100.0)

1999年における世界でのシェア（％）が大きい上位数ヵ国と主要先進工業国。—：実績なし。n.d.：データなし。*1992年以降はロシア。World Bureau of Metal Statistics『World Metal Statistics』から抜粋し、編集した。

付表 15 世界におけるニッケル地金の消費量の推移(単位:千 t)

国名	1963	1964	1965	1966	1967	1968	1969	1970	1971	1972	1973	1974	1975	1976	1977	1978	1979	1980	1981
日本			26.9	36.1	50.5	59.2	75.4	97.8	89.5	85.7	111.2	119.1	90.0	121.2	97.3	99.0	132.0	122.0	105.0
アメリカ			156.1	170.4	157.7	144.5	128.6	141.3	116.8	144.5	179.4	189.1	132.9	147.8	140.9	163.9	178.1	141.8	139.7
台湾			n.d.	n.d.	n.d.	n.d.	n.d.	n.d.	n.d.	n.d.	n.d.	n.d.	n.d.	n.d.	n.d.	n.d.	n.d.	n.d.	n.d.
旧西ドイツ			30.7	33.6	31.0	35.4	36.8	40.9	34.3	43.0	54.8	61.2	42.8	56.4	53.6	66.4	76.5	67.6	62.0
韓国			n.d.	n.d.	n.d.	n.d.	n.d.	n.d.	n.d.	n.d.	n.d.	n.d.	n.d.	n.d.	n.d.	n.d.	n.d.	n.d.	n.d.
イタリア			9.3	12.8	14.4	17.4	16.2	19.8	18.0	21.0	20.4	21.1	17.0	22.0	22.6	24.5	26.7	27.1	20.0
フランス			21.0	24.5	28.7	30.7	31.8	36.1	32.2	37.8	29.6	40.5	31.9	33.5	35.8	35.5	38.9	38.4	33.6
中国			n.d.	n.d.	n.d.	n.d.	n.d.	n.d.	n.d.	n.d.	18.0	18.0	18.0	18.0	18.0	19.0	19.0	18.0	19.0
旧ソ連*			n.d.	n.d.	n.d.	n.d.	n.d.	n.d.	n.d.	n.d.	100.0	105.0	115.0	121.0	125.0	127.0	130.0	132.0	130.0
イギリス			36.9	34.4	30.5	33.1	24.9	34.7	29.3	30.0	31.5	26.5	20.8	23.3	30.5	32.0	35.0	22.8	23.8
世界計			428.4	467.7	477.4	495.4	491.9	566.6	516.6	576.0	649.4	703.8	569.5	662.4	642.2	697.4	774.0	716.7	662.0

国名	1982	1983	1984	1985	1986	1987	1988	1989	1990	1991	1992	1993	1994	1995	1996	1997	1998	1999	(%)
日本	106.7	114.8	146.0	136.1	126.6	153.9	161.7	163.0	159.3	180.1	148.1	157.2	181.1	195.9	187.1	177.4	161.3	164.0	(15.3)
アメリカ	125.2	139.8	141.0	147.8	124.8	146.3	135.3	127.3	124.6	126.9	119.1	122.1	131.0	147.8	119.3	121.4	150.0	158.0	(14.7)
台湾	n.d.	n.d.	n.d.	n.d.	n.d.	n.d.	n.d.	n.d.	n.d.	n.d.	19.0	19.0	26.0	26.0	50.0	74.8	80.4	103.5	(9.6)
旧西ドイツ	57.7	63.0	78.0	75.0	77.3	81.1	90.9	89.1	88.8	77.0	74.0	75.0	87.8	106.1	86.0	93.4	90.1	97.4	(9.1)
韓国	n.d.	n.d.	n.d.	n.d.	n.d.	n.d.	n.d.	n.d.	n.d.	n.d.	26.0	33.2	41.1	46.1	50.3	66.6	72.4	89.5	(8.3)
イタリア	24.0	22.5	28.0	29.0	29.5	28.8	28.6	30.5	27.3	31.5	29.6	38.5	44.0	49.0	44.0	49.5	53.3	54.6	(5.1)
フランス	31.8	32.5	38.9	31.9	31.9	39.3	39.6	40.0	44.8	36.8	35.0	36.5	44.4	49.4	43.4	48.3	54.9	49.0	(4.6)
中国	19.0	19.0	20.0	21.0	23.0	24.0	27.5	29.5	27.5	32.6	35.0	39.0	42.0	38.0	46.3	36.9	42.0	38.5	(3.6)
旧ソ連*	138.0	145.0	150.0	138.0	137.0	135.0	130.0	130.0	115.0	85.0	128.7	95.1	66.7	68.5	32.1	34.8	31.7	31.5	(2.9)
イギリス	22.5	21.8	26.1	24.8	27.4	33.1	33.0	29.5	32.6	29.5	28.5	29.8	38.0	41.9	42.2	37.6	30.9	29.3	(2.7)
世界計	648.5	688.9	788.4	779.1	778.2	839.0	866.3	870.6	839.6	800.8	799.0	803.6	898.7	981.8	910.3	964.8	998.9	1,072.9	(100.0)

1999年における世界でのシェア(%)が大きい上位数ヵ国と主要先進工業国。n.d.:データなし。*1992年以降はロシア。World Bureau of Metal Statistics『World Metal Statistics』から抜粋し、編集した。

和語索引 (五十音順)

あ

アイソダイナミックセパレータ　60
IP法　44
亜鉛鉱石　127, 269
亜鉛地金　127, 181, 270
亜鉛精鉱　178
亜鉛の自給率　140
赤石鉱山　85, 213
圧延　71, 76
圧延機　77
アデン湾　30
アトランティスⅡ世号　25
アトランティスⅡディープ　32
アナコンダ社　151
アノード　80, 84, 140
アマルガム法　86
アムンゼン隊　108
アルカリ金属　249
アルカリ土類金属　249
アルミニウム地金　129, 273
アルバトロス号　25
UNCTAD　156, 166
UNCTAD一次産品委員会　166
UNCTADタングステン委員会　155, 166
UNCTAD鉄鉱石委員会　166
安定確保　119
安定供給　168

い

硫黄鉱床　213
硫黄酸化物　10, 93, 99, 103
伊豆・小笠原海域　197
伊豆・小笠原海凹　30
伊豆・小笠原弧　15, 199
伊豆—マリアナ海溝　20
伊是名海穴　28
イタイイタイ病　99, 102
一次産品　10, 147, 159, 163, 177, 199
一次産品委員会　161, 164
一次産品価格　160, 163
一次産品共通基金　11, 163
一次産品総合計画　11, 163, 177, 199
一次産品問題　11, 163
一次資源　252
一般特恵　160, 177, 179, 183
一般特恵税率　181
インコ・グループ　195
INCO式　77
インド洋中央海嶺　30

う

ウェデル海　35
ウラン鉱床　213
ウルグァイ・ラウンド　175, 182

え

エアレーション　68
衛星画像解析　238
SX-EW法　77, 81, 246, 249
SO_2-Lime法　67, 92
SP法　45
H型鋼　77
越冬基地　116
FOB価格　178
MI法　77, 81
MFN税率　179
LME　165
LME価格　154
LDC特恵　179, 181
エル・テニエンテ鉱山　153
縁海拡大　28
縁海盆　28
円高　130, 213, 220
塩濃度　25
エンダービーランド　34
エンタープライズ　191, 197, 202

お

オアフ島　22
オイルショック　119, 125, 130, 165, 213, 220
黄鉄鉱精鉱　67
欧米宗主国　10
欧米宗主国資本　10
欧米(大)資本　149, 173
Outokumpu式自溶炉法　77
小笠原海台　20, 210
沖縄トラフ　28, 191, 210
奥尻海嶺　211
奥地化　232, 244, 257
オゾンホール　116
温室効果ガス　12, 95
温泉活動　30
温暖化防止京都会議　89

か

海外共同地質構造調査　226
海外資源探査　251
海外地質構造調査　226
海外投資　260
改革・開放　143
海山　15, 210
海水ウラン回収技術　251
海水起源　17, 21, 23
海水溶存ウラン　251
海台　18, 210
海底拡大　25
海底火山活動　17, 24
海底掘削　28
海底熱水　25
海底熱水活動　25
海底熱水鉱床　13, 23, 185, 191, 197, 230
(海底熱水鉱床の)鉱物学的分類　28
(海底熱水鉱床に)産出する鉱物　28
(海底熱水鉱床の)産状　24
(海底熱水鉱床の)生成過程　31
(海底熱水鉱床の)成分　32
(海底熱水鉱床の)発見　25
(海底熱水鉱床の)賦存量　32
(海底熱水鉱床の)分布　29
海底物理探査　233

海底平和利用委員会　188
回転ドラム型磁力選鉱機　58
開発援助委員会　255
開発協力　255
開発と環境　10, 91, 107
開発輸入　141
海綿鉄　95
海嶺　24
海嶺中軸　24
海洋ウラン資源開発　217
海洋汚染　9, 99, 231
海洋開発審議会　219
海洋環境保護　192, 194
海洋鉱物資源　205
海洋資源調査　240
海洋地殻　31
海洋島　20
海洋法　185, 189
加温浮選　67
価格協定　166
価格調整　170
価格変動　11
拡大軸　25
火山活動　28
火山フロント　25
春日鉱山　85, 213
ガス地化学探査法　232
ガス分析　43
課税価格　178
活性炭　86
カソード　84
片刃　56, 74
カットオフ品位　246
ガット　10, 11, 173, 177, 182
ガット体制　10
ガットの多角的貿易交渉　11
家電リサイクル法　252
カドミウム汚染　99
カドミウム中毒　10, 99
加熱炉　77, 93
神岡鉱山　125, 127
ガラパゴス拡大軸　25, 191
ガラパゴスリフト　30
カルデラ底温泉活動　30
カルデラ底堆積物　30
カルテル化　153, 156, 165
環境　8, 9, 243
環境影響調査　195, 197, 231
環境汚染　9, 86, 91, 99

環境汚染防止対策技術　91
環境ガイドライン　199
環境基準　104, 233
環境対策技術開発　244
環境団体　89, 107, 115, 121, 202
環境保護　107, 117, 121
環境保護団体　121
環境問題　8, 89, 107, 116, 202, 205, 213, 231
還元炉　95
乾式製錬　77, 247
乾式脱硫法　95
緩衝在庫制度　165
岩心　46
関税暫定措置法　179
関税制度　179, 181
関税定率法　178
関税引き下げ　160, 177
乾留　73

き

キースラガー鉱床　213
企業探鉱　220, 226
希金属　1
貴金属　1
貴金属資源　32
気候変動に関する政府間パネル　89
気候変動枠組条約　89
技術移転　175, 181, 198, 240, 244, 256
技術移転制度　192
技術協力　238, 256, 259, 261
技術研究組合「マンガン団塊採鉱システム研究所」　230
希少金属　1
希少金属鉱物資源賦存状況調査　220
基礎生活分野　256
北フィジー海盆　29
基底重金属堆積物　28
希土類　1
起泡剤　65, 93
基本税率　179
逆抽出　82, 86
九州―パラオ海嶺　20, 210
境界問題　205, 209
協議国会議　112
供給構造　145

供給障害　234
供給体制　140
供給不安　119, 259
競合　256
共通基金　11
協定税率　179
極地研究評議会　116
金アノード　80
金・銀鉱石　85
金銀鉱脈　6, 49
金銀の精製　85
金銀の製錬　85
金鉱石　85
銀アノード　80
銀黒　7
金属吸着型微生物　234
金属鉱業事業団　42, 184, 195, 211, 217
金属鉱物探鉱促進事業団　217
金属鉱物探鉱融資事業団　216
金属スクラップ　184, 244, 252, 257
金属の分類　1
金属別需給構造　123, 143

く

グァイマス海盆　191
空中電磁探査　47
空中電磁法　49
クーリングタワー　50
屈折法　45
国別需給構造　131, 144
クラスト　18, 205, 210
クラッシャー　50, 56
グリーンピースインターナショナル　115
クレイマント　110, 117, 121
黒鉱　65, 92, 199, 213
黒鉱鉱床　65, 213
グローバリズム　257, 260
グローマーチャレンジャー号　28
軍事衝突　120

け

経営安定化対策　217
経済安全保障　216, 241, 259
経済格差　149, 156, 159, 199
経済協力開発機構　168
経済的支配　149, 162

経済的自立　150, 201
経済の多様化　160, 177, 181
珪酸　78, 85
ケネコット・グループ　195
ケネコット社　151
原産地加工方式　256
現地加工　175, 182
現地製錬　175, 182
現地調達要求　175

こ

鋼　71, 77, 95
広域地質構造調査　220, 249
広域調査　220, 226
高塩濃度　25
高温交代鉱床　2
公海　185, 202
紅海　25
紅海底　25
公害ダンピング　104
公害輸出　104
鉱害　9, 97, 98, 217, 233
鉱害防止技術開発　251
鉱害防止工事　233
鉱害防止対策　233
合金　77
合金鋼　77
工業化　160, 177, 181
鉱業三廃　91, 244
鉱業審議会　219, 224
鉱業審議会鉱山部会　224
鉱区　192, 198
鉱滓　74
鋼材　71, 76
鉱山開発　41, 49, 103, 142, 175
鉱山業　213
鉱山の国有化　10, 119, 149, 157, 173, 199, 216
鉱山保安法　234
鉱床　2, 42
鉱床探査　42
鉱床の生成　2
鉱床の生成時代　2, 7
鉱石　9, 51, 55, 123, 140, 178
鉱石破砕場　50
構造調整　256
高炭素鋼　77
坑道探鉱　49
鉱毒　101

鉱毒事件　9, 101
坑内採鉱法　51
坑内水　99, 102
坑内掘り　49, 51
坑廃水　9, 233
坑廃水処理　93, 234
後発開発途上国　103
鉱物資源　1
鉱物資源供給不安　259
鉱物資源支配　173, 182
鉱物資源探査　41
鉱物資源の持続的確保　7
鉱物資源の消費量　9
鉱物資源の分類　1
鉱物資源問題　1, 7, 243, 257
鋼片　76
合弁会社　142
鉱脈　7, 50
鉱脈鉱床　2, 213
鋼矢板　77
光竜鉱山　213
高炉　71, 93, 96
高炉スラグ　97
コークス　71, 96
コークス乾式消火設備　73
コークス炉　71, 93
コーンクラッシャー　56
ゴーダ海嶺　30, 191
枯渇　8, 11, 119, 243
枯渇問題　8, 119
古期クラスト　23
国際海事機関　121
国際海底機構　189, 198
国際協力　168, 238, 244, 257, 260
国際協力事業団　219, 238
国際経済秩序　162
国際コンソーシアム　193, 195, 230
国際自然保護連合　116
国際商品協定　160, 163
国際商品研究会　11, 164, 167, 168
国際錫協定　157, 164, 166
国際錫研究会　169
国際錫理事会　165, 169
国際大資本　149, 228
国際地球観測年　110, 112
国際銅研究会　155, 169, 258

国際鉛・亜鉛研究会　164, 167
国際南極旅行業者協会　121
国際ニッケル研究会　168, 258
国際分業体制　10
国際貿易制度　177
国際ボーキサイト連合　10, 155, 199, 216
国内資源探査　249
国内探鉱長期計画　220
国有化　10, 149
国有化法　151
国有鉱山　175
国連海洋法会議　185
国連海洋法条約　115, 185, 189, 205, 230
国連環境計画　89, 121
国連資源総会　162
国連資源特別総会　162
国連食糧農業機関　164
国連特別総会　162
国連人間環境会議　89
国連貿易開発会議　11, 156, 159, 173, 199
護送船団方式　183, 241
固体廃棄物　9, 91
国家備蓄　238
コデルコ社　153
コバルトクラスト　19
コバルト・マンガンクラスト　19
コバルト・リッチ・クラスト　13, 18, 185, 191, 196, 197, 230
（コバルト・リッチ・クラストの）起源　23
（コバルト・リッチ・クラストの）産状　18
（コバルト・リッチ・クラストの）成分　21
（コバルト・リッチ・クラストの）発見　20
（コバルト・リッチ・クラストの）賦存量　22
（コバルト・リッチ・クラストの）分布　20
個別産品協議　11, 163
コンチネンタル・ライズ　206
ゴンドワナ大陸　35

さ

採掘最低品位　246

採鉱　9, 41, 51, 99, 103
採鉱系統　247
採鉱法　51
再資源化　184, 244, 252, 257
再商品化　252
再商品化基準　253
ザイール化　151
砂金　60
砂漠化　12
沢砂分析　43
酸化銅鉱石　82
産業構造　142
産業構造(の)調整　177, 182, 244, 256
産業のビタミン　1
産業保護　177, 179, 182
産業保護措置　256
酸性雨　94, 97, 99, 116
酸性化　92, 99
ザンセート　64, 68
3段階方式　220
三廃　9, 91, 244
ザンビア化　151
サンフランシスコ講和条約　110

し

シアン汚染　99
シアン錯塩　86
CIF価格　178
CIP法　86, 246
シートパイル　77
シーリング枠　181, 183
GSP税率　179
地金　123, 140, 178, 238, 263
磁気異常　44
磁気探査　44
磁気分離器　60
自給率　131, 141, 144, 202, 254, 259
資源エネルギー庁　217
資源開発　107
資源開発協力基礎調査　219, 238, 259
資源カルテル　10, 119, 150, 153, 157, 173, 199, 216
資源供給基地　144, 177
資源供給体制　142, 157
資源供給不安　119
資源情報センター　226

資源探査　41
資源探査衛星　41, 232
資源ナショナリズム　10, 119, 147, 153, 157, 173, 199, 216
資源の永久的主権　157
資源の供給基地　177
資源の偏在性　153
自主開発　142, 145, 184, 217
自助努力　256
市場アクセス　181, 183, 256
市場経済移行国　261
地震探査　45
試錐　46
試錐探鉱　46, 49
磁性　44, 57
次世代製鉄法　96
磁選　57
自然電位法　44
自然破壊　10, 103
下盤坑道　52
七島—硫黄島海嶺　29
実施協定　194
湿式製錬　77
湿式石灰—石膏法　95
湿式脱流法　95
湿式法　249
磁鉄鉱精鉱　71
資本参加方式　142
斜坑　52
ジャスピライト　34
JADE熱水地帯　32
集塵機　93
重液選鉱　57
重金属汚染　9
重金属泥　25
13クロム　77
18クロム　77
18クロム8ニッケル　77
重力異常　44, 49
重力探査　44, 49
需給構造　123, 131, 177
出鉱品位　247
ジュネーブ海洋法4条約　185, 189
寿命　252
シュランベルジャー　49
準国内鉱山　119
準国内資源　201
焼結機　71

焼結鉱　71, 93
焼結炉　71, 93
消費者啓蒙　244, 257
消費地加工体制　182
消費地加工方式　256
消費地製錬方式　143
商品協定　11, 164
ジョークラッシャー　56
自由貿易　258, 260
自溶炉　77, 96
昭和基地　34
植物分析　43
植民地　10, 149, 157
植民地時代　10, 119, 157, 173
植民地(的)支配　10, 157
植民地主義　160
白瀬隊　110
白瀬南極探検隊　110
磁力選鉱　57
新エネルギー・産業技術総合開発機構　254
深海資源開発株式会社　197, 219, 230
深海底　13, 119
深海底鉱業暫定措置法　197, 230
深海底鉱物資源　13, 185
深海底鉱物資源開発協会　228
深海底鉱物資源開発懇談会　228
深海底鉱物資源開発制度　185, 189
深海底鉱物資源探査　188, 191, 228
深海底制度　188
深海底探査専用船第2白嶺丸　197
深海底を律する原則　188
深海ボーリング探査システム　233
新期クラスト　23
新興工業国　163
新国際経済秩序　10, 162
浸出　83
浸出貴液　83
浸出速度　83, 85, 249
親水性　63
振動式テーブル選鉱機　60
振動式テーブル選鉱法　60
深部化　232, 244, 257

和語索引

新ラウンド 173, 182
人類の危機レポート 9
人類の共同財産 188, 191, 198, 201

す

水質汚染 9, 92, 99, 103, 252
垂直的多様化 164
スカルン化 42
スカルン鉱床 2
スクラップ 96, 123, 140
スコット隊 108
錫危機 165, 170
錫鉱石 60
錫生産国同盟 157, 165
捨石堆積場 50
ステンレス 77
スポット方式 142
スラグ 9, 74, 78, 81, 93, 99
スラブ 76, 93, 140
スラリ 63
ズリ 9, 91

せ

青化ソーダ 86
青化法 86
精鉱 55, 60, 65, 71, 140, 178
製鋼 71, 75
生産国連合 150
生産者同盟 163
生産制限 192, 194, 198
精製 9, 71, 99, 123
精製炉 80, 140
製銑 71, 73
成長の限界 9
静電選鉱 57
製銅工程 79, 81
政府開発援助 103, 238
セーフガード 182
精密海底地形探査 233
精密地質構造調査 220, 249
精密調査 220, 226
製錬 9, 71, 99, 103, 124
製錬業 214
製錬廃液 99
世界気象機関 121
世界貿易機関 258
石油公団 184, 211
石油輸出国機構 150

石灰―石膏法 95
接触交代鉱床 2, 213
ゼネラルコンゴ鉱業社 151
遷移金属 1
1994年ガット 175
選鉱 9, 55, 57, 92, 99
選鉱系統 247
選鉱場 50
選鉱精鉱 248
選鉱廃液 92, 99, 103
選鉱廃水 9, 252
選鉱尾鉱 9, 99, 103, 252
選鉱法 57
先行投資決議 192
先行投資者 193, 198
先進国大資本 140
銑鉄 71
潜頭鉱床 43, 49, 51
浅熱水性含金銀石英脈 49

そ

相互依存 11, 159, 162, 171, 244, 255
宗主国 10, 149, 157
宗主国資本 150, 157
続成起源 17, 21
疎水性 62, 64
粗銅 79, 81, 140
ソビエト連邦崩壊 124, 126, 143, 259

た

対外依存度 140
第1勘定 164
第1の窓 164
第I期長期計画 220
大気汚染 12, 97, 99, 103, 252
第3次国連海洋法会議 185, 189, 198
大西洋中央海嶺 25
第2勘定 164
第II期長期計画 220
第2の窓 164
第2白嶺丸 197, 230
第2白嶺丸搭載機器 197
太平洋アジア旅行協会 121
太平洋プレート 21
ダイヤモンドビット 50
大洋中央海嶺 25

(大洋中央海嶺の)拡大軸 25
大洋盆 28
大陸縁辺部 206, 210
大陸棚 185, 205
大陸棚調査 207
ダイレクトローリング 77
多角的貿易交渉 11
多金属塊状硫化物鉱床 24
多金属性(の)団塊 193, 198
多国籍企業 162, 173, 175, 182
立入坑道 52
脱硫 95
タングステン委員会 155, 166
タングステン生産国連合 155, 166
タングステン鉱石 166
探検時代 107
探査 9, 41
単純買鉱 142
単純輸入 142, 145
ダンプリーチング 246

ち

地域開発計画調査 238
地化学探査 43, 220, 225, 238
地殻 249
地下資源探査 41
地化探 43
地球温暖化 12, 89, 95, 116
地球化学探査 42
地球環境 12, 89, 116
地球環境問題 89, 120
地球の割れ目 25
地質探査 42
秩父鉱山 2
チムニー 25
チャレンジャー号 15
中央海嶺 25
中央海嶺系 29
中間線 207
中軸 24
中和剤 93
中和処理 93
中和処理法 98
抽出 82
抽出剤 82, 83
チュキカマタ 151, 175
貯鉱場 50
超塩基性岩 249

長期契約方式　142
調達方式　142
直接還元製鉄法　95
直線基線　205
チリ化　151
沈鉱　67

つ

ツアモツ諸島　20
継目無鋼管　77

て

ティサパ鉱山　142
低炭素鋼　77
低潮線　205
低品位化　245, 257
低品位鉱(石)　65, 69, 85, 244, 246, 257, 260
低品位酸化銅鉱石　82, 246
ディープ　25
テーブル選鉱機　60
テーブル選鉱法　60
鉄鉱山　156, 166
鉄鉱石　55, 57, 94, 141, 156, 166, 256
鉄鉱石輸出国連合　156, 166
鉄酸化バクテリア　234
鉄酸化物型鉱床　30
鉄スクラップ　75, 76, 96
鉄精鉱　178
鉄の精錬　71, 93
デュフェク塩基性層状貫入岩体　34
電解採取　77, 81, 84, 86
電解精製　98
電解精錬　80, 81, 85, 140
電解廃液　98
電気化学的手法　81
電気金　80, 85
電気銀　80, 85
電気検層法　44
電気探査　44
電気銅　80, 82, 84
電気炉　76, 77, 95
電磁法　44
天水　6
天然資源　119
天然資源の永久的主権　182
天保海山　15

転炉　75, 79, 81, 93, 140
転炉スラグ　97

と

樋流し　61
島弧―海溝系　25, 29
銅―亜鉛―鉛硫化物型鉱床　29
銅アノード　80
同位体地化学探査法　232
銅汚染　99
銅鉱山　143, 147
銅鉱石　55, 123, 143, 147, 263
東西関係　258
東西対立　10, 216, 259
東西ドイツ統一　259
東西冷戦　10, 124, 159, 216, 259
銅山国有化法　151
投資措置　175, 181, 183
銅地金　124, 143, 179, 181, 264
銅精鉱　65, 78, 140, 178
銅電解精錬　80
銅の依存先　140
銅の自給率　131
銅の製錬　77, 97
銅の輸入形態　140
銅マット　85, 97
銅輸出国政府間協議会　10, 154, 169, 199, 216
特殊鋼　77
特殊法人改革　184
特定家庭用機器再商品化法　252
独立行政法人　184
土壌汚染　9, 92, 99, 103, 252
特恵関税制度　179, 256
特恵税率　179, 181
特恵適用限度額　181
特恵適用限度額・数量　181
特恵適用停止　181
トモグラフィ技術　232
豊羽鉱山　125, 213
トラックレス・マイニング　52
トラフ　25
取鍋精錬　76
トレド鉱山　143
トレンチ　42

な

鉛・亜鉛鉱石　55
鉛鉱石　125, 266

鉛地金　126, 181, 267
鉛精鉱　178
鉛の自給率　140
南海トラフ　211
南極　13, 33, 107, 119
南極横断山脈　33, 116
南極開発　111
南極環境　116
南極観測隊　112
南極基地　116, 121
南極研究科学委員会　112
南極鉱物資源活動規制条約　107, 113, 117
南極条約　107, 112, 120
南極条約協議国　107, 112
南極条約協議国会議　112, 117
南極条約環境保護議定書　107, 116, 118, 201
南極探検　110
南極の鉱物資源の種類　33
南極の鉱物資源の分布　33
南極の縞状鉄鉱層　33
南極の石炭　33
南極の石油・天然ガス　35
南極の平和利用　112, 120
南極の歴史　107
南極半島　33, 111, 116
南極・南大洋連合　115
軟鋼　77
南南経済格差　179
南南問題　163
南北アメリカ依存型　140
南北関係　258
南北競合　173
南北経済格差　159, 162, 177, 199
南北対立　10, 119, 185, 197, 201, 216
南北問題　119, 159
南北分業　144, 162, 177
南北分業体制　144, 162, 177, 182, 256

に

二酸化炭素　10, 93, 103
西七島海嶺　17
西南極　33
二次精錬　76
二次硫化物鉱床　249

ニッケル鉱石　130, 275
ニッケル—水素二次電池　254
ニッケル地金　130, 276
ニッケルの自給率　140
日本の鉱害　98
任意団体「深海底鉱物資源開発懇談会」　228
人間環境宣言　12, 89

ね

ねこ流し　61
熱間圧延　76
熱水　5, 6
熱水活動　24
熱水起源　17, 21
熱水変質　49
熱水溶液　5, 24, 31, 42
熱帯作物　147
粘土化変質　42

の

ノンクレイマント　110

は

廃液　91
廃液処理技術　249
排煙脱硫装置　96
排煙脱硫法　95
廃気　91
背弧凹地　25
背弧海盆　25
煤塵　10, 93, 99
排水基準　233
廃石　9, 91, 99, 246, 252
排他的経済水域　22, 189, 205
廃プラスチック　96
廃プラスチックの高炉原料化　96, 244
High-Lime 法　67, 92
銅　71, 77, 95
羽口　73, 96
バクテリア　85
バクテリア浄化法　93, 98
バクテリアリーチング技術　249
白嶺丸　232
破砕　56
破砕機　56
破砕工程　56, 247
発展途上国開発　244, 255

バブル崩壊　125, 130
バルク浮選　67
パルプ　58, 63, 67, 86
ハワイ諸島　20
パン　61
斑岩型銅・モリブデン鉱床　246
斑岩銅鉱床　69
斑岩銅・モリブデン鉱石　65
反射法　45
反射炉　77
半製品　140, 163, 178
反ダンピング　183
反ダンピング協定　183
パンニング　61

ひ

ヒープ　83, 87
ヒープリーチング　82, 87, 246
ヒ押　52
ヒ押坑道　52
東太平洋海膨　17, 24, 231
東太平洋海膨北緯13度　191
東太平洋海膨北緯21度　24, 191
東南極　33
非金属　1
尾鉱　9, 65, 67, 92, 246
尾鉱ダム　50, 93
菱刈鉱山　2, 46, 52, 85, 213
比重選鉱　57, 60
ヒ素—アンチモン—銀—水銀硫化物型鉱床　30
ヒ素汚染　99
ヒ素中毒　10, 99
備蓄　234
備蓄制度　235
比抵抗法　44
非鉄金属　1, 95, 131, 140, 154, 181, 214, 234
非鉄金属系素材スクラップ　254
非鉄金属系素材リサイクル促進技術研究開発事業　252
非鉄金属研究会　168
非鉄金属鉱石　143
非鉄金属の自給率　131, 141, 144
非鉄金属備蓄制度　217
非鉄金属メジャー　140, 142, 144, 149, 153, 175, 228

ヒドロオキシオキシム　83
非農産品市場アクセス　183
微粉炭　73, 96
微粉炭吹き込み　73
非有用鉱物　55, 65, 74, 92, 96, 97, 247
氷床　33
ビレット　76, 181

ふ

ファンデフーカ海嶺　30, 191
ブーゲ異常　44
ブーゲンビル鉱山　142, 147
FAMOUS プロジェクト　25
フェロニッケル　140, 141
フェロ・マンガン酸化物　21
付加価値　143
複雑鉱　65, 69, 260
複雑硫化鉱　65
浮鉱　67
浮選　63
浮選機　64
浮選剤　64, 93
賦存状況調査　197
ブチルザンセート　65
普通鋼　77
物探　44
物理探査　43, 220, 225, 238
浮遊選鉱　57, 62, 92
プラザ合意　125, 213
プラスチック　96
プラチナクラスト　22
プラチナ・コバルトクラスト　22
プラチナ資源　22
フラックス　74, 78, 85, 97
ブラックスモーカー　25
プランテーション　147
ブリスター　79, 140
ブリスター銅　79
プリューム　32
プリンスチャールス山脈　33
ブルーム　76
プレシャスメタル　1
プレート　28
プレビッシュ報告　159, 177
フロス層　64
プロトン磁力計　44
粉塵　10, 93, 99

286

【へ】

ベースメタル　1, 220
ベースメタル資源　32
ベースメタル備蓄　234
ペレット　71, 93
ペンサコラ山脈　34
変質　42
変質帯　42
ベンチストーピング法　52
ペンリン海盆　15

【ほ】

貿易制度　173, 177, 182, 256
貿易と環境　183
貿易と投資　177, 183
放射能選鉱　57
泡沫浮選　63
ボーキサイト　128, 155, 249, 272
ポーフィリー型銅・モリブデン・金鉱床　35
ボーリング　46
ボーリングコア　46
ボーリング調査　226, 238
ボールミル　56
保護政策　159, 177
保護貿易　183
捕収剤　64, 93
補助金　183
補助金協定　183
ポスト・ウルグァイ・ラウンド交渉　183
ホット・スポット　20, 30
ホワイトスモーカー　25

【ま】

マーシャル諸島　20
マイニングコード　198
マウンド　25
マウントステイナー　34
マウントルーカー　34
マグマ起源説　6
磨鉱　56, 65, 93
磨鉱工程　247
松尾鉱山　234
マット　78, 79, 81
Manus海盆　199
マムート鉱山　142
マリアナ弧　30

マリアナトラフ　29, 210
マルタの提案　188
マンガン銀座　15
マンガンクラスト　19
マンガン鉱床　213
マンガン酸化物型鉱床　30
マンガン団塊　13, 185, 191, 194, 197, 211, 230
（マンガン団塊の）起源　17
（マンガン団塊の）産状　13
（マンガン団塊の）成分　16
（マンガン団塊の）発見　15
（マンガン団塊の）賦存量　17
（マンガン団塊の）分布　15
マンガン団塊採鉱システム研究所　230
マンガン団塊ベルト　15, 196, 230

【み】

未開発鉱物資源　13, 244, 257
三菱式連続製銅法　77, 81
ミッドウェー島　22
MIDPAC'81研究航海　20
南太平洋応用地球科学委員会　197, 219, 240
南鳥島　20
南鳥島南方海域　197
南の分化現象　163
南の貧困　162
ミネロ・ペルー　153
脈石　67, 178
脈石鉱物　28, 65, 92, 178
明神海丘カルデラ　199
ミル　50, 56
民間備蓄　238

【む】

ムソシ鉱山　142

【め】

メジャー　175, 184
メタンハイドレート　199, 205, 211

【も】

モノカルチュア（的）経済　151, 159
モリブデン精鉱　65

【や】

野外調査　42
ヤシ殻活性炭　86

【ゆ】

融資買鉱　142
融資輸入　142
優先浮選　67, 102
有用鉱物　55, 65, 247
輸出入均衡要求　175
輸入関税　179, 182
輸入形態　131
輸入制限　184

【よ】

陽極スライム　80, 85
陽極泥　80
溶鋼　76
溶鉱炉　71
溶剤　74
溶銑　75
溶脱　249
溶媒抽出　77, 81, 83
溶媒抽出―電解採取法　77, 81
溶融還元製鉄法　96
溶錬　78
溶錬炉　81
ヨーロッパ依存型　141
抑制剤　64, 93

【ら】

ライン諸島　20
ラウンド交渉　173

【り】

リーウァード海域　22
リーチング　82, 85, 86
利害対立　8, 197, 203, 243
利害対立問題　8
陸域観測技術衛星　42
リサイクリング　252
リスク　142, 195, 201, 225
RITAプロジェクト　25
リモートセンシング　41, 232
硫化物マウンド　25
硫化物融体　78
硫酸還元微生物　234
硫酸ミスト　10, 101

領海　185, 202
領海基線　189, 205
領土・軍事問題　107
領土権　110
領土権主張国　111
領土権の凍結　112
領土権留保国　110, 117
領土問題　120
領有権問題　209
領有宣言　108

れ

レアアース　1, 254
レアメタル　1, 185, 220, 224
レアメタル資源　17
レアメタル総合開発調査　238
レアメタル備蓄　234
冷間圧延　76
錬かん炉　79, 81
連続製銅法　77
連続製錬法　81
連続鋳造　76

ろ

ロイヒ海底火山　28, 30
ローカル・コンテント要求　175
ローマ・クラブ　9
ロス海　35
ロス島　116
炉頂圧発電　73
ロッキード・グループ　195
ロッド　56
ロッドミル　56
露天採鉱法　51
露天掘り　49, 51
ロンドン金属取引所　155

わ

ワイヤバー　181
碗掛け　61
ワンサラ鉱山　142

欧語索引 (アルファベット順)

A

AIEC (Association of Iron Ore Exporting Countries) 156, 166
ALOS (Advanced Land Observing Satellite) 42
Amalgamation 86
Anaconda 151
ASOC (Antarctic and Southern Ocean Coalition) 115, 121
ATPC (Association of Tin Production Countries) 157, 165

B

back arc basin 25
back arc depression 25
basal metalliferous sediments 28
base metal 1
BHN (Basic Human Needs) 256
BMS 233

C

CDQ (Coke Dry Quenching) 73
CF (Common Fund for Commodities) 163
CIP method (carbon in pulp method) 86
CIPEC (Counseil International des Pays Exportateurs du Cuivre) 10, 154, 169, 199, 216
cobalt crust 19
cobalt manganese crust 19
cobalt-rich crust 19
Codelco 153, 175
collector 64
crust 18
Cyanidation 86

D

DAC 255
Deep 25
depressant 64
diagenetic origin 17

DOMA (Deep Ocean Minerals Association) 228
DORD (Deep Ocean Resources Development Co., Ltd.) 197, 202, 219, 230
DSDP (Deep Sea Drilling Project) 28, 35

E

EEZ 189, 202, 205, 231

F

FAMOUS Project 25
FAO 164
froth flotation 63
frother 65

G

GECAMINES 151
Gorda Ridge 30

H

heap leaching 82
hydrogenetic origin 17
hydrothermal origin 17

I

IAATO (International Association of Antarctica Tour Operators) 121
IBA (International Bauxite Association) 10, 155, 199, 216
ICA (International Commodity Agreement) 163
ICSG (International Copper Study Group) 169
IGY (International Geophysical Year) 110, 112
ILZSG (International Lead and Zinc Study Group) 167
IMO (International Maritime Organization) 121
INSG (International Nickel Study Group) 168
IOM (Inter Ocean Metal) 197
IPC (Integrated Programme for Commodities) 163, 177, 199
IPCC 89
iss 28
ITA (International Tin Agreement) 164
ITC 165, 169
ITSG (International Tin Study Group) 169
IUCN (International Union for the Conservation of Nature and Natural Resources) 116, 121

J

jaspilite 34
JERS-1 (Japanese Earth Resource Satellite-1) 41
JICA (Japan International Cooperation Agency) 219, 238
Juan de Fuca Ridge 30

K

Kennecott 151

L

LLDC 103
LME (London Metal Exchange) 155, 165

M

manganese crust 19
metalliferous mud 25
MIDPAC'81 20
MMAJ (Metal Mining Agency of Japan) 184, 217

N

NEDO 254
NGO 89
NICS 163
NIEO (New International Eco-

nomic Order) 162, 175, 258
Northern Baja California 30

O

ODA 103, 197, 219, 238, 256, 260
OECD (Organization for Economic Cooperation and Development) 168, 255
OPEC 150
Operation Highjump 111
Operation Windmill 111

P

panning 61
PATA (Pacific Asia Travel Association) 121
Penrhyn Basin 15
plume 32
Polar Research Board 116
precious metal 1
pregnant solution 83
PTA 155, 166

R

rare earth element 1
rare metal 1
refining 71
RITA Project 25

S

SCAR (Scientific Committee on Antarctic Research) 112, 116, 121
smelting 71
solvent extraction 81
SOPAC 197, 219, 240
stripping 82, 86
SX-EW method (solvent extraction and electrowinning method) 82

T

trough 25

U

UNCTAD (United Nations Conference on Trade and Development) 11, 156, 159, 166, 173, 179, 199
UNEP (United Nations Environmental Programme) 89, 121

W

WMO (World Meteorological Organization) 121
WTO 173, 181, 258

著者略歴

志賀美英（SHIGA Yoshihide）
1947 年生まれ
早稲田大学大学院理工学研究科資源及金属工学専攻博士課程修了
現職：鹿児島大学法文学部経済情報学科教授
　　　鹿児島大学大学院人文社会科学研究科担当
工学博士（早稲田大学）
専門：資源経済学，鉱床学

鉱物資源論

2003 年 3 月 15 日　初版発行
2010 年 4 月 5 日　初版 3 刷発行

　　　著　者　志　賀　美　英
　　　発行者　五　十　川　直　行
　　　発行所　（財）九州大学出版会
　　　　　〒812-0053　福岡市東区箱崎 7-1-146
　　　　　　　　　　　九州大学構内
　　　　　　電話　092-641-0515（直通）
　　　　　　振替　01710-6-3677
　　　　　　印刷・製本　研究社印刷株式会社

© 2003 Printed in Japan　　ISBN 978-4-87378-774-9